热带气旋年鉴

2018

中国气象局　编

气象出版社
China Meteorological Press

图书在版编目（CIP）数据

热带气旋年鉴．2018 / 中国气象局编．-- 北京：气象出版社，2020.11

ISBN 978-7-5029-7299-8

Ⅰ．①热… Ⅱ．①中… Ⅲ．①北太平洋－低压（气象）－2018－年鉴 Ⅳ．① P732.3-54

中国版本图书馆 CIP 数据核字（2020）第 195022 号

审图号：GS（2020）4765 号

热带气旋年鉴 2018

Redai Qixuan Nianjian 2018

出版发行：气象出版社

地　　址：北京市海淀区中关村南大街 46 号　　**邮政编码**：100081

电　　话：010–68407112（总编室）　010–68408042（发行部）

网　　址：http://www.qxcbs.com　　**E-mail**：qxcbs@cma.gov.cn

责任编辑：隋珂珂　　**终　　审**：吴晓鹏

责任校对：张硕杰　　**责任技编**：赵相宁

封面设计：博雅思企划

印　　刷：北京中科印刷有限公司

开　　本：889mm × 1194mm　1/16　　**印　　张**：17.75

字　　数：450 千字

版　　次：2020 年 11 月第 1 版　　**印　　次**：2020 年 11 月第 1 次印刷

定　　价：300.00 元

《热带气旋年鉴》编委会

前 言

热带气旋是热带或副热带洋面上出现并可能移向陆地的急速旋转的大气涡旋系统,也是影响我国的主要灾害性天气系统之一。在其活动的过程中,伴随有狂风、暴雨、巨浪和风暴潮。热带气旋影响陆地时，虽有解除部分地区干旱的作用，但也会给人民生命财产造成巨大损失。

我国北起辽宁，南至海南、广东、广西沿海一带，每年都有可能遭受热带气旋的袭击，其中又以登陆海南、广东、福建、浙江、台湾五省的热带气旋次数为最多。

自新中国成立以来，我国探测热带气旋的手段逐渐增多，热带气旋科研工作也取得了一定的成绩，热带气旋预报水平不断提高。为了适应农业、工业、国防和科学技术现代化的需要，满足各级气象业务及科研、国防、经济建设等要求，中国气象局上海台风研究所受中国气象局委托具体负责整编出版《热带气旋年鉴》。《热带气旋年鉴》(原名《台风年鉴》)自 1949 年起，每年出版一册，一直持续至今。

承蒙中国气象局国家气象中心、国家卫星气象中心、各有关省(区、市)气象局及有关气象台(站)、应急管理部国家减灾中心的大力支持和协助，使得本年鉴中的热带气旋路径、降水、大风、卫星云图、灾情等资料的整编得以顺利完成，在此一并表示感谢。

《热带气旋年鉴 2018》编撰工作由中国气象局上海台风研究所白莉娜、万日金和郭蓉完成，图幅由鲁小琴、白莉娜完成。2018 年热带气旋最佳路径定位定强由白莉娜、鲁小琴(上海台风研究所)、许映龙(国家气象中心)、郑艳(海南省气象台)、林良勋(广东省气象台)、林毅、潘宁(福建省气象台)、赵金彪（广西壮族自治区气象台）、王智（上海市气象台）和潘劲松（浙江省气象台）等完成。2018 年热带气旋在我国影响时的降水、大风分布由万日金完成。

《热带气旋年鉴 2018》的内容包括热带气旋概况、路径、大风区域演变、卫星云图，以及热带气旋影响我国时的降水、大风分布和引发的灾情，还包括热带气旋的相关资料和图表等。

说　明

1. 基本说明

本年鉴主要整编西北太平洋和南海的热带气旋概况、热带气旋路径、卫星云图、大风区域演变情况，热带气旋影响我国时的降水量和大风的分布图以及灾情等基本资料。根据《热带气旋等级》国家标准（GB/T 19201—2006），热带气旋分为以下六个等级：

（1）热带低压（Tropical depression）

底层中心附近最大平均风速达到 10.8 ～ 17.1 m ／ s（相当于风力 6 ～ 7 级）。

（2）热带风暴（Tropical storm）

底层中心附近最大平均风速达到 17.2 ～ 24.4 m/s（相当于风力 8 ～ 9 级）。

（3）强热带风暴（Severe tropical storm）

底层中心附近最大平均风速达到 24.5 ～ 32.6 m/s（相当于风力 10 ～ 11 级）。

（4）台风（Typhoon）

底层中心附近最大平均风速达到 32.7 ～ 41.4 m/s（相当于风力 12 ～ 13 级）。

（5）强台风（Severe typhoon）

底层中心附近最大平均风速达到 41.5 ～ 50.9 m/s（相当于风力 14 ～ 15 级）。

（6）超强台风（Super typhoon）

底层中心附近最大平均风速达到≥ 51.0 m/s（相当于风力 16 级或以上）。

本年鉴所用时间一律为北京时（特别标注除外）。

2. 热带气旋的概述及特点

西北太平洋台风（台风、强台风、超强台风简称台风）、强热带风暴和热带风暴出现次数等统计表（表 1.1.1 ～ 1.1.7）中的“常年平均”均指 1951—2010 年 60 年的气候平均值。

3. 热带气旋中心位置资料表

（1）“中心气压”指热带气旋中心附近海平面最低气压。

（2）“最大风速”指热带气旋底层中心附近最大平均风速。

（3）“△”表示热带气旋已转变为温带气旋。

4. 热带气旋纪要表

（1）“发现点”指热带气旋路径的起始点，由于资料所限，此点不一定是它真正的源地。

（2）热带气旋在我国的登陆地点，一般精确到县或市，如广东徐闻，即广东省徐闻县。登陆地点也可跨县或市，如台湾新港花莲。自 2018 年起，经第八届全国台风及海洋气象专家工作组会议审议决定，除台湾、舟山、香港、海南以外，新增福建省平潭市东山县和广东省汕头市南澳岛（县）为台风登陆点。热带气旋在我国登陆后越过海面，再次在我国登陆，则依次列出登陆地点。

（3）“转向”指路径总的趋向由偏西方向转为向偏东方向移动。

东转向：东经 140° 以东转向。中转向：东经 125° ～ 140° 之间转向。西转向：东经 120° ～ 125° 之间转向。南海转向：在南海海面或台湾海峡转向。登陆转向：在我国登陆后转向。

5. 热带气旋降水

（1）热带气旋和其他天气系统共同造成的降水，仍列入整编。

（2）“日降水量图”指前一日 20 时—当日 20 时的降水总量分布。

“总降水量图”指一次热带气旋过程中在我国引起的降水总量分布。按 10 mm、25 mm、50 mm、100 mm、200 mm……等级分析等雨量线，如等值线很密时可跨级分析。大的降水中心，一般标注其最大的总降水量数值。

（3）“降水日数图”指一次热带气旋过程中在我国引起的降水总量≥ 10 mm 的降水日数分布图。

（4）我国沿海岛屿的总降水量和降水日数，由于距离陆地较远，不进行分析，用数字标注。

6. 热带气旋大风

（1）热带气旋与其他天气系统共同造成的大风，仍列入整编。

（2）“大风区域演变图”指一次热带气旋过程中逐日的风区演变。本年鉴大风区是根据卫星微波遥感洋面风信息 ASCAT 资料分析而成，图中标注的是日期，时间为每一天 08 时；点线表示 6 级风以上区域，点短划线表示 8 级风以上区域，实线表示 10 级风以上区域。

7. 灾情

由应急管理部国家减灾中心提供。

8. 云图

卫星云图根据中国气象局国家卫星气象中心提供的云图资料绘制。

9. 500 hPa 高度场

采用 NCEP/NCAR 再分析格点（2.5°×2.5°）资料绘制。

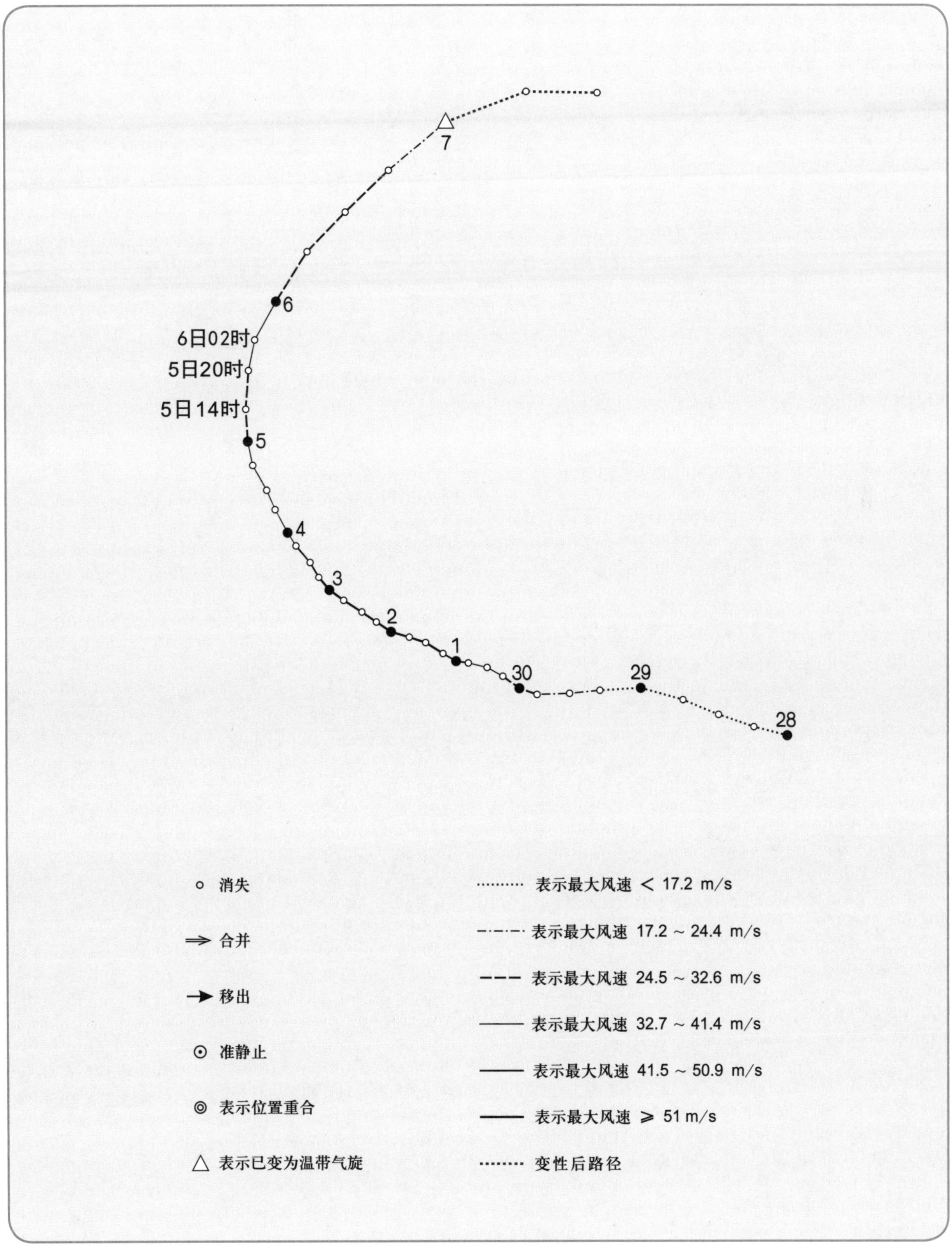
7
6
6日02时
5日20时
5日14时
5
4
3
2
1
30
29
28
消失
合并
移出
准静止
表示位置重合
表示已变为温带气旋
表示最大风速 < 17.2 m/s
表示最大风速 17.2 ~ 24.4 m/s
表示最大风速 24.5 ~ 32.6 m/s
表示最大风速 32.7 ~ 41.4 m/s
表示最大风速 41.5 ~ 50.9 m/s
表示最大风速 ⩾ 51 m/s
变性后路径

热带气旋路径图例

目　录

1 2018 年热带气旋概述

1.1　2018 年热带气旋活动特点及影响

1.1.1　2018 年热带气旋活动特点

（1）热带气旋生成频数偏多，生成时间集中

2018 年西北太平洋和南海的热带气旋共有 34 个，其中超强台风 7 个，强台风 4 个，台风 3 个，强热带风暴 8 个，热带风暴 7 个，热带低压 5 个（图 1.1.1、表 1.1.1）。达到热带风暴级别以上的热带气旋为 29 个，较常年平均（约 27 个）偏多 2 个。

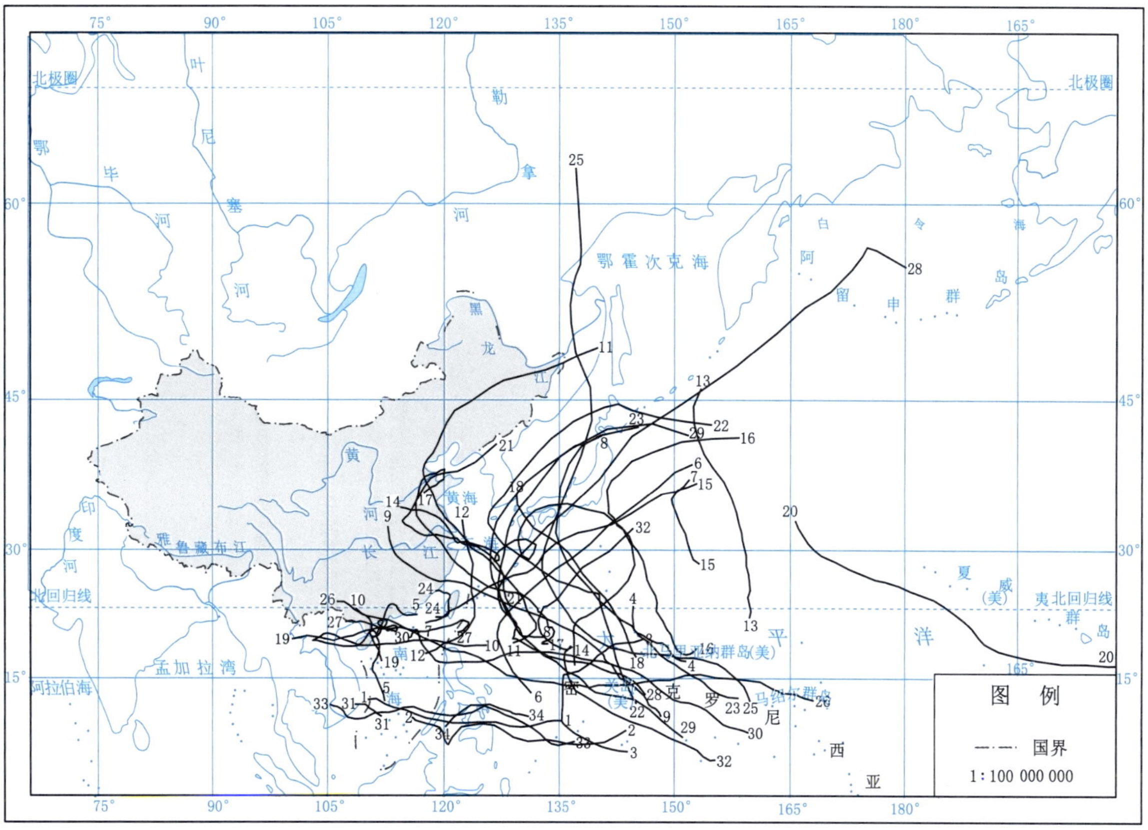

图 1.1.1　2018 年热带气旋路径图

从 2018 年西北太平洋和南海的热带气旋（除热带低压外）生成月际分布看（图 1.1.2），4 月、5 月和 12 月没有热带气旋生成，9 月和 10 月较常年偏少，其他月份都较常年偏多。热带气旋生成的时间集中，其中 6—8 月共有 18 个热带气旋生成，占全年 62.1%，与常年平均相比，偏多了 6.5 个。特别是 8 月份共有 9 个热带气旋生成，比常年平均偏多 3.3 个，其中 8—18 日 11 天内有 7 个热带气旋相继生成。

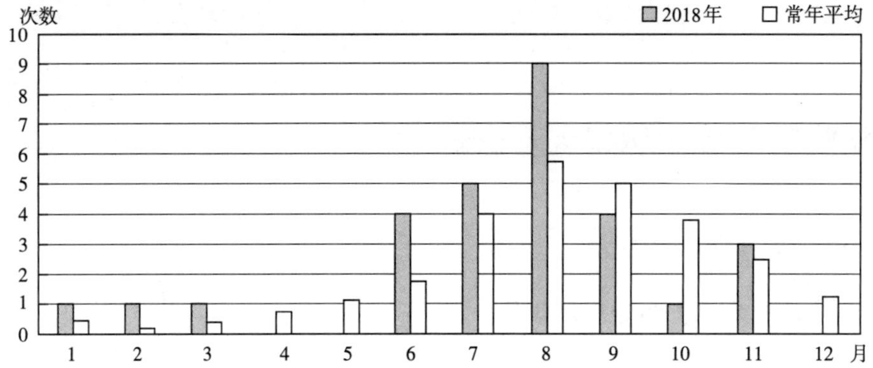

图 1.1.2　西北太平洋和南海台风、强热带风暴、热带风暴出现次数

2018 年南海台风活动偏多。年度中南海海域共有 13 个热带气旋活动，超强台风 2 个、台风 1 个、强热带风暴 2 个、热带风暴 6 个、热带低压 2 个。热带风暴级以上的热带气旋出现次数多于常年平均，在南海海域生成为热带风暴级以上的热带气旋有 7 个，另有 4 个则由西北太平洋移入南海海域，共有 11 个。月际分布与常年相比，南海海域 3—5 月和 12 月没有热带气旋（除热带低压）活动，7 月、8 月和 10 月较常年平均偏少，其他月份较常年平均偏多（图 1.1.3、表 1.1.2）。

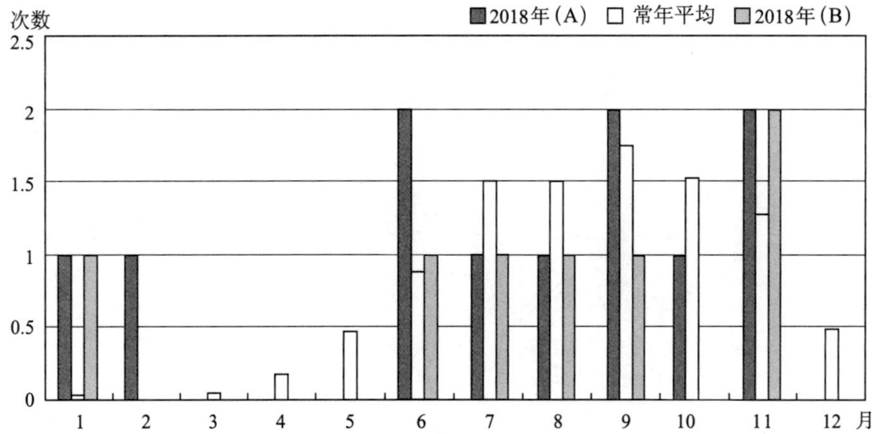

图 1.1.3　南海台风、强热带风暴、热带风暴出现次数

注：（A）西北太平洋进入南海和南海产生的台风、强热带风暴、热带风暴出现次数；
（B）南海产生的台风、强热带风暴、热带风暴或由西北太平洋产生的热带低压移入南海后加强为热带风暴级的出现次数。

（2）热带气旋生成源地偏东、南海热带气旋活动偏多

2018 年西北太平洋热带气旋生成源地平均位置为（139.6°E，15.0°N），其中 1817 号“郝克托”在东北太平洋生成后移入西北太平洋，本节只统计其在西北太平洋期间的活动特征。2018 年热带气旋生成源地主要集中在 120 ~ 150°E 之间，共有 16 个热带气旋在此区域生成，占全年总数的 47.1%；150°E 以东生成热带气旋 11 个（包括 2 个热带低压），占全年总数的 32.4%；生成源地位于南海海域的热带气旋有 6 个，其中包括 2 个热带低压。

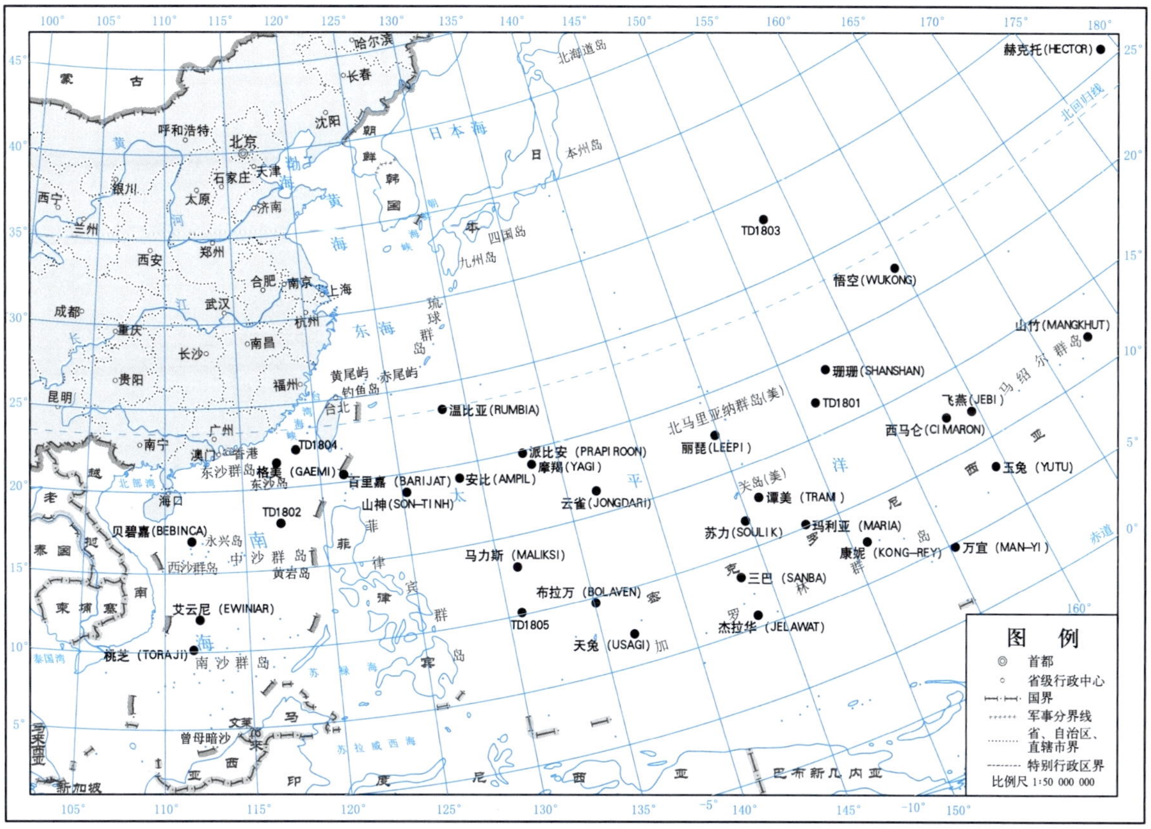

图 1.1.4　2018 年热带气旋生成源地位置图

2018 年热带气旋（除热带低压外）在西北太平洋海域生成源地最南的是第 1828 号强台风“万宜”（Man-Yi），生成位置为（4.7°N、155.3°E）；生成源地最北的是第 1818 号强热带风暴“温比亚”（Rumbia），生成位置为（25.0°N、128.4°E）；生成源地最西的是第 1816 号强热带风暴“贝碧嘉”（Bebinca）和 1827 号热带风暴“桃芝”（Toraji），分别形成于（16.9°N、111.7°E）和（10.1°N、111.7°E）。1817 号热带气旋“赫克托”（Hector）由东北太平洋移入西北太平洋，其生成源地最东，位于（12.5°N、63.9°W）；除此之外，西北太平洋生成源地最东的是第 1822 号超强台风“山竹”（Mangkhut），生成位置为（12.1°N、167.8°E）。

（3）热带气旋路径趋势以中转向和西行为主

2018 年生成的热带气旋路径趋势以转向路径为主，其中中转向 9 个、东转向 1 个、登陆后转向 2 个。其次分别为西行路径（8 个）、西北行（6 个）、北行（2 个），回旋路径（1 个）。从转向路径的月际分布来看，3 月和 6—8 月转向路径多于常年平均，尤其是 8 月转向路径为 4 个，较常年平均多了 1.6 个；9—11 月少于常年平均，其余月份转向路径均未出现（图 1.1.5、表 1.1.3）。

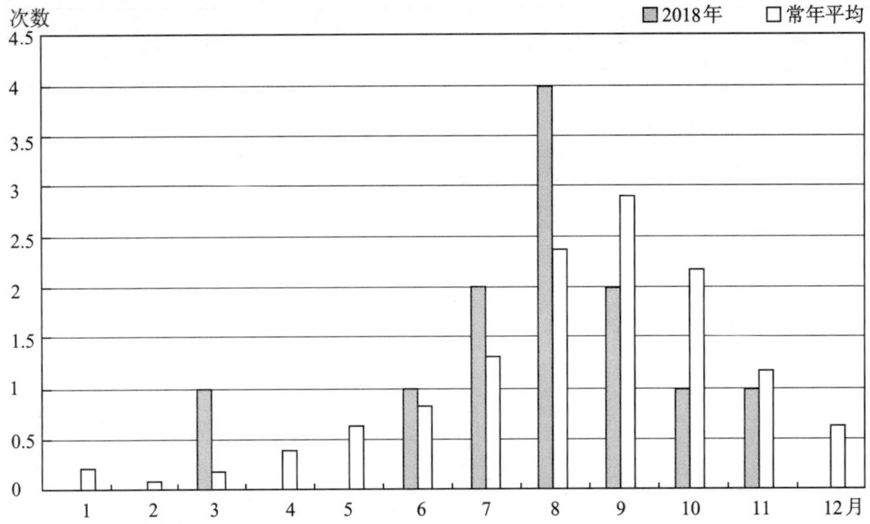

图 1.1.5　台风、强热带风暴、热带风暴转向次数（以转向点的时间统计）

（4）热带气旋平均强度偏弱、但超强台风偏多

2018年热带气旋(不包括热带低压)强度偏弱,平均强度为37.5 m/s(13级),略低于多年平均(40.3 m/s,13 级)。热带风暴两风级（近中心最大风速为 17.2 ～ 32.6 m/s）有 14 个，占全年总数的 48.3%，较常年平均（37.7%）偏多 0.6%。台风和强台风级（近中心最大风速为 32.7 ～ 41.4 m/s 和 41.5 ～ 50.9 m/s）的热带气旋出现频率较常年平均偏少，而超强台风（近中心最大风速为≥ 51.0 m/s）出现频率为 27.6%，较常年平均（21.9%）偏多 5.7%。

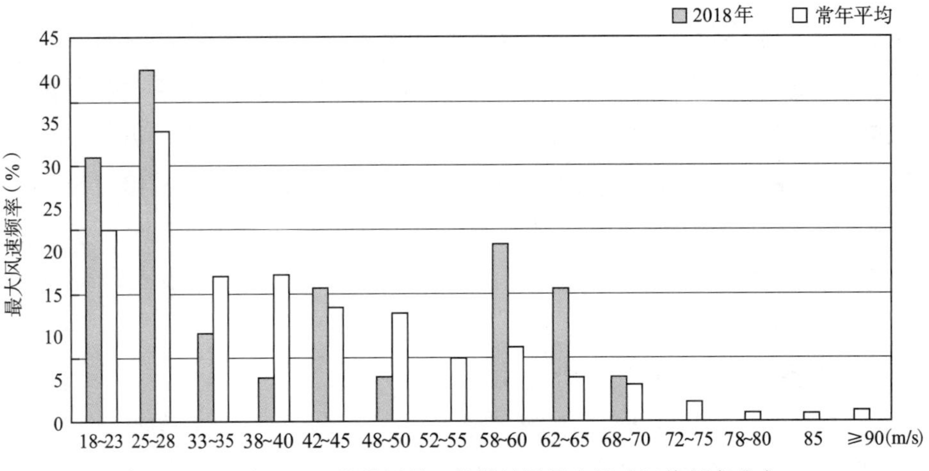

图 1.1.6　台风、强热带风暴、热带风暴最大风速极值频率分布

近中心最低气压极值以 980 ～ 989 hPa 的频率最多，占全年频率总数的 27.6%；近中心最低气压极值低于 930 hPa 的频率（24.1%）比常年平均（12.6%）显著偏多，近中心最低气压极值在 930 ～ 949 hPa、960 ～ 979 hPa、990 ～ 999 hPa 的频率小于常年平均值（图 1.1.7、表 1.1.5）。

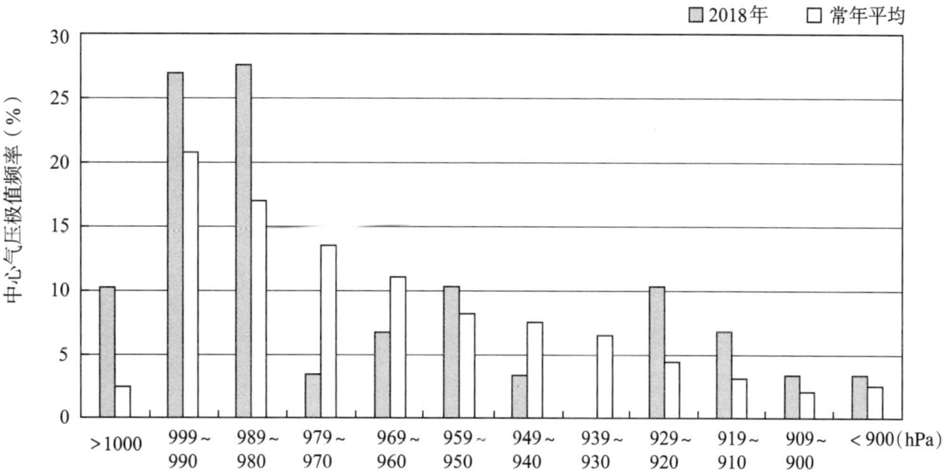

图 1.1.7　台风、强热带风暴、热带风暴中心气压极值频率分布

（5）热带气旋生命史偏短

2018 年西北太平洋热带气旋（除热带低压外）平均生命史为 192 小时（8 天），达到热带风暴级以上的生命史为 128 小时(5.3 天)。本年度中热带气旋生命史 7 天及以下的有 14 个，占总数(不含热带低压) 的 48%；8 ～ 9 天的共有 9 个，占总数的 31%；超过 10 天以上的有 6 个，占总数的 21%。其中，1817 号热带气旋 “赫克托”（Hector）是从东北太平洋移入西北太平洋的，本段只统计其在西北太平洋活动期间的特征。本年度持续时间最长的是第 1826 号超强台风 “玉兔”（Yutu），它于 10 月 21 日早晨由位于马绍尔群岛以北约 200km 的西北太平洋洋面上的一个热带低压发展形成。形成后稳定向偏西方向移动，24 日凌晨增强至超强台风，30 日凌晨登陆吕宋岛东部沿海，之后穿过吕宋岛进入南海海域，并于 3 日下午在南海海域消散。整个生命史为 15.75 天。持续时间最短的是 1827 号热带风暴“桃芝”(Toraji)，它于 11 月 17 日早晨由位于南沙群岛以西约 100km 的南海海面上一个热带低压发展形成。形成后低压中心向西北方向移动，于 18 日下午在越南宁顺省沿海登陆，随后转向西行，夜间迅速在越南境内消散。热带风暴 “桃芝”（Toraji）从生成到消亡仅 2 天。

（6）登陆个数和次数偏多、登陆时间集中、登陆强度偏弱

2018 年登陆我国的热带气旋有 12 个，共有 20 次登陆，登陆个数和次数较常年平均（9 个 /12 次）显著偏多。热带气旋登陆时间集中，全部在 6—9 月之间登陆，尤其是 8 月 12—17 日的 6 天内，“摩羯”“贝碧嘉” 和 “温比亚” 3 个热带气旋先后登陆 6 次。从月分布看，6— 8 月都较常年平均偏多，其中 8 月登陆台风最多，为 5 个；9 月与常年平均持平；其他月份均没有热带气旋登陆。

从热带气旋登陆地区分布看，广东 7 次、海南 4 次、上海 3 次，浙江、福建和台湾各 2 次、山东 1 次。其中 1812 号强台风 “云雀”（Jongdari）登陆浙江平湖—上海金山交界，在表 1.1.7 的分省统计中，浙江和上海各算登陆 1 次；在全年合计中，只算登陆 1 次。本年度登陆广东、海南、上海、浙江、山东和福建的次数都较常年平均偏多，尤其是上海本年度有 3 个热带气旋直接登陆，打破了 1949 年以来的历史记录。

从热带气旋登陆强度来看，平均登陆强度风速为 21.9 m/s、气压为 987.5 hPa，明显弱于多年平均登陆强度值。其中，登陆强度为热带气压的有 7 次，占总数的 35%；为热带风暴级和强热带风暴级的有 11 次，占总数的 55%；仅有 1 次为强台风级和 1 次为台风级（图 1.1.8、表 1.1.6 和表 1.1.7）。其中，1822 号台风“山竹”登陆广东珠海时中心风速达 42 m/s（14 级），为本年度登陆我国的最强台风。

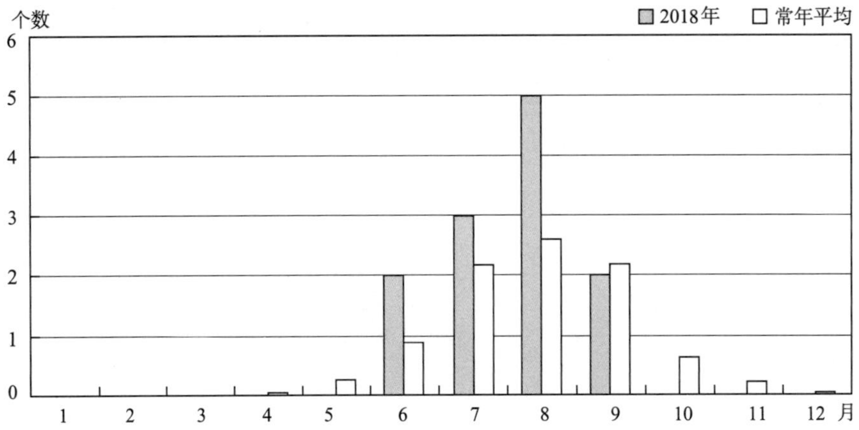

图 1.1.8　热带气旋登陆中国的个数

1.1.2　2018 年严重影响我国的热带气旋概况

2018 年共有 20 个热带气旋给我国带来风雨影响，且在海南、广东、广西、贵州、云南、湖南、江西、安徽、福建、浙江、上海、江苏、河南、山东、河北、北京、天津、内蒙古、辽宁、吉林、黑龙江的 21 个省（区、市）引发了不同程度的灾情和经济损失，总计受灾人数达到 3260.6 万人，死亡人口 80 人，失踪人口 3 人，紧急转移人口 366.6 万人，农作物受灾面积达到 3332.8 千公顷，农作物绝收面积 357.7 千公顷，倒塌房屋 2.37 万间，直接经济损失达到 697.3 亿元。其中 1818 号强热带风暴“温比亚”（Rumbia）是 2018 年影响我国时造成的灾情和经济损失最为严重的台风。

第 1818 号强热带风暴“温比亚”（Rumbia）是由 8 月 14 日下午位于我国台湾岛以东约 680 km 的西北太平洋洋面上一个热带低压发展形成。形成后低压中心向北偏西方向移动，于 15 日早晨进入东海海域，下午强度增强为热带风暴，并于 17 日 04 时 05 分在上海浦东沿海登陆，登陆时中心附近最大风速 23 m/s，中心最低气压 982 hPa。强热带风暴“温比亚”登陆后强度减弱为热带风暴，向偏西方向移动，途经江苏、安徽，18 日下午进一步减弱为热带低压，之后迅速转向东北，经过山东，于 20 日早晨进入渤海湾并发生变性，之后 21 日凌晨在朝鲜境内消散。

受强热带风暴“温比亚”(Rumbia) 影响，8 月 16—21 日，江西星子、浙江北部部分、江苏中南部大部、安徽大部、湖北东南部局部、河南中东部部分、山西南部局部、山东沿海大部、辽宁南部沿海局部最大风力 6 ～ 7 级、阵风 7 ～ 11 级；浙江嵊泗、上海洋山港、江苏西连岛、山东泰山、成山头和长岛、天津 A 平台出现最大风力 8 ～ 9 级、阵风 9 ～ 12 级，浙江嵊泗出现最大风力 9 级（22.2 m/s）、阵风 12 级（33.3 m/s），为本次强热带风暴影响过程风极值。

受其影响，8 月 15—21 日，重庆西南部局部、湖南东北部局部、湖北东南部大部、江西局部、福建大部、浙江大部、安徽南部局部、江苏北部部分、山东局部、河南局部、山西东部局部、河北中南部大部、天津南部部分、辽宁中部部分、吉林大部、黑龙江大部、内蒙古东部局部总雨量为

10 ～ 50 mm；江西庐山、湖北东南部局部、福建中北部局部、浙江北部偏北大部及其余局部、上海大部、江苏大部、安徽大部、河南中东部大部、山东大部、河北南部部分、天津大港、辽宁南部部分、吉林南部局部及乾安、黑龙江东宁总雨量为 50 ～ 150 mm；湖北鸡公山、安徽部分、浙江北仑、江苏南部部分及西北部局部、河南东北部部分、山东大部、辽宁南部沿海大部总雨量为 150 ～ 300 mm；苏皖豫鲁交界附近及山东青州总雨量为 300 ～ 431 mm，其中，安徽淮北总雨量为 430.2 mm，为本次强热带风暴影响过程的总雨量极值。

受"温比亚"在上海登陆西行环流影响，8 月 17 日，浙江北部、上海、江苏中南部和安徽中南部出现大面积暴雨到大暴雨；18 日，大面积暴雨区北移至安徽中北部、河南东部和山东南部，河南东北部出现 4 站日雨量超 300mm 的特大暴雨，其中，河南商丘日雨量 363.6mm，11 时雨量 93.9mm，分别为本次强热带风暴影响过程的日雨量及时雨量极值；19 日，大面积暴雨区继续滞留于河南东部和山东大部，山东出现 43 站大暴雨和 2 站特大暴雨；20 日，随着"温比亚"快速向东北移动，山东东部和辽宁南部出现了暴雨到大暴雨，局部特大暴雨；20 日，雨势减弱，雨区北移。

另据山东当地自动站资料，8 月 17—20 日，山东出现大面积暴雨到大暴雨，局部特大暴雨，山东平均降雨量 135.5 mm，超过 9711 号台风"温妮"，为有气象记录以来首位；过程总雨量超过 400 mm 的气象观测站有 3 个，300 ～ 400 mm 有 49 个，200 ～ 300 mm 有 255 个，12 个站的 3 日连续降水量突破历史极值；20 日 0 时潍坊昌邑龙池雨量 121.4 mm。

受强热带风暴"温比亚"（Rumbia）的影响，河北、辽宁、上海、江苏、浙江、安徽、山东和河南省（市）出现了一定程度的灾情，总计受灾人数达到 1800.4 万人，死亡人口 52 人，失踪人口 1 人，紧急转移人口 45.4 万人，农作物受灾面积达到 2014.9 千公顷，农作物绝收面积 249.3 千公顷，倒塌房屋 1.5 万间，直接经济损失高达 369.1 亿元（表 2.21.2）。

表 1.1.1　近十年西北太平洋台风、强热带风暴、热带风暴出现次数（2009—2018 年）

年份	1月	2月	3月	4月	5月	6月	7月	8月	9月	10月	11月	12月	合计
2009					2	2	4	4	7	3	1		23
2010			1				2	5	4	2			14
2011					2	3	4	3	7	1		1	21
2012			1		1	4	4	5	5	3	1	1	25
2013	1	1				4	3	7	7	6	2		31
2014	2	1		2		2	5	1	5	2	2	1	23
2015	1	1	2	1	2	2	4	4	4	4	1	1	27
2016							4	8	6	5	2	1	26
2017				1		1	8	6	4	4	2	2	28
2018	1	1	1			4	5	9	4	1	3		29
常年平均	0.43	0.18	0.38	0.72	1.12	1.75	4.00	5.77	5.03	3.80	2.48	1.25	26.92

表 1.1.2　近十年南海台风、强热带风暴、热带风暴出现次数（2009—2018 年）

年份	1 月	2 月	3 月	4 月	5 月	6 月	7 月	8 月	9 月	10 月	11 月	12 月	合计
2009(A)					1	2	2	1	3	2			11
2010(A)							2	2	1	1			6
2011(A)						2	1		2	2		1	8
2012(A)			1			2	1	2	1	1	1	1	10
2013(A)	1	1				2	2	2	2	2	2		14
2014(A)		1				2	1		2		1	2	9
2015(A)			1			1	1		1	2		1	7
2016(A)							2	1	2	3	1	1	10
2017(A)						1	4	3	2	1	3	3	17
2018(A)	1	1				2	1	1	2	1	2		11
常年平均	0.03	0.00	0.05	0.17	0.47	0.88	1.53	1.52	1.75	1.52	1.28	0.48	9.68
2009(B)					1	1	1	1	2				6
2010(B)							1	2	1				4
2011(B)						2			1				3
2012(B)			1			1	1		1				4
2013(B)		1				1	1	1	1		1		6
2014(B)						1					1		2
2015(B)						1			1				2
2016(B)							1	1	1				3
2017(B)						1	4	1	2		3		11
2018(B)	1					1	1	1	1		2		7

注：（A）西北太平洋进入南海和南海产生的台风、强热带风暴、热带风暴出现次数；

（B）南海产生的台风、强热带风暴、热带风暴或由西北太平洋产生的热带低压移入南海后增强为热带风暴级的出现次数。

表 1.1.3　近十年台风、强热带风暴、热带风暴转向次数（2009—2018 年）

年份	1 月	2 月	3 月	4 月	5 月	6 月	7 月	8 月	9 月	10 月	11 月	12 月	合计
2009								4	1	3			8
2010								1	4	2			7
2011					2	1	1	2	2				8
2012					1	2	1	1	2	3	1		11

（续表）

年份	1 月	2 月	3 月	4 月	5 月	6 月	7 月	8 月	9 月	10 月	11 月	12 月	合计
2013						1		1	2	5			9
2014						1	2	1	3	2	1		10
2015					2		1	4	3	2	1		13
2016								2	3	3	2		10
2017				1		1	1	2	2	2			9
2018			1			1	2	4	2	1	1		12
常年平均	0.20	0.08	0.18	0.38	0.62	0.83	1.32	2.37	2.90	2.17	1.17	0.62	12.83

表 1.1.4　近十年台风、强热带风暴、热带风暴中心最大风速极值频率分布（2009—2018 年）

年份	频率（%）														
	18 ～ 23	25 ～ 28	33 ～ 35	38 ～ 40	42 ～ 45	48 ～ 50	52 ～ 55	58 ～ 60	62 ～ 65	68 ～ 70	72 ～ 75	78 ～ 80	85	≥ 90	合计
2009	21.74	21.74	8.70	17.39	4.35	4.35	4.35	4.35	8.70	4.35					100
2010	14.29	28.58	21.43		14.29	7.14	7.14				7.14				100
2011	38.10	23.81	9.52		4.76	4.76	4.76	4.76	9.52						100
2012	12.00	28.00	4.00	12.00	16.00	8.00	4.00	8.00	8.00						100
2013	29.03	22.58	6.45	3.23	12.90	6.45	3.23	9.68	3.23			3.23			100
2014	26.09	26.09	4.35		8.70	4.35	4.35	4.35	4.35	13.04	4.35				100
2015	14.81	7.41	7.41		11.11	3.70	25.93	14.81	11.11	3.70					100
2016	30.77	19.23	3.85		7.69	7.69	11.54	3.85	3.85	3.85	7.69				100
2017	39.29	17.86	3.57	10.71	14.29		10.71	3.57							
2018	20.69	27.59	6.90	3.45	10.34	3.45	0.00	13.79	10.34	3.45					100
常年平均	14.92	22.73	11.39	11.58	8.98	8.48	4.95	5.70	3.34	2.79	2.35	0.93	0.74	1.12	100

表 1.1.5　近十年台风、强热带风暴、热带风暴中心最低气压极值频率分布（2009—2018 年）

年份	气压（hPa）												
	1004 ～ 1000	999 ～ 990	989 ～ 980	979 ～ 970	969 ～ 960	959 ～ 950	949 ～ 940	939 ～ 930	929 ～ 920	919 ～ 910	909 ～ 900	< 900	合计
2009		21.74	17.39	8.70	17.39	8.70	4.35	4.35	4.35	8.70	4.35		100
2010		21.43	21.43	21.43		14.29	7.14	7.14				7.14	100
2011	4.76	28.57	19.05	14.29		4.76	4.76	9.52	4.76	9.52			100
2012		12.00	24.00	8.00	20.00	8.00	8.00		8.00	12.00			100

（续表）

年份	气压（hPa）												
	1004～1000	999～990	989～980	979～970	969～960	959～950	949～940	939～930	929～920	919～910	909～900	< 900	合计
2013	12.90	12.90	22.58	6.45	3.23	12.90	9.68	3.23	6.45	6.45		3.23	100
2014	4.35	21.74	26.09	4.35	4.35	4.35	4.35	4.35	4.35	4.35	13.04	4.35	100
2015		18.52	3.70	7.41		11.11	7.41	33.33	7.41	7.41	3.70		100
2016		26.92	23.08	3.85		7.69	11.54	7.69	3.85	3.85	3.85	7.69	100
2017	3.57	35.71	17.86	3.57	10.71	14.29		10.71	3.57				100
2018	10.34	13.79	27.59	3.45	6.90	10.34	3.45		10.34	6.90	3.45	3.45	100
常年平均	2.54	20.81	17.15	13.50	11.08	8.24	7.62	6.56	4.58	3.22	2.11	2.72	100

表 1.1.6　近十年在我国登陆的热带气旋个数（2009—2018 年）

年份	1月	2月	3月	4月	5月	6月	7月	8月	9月	10月	11月	12月	合计
2009						2	3	2	2	2			11
2010							2		4	2			8
2011						3	1	1	1	1			7
2012						1	1	5					7
2013						1	3	4	1	1			10
2014						1	2	1	3				7
2015						1	1	1	1	1			5
2016					1		2	2	2	2			9
2017						1	3	2	2	1			9
2018						2	3	5	2				12
常年平均	0.00	0.00	0.00	0.03	0.27	0.90	2.18	2.60	2.20	0.63	0.23	0.03	9.08

表 1.1.7　近十年热带气旋在我国登陆的地区分布（2009—2018 年）

年份	广西	广东（香港）	海南	台湾	福建	浙江	上海	江苏	山东	辽宁	天津	合计
2009		4/5	4	2	1/3							11/14
2010		1	2	1	4/5							8/9
2011		2/4	3	1	0/1				1			7/10
2012		3		2	0/1	1		1				7/8
2013		3	2	1	3/4	1						10/11
2014	0/1	2/4	2	2/3	1/2	0/1	0/1		0/1			7/15

（续表）

年份	广西	广东（香港）	海南	台湾	福建	浙江	上海	江苏	山东	辽宁	天津	合计
2015		2	1	2	0/2							5/7
2016	0/1	4	2	2	1/3							9/12
2017		6	1	2	0/2							9/11
2018*		3/7	2/4	2/2	1/2	2/2	3/3		0/1			12/20
常年平均	0.03/0.55	3.38/3.97	2.22/2.35	2.07/2.13	0.58/1.82	0.55/0.68	0.02/0.07	0.05/0.08	0.15/0.25	0.05/0.22	0/0.02	9.10/12.13

注：分母为首次和多次登陆次数，分子为第一次登陆次数，如两者相同，则用整数表示。

* 2018 年 1812 号强台风“云雀”（Jongdari）登陆浙江平湖—上海金山交界，在表 1.1.7 的分省统计中，浙江和上海各算登陆 1 次；在全年合计中，只算登陆 1 次。

1.2　2018 年热带气旋纪要表

2018 年热带气旋纪要表

序号	中央气象台编号	国际编号	中英文名称	起讫日期（月．日）	强度	达到热带风暴强度开始日期（月．日）	中心气压极值（hPa）	最大风速极值（m/s）	发现点		路径趋势
									北纬（度）	东经（度）	
1	1801	1801	布拉万 Bolaven	12.31—1.4	热带风暴	1.3	1000	18	9.6	135.1	西行
2	1802	1802	三巴 Sanba	2.10—2.16	热带风暴	2.11	1000	18	8.4	143.5	西行
3	1803	1803	杰拉华 Jelawat	3.24—4.1	超强台风	3.25	920	60	5.7	143.7	中转向
4				5.11—5.14	热带低压		1002	15	16.9	151.3	西北行
5	1804	1804	艾云尼 Ewiniar	6.2—6.10	热带风暴	6.5	990	23	12	112.1	北上
6	1805	1805	马力斯 Maliksi	6.6—6.12	强热带风暴	6.8	975	30	13	131.1	中转向
7	1806	1806	格美 Gaemi	6.13—6.20	热带风暴	6.16	990	20	21.5	117.3	东北行
8	1807	1807	派比安 Prapiroon	6.28—7.5	台风	6.29	960	35	19.8	132.9	中转向
9	1808	1808	玛利亚 Maria	7.3—7.13	超强台风	7.4	925	58	10.1	148	西北行
10	1809	1809	山神 Son-Tinh	7.16—7.24	热带风暴	7.17	988	23	18.8	125.3	西行
11	1810	1810	安比 Ampil	7.18—7.26	强热带风暴	7.18	980	28	19.1	128.7	登陆后转向
12				7.21—7.24	热带低压		998	15	17.8	117.3	东北行

（续表）

序号	中央气象台编号	国际编号	中英文名称	起讫日期（月.日）	强度	达到热带风暴强度开始日期（月.日）	中心气压极值（hPa）	最大风速极值（m/s）	发现点		路径趋势
									北纬（度）	东经（度）	
13	1811	1811	悟空 Wukong	7.22—7.27	强热带风暴	7.23	980	30	22.1	159.5	北行
14	1812	1812	云雀 Jongdari	7.23—8.5	强台风	7.24	955	42	16.4	136.8	西北行
15				7.30—8.2	热带低压		1000	15	28.3	153.0	东转向
16	1813	1813	珊珊 Shanshan	8.2—8.11	台风	8.3	960	40	18.5	152.7	东转向
17	1814	1814	摩羯 Yagi	8.7—8.16	强热带风暴	8.8	980	28	19.0	133.3	西北行
18	1815	1815	丽琵 Leepi	8.10—8.15	强热带风暴	8.11	982	28	17.4	144.8	西北行
19	1816	1816	贝碧嘉 Bebinca	8.9—8.18	强热带风暴	8.12	982	28	16.9	111.7	徊旋
20	1817	1817	赫克托 * Hector	8.14—8.16	热带风暴	8.14	995	20	25.8	179.0	西行
21	1818	1818	温比亚 Rumbia	8.14—8.21	强热带风暴	8.15	982	25	23.4	128.4	登陆后转向
22	1819	1819	苏力 Soulik	8.15—8.27	强台风	8.16	950	45	11.7	144.8	中转向
23	1820	1820	西马仑 Cimaron	8.17—8.25	强台风	8.18	945	48	12.4	158.1	中转向
24				8.22—8.26	热带低压		994	15	22.2	118.6	北上
25	1821	1821	飞燕 Jebi	8.27—9.7	超强台风	8.28	905	65	12.0	159.6	中转向
26	1822	1822	山竹 Mangkhut	9.7—9.17	超强台风	9.7	910	65	12.1	167.8	西行
27	1823	1823	百里嘉 Barijat	9.8—9.14	强热带风暴	9.11	990	25	20.4	121.5	西行
28	1824	1824	潭美 Trami	9.20—10.3	超强台风	9.21	920	60	12.8	146	中转向
29	1825	1825	康妮 Kong-Rey	9.28—10.7	超强台风	9.29	915	62	7.5	150.9	中转向
30	1826	1826	玉兔 Yutu	10.21—11.3	超强台风	10.22	895	70	8.1	159.4	西行
31	1827	1827	桃芝 Toraji	11.17—11.18	热带风暴	11.17	1002	18	10.1	111.7	西北行
32	1828	1828	万宜 Man-Yi	11.20—11.29	强台风	11.20	955	42	4.7	155.3	中转向

（续表）

序号	中央气象台编号	国际编号	中英文名称	起讫日期（月.日）	强度	达到热带风暴强度开始日期（月.日）	中心气压极值（hPa）	最大风速极值（m/s）	发现点 北纬（度）	发现点 东经（度）	路径趋势
33	1829	1829	天兔 Usagi	11.18—11.26	台风	11.22	980	33	7.0	136.8	西行
34				12.27—12.30	热带低压		1000	15	10.1	130.8	西行

*1817 号热带气旋”赫克托 HECTOR”由东北太平洋移入西北太平洋，本表格中统计的是该热带气旋在西北太平洋活动期间的特征。

1.3　2018 年登陆的热带气旋纪要表

2018 年登陆我国的热带气旋纪要表

序号	中央气象台编号	国际编号	中英文名称	强度	在我国登陆 地点	时间	最大 风力（级）	最大 风速（m/s）	中心最低气压（hPa）
1	1804	1804	艾云尼 Ewiniar	热带风暴	广东徐闻	6 月 6 日 06 时 10 分	8	20	992
					海南海口	6 月 6 日 13 时	8	18	995
					广东阳江	6 月 7 日 20 时 30 分	9	23	990
2	1806	1806	格美 Gaemi	热带风暴	台湾高雄	6 月 15 日 08 时	7	15	992
3	1808	1808	玛利亚 Maria	超强台风	福建连江	7 月 11 日 08 时 50 分	13	38	965
4	1809	1809	山神 Son-Tinh	热带风暴	海南万宁	7 月 18 日 04 时 50 分	9	23	984
					海南东方	7 月 22 日 19 时 20 分	7	15	990
					广东徐闻	7 月 23 日 10 时 20 分	7	15	994
5	1810	1810	安比 Ampil	强热带风暴	上海崇明	7 月 22 日 12 时 30 分	10	28	982
6	1812	1812	云雀 Jongdari	强台风	浙江平湖—上海金山	8 月 3 日 11 时 35 分	9	23	988
7	1814	1814	摩羯 Yagi	强热带风暴	浙江温岭	8 月 12 日 23 时 35 分	10	28	980
					山东潍坊	8 月 15 日 19 时 50 分	8	18	998
8	1816	1816	贝碧嘉 Bebinca	强热带风暴	海南琼海	8 月 10 日 09 时	7	15	998
					广东阳江	8 月 11 日 10 时 50 分	7	15	998
					广东雷州	8 月 15 日 21 时 40 分	9	23	985
9	1818	1818	温比亚 Rumbia	强热带风暴	上海浦东	8 月 17 日 04 时 05 分	9	23	982

（续表）

序号	中央气象台编号	国际编号	中英文名称	强度	在我国登陆				
					地点	时间	最大		中心最低气压（hPa）
							风力（级）	风速（m/s）	
10				热带低压	台湾高雄	8月23日06时	7	15	992
					福建莆田	8月25日09时40分	7	15	994
11	1822	1822	山竹 Mangkhut	超强台风	广东台山	9月16日16时50分	14	42	960
12	1823	1823	百里嘉 Barijat	强热带风暴	广东湛江	9月13日08时30分	10	25	990

1.4 2018年热带气旋对我国的影响简表

2018年热带气旋对我国的影响简表

中央气象台编号	中英文名称	热带气旋对我国的影响			
		项目	时间（月.日）	概况	极值
1801	布拉万 Bolaven	大风	1.3—1.4	福建东山和海南三亚出现最大风力6级、阵风7～8级。	海南三亚 13.6（20.6）m/s
		降水	1.3—1.4	海南东南部局部总雨量为10～25 mm，海南岛其余大部及西沙、珊瑚出现小雨。	海南琼中 24.6 mm（2天）
1804	艾云尼 Ewiniar	大风	6.3—6.8	海南西沙和三亚、广东清远、高要、恩平、阳江出现最大风力6级、阵风7～9级。	海南西沙 13.4（17.7）m/s 广东阳江 13.2（21.9）m/s
		降水	6.3—6.10	海南局部、广东局部、广西东部和南部部分、福建沿海大部、湖南东部和南部部分、江西北部大部、浙江中北部大部和南部局部、湖北东南部大部、安徽中南部大部、江苏中部和上海南汇总雨量为10～50 mm；海南岛东南部大部、广东部分、广西东南部局部、湖南南部部分及东北部局部、江西中南部部分及北部局部、福建大部、浙江南部大部、湖北东南部局部、安徽中部部分及南部局部总雨量为50～150 mm；海南北部大部、广东部分、江西南部部分、福建中部部分及北部局部总雨量为150～300 mm；海南北部局部、广东珠江口附近地区及海丰县总雨量300～479 mm。	广东中山 478.6 mm（4天）
1806	格美 Gaemi	大风	6.14—6.16	福建沿海和浙江沿海局部出现最大风力6～7级、阵风7～8级。	福建三沙 14.6（20.3）m/s

（续表）

中央气象台编号	中英文名称	热带气旋对我国的影响			
		项目	时间(月.日)	概　况	极　值
1806	格美 Gaemi	降水	6.14—6.15	海南大部、广东局部、广西西南部、福建中北部局部、浙江南部沿海局部总雨量为 10 ～ 50 mm；海南西沙和海南岛北部部分总雨量为 50 ～ 140 mm。	海南临高 139.4 mm（2 天）
1807	派比安 Prapiroon	大风	7.2	浙江萧山出现最大风力 6 级（11.6 m/s）、阵风 7 级（15.0 m/s）。	浙江萧山 11.6（15.0）m/s
1808	玛利亚 Maria	大风	7.10—7.13	广东东北部、湖南局部、江西部分、福建沿海大部、浙江沿海大部、安徽南部部分、湖北咸丰、重庆云阳、河南嵩山、陕西丹凤出现最大风力 6 ～ 7 级、阵风 7 ～ 11 级；福建福州和九仙山、浙江玉环、安徽黄山出现最大风力 8 ～ 9 级、阵风 9 ～ 11 级；福建霞浦出现最大风力 10 级、阵风 14 级；福建罗源出现最大风力 12 级、阵风 17 级。	福建三沙 41.7（57.5）m/s
		降水	7.11—7.14	广东东北部部分、广西东北部局部、贵州东部局部、重庆东部局部、四川东部局部、湖南大部、江西大部、福建大部、浙江东南部部分、湖北部分、陕西南部局部、山西中南部部分、山东北部部分及南部局部、河南大部、河北中南部部分、天津局部、北京平谷总雨量为 10 ～ 50 mm；广东东北部局部、福建部分、浙江南部局部、湖南中北部部分、江西中部部分及庐山、重庆北部局部、湖北当阳和荆门、河南北部局部、山西中南部局部、河北南部大部、山东西北部大部、天津蓟县总雨量为 50 ～ 150 mm；湖南醴陵和安乡、浙江永嘉和温州、河北衡水和沧州南部及山东德州总雨量为 150 ～ 216 mm。	河北枣强 215.7 mm（2 天）
1809	山神 Son-Tinh	大风	7.17—7.23	海南东南部和西沙、广东清远、珠海和上川岛、广西崇左、来宾和田阳、福建东山和靖江出现最大风力 6 ～ 7 级、阵风 7 ～ 10 级；福建九仙山出现最大风力 8 级、阵风 10 级。	福建九仙山 20.5（27.1）m/s
		降水	7.17—7.25	海南西沙、广东中东部大部及西部局部、广西东部北部部分、云南中南部部分、贵州中南部大部、四川西南部局部、湖南大部、江西西南部部分、福建西南部局部总雨量为 10 ～ 50 mm；海南东北部部分及珊瑚、广东中西部部分及东部局部、广西大部、云南东南部部分、贵州西南局部、四川东南局部、湖南局部、江西南部局部总雨量为 50 ～ 150 mm；海南大部、广东西南沿海大部、广西南部部分及田林总雨量为 150 ～ 300 mm；海南万宁、乐东和昌江、广西、防城港及涠洲岛总雨量 300 ～ 426 mm。	海南万宁 425.6 mm（3 天）

（续表）

中央气象台编号	中英文名称	热带气旋对我国的影响			
		项目	时间(月.日)	概　况	极　值
1810	安比 Ampil	大风	7.21—7.25	浙江北部沿海、江西广丰、安徽黄山和郎溪、江苏中南部局部及赣榆、山东中东部部分、河北中南部局部、天津西青、辽宁东部大部及康平、内蒙古中部局部、吉林中部局部、黑龙江南部部分出现最大风力 6 ~ 7 级、阵风 7 ~ 10 级；浙江嵊泗、上海洋山港、江苏西连岛、山东泰山、天津 A 平台出现最大风力 8 ~ 9 级、阵风 9 ~ 11 级。	上海洋山港 23.7（28.0）m/s 浙江嵊泗 21.9（30.0）m/s
		降水	7.21—7.25	福建北部沿海局部、浙江大部、安徽东部局部、上海大部、江苏大部、山东部分、山西榆社、河北南部部分、北京大部、辽宁局部、内蒙古东部部分、吉林东北部部分、黑龙江中部部分总雨量为 10 ~ 50 mm；浙江沿海局部、上海东北局部、江苏沿海大部、山东部分、河北东部大部、北京东部部分、天津局部、辽宁西部局部、内蒙古东南部局部、吉林东北局部、黑龙江中部部分总雨量为 50 ~ 150 mm；山东五莲、河北东部局部、天津大部及黑龙江伊春总雨量为 150 ~ 225 mm。	天津宝坻 224.8mm（2 天）
TD01		降水	7.23—7.24	广东东部局部、江西南部局部、福建局部、浙江部分、上海南汇、安徽南部局部、湖北南部局部、江苏南部局部总雨量为 10 ~ 50 mm；广东揭西、福建周宁及宁德、江西南丰、浙江沿海局部及庆元、安徽全椒总雨量 50 ~ 74 mm。	广东揭西 73.2 mm（1 天）
1812	云雀 Jongdari	大风	8.2—8.4	浙江北部沿海及大陈、上海奉贤及洋山港、江西北部局部、安徽南部局部、湖北东南部局部及兴山、江苏西连岛和山东泰山出现最大风力 6 ~ 7 级、阵风 7 ~ 9 级。	上海洋山港 16.4（23.1）m/s 浙江嵊泗 15.9（23.4）m/s
		降水	8.2—8.5	广东中东部大部、福建大部、湖南中东部部分、湖北中东部部分、江西大部、浙江中东部部分、上海大部、江苏大部、安徽大部、河南中东部大部、山东西部局部、山西南部局部、陕西宜川、河北中南部部分、北京局部、天津局部总雨量为 10 ~ 50 mm；广东局部、福建局部、湖南局部、江西局部、湖北潜江、浙江北部大部、上海局部、江苏局部、安徽南部局部、河南局部、河北廊坊和巨鹿总雨量为 50 ~ 150 mm；浙江嘉兴地区总雨量为 150 ~ 239 mm。	浙江海盐 238.8mm（1 天）
1814	摩羯 Yagi	大风	8.12—8.16	江西北部局部、浙江大部、上海洋山港、安徽大部、江苏局部、河南北部局部、河北局部、山东部分、北京佛爷顶、辽宁旅顺和金州出现最大风力 6 ~ 7 级、阵风 7 ~ 10 级；浙江大陈和石浦、安徽马鞍山、山东泰山、天津 A 平台出现最大风力 8 ~ 9 级、阵风 9 ~ 10 级。	天津 A 平台 22.4（28.3）m/s

（续表）

中央气象台编号	中英文名称	热带气旋对我国的影响			
		项目	时间(月 . 日)	概　况	极　值
1814	摩羯 Yagi	降水	8.12—8.16	湖南华容、江西北部局部、福建局部、浙江部分、安徽大部、湖北中东部部分、上海西部部分、江苏大部、安徽大部、河南北部部分和南部局部、山东部分、河北大部、北京部分、天津部分、辽宁部分、内蒙古南部局部及阿尔山、吉林局部、黑龙江南部局部总雨量为 10 ～ 50 mm；江西奉新、湖北南部局部、浙江中北部大部、上海部分、江苏部分、安徽中北部部分和南部局部、山东大部、河南安阳、河北中南部部分、北京西部部分、天津部分、辽宁大部、吉林中南部大部、黑龙江绥芬河总雨量 50 ～ 150 mm；浙江天台、安徽东北部局部、江苏北部局部、山东局部、河北东部局部、辽宁沿海局部、吉林中部局部总雨量为 150 ～ 335 mm。	河北孟村 334.1 mm（2 天）
1816	贝碧嘉 Bebinca	大风	8.9—8.17	海南西沙、三亚和东方、广东西南部大部、广西大部、云南局部、贵州长顺、重庆中西部、四川纳溪、湖南中南部部分、江西西部局部、福建九仙山出现最大风力 6 ～ 7 级、阵风 7 ～ 11 级。	广西柳城 16.8（25.8）m/s 广西鹿寨 13.6（29.7）m/s
		降水	8.9—8.18	海南西沙、广东东部和北部大部、广西大部、云南部分、贵州大部、四川东部部分、重庆西南部部分、湖南大部、江西大部、福建大部、浙江东南部局部、湖北东南部局部、安徽南部局部总雨量为 10 ～ 50 mm；海南东南部局部及珊瑚、广东部分、广西部分、云南勐海及东北部局部、贵州西部局部、四川东南部局部、重庆南部局部、湖南中南部部分、江西南部局部、福建局部、浙江沿海局部、湖北东南部局部总雨量为 50 ～ 150 mm；海南局部、广东西南部部分及普宁、广西南部局部、湖南南部局部、福建中部沿海局部、四川兴文总雨量为 150 ～ 300 mm；海南中北部大部、广东西南部沿海部分总雨量为 300 ～ 632 mm。	海南临高 631.6 mm（8 天）
1818	温比亚 Rumbia	大风	8.16—8.21	江西星子、浙江北部部分、江苏中南部大部、安徽大部、湖北东南部局部、河南中东部部分、山西南部局部、山东沿海大部、辽宁南部沿海局部最大风力 6 ～ 7 级、阵风 7 ～ 11 级；浙江嵊泗、上海洋山港、江苏西连岛、山东泰山、成山头和长岛、天津 A 平台出现最大风力 8 ～ 9 级、阵风 9 ～ 12 级。	浙江嵊泗 22.2（33.3）m/s
		降水	8.15—8.21	重庆西南部局部、湖南东北部局部、湖北东南部大部、江西局部、福建大部、浙江大部、安徽南部局部、江苏北部部分、山东局部、河南局部、山西东部局部、河北中南部大部、天津南部部分、辽宁中部部分、吉林大部、黑龙江大部、内蒙古东部局部总雨量为 10 ～ 50 mm；江西庐山、湖北东南部局部、福建中北部局部、浙江北部偏北大部及其余局部、上海大部、江苏大部、安徽大部、河南中东部大部、山东大部、河北南部部分、天津大港、辽宁南部部分、吉林南部局部及乾安、黑龙江东宁总雨量为 50 ～ 150 mm；	安徽淮北 430.2mm（2 天）

（续表）

中央气象台编号	中英文名称	热带气旋对我国的影响			
		项目	时间(月.日)	概况	极值
1818	温比亚 Rumbia	降水	8.15—8.21	湖北鸡公山、安徽部分、浙江北仑、江苏南部部分及西北部局部、河南东北部部分、山东大部、辽宁南部沿海大部总雨量为 150 ～ 300 mm；苏皖豫鲁交界附近及山东青州总雨量为 300 ～ 431 mm。	
1819	苏力 Soulik	大风	8.22—8.24	浙江嵊泗、上海洋山港、安徽黄山、江苏西连岛、山东东部沿海及泰山、辽宁沿海局部出现最大风力 6 ～ 7 级、阵风 7 ～ 8 级。	上海洋山港 14.6（17.5）m/s 山东文登 12.1（18.3）m/s
		降水	8.23—8.25	山东沿海局部、辽宁东部局部、吉林西部大部和东南部局部、黑龙江中部大部、内蒙古东部局部总雨量为 10 ～ 50 mm；辽宁东部局部、吉林东部大部、黑龙江南部大部、内蒙古东部局部总雨量为 50 ～ 150 mm；吉林江源总雨量 172.9 mm。	吉林江源 172.9mm（1 天）
TD02		大风	8.23—8.25	广东沿海局部、福建南部部分、浙江沿海局部、江西庐山、安徽南部局部出现最大风力 6 ～ 7 级、阵风 7 ～ 9 级。	福建三沙 17.1（23.6）m/s 安徽黄山 13.6（24.4）m/s
		降水	8.22—8.25	海南部分、广西南部局部、广东大部、江西部分、福建部分、浙江大部、江苏吴江总雨量为 10 ～ 50 mm；海南部分、广西沿海局部、广东局部、江西局部、福建部分、浙江南部部分及东北部局部总雨量 50 ～ 150 mm；广东西南部局部、福建柘荣、浙江青田和洞头总雨量 150 ～ 294.0 mm。	福建柘荣 293.6 mm（2 天）
1821	飞燕 Jebi	大风	9.5—9.6	吉林延吉、黑龙江牡丹江出现最大风力 6 级、阵风 7 ～ 8 级。	吉林延吉 12.4（18.5）m/s 黑龙江勃利 10.3（19.5）m/s
		降水	9.5—9.6	吉林桦甸和舒兰、黑龙江南部部分总雨量为 10 ～ 47 mm。	黑龙江抚远 46.9 mm（1 天）
1822	山竹 Mangkhut	大风	9.14—9.17	海南西沙和海口、广东大部、广西大部、湖南中南部局部、贵州铜仁、江西庐山和德兴、福建沿海大部及松溪、浙江石浦和江山、安徽南部局部出现最大风力 6 ～ 7 级、阵风 7 ～ 12 级；广西局部、广东珠江口附近大部、福建中南部局部出现最大风力 8 ～ 9 级、阵风 9 ～ 14 级；广东上川岛、珠海和高要出现最大风力 10 ～ 11 级、阵风 13 ～ 14 级。	广东珠海 32.6（43.8）m/s 广东上川岛 31.0（44.0）m/s

（续表）

中央气象台编号	中英文名称	热带气旋对我国的影响			
		项目	时间(月.日)	概况	极值
1822	山竹 Mangkhut	降水	9.15—9.18	海南岛中北部大部及西沙、广东东北部部分、广西东北部大部及沿海局部、云南部分、贵州部分、重庆南部部分及北部局部、四川东部局部、湖南大部、湖北局部、江西大部、福建大部、浙江大部、上海大部、江苏部分、安徽南部大部及北部局部、山西南部大部及北部局部、陕西南部部分及北部局部、河南大部、山东西部局部、河北南部局部总雨量为 10 ~ 50 mm；海南局部、广东大部、广西大部、云南永平、贵州部分、湖南南部局部、湖北南部局部、江西局部、福建局部、浙江东北部大部和南部沿海局部、上海局部、江苏南部部分、安徽南部局部总雨量为 50 ~ 150 mm；海南局部、广东珠江口附近地区及连南、广西局部、浙江北部沿海局部、江苏南部局部、安徽青阳总雨量为 150 ~ 316 mm。	广东阳春 403.8 mm（3 天）
1823	百里嘉 Barijat	大风	9.9—9.13	广东西南部局部、福建沿海局部出现最大风力 6 ~ 7 级、阵风 7 ~ 9 级。	福建九仙山 16.2（19.7）m/s 广东吴川 10.3（22.0）m/s
		降水	9.9—9.14	海南大部、云南南部局部、广西南部局部、广东南部局部、福建南部局部、浙江南部沿海局部总雨量为 10 ~ 50 mm；海南保亭和琼海、广东沿海局部总雨量为 50 ~ 97 mm。	海南琼海 97.0mm（1 天）
1824	潭美 Trami	大风	9.28—9.30	福建东部局部、浙江沿海大部、上海洋山港、安徽黄山出现最大风力 6 ~ 7 级、阵风 7 ~ 9 级。	浙江大陈 17.4（25.8）m/s
1825	康妮 Kong-Ret	大风	10.3—10.6	江西庐山、福建局部、浙江沿海大部、江苏南通、安徽黄山和天柱山、山东东北部沿海大部、辽东半岛大部出现最大风力 6 ~ 7 级、阵风 7 ~ 10 级；浙江大陈出现最大风力 9 级、阵风 11 级。	上海洋山港 24.2（28.0）m/s 浙江嵊泗 23.2（32.1）m/s
		降水	10.4—10.5	浙江北部沿海总雨量为 10 ~ 51 mm。	浙江定海 50.6 mm（1 天）
1826	玉兔 Yutu	大风	10.29—11.3	海南三亚、广东中东部局部、广西临桂、湖南南岳、福建沿海局部出现最大风力 6 ~ 7 级、阵风 7 ~ 10 级。	福建九仙山 19.7（23.7）m/s 福建东山 18.0（27.2）m/s
		降水	11.1—11.2	广东东北部局部、江西南部局部、福建大部、浙江南部局部总雨量为 10 ~ 50 mm；广东东部局部、福建南部局部总雨量为 50 ~ 86 mm。	广东潮阳 85.3 mm（2 天）

注：1. 括号内的天数是指一次台风过程降水量≥ 10 mm 的天数；
2. 无括号的风速为最大风速，有括号的风速为极大风速，即阵风。

1.5　2018 年热带气旋编号、名称、日期对照表

2018 年热带气旋编号、名称、日期对照表

热带气旋等级	序号	中央气象台编号	名称	起讫日期（月．日）
超强台风	3	1803	杰拉华 Jelawat	3.24—4.1
	9	1808	玛利亚 Maria	7.3—7.13
	25	1821	飞燕 Jebi	8.27—9.7
	26	1822	山竹 Mangkhut	9.7—9.17
	28	1824	潭美 Trami	9.20—10.6
	29	1825	康妮 Kong-Rey	9.28—10.7
	30	1826	玉兔 Yutu	10.21—11.3
强台风	14	1812	云雀 Jongdari	7.23—8.5
	22	1819	苏力 Soulik	8.15—8.27
	23	1820	西马仑 Cimaron	8.17—8.25
	32	1828	万宜 Man-Yi	11.20—11.29
台风	8	1807	派比安 Prapiroon	6.28—7.5
	16	1813	珊珊 Shanshan	8.2—8.11
	33	1829	天兔 Usagi	11.18—11.26
强热带风暴	6	1805	马力斯 Maliksi	6.6—6.12
	11	1810	安比 Ampil	7.18—7.26
	13	1811	悟空 Wukong	7.22—7.27
	17	1814	摩羯 Yagi	8.7—8.16
	18	1815	丽琵 Leepi	8.10—8.15
	19	1816	贝碧嘉 Bebinca	8.9—8.18
	21	1818	温比亚 Rumbia	8.14—8.21
	27	1823	百里嘉 Barijat	9.8—9.14
热带风暴	1	1801	布拉万 Bolaven	1.23—1.14
	2	1802	三巴 Sanba	2.10—2.16
	5	1804	艾云尼 Ewiniar	6.2—6.10
	7	1806	格美 Gaemi	6.13—6.20
	10	1809	山神 Son-Tinh	7.16—7.24
	20	1817	赫克托 Hector	8.14—8.16
	31	1827	桃芝 Toraji	11.17—11.18
热带低压	4			5.11—5.14
	12			7.21—7.24
	15			7.30—8.2
	24			8.22—8.26
	34			12.27—12.30

2　2018年逐个热带气旋概述

2.1 热带风暴“布拉万”（Bolaven）

第 1801 号热带风暴“布拉万”由 2017 年 12 月 31 日凌晨在菲律宾棉兰老岛东侧约 1000 km 的西北太平洋洋面上的一个热带低压发展形成。热带低压形成后稳定地向西移动，并于 2018 年 1 月 1 日夜里在菲律宾棉兰老岛东北部沿海登陆，之后继续西行穿过菲律宾群岛，3 日凌晨进入南海海域，并于 08 时加强为热带风暴，随后热带风暴“布拉万”移动方向转为西北偏西，4 日下午在越南芽庄以东的海面上减弱消散。

受热带风暴“布拉万”和冷空气共同影响，1 月 3—4 日，福建东山和海南三亚出现最大风力 6 级、阵风 7 ~ 8 级；海南三亚出现最大风力 6 级（13.6 m/s）、阵风 8 级（20.6 m/s），为本次热带风暴影响过程风极值。

受其影响，1 月 3—4 日，海南东南部局部总雨量为 10 ~ 25 mm，海南岛其余大部及西沙、珊瑚岛出现小雨。

表 2.1.1 是热带风暴“布拉万”的中心位置和强度。图 2.1.1 ~图 2.1.6 分别是热带风暴“布拉万”路径图、总降水量图、大风分布图、总降水日数图、大风区域演变图和 2018 年 1 月 3 日 14 时 500 hPa 高度场图。

表 2.1.1 1801 号热带风暴“布拉万”（Bolaven）中心位置和强度

2017 月 12 日 31 日—2018 年 1 月 4 日

年	月	日	时	中心位置		中心气压（hPa）	最大风速（m/s）
				北纬（°N）	东经（°E）		
2017	12	31	2	9.6	135.1	1006	13
	12	31	8	9.6	134.1	1006	13
	12	31	14	9.5	133.2	1006	13
	12	31	20	9.2	132.2	1006	13
2018	1	1	2	8.9	131.0	1006	13
	1	1	8	8.8	129.8	1006	13
	1	1	14	8.9	128.3	1004	15
	1	1	20	9.4	126.5	1004	15
	1	2	2	9.4	124.5	1004	15
	1	2	8	9.3	122.5	1004	15
	1	2	14	9.3	120.8	1004	15
	1	2	20	9.6	119.2	1004	15
	1	3	2	9.9	117.4	1004	15
	1	3	8	10.4	116.0	1000	18

（续表）

年	月	日	时	中心位置		中心气压（hPa）	最大风速（m/s）
				北纬（°N）	东经（°E）		
2018	1	3	14	10.9	114.8	1000	18
	1	3	20	11.2	113.3	1000	18
	1	4	2	11.6	112.2	1000	18
	1	4	8	12.3	111.0	1004	15
	1	4	14	12.2	109.9	1008	10
消散							

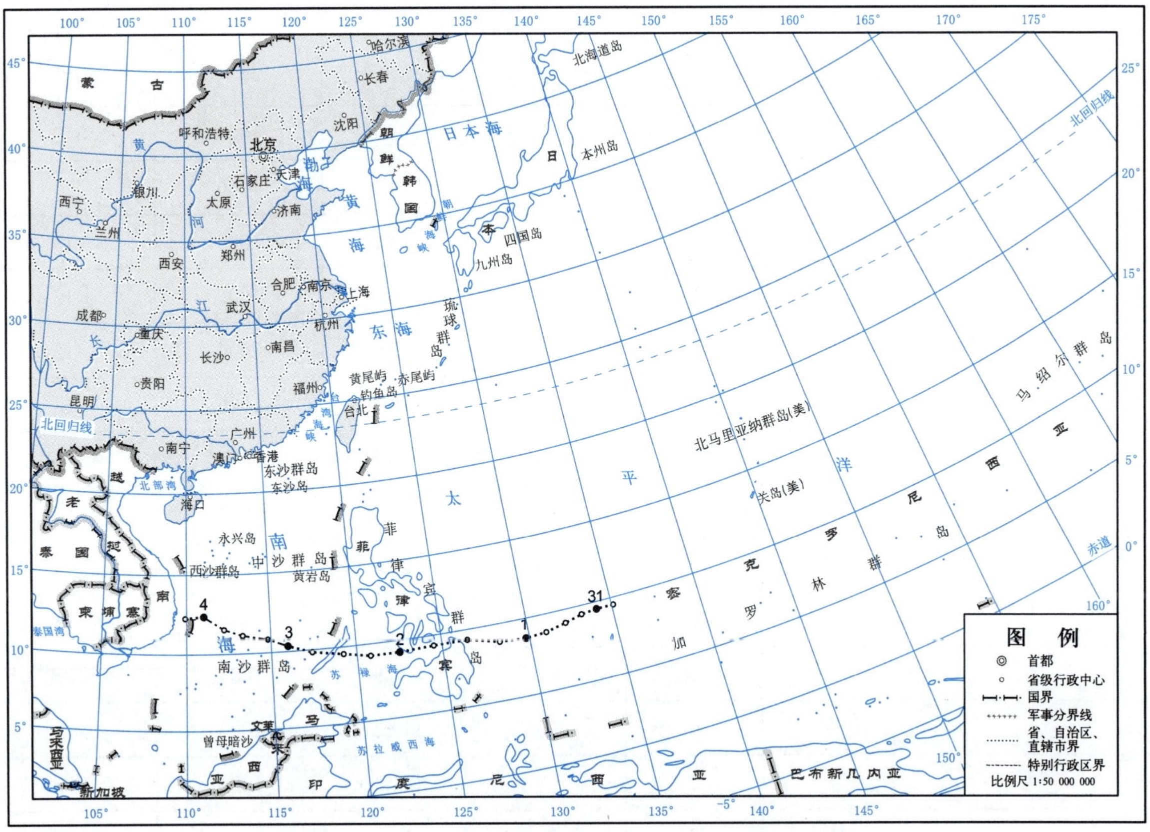

图 2.1.1　1801 号热带风暴“布拉万”（Bolaven）路径图

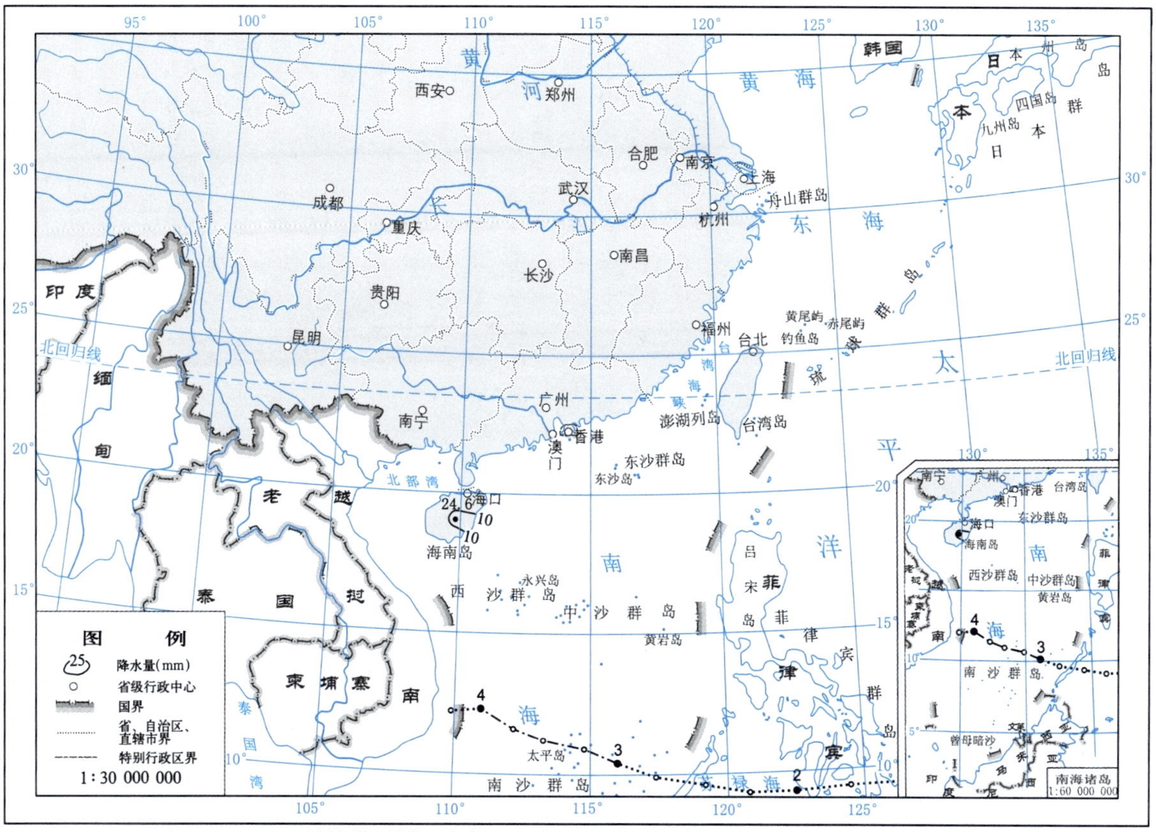

图 2.1.2 1801 号热带风暴“布拉万”（Bolaven）总降水量图（1 月 3—4 日）（mm）

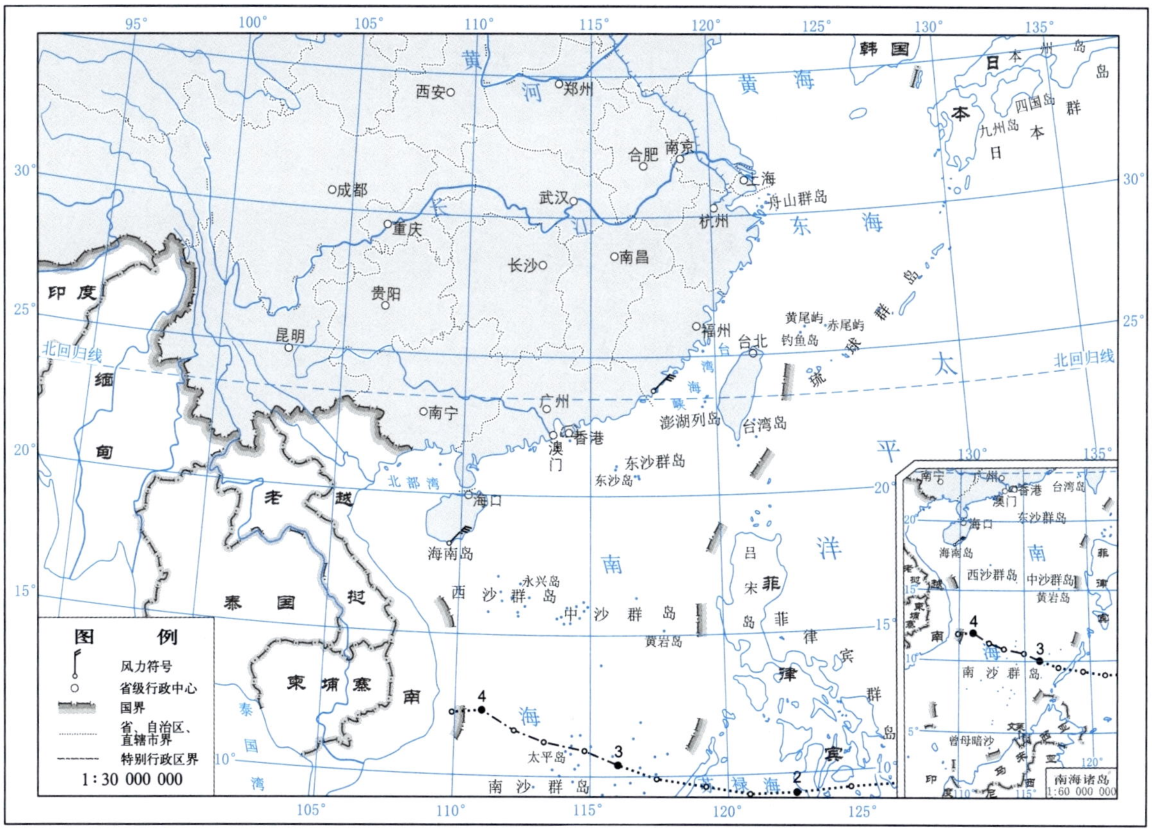

图 2.1.3 1801 号热带风暴“布拉万”（Bolaven）大风分布图（1 月 3—4 日）

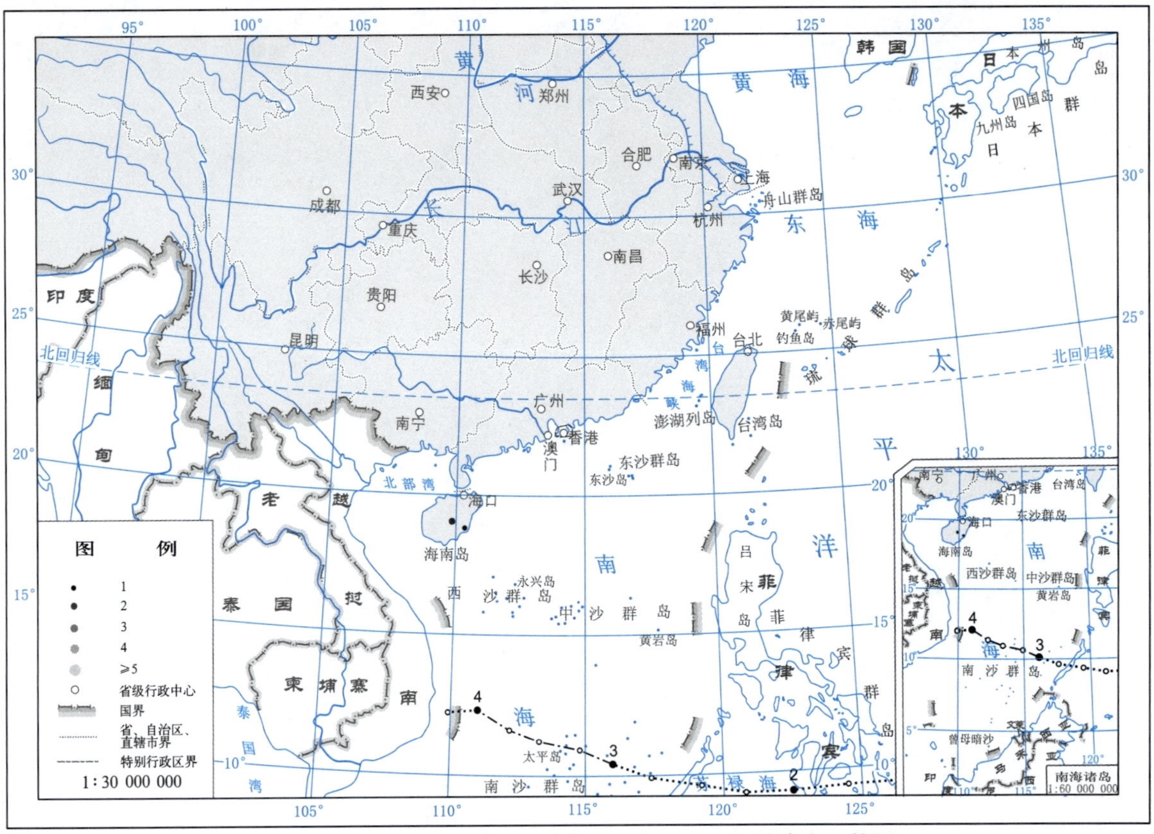

图 2.1.4 1801 号热带风暴“布拉万”（Bolaven）总降水日数图

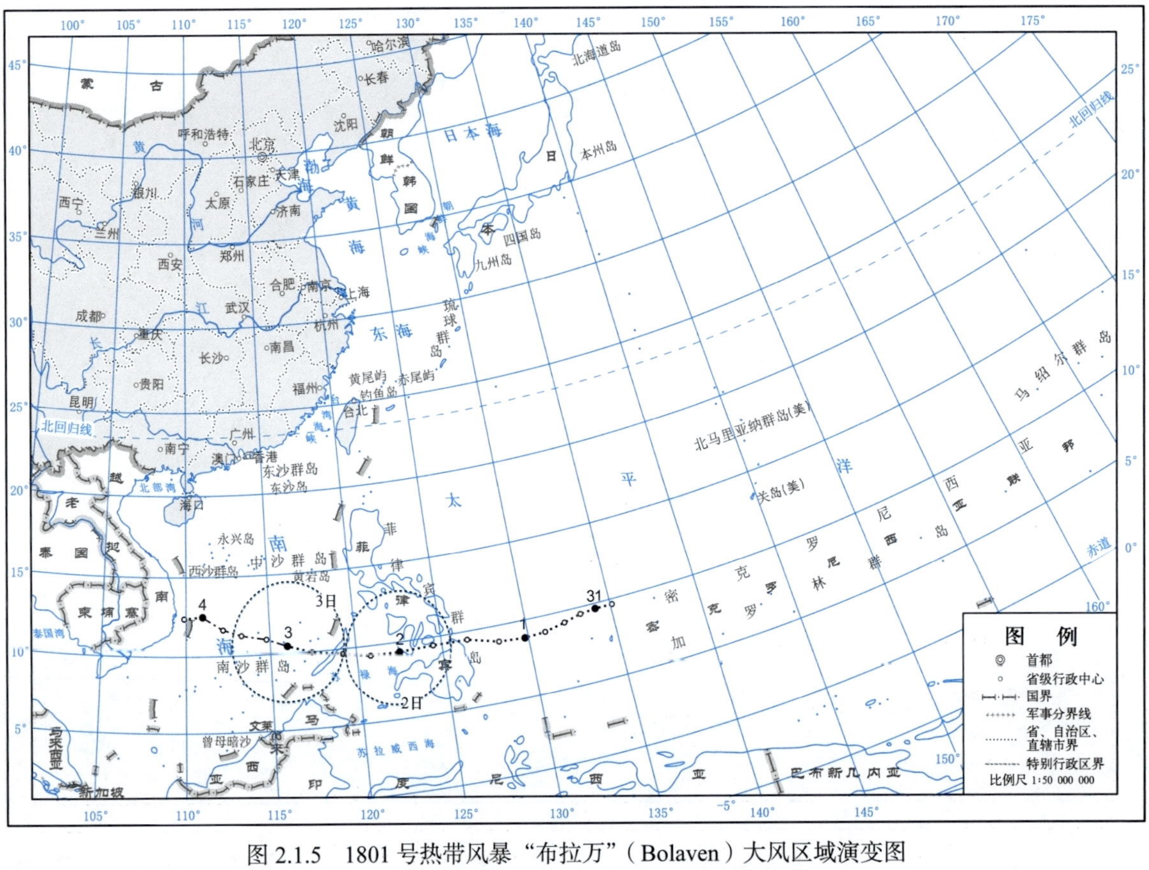

图 2.1.5 1801 号热带风暴“布拉万”（Bolaven）大风区域演变图

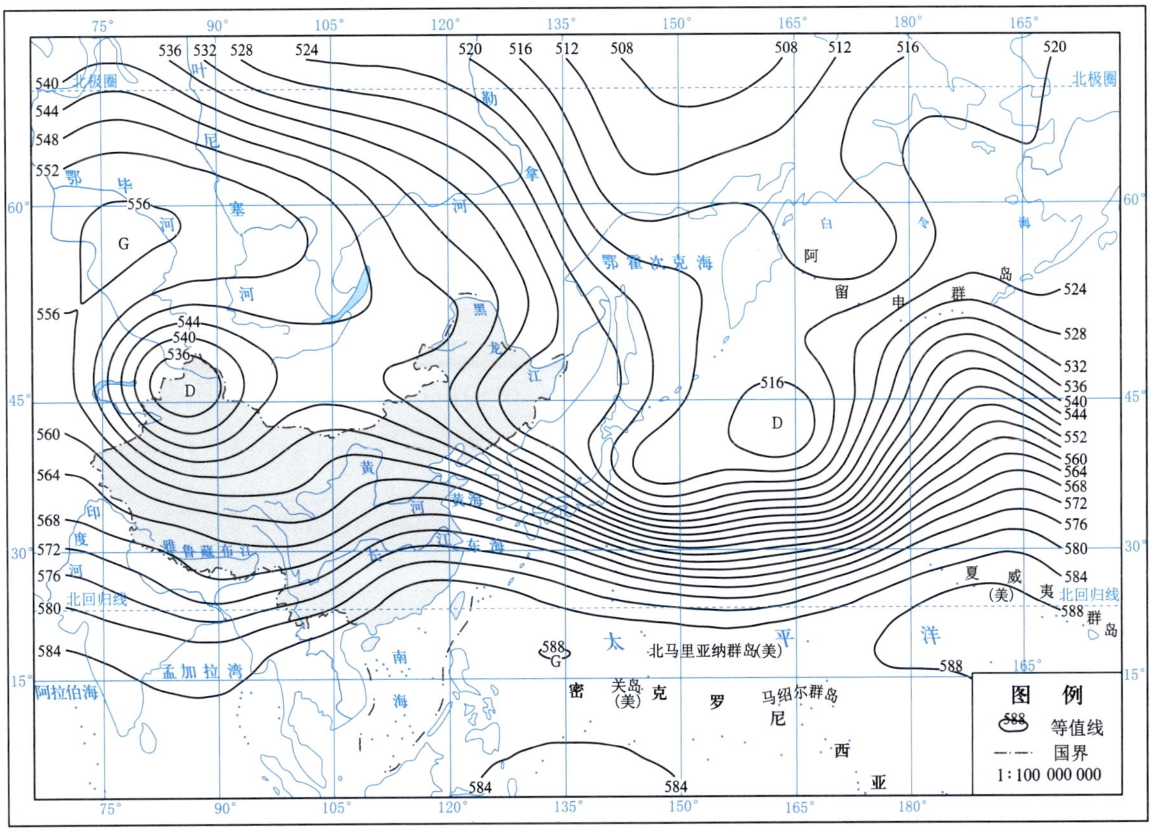

图 2.1.6　2018 年 1 月 3 日 14 时 500 hPa 高度场图（dagpm）

2.2 热带风暴“三巴”(Sanba)

第 1802 号热带风暴“三巴”是由 2 月 10 日上午位于美国关岛以南约 550 km 的西北太平洋洋面上一个热带低压发展而成。热带低压形成后向西南偏西方向移动，11 日下午加强为热带风暴，随后转向偏西方向，并于 13 日上午在棉兰老岛东北沿海地区登陆。登陆后热带风暴“三巴”强度减弱，西行穿越菲律宾群岛，14 日凌晨转向西南，后又迅速折向西北，之后穿过巴拉望岛，于 16 日凌晨进入南海海域，其后迅速减弱消散。

表 2.2.1 是热带风暴“三巴”的中心位置和强度。图 2.2.1 ~ 图 2.2.3 分别是热带风暴“三巴”路径图、大风区域演变图和 2018 年 2 月 12 日 14 时 500 hPa 高度场图。

表 2.2.1 1802 号热带风暴“三巴”(Sanba)中心位置和强度

2 月 10—16 日

年	月	日	时	中心位置		中心气压（hPa）	中心风速（m/s）
				北纬（°N）	东经（°E）		
2018	2	10	8	8.4	143.5	1008	13
	2	10	14	7.7	142.3	1004	15
	2	10	20	6.9	140.7	1004	15
	2	11	2	6.7	139.1	1004	15
	2	11	8	6.6	137.3	1004	15
	2	11	14	6.7	135.9	1000	18
	2	11	20	7.0	134.5	1000	18
	2	12	2	7.2	133.1	1000	18
	2	12	8	7.1	131.9	1000	18
	2	12	14	7.0	130.7	1000	18
	2	12	20	7.5	128.8	1000	18
	2	13	2	8.4	127.4	1000	18
	2	13	8	9.0	126.3	1000	18
	2	13	14	9.2	124.7	1000	18
	2	13	20	9.0	123.2	1004	15
	2	14	2	8.8	122.0	1008	13
	2	14	8	7.5	120.8	1008	13
	2	14	14	6.6	120.3	1008	13
	2	14	20	6.7	120.1	1008	13
	2	15	2	7.2	119.8	1008	13

（续表）

年	月	日	时	中心位置		中心气压（hPa）	中心风速（m/s）
				北纬（°N）	东经（°E）		
2018	2	15	8	8.1	119.6	1008	13
	2	15	14	8.7	119.2	1008	13
	2	15	20	9.0	118.4	1010	10
	2	16	2	9.2	117.5	1010	10
	2	16	8	9.6	116.1	1010	10
	2	16	14	10.0	115.6	1010	10
消散							

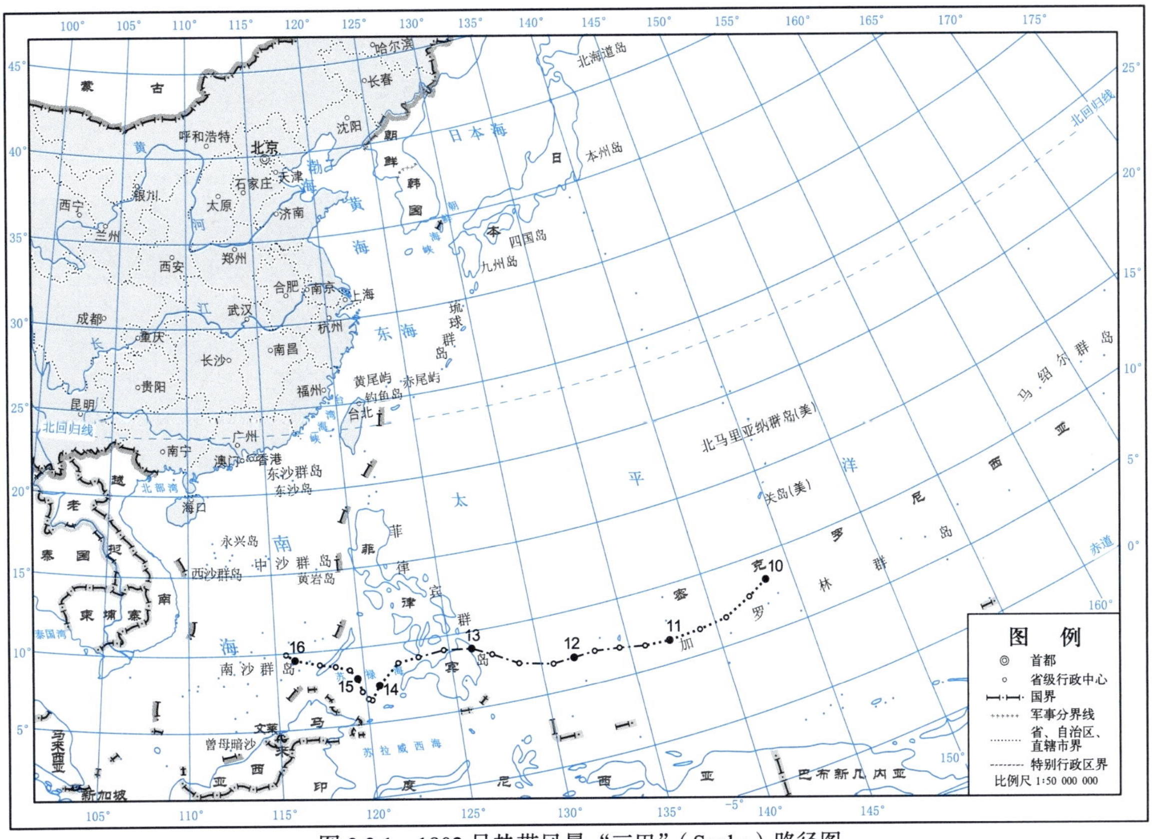

图 2.2.1　1802 号热带风暴“三巴”（Sanba）路径图

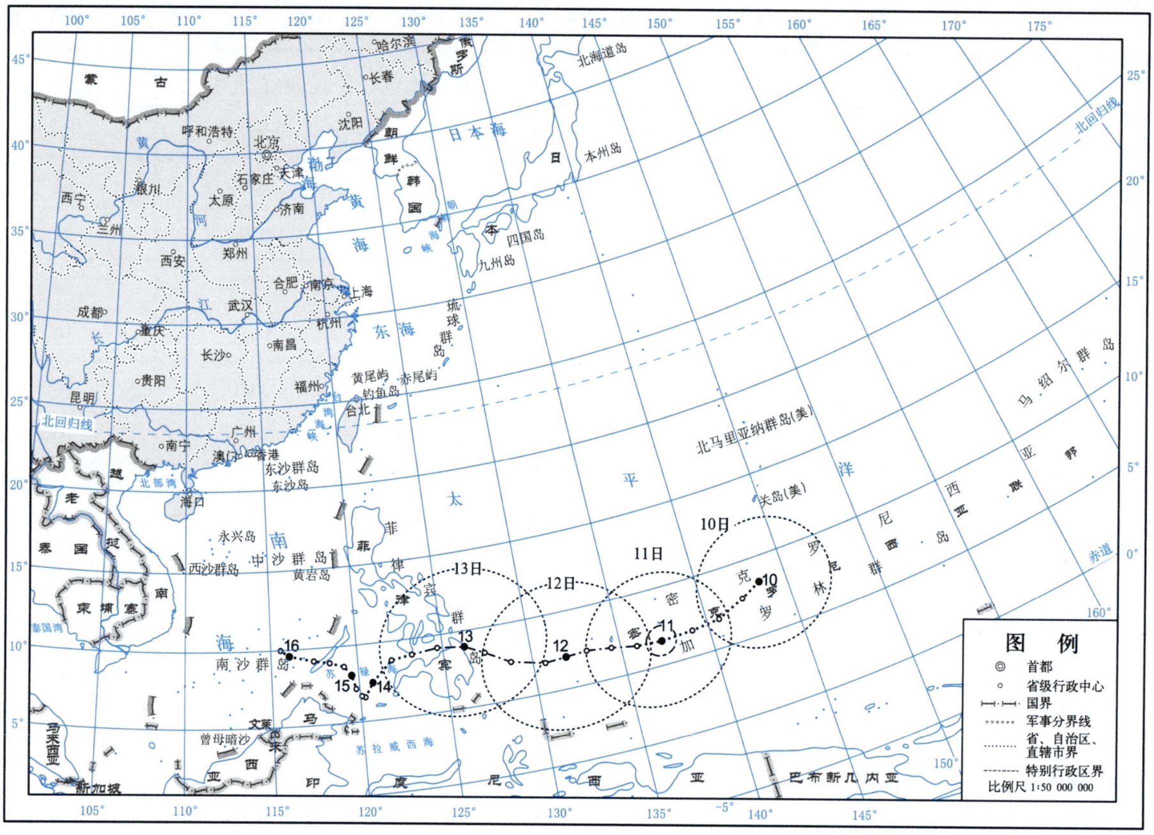

图 2.2.2　1802 号热带风暴“三巴”（Sanba）大风区域演变图

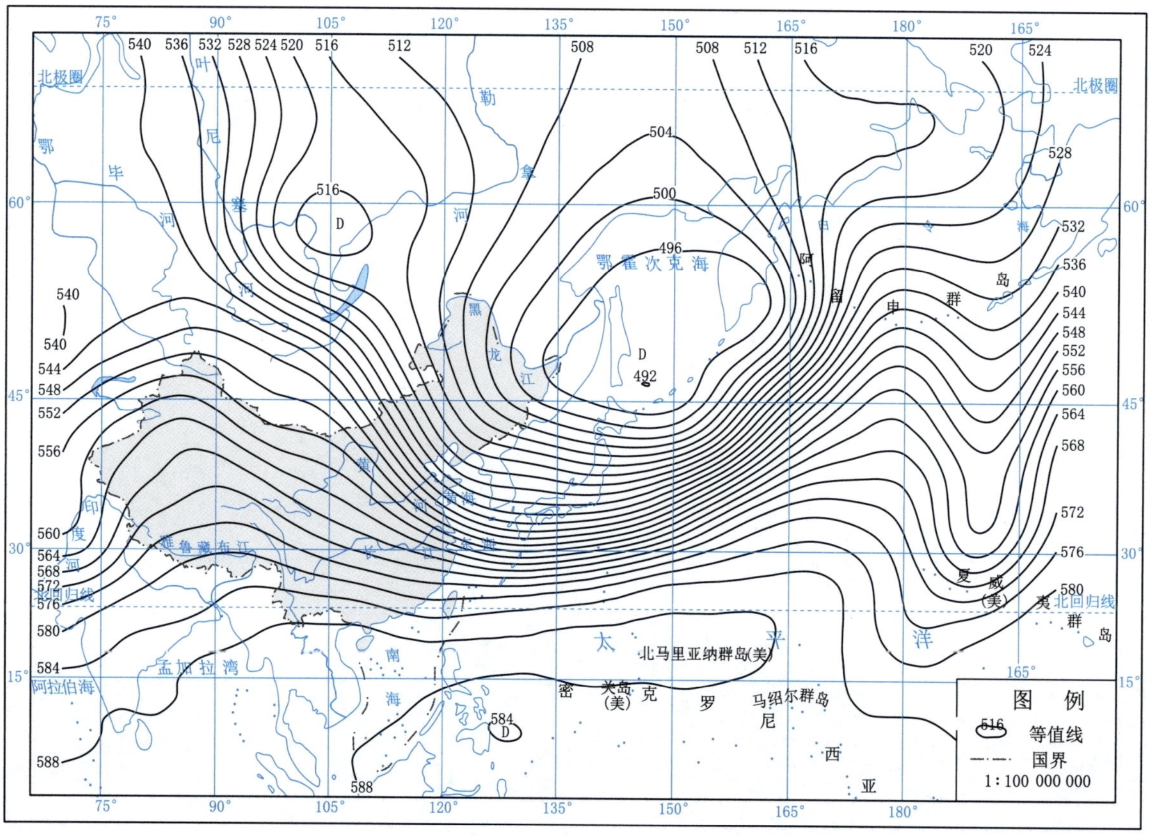

图 2.2.3　2018 年 2 月 12 日 14 时 500 hPa 高度场图（dagpm）

2.3 超强台风“杰拉华”（Jelawat）

第 1803 号超强台风“杰拉华”3 月 24 日于美国关岛以南约 850 km 的西北太平洋洋面上生成。生成后低压中心向西北方向移动并逐渐加强，25 日下午加强为热带风暴，27 日上午转向偏北方向移动，次日下午继续增强为强热带风暴。29 日上午“杰拉华”再次转向，其后一直朝东北方向移动，并迅速增强，下午加强为台风，30 日凌晨加强为强台风，上午进一步增强至超强台风，于当天 14 时达到其生命史最大强度，近中心附近最大风速为 60 m/s，近中心最低气压为 920 hPa。之后，超强台风“杰拉华”31 日起强度开始快速减弱，上午减弱为强台风，下午继续减弱为台风，夜间进一步减弱为强热带风暴，4 月 1 日凌晨减弱为热带风暴，并于当天 14 时在北马里亚纳群岛附近的西北太平洋洋面上迅速减弱消散。

表 2.3.1 是超强台风“杰拉华”的中心位置和强度。图 2.3.1 ～图 2.3.3 分别是超强台风“杰拉华”的路径图、大风区域演变图和 2018 年 3 月 30 日 14 时 500 hPa 高度场图。

表 2.3.1 1803 号超强台风“杰拉华”（Jelawat）中心位置和强度

3 月 24 日—4 月 1 日

年	月	日	时	中心位置		中心气压（hPa）	中心风速（m/s）
				北纬（°N）	东经（°E）		
2018	3	24	20	5.7	143.7	1002	13
	3	25	2	5.8	142.6	1002	13
	3	25	8	6.0	141.6	1000	15
	3	25	14	6.3	140.4	998	18
	3	25	20	6.8	139.2	998	18
	3	26	2	7.2	138.4	998	18
	3	26	8	7.6	137.6	998	18
	3	26	14	8.0	136.8	998	18
	3	26	20	8.6	136.0	998	18
	3	27	2	9.2	135.3	998	18
	3	27	8	9.5	135.1	998	18
	3	27	14	9.8	135.1	998	18
	3	27	20	10.4	135.1	998	18
	3	28	2	11.5	135.2	995	20
	3	28	8	12.5	135.2	992	23
	3	28	14	13.6	135.2	990	25

（续表）

年	月	日	时	中心位置		中心气压（hPa）	中心风速（m/s）
				北纬（°N）	东经（°E）		
2018	3	28	20	14.5	135.2	990	25
	3	29	2	15.2	135.3	985	28
	3	29	8	15.3	135.4	980	30
	3	29	14	15.3	135.6	975	33
	3	29	20	15.4	136.1	965	38
	3	30	2	15.6	136.8	955	42
	3	30	8	15.7	137.3	935	52
	3	30	14	16.2	138.1	920	60
	3	30	20	16.8	139.0	920	60
	3	31	2	17.6	139.8	935	52
	3	31	8	18.2	140.8	950	45
	3	31	14	18.7	141.4	965	38
	3	31	20	19.0	142.1	980	30
	4	1	2	19.1	143.2	995	18
	4	1	8	19.2	144.5	998	15
	4	1	14	19.6	145.8	1000	13
消散							

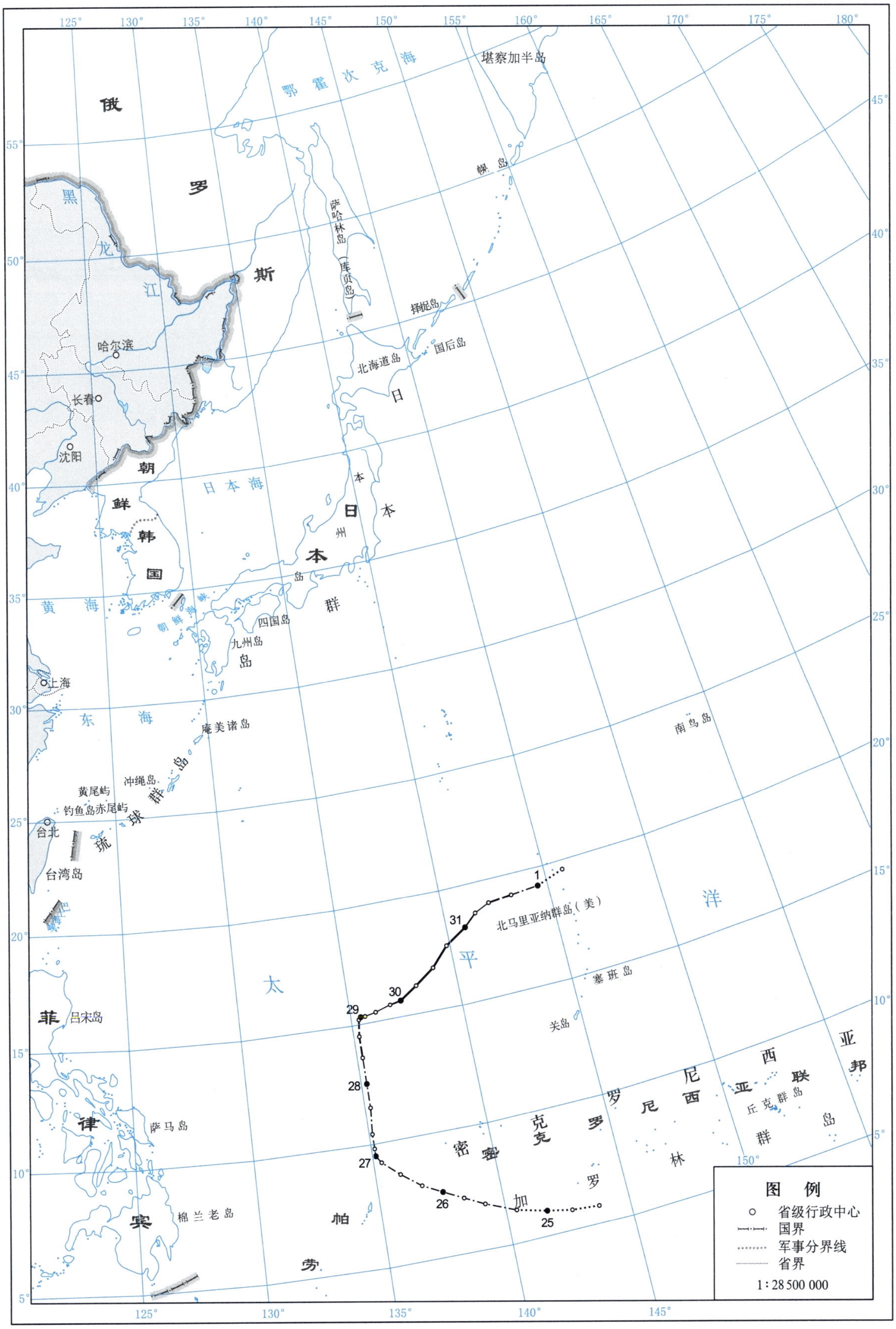

图 2.3.1 1803 号超强台风“杰拉华”（Jelawat）路径图

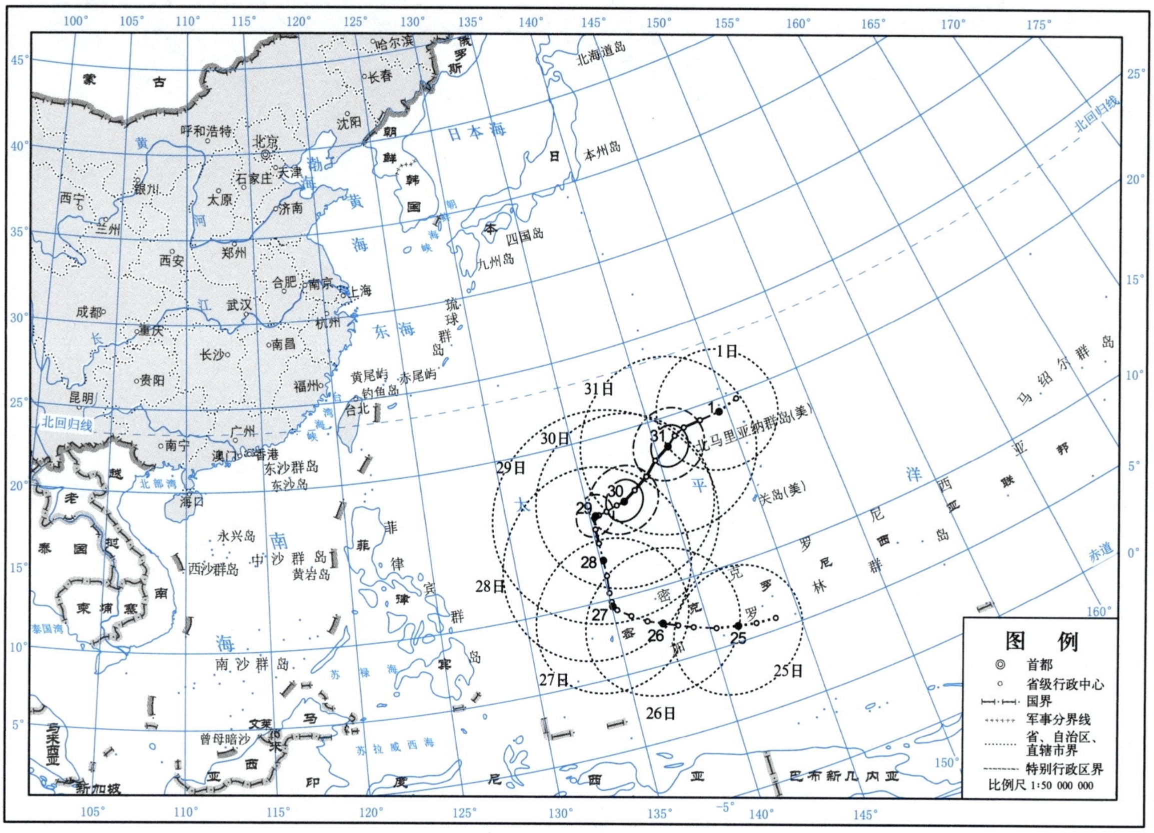

图 2.3.2 1803 号超强台风“杰拉华”（Jelawat）大风区域演变图

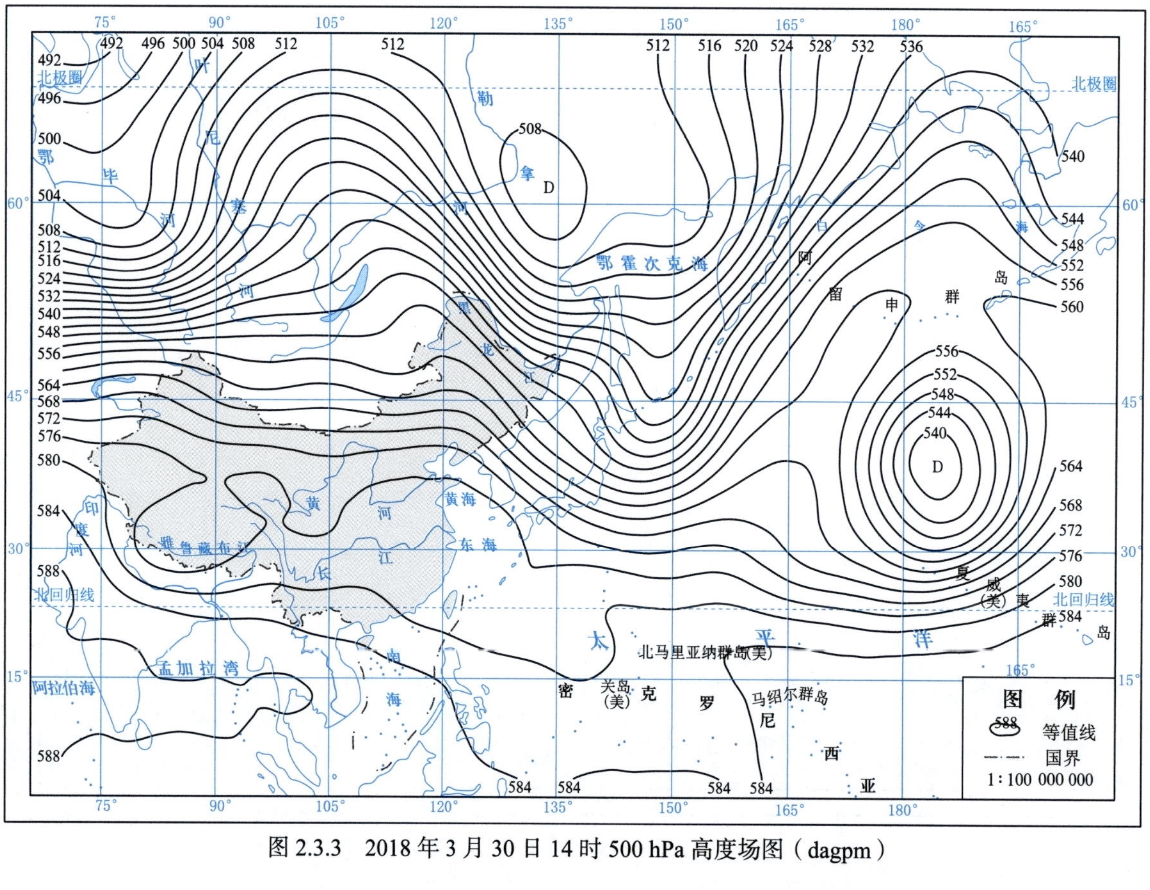

图 2.3.3 2018 年 3 月 30 日 14 时 500 hPa 高度场图（dagpm）

2.4　热带低压 (TD1801)

热带低压（TD1801）于 5 月 11 日上午在美国关岛东北约 800 km 的西北太平洋洋面上形成。形成后低压中心稳定地向西北偏西方向移动，14 日凌晨移动方向转为偏北，之后于当天夜里减弱消散。

表 2.4.1 是热带低压（TD1801）的中心位置和强度。图 2.4.1 ～图 2.4.3 分别是热带低压（TD1801）路径图、大风区域演变图和 2018 年 5 月 14 日 02 时 500 hPa 高度场图。

表 2.4.1　热带低压 (TD1801) 中心位置和强度

5 月 11—14 日

年	月	日	时	中心位置		中心气压（hPa）	最大风速（m/s）
				北纬（°N）	东经（°E）		
2018	5	11	8	16.9	151.3	1004	13
	5	11	14	17.0	150.6	1004	13
	5	11	20	17.3	149.9	1004	13
	5	12	2	17.9	149.3	1004	13
	5	12	8	18.6	148.9	1002	15
	5	12	14	19.1	148.2	1002	15
	5	12	20	19.1	147.5	1002	15
	5	13	2	19.3	147.0	1002	15
	5	13	8	19.5	146.5	1002	15
	5	13	14	20.0	145.7	1002	15
	5	13	20	20.3	145.0	1002	15
	5	14	2	20.7	144.5	1004	13
	5	14	8	21.5	144.4	1004	13
	5	14	14	22.4	144.3	1004	13
	5	14	20	23.5	144.4	1004	13
消散							

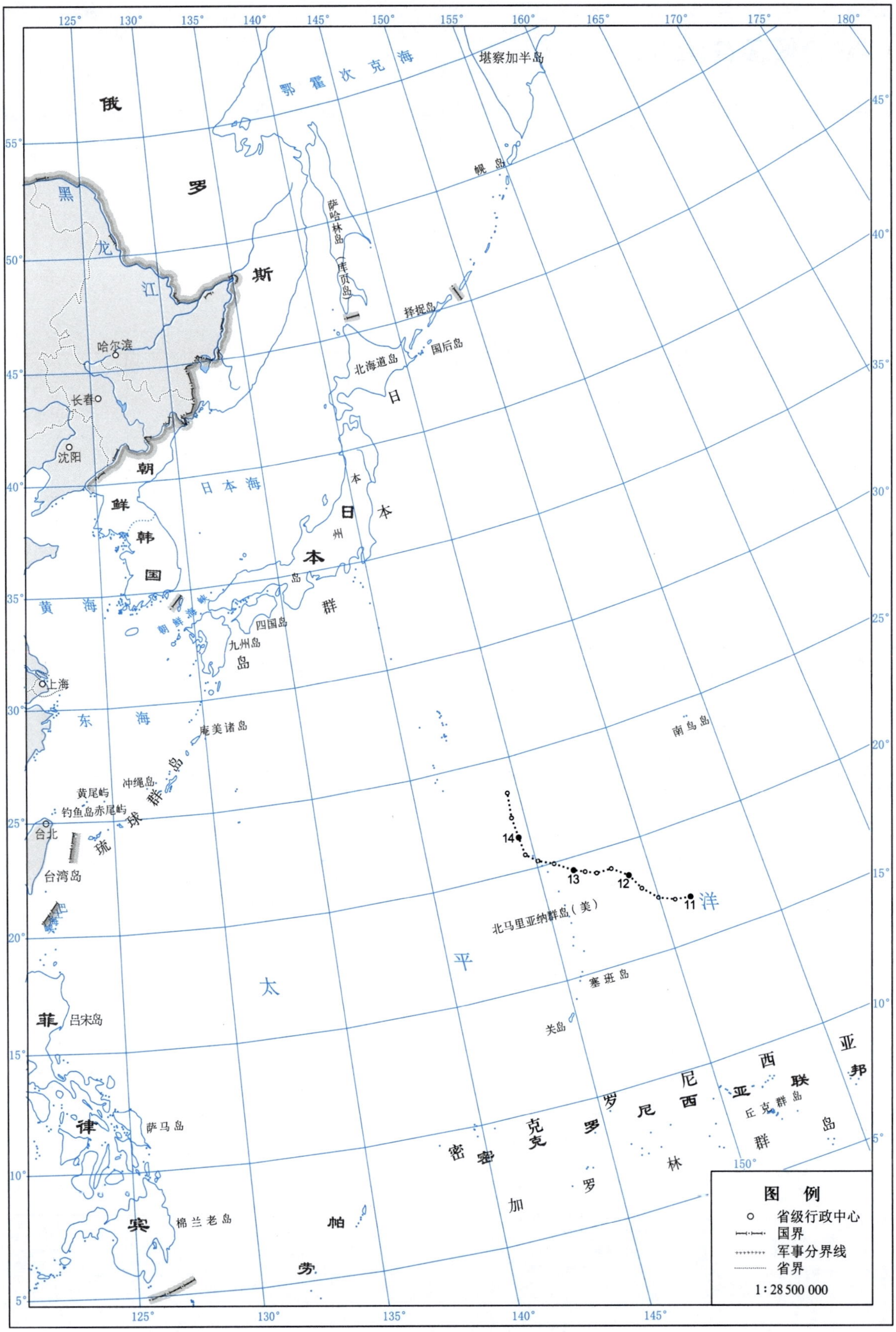

图 2.4.1　热带低压 (TD1801) 路径图

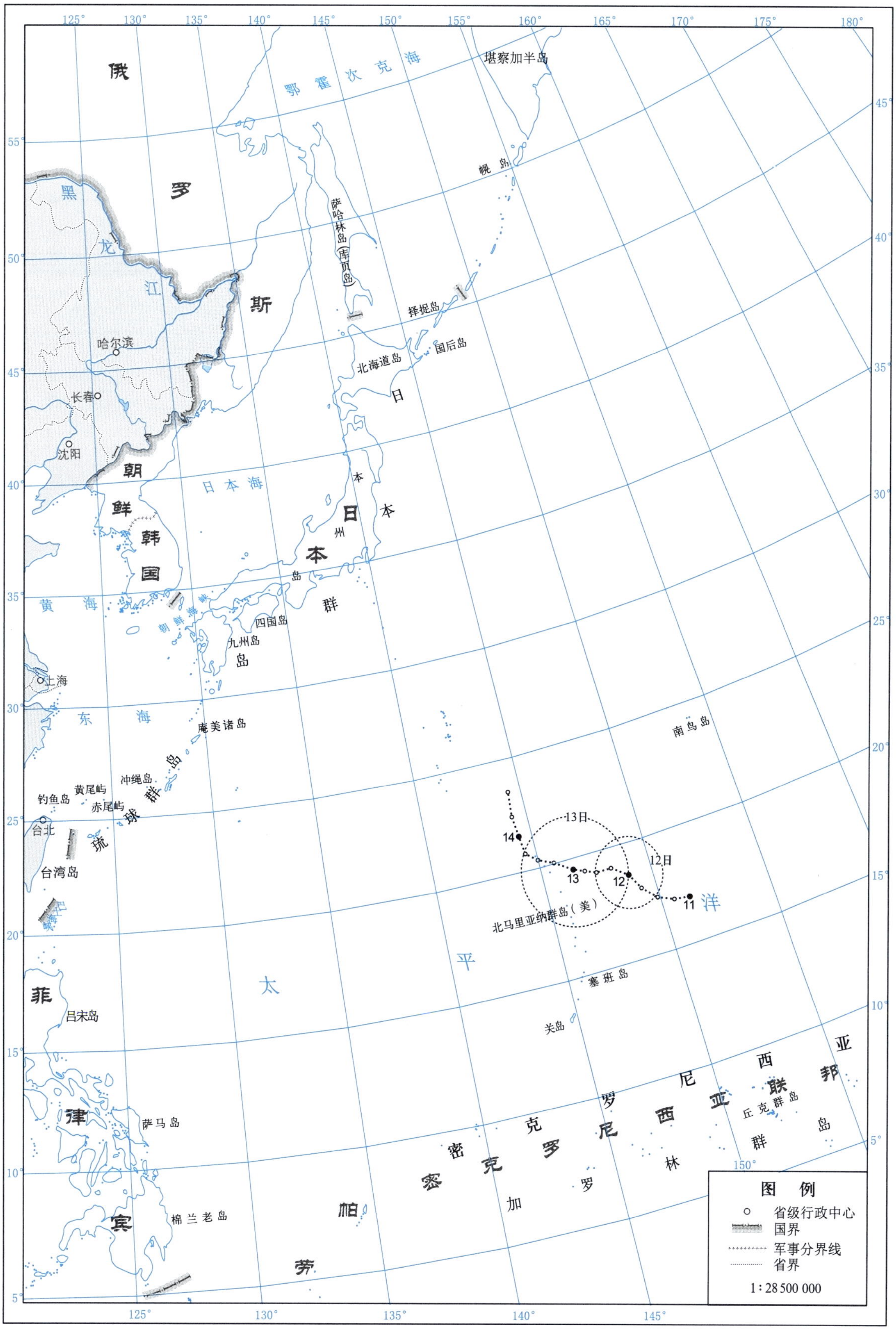

图 2.4.2　热带低压 (TD1801) 大风区域演变图

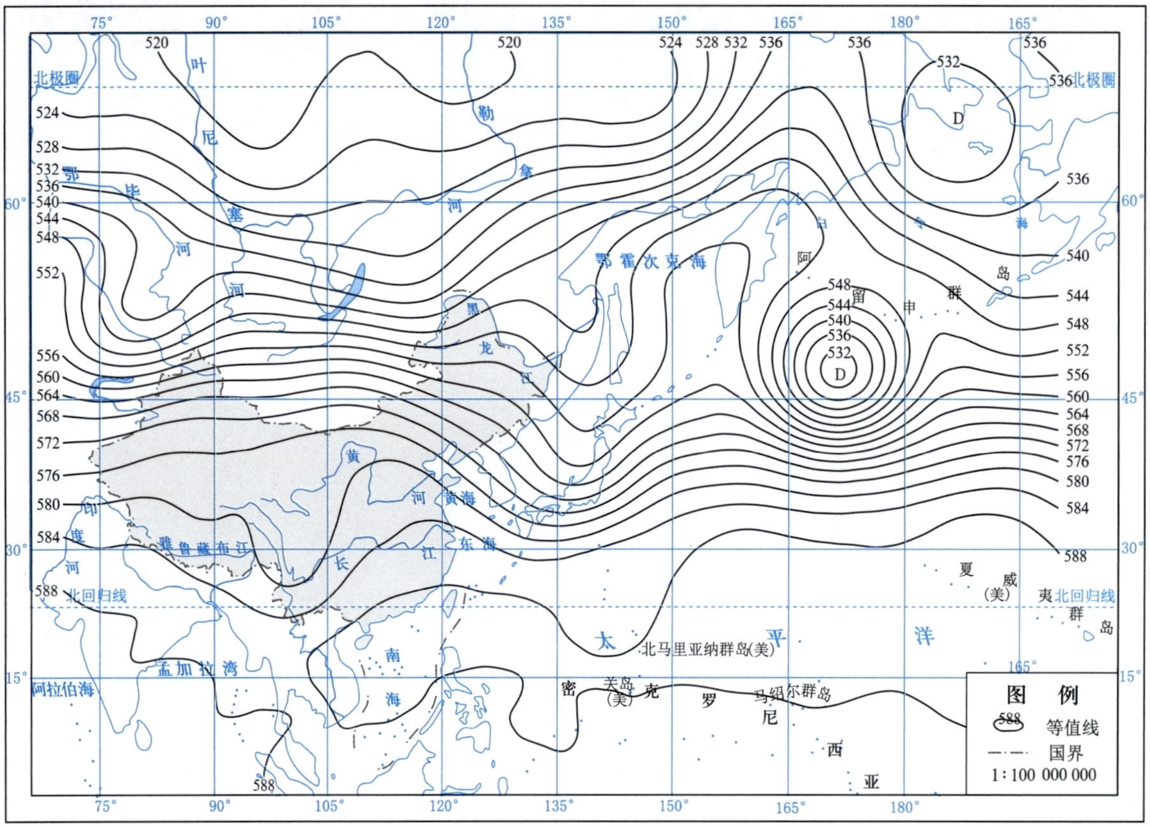

图 2.4.3　2018 年 5 月 14 日 02 时 500 hPa 高度场图（dagpm）

2.5　热带风暴“艾云尼”（Ewiniar）

第 1804 号热带风暴“艾云尼”由 6 月 2 日夜里在中沙群岛以南约 450 km 的南海海面上的一个热带低压发展形成。热带低压形成后向北偏西方向移动，强度一直维持，4 日转向偏北，5 日早晨加强为热带风暴，之后 5 日上午至 6 日夜间于海南岛东北部一带打转，6 日 06 时 10 分首次登陆广东徐闻，登陆时中心最大风速 20 m/s（8 级），中心最低气压 992 hPa，当日 13 时二次登陆海南省海口市，强度维持热带风暴级别。随后“艾云尼”向西北偏北方向移动，7 日夜里 20 时 30 分三次登陆广东阳江，登陆时强度略有增强，中心最大风速 23 m/s（9 级）。登陆后“艾云尼”缓慢减弱，8 日 20 时减弱为热带低压，于 9 日凌晨折向东南方向移动，夜间移入广东东部沿海海面，之后东移减弱并快速消亡。

受热带风暴“艾云尼”影响，6 月 3—8 日，海南西沙和三亚、广东清远、高要、恩平、阳江出现最大风力 6 级、阵风 7 ～ 9 级；海南西沙出现最大风力 6 级（13.4 m/s）、阵风 8 级（17.7 m/s)，广东阳江出现最大风力 6 级（13.2 m/s）、阵风 9 级（21.9 m/s) 为本次热带风暴影响过程的风极值。

受其影响，6 月 3—10 日，海南局部、广东局部、广西东部和南部部分、福建沿海大部、湖南东部和南部部分、江西北部大部、浙江中北部大部和南部局部、湖北东南部大部、安徽中南部大部、江苏中部和上海南汇总雨量为 10 ～ 50 mm；海南岛东南部大部、广东部分、广西东南部局部、湖南南部部分及东北部局部、江西中南部部分及北部局部、福建大部、浙江南部大部、湖北东南部局部、安徽中部部分及南部局部总雨量为 50 ～ 150 mm；海南北部大部、广东部分、江西南部部分、福建中部部分及北部局部总雨量为 150 ～ 300 mm；海南北部局部、广东珠江口附近地区及海丰县总雨量 300 ～ 479 mm，其中，广东中山总雨量 478.6 mm，为本次热带风暴影响过程总雨量极值。

受“艾云尼”缓慢北移东进影响，6 月 5 日，海南、广东和福建出现局部暴雨；6 日，雨势加大，海南大部、广东东部和福建西北部大部出现暴雨到大暴雨；7 日，随着“艾云尼”在广东阳江登陆，广东珠江口附近大部和湖南南部出现暴雨到大暴雨；8 日，“艾云尼”迂回南落出海，给广东中部尤其是珠江口附近地区带来大面积大暴雨到特大暴雨，广东花都日雨量 286.4 mm，15 时小时雨量 84.7 mm，分别为本次热带风暴影响过程日雨量和时雨量极值；9 日和 10 日，雨势减弱，但仍给广东东部和江西南部及福建西部带来局部暴雨天气。

“艾云尼”具有登陆次数多、在沿海和陆地移速非常缓慢、带来的雨量大、范围广等特点。受热带风暴“艾云尼”的影响，造成福建、江西、湖南、广东、海南省出现了一定程度的灾情。总计受灾人数达到 194.8 万人，紧急转移人数达到 17.4 万人，死亡 13 人，农作物受灾面积达到 177.1 千公顷，农作物绝收面积 18.8 千公顷，倒塌房屋 2200 间，直接经济损失达到 51.9 亿元（表 2.5.2）。

表 2.5.1 是热带风暴“艾云尼”的中心位置和强度。图 2.5.1 ～图 2.5.12 分别是热带风暴“艾云尼”路径图、总降水量图、大风分布图、总降水日数图、2018 年 6 月 5—10 日的日降水量图、大风区域演变图和 2018 年 6 月 7 日 14 时 500 hPa 高度场图。

表 2.5.1　1804 号热带风暴“艾云尼”(Ewiniar) 中心位置和强度

2018 月 6 日 2—10 日

年	月	日	时	中心位置		中心气压（hPa）	最大风速（m/s）
				北纬（°N）	东经（°E）		
2018	6	2	20	12.0	112.1	1004	13
	6	3	2	12.9	111.9	1004	13
	6	3	8	13.6	111.6	1004	13
	6	3	14	14.5	111.2	1002	15
	6	3	20	15.2	110.9	1002	15
	6	4	2	15.4	110.8	1002	15
	6	4	8	15.6	110.6	1002	15
	6	4	14	15.8	110.5	1002	15
	6	4	20	16.1	110.5	1000	15
	6	5	2	16.6	110.6	1000	15
	6	5	8	17.3	111.1	998	18
	6	5	11	18.0	111.3	998	18
	6	5	14	18.6	111.4	998	18
	6	5	17	19.3	111.3	998	18
	6	5	20	19.7	111.1	992	20
	6	5	23	20.2	111.0	992	20
	6	6	2	20.5	110.8	992	20
	6	6	5	20.6	110.5	992	20
	6	6	8	20.5	110.2	992	20
	6	6	11	20.2	110.2	992	20
	6	6	14	20.0	110.3	995	18
	6	6	17	19.9	110.5	995	18
	6	6	20	19.9	110.8	995	18
	6	6	23	20.0	111.0	995	18
	6	7	2	20.2	111.1	995	18
	6	7	5	20.5	111.2	995	18
	6	7	8	20.7	111.3	995	18

（续表）

年	月	日	时	中心位置		中心气压（hPa）	最大风速（m/s）
				北纬（°N）	东经（°E）		
2018	6	7	11	20.9	111.4	992	20
	6	7	14	21.1	111.5	990	23
	6	7	17	21.3	111.7	990	23
	6	7	20	21.5	111.8	990	23
	6	7	23	21.8	111.9	992	20
	6	8	2	22.2	112.0	992	20
	6	8	5	22.5	112.1	995	18
	6	8	8	22.8	112.2	995	18
	6	8	11	23.0	112.3	995	18
	6	8	14	23.2	112.4	995	18
	6	8	17	23.4	112.5	995	18
	6	8	20	23.6	112.7	998	15
	6	8	23	23.7	112.9	998	13
	6	9	2	23.7	113.2	998	13
	6	9	5	23.6	113.4	998	13
	6	9	8	23.5	113.6	998	10
	6	9	11	23.3	113.7	998	10
	6	9	14	23.1	113.8	998	10
	6	9	17	22.9	114.0	998	10
	6	9	20	22.7	114.2	998	10
	6	9	23	22.5	114.5	1000	10
	6	10	2	22.4	114.9	1000	10
	6	10	8	22.5	116.3	1000	10
消散							

表 2.5.2　1804 号热带风暴“艾云尼”（Ewiniar）在福建、江西、湖南、广东、海南等省引发的灾情

受灾省	受灾人口（万人）	死亡人口（人）	失踪人口（人）	紧急转移人口（万人）	农作物		倒塌房屋（万间）	直接经济损失（亿元）
					受灾面积（千公顷）	绝收面积（千公顷）		
福建省	3.2	0	0	0.2	2.2	0.2	0	1.2

（续表）

受灾省	受灾人口（万人）	死亡人口（人）	失踪人口（人）	紧急转移人口（万人）	农作物		倒塌房屋（万间）	直接经济损失（亿元）
					受灾面积（千公顷）	绝收面积（千公顷）		
江西省	52	4	0	5.1	32.5	11.9	0.17	10.3
湖南省	15.9	2	0	0.3	8.9	0.8	0.01	1.1
广东省	117.9	7	0	9.9	117.9	5.7	0.04	38.6
海南省	5.8	0	0	1.9	15.6	0.2	0	0.7
合计	194.8	13	0	17.4	177.1	18.8	0.22	51.9

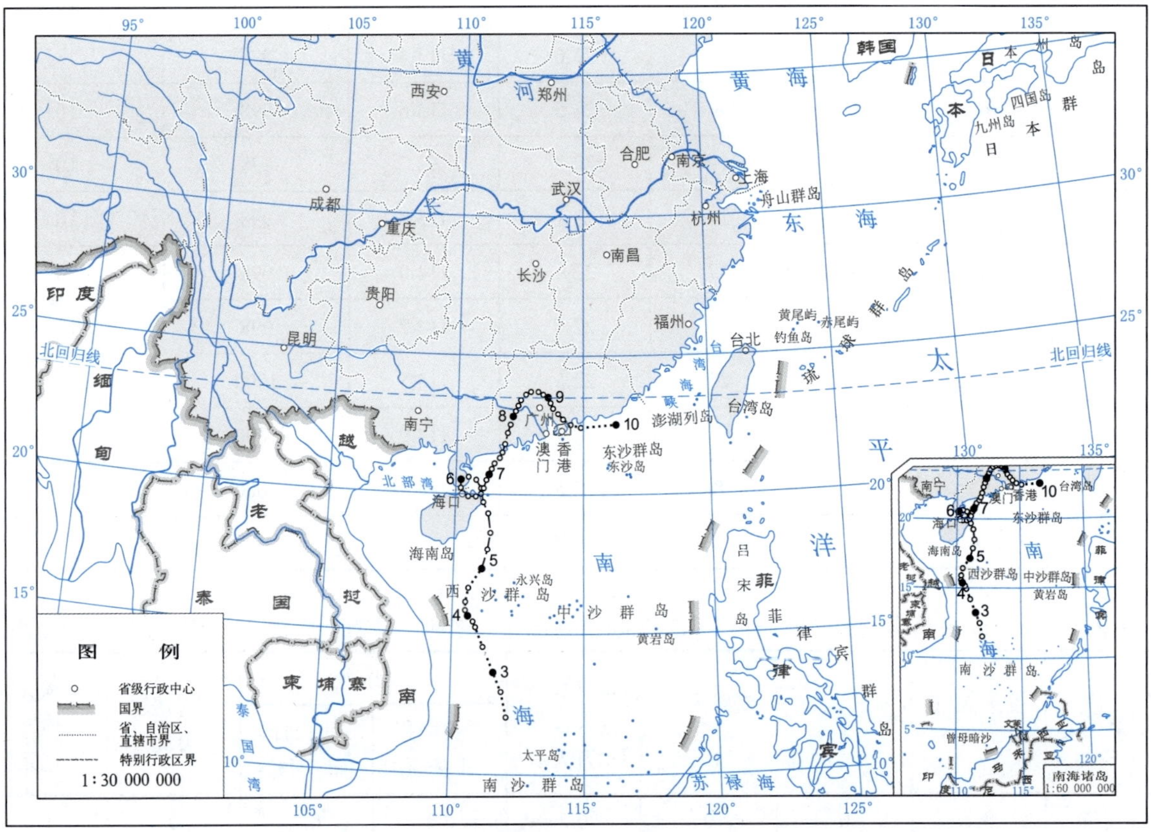

图 2.5.1　1804 号热带风暴“艾云尼”（Ewiniar）路径图

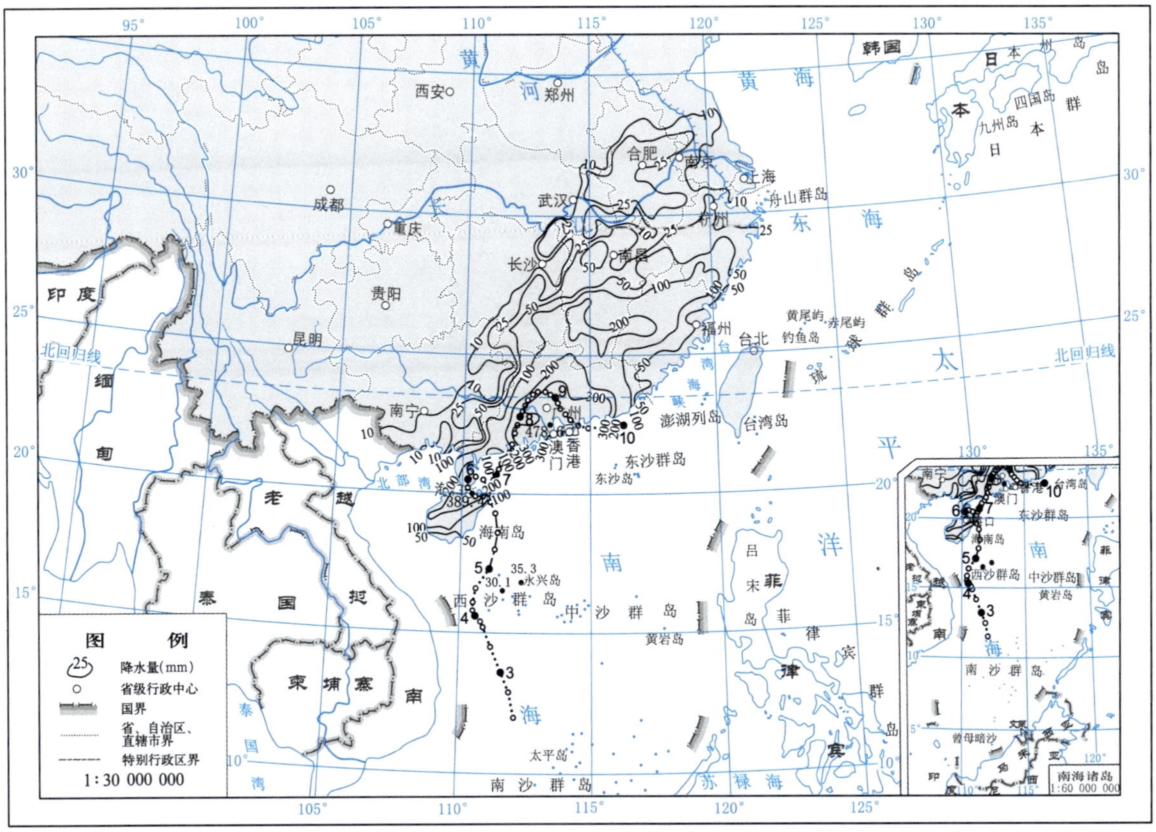

图 2.5.2 1804 号热带风暴“艾云尼”(Ewiniar)总降水量图(6 月 3—10 日)(mm)

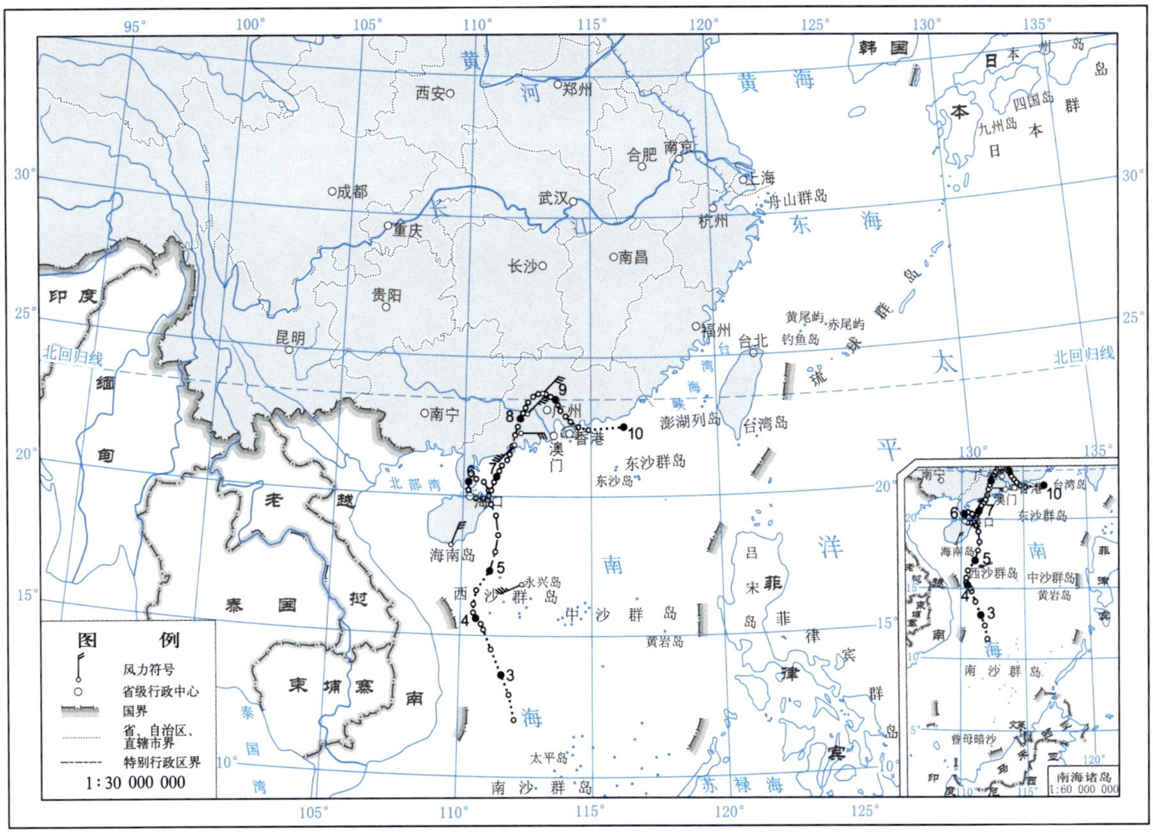

图 2.5.3 1804 号热带风暴“艾云尼”(Ewiniar)大风分布图(6 月 3—8 日)

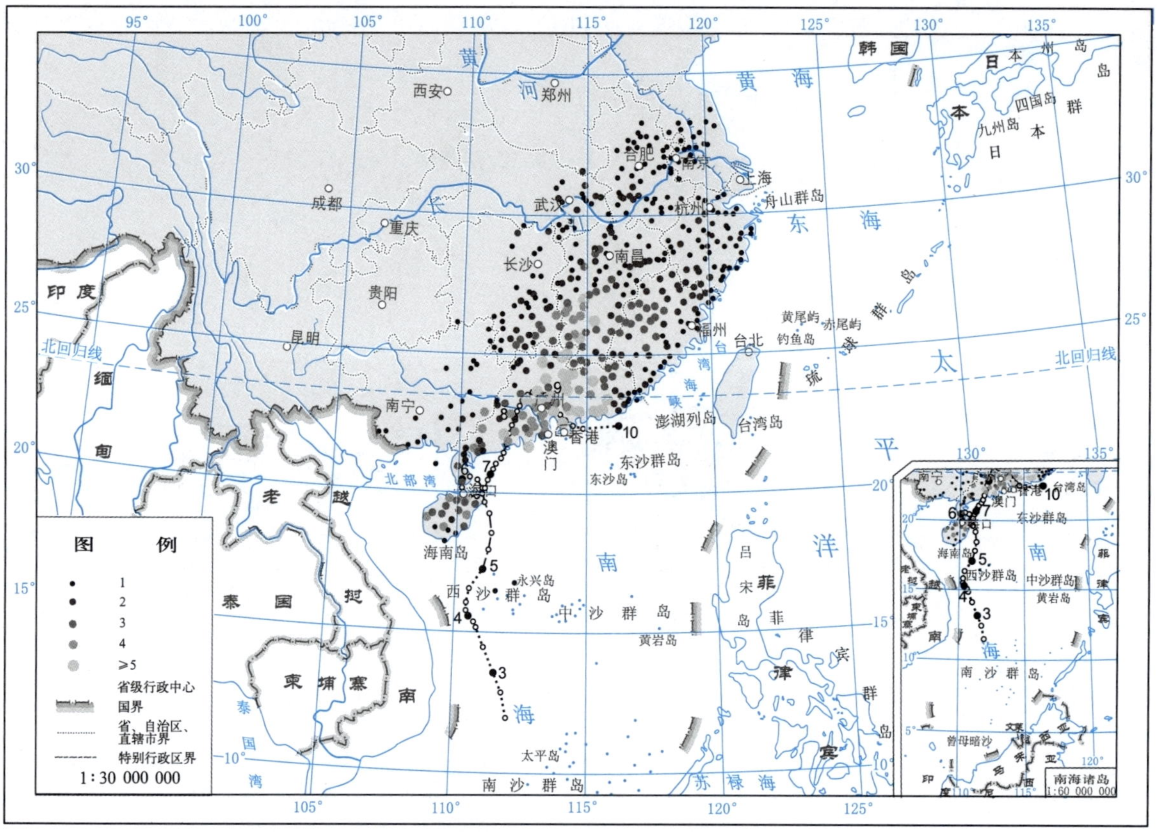

图 2.5.4　1804 号热带风暴“艾云尼”（Ewiniar）总降水日数图

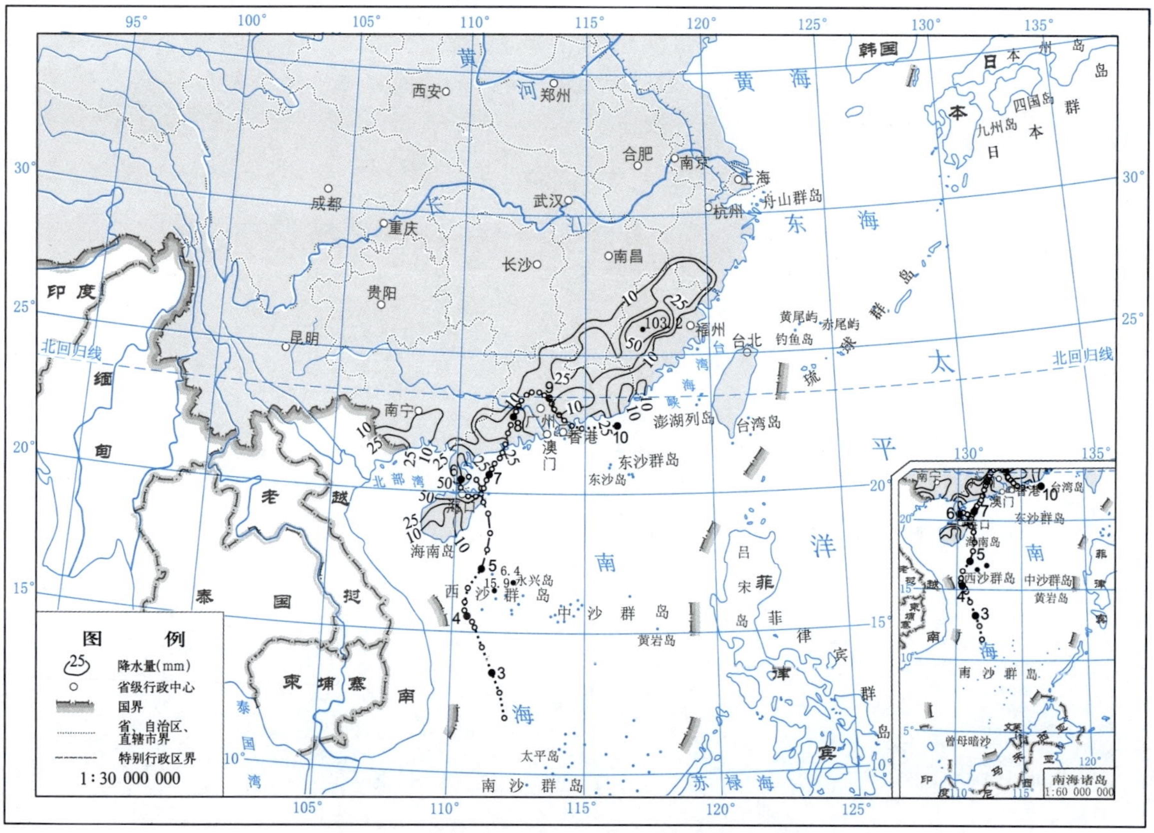

图 2.5.5　2018 年 6 月 5 日的日降水量图（mm）

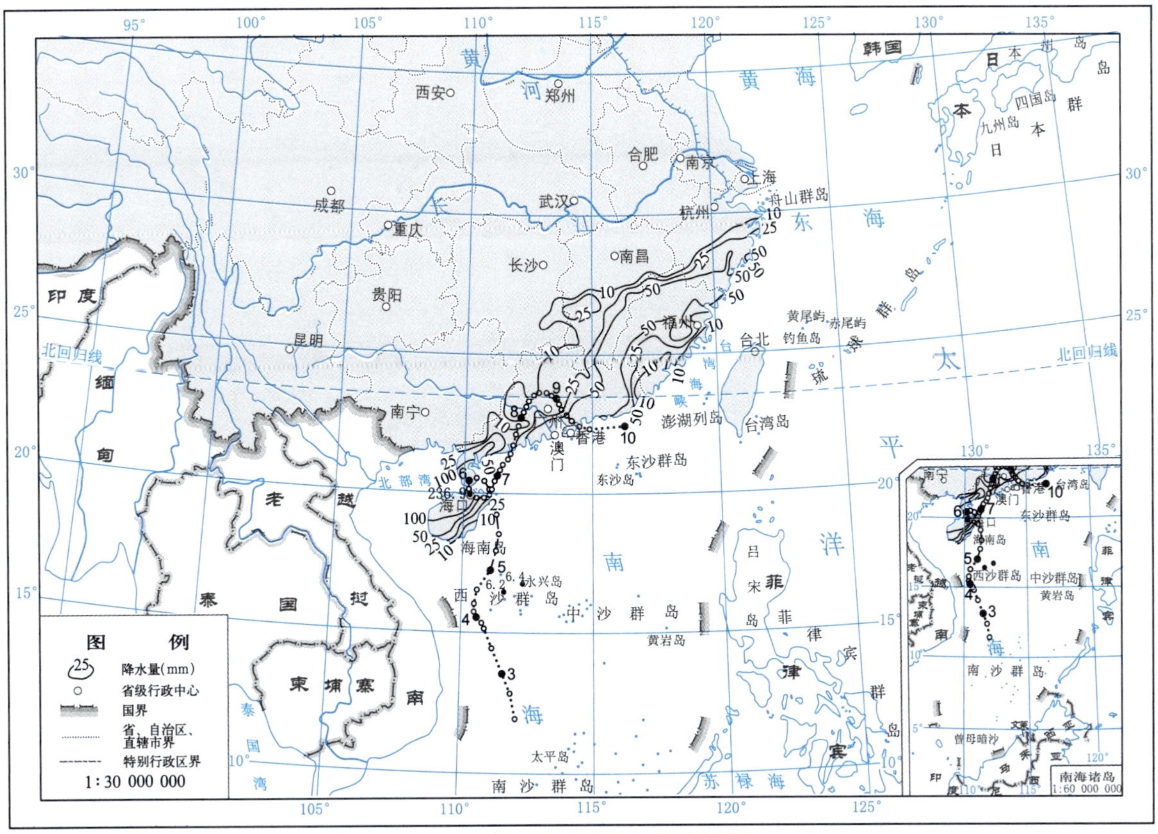

图 2.5.6 2018 年 6 月 6 日的日降水量图（mm）

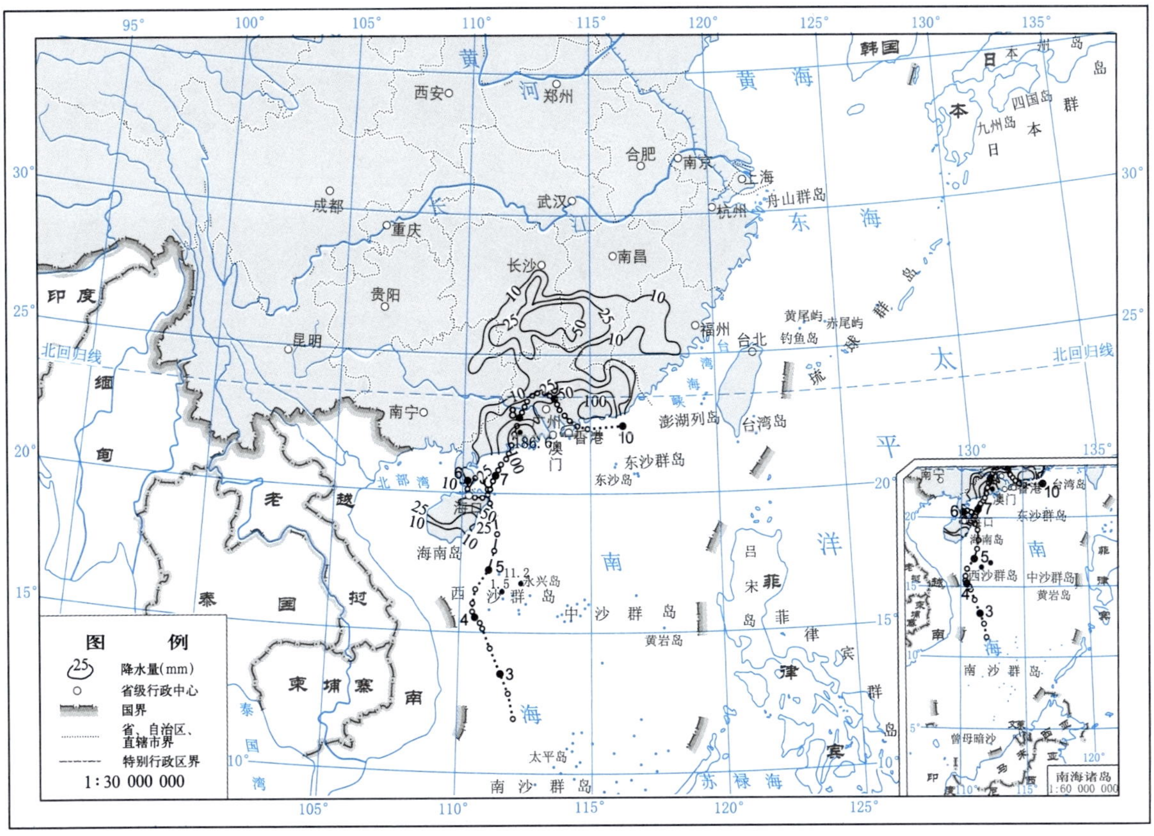

图 2.5.7 2018 年 6 月 7 日的日降水量图（mm）

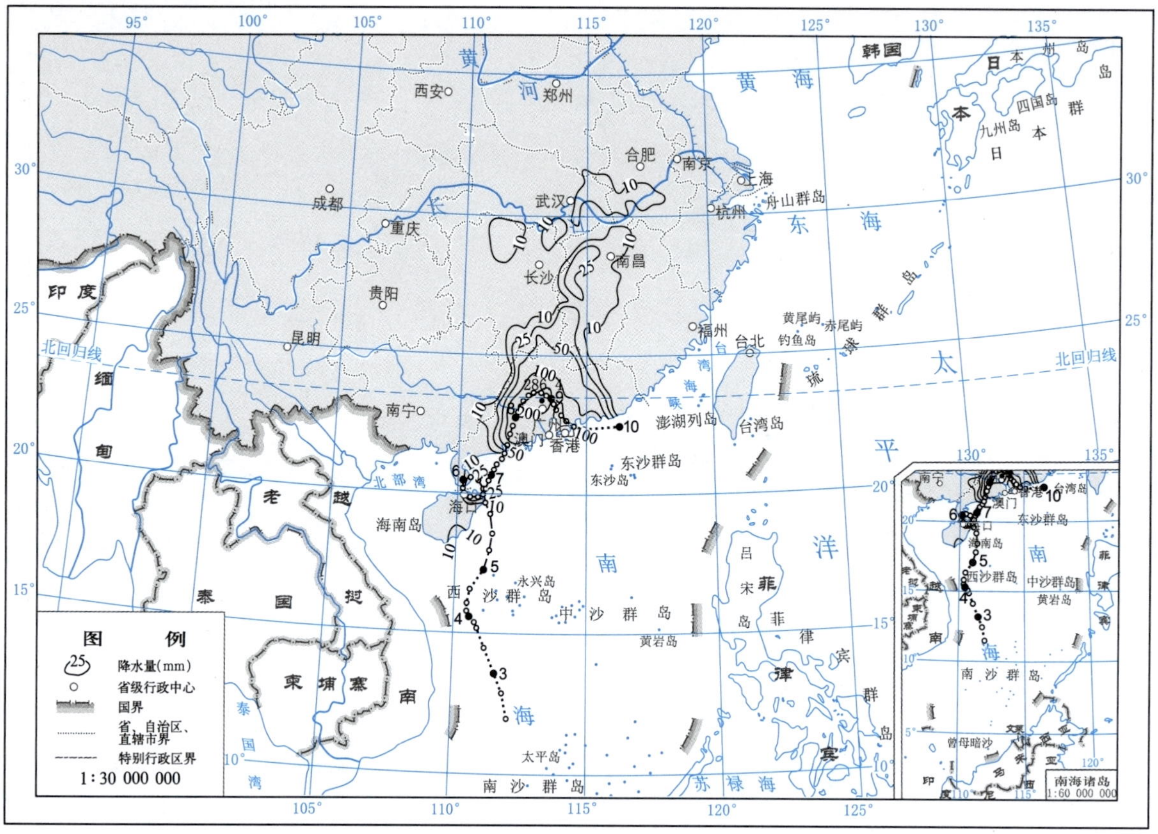

图 2.5.8　2018 年 6 月 8 日的日降水量图（mm）

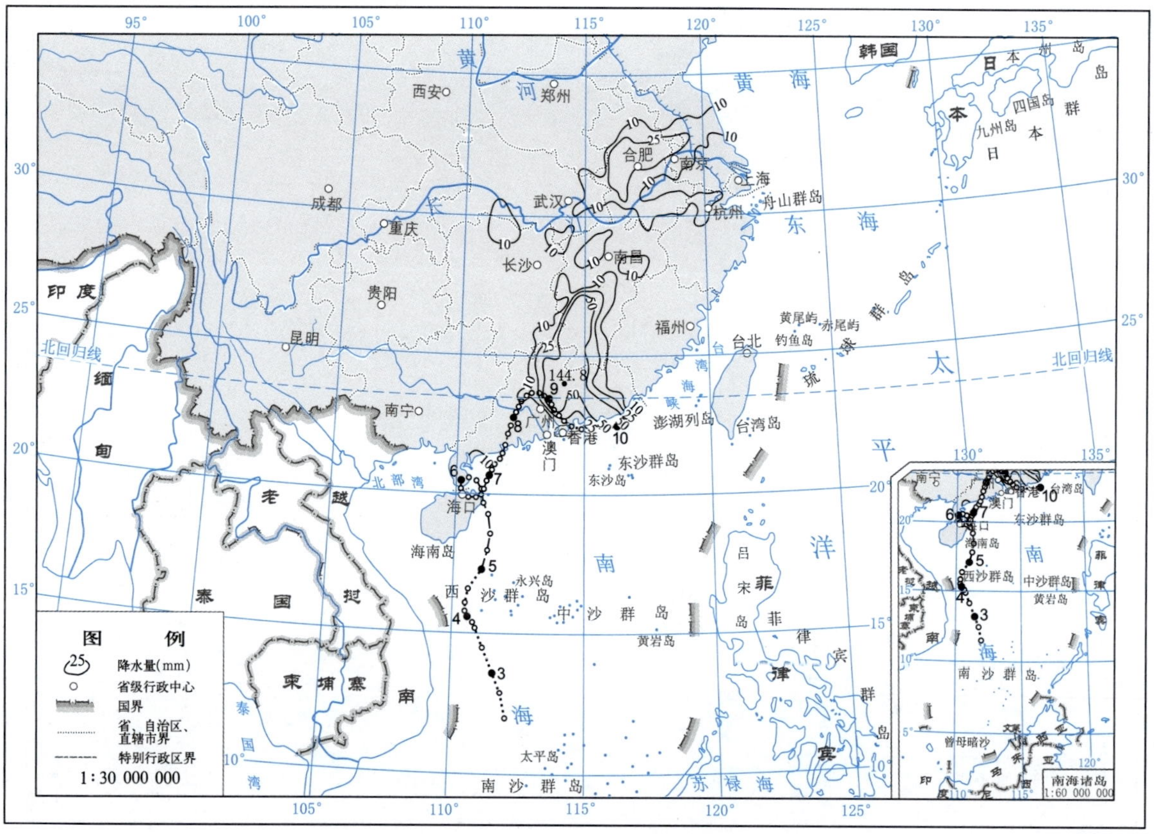

图 2.5.9　2018 年 6 月 9 日的日降水量图（mm）

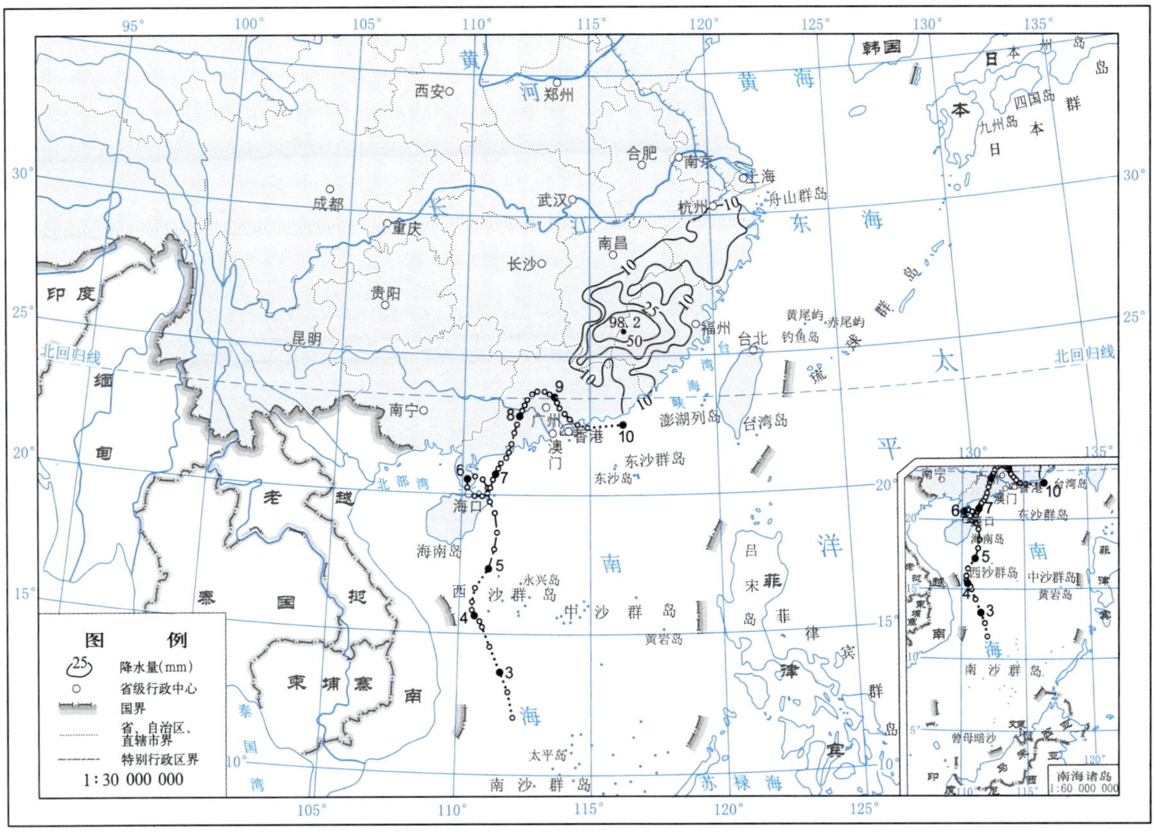

图 2.5.10 2018年6月10日的日降水量图（mm）

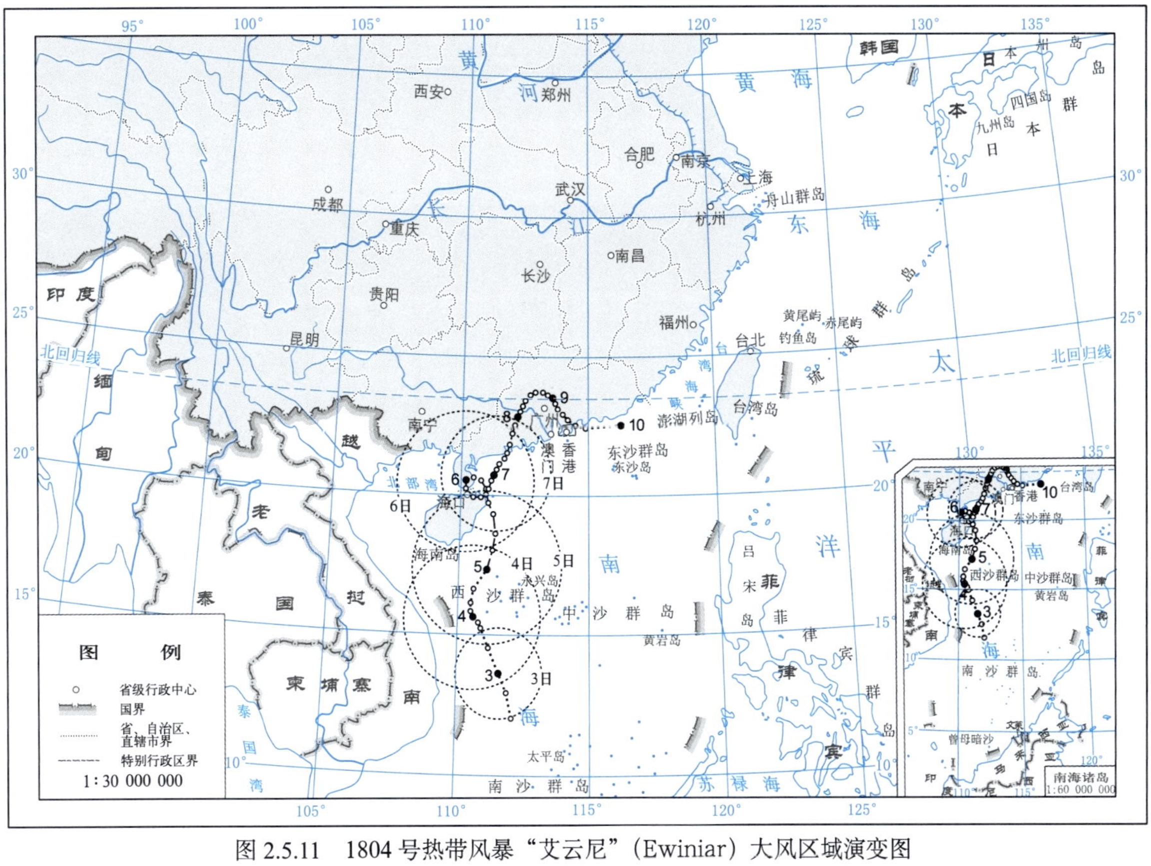

图 2.5.11 1804号热带风暴“艾云尼”（Ewiniar）大风区域演变图

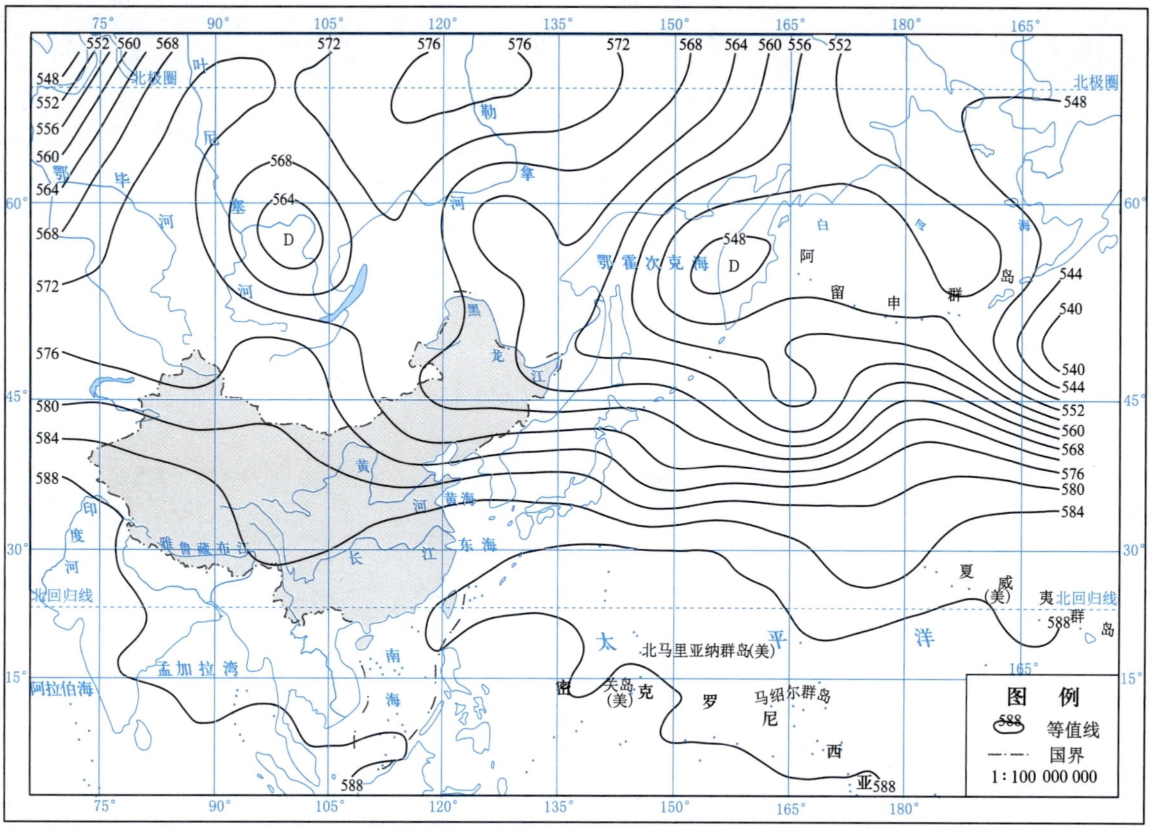

图 2.5.12　2018 年 6 月 7 日 14 时 500 hPa 高度场图（dagpm）

2.6 强热带风暴“马力斯”（Maliksi）

第 1805 号强热带风暴“马力斯”是由 6 月 6 日上午位于菲律宾萨马岛以东约 600 km 的西北太平洋洋面上一个热带低压发展形成。低压形成后向西北方向移动，强度缓慢增强，于 8 日上午加强为热带风暴，之后继续西北行，在 9 日上午转向东北，并逐渐增强至强热带风暴，并加速东北行，11 日夜间减弱为热带风暴，12 日变性为温带气旋，随后在日本以东洋面消散。

表 2.6.1 是热带风暴“马力斯”的中心位置和强度。图 2.6.1 ～图 2.6.3 分别是强热带风暴“马力斯”的路径图、大风区域演变图和 2018 年 6 月 10 日 14 时 500 hPa 高度场图。

表 2.6.1　1805 号强热带风暴“马力斯”（Maliksi）中心位置和强度

6 月 6—12 日

年	月	日	时	中心位置		中心气压（hPa）	最大风速（m/s）
				北纬（°N）	东经（°E）		
2018	6	6	8	13.0	131.1	1004	13
	6	6	14	13.8	130.4	1004	13
	6	6	20	14.5	129.7	1004	13
	6	7	2	15.1	129.2	1004	13
	6	7	8	15.6	128.7	1002	15
	6	7	14	16.0	128.5	1002	15
	6	7	20	16.7	128.1	1002	15
	6	8	2	17.2	127.8	1002	15
	6	8	8	17.7	127.6	996	18
	6	8	14	18.8	127.1	996	18
	6	8	20	19.7	126.7	996	18
	6	9	2	20.4	126.7	994	20
	6	9	8	21.5	127.0	990	23
	6	9	14	22.2	127.6	985	25
	6	9	20	22.8	128.1	985	25
	6	10	2	23.5	128.9	980	25
	6	10	8	25.0	130.6	975	30
	6	10	14	26.3	132.3	975	30
	6	10	20	27.7	134.2	978	28
	6	11	2	28.9	136.4	978	28

（续表）

年	月	日	时	中心位置		中心气压（hPa）	最大风速（m/s）
				北纬（°N）	东经（°E）		
2018	6	11	8	30.5	138.8	980	25
	6	11	14	32.6	141.3	980	25
	6	11	20	34.6	144.6	982	23
△	6	12	2	36.5	147.7	982	23
	6	12	8	38.0	149.8	984	18
	6	12	14	38.8	152.1	984	18
消散							

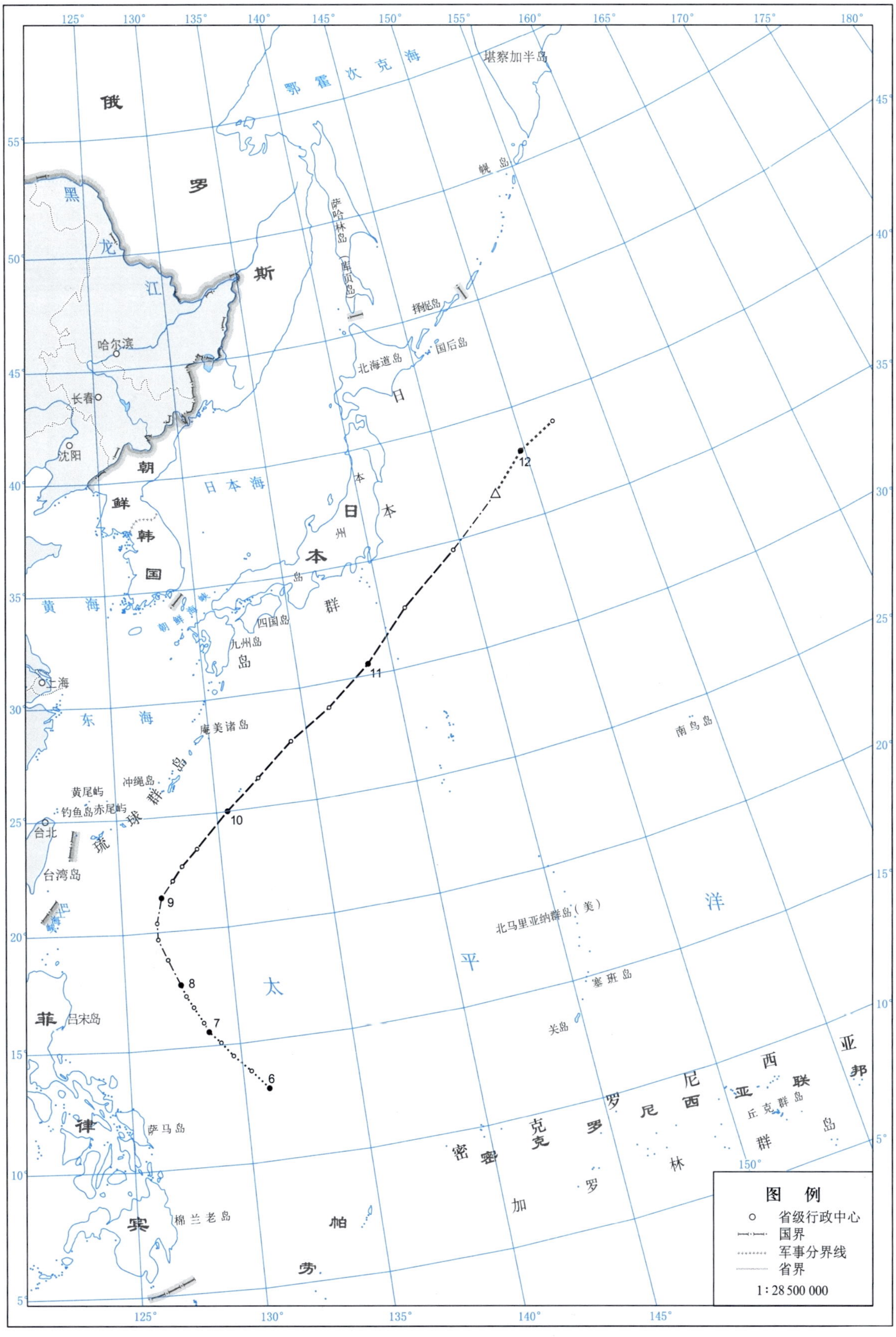

图 2.6.1　1805 号强热带风暴“马力斯”（Maliksi）路径图

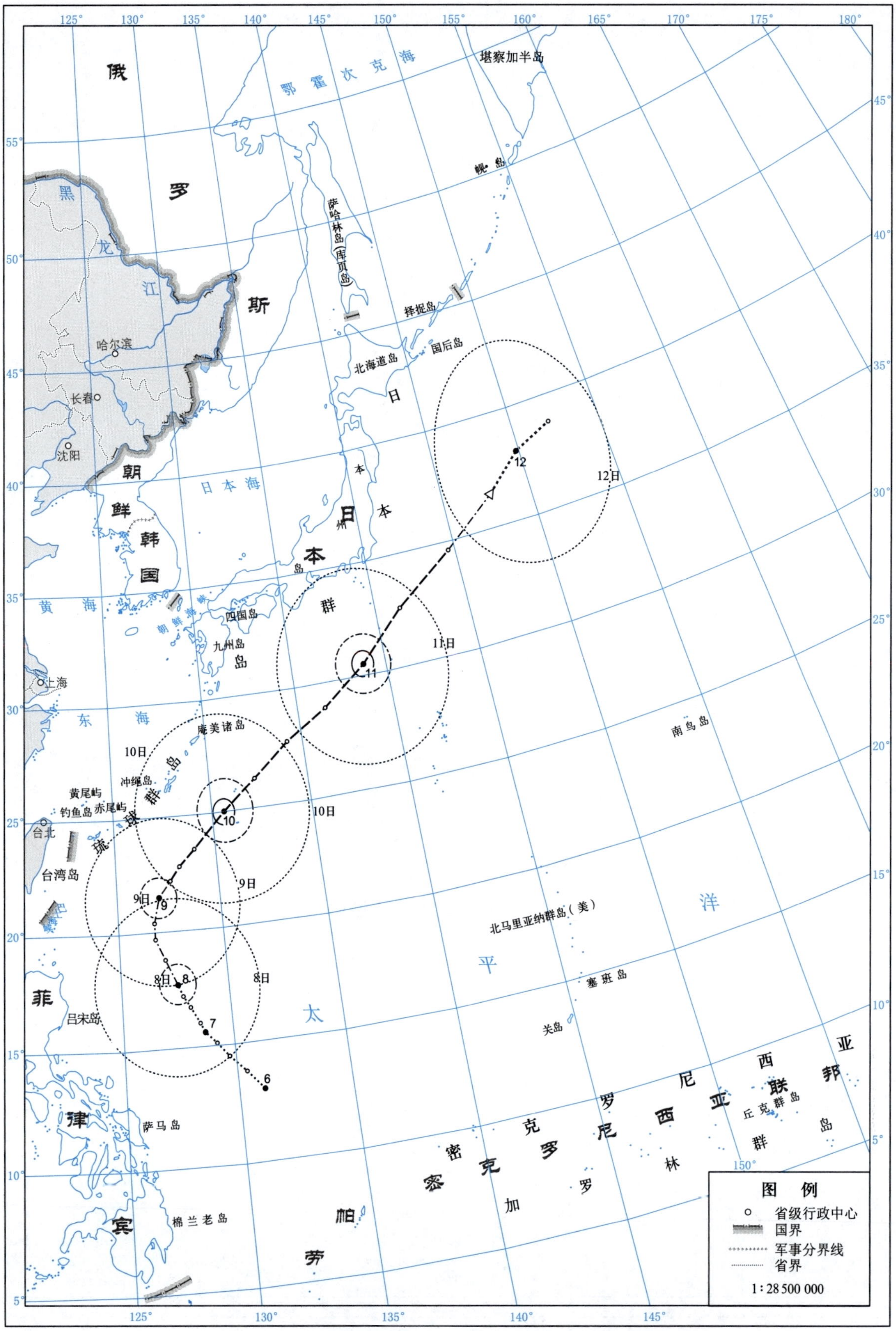

图 2.6.2　1805 号强热带风暴“马力斯”（Maliksi）大风区域演变图

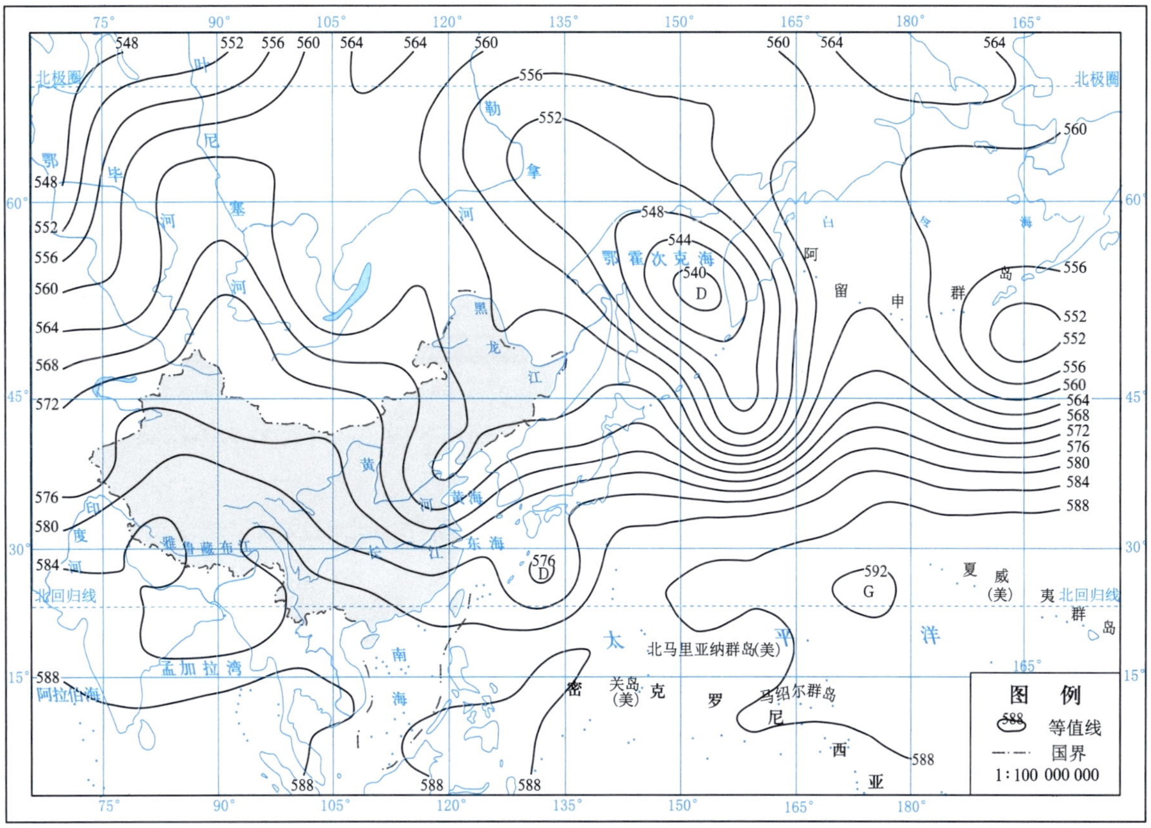

图 2.6.3　2018 年 6 月 10 日 14 时 500 hPa 高度场图（dagpm）

2.7 热带风暴“格美”(Gaemi)

第 1806 号热带风暴“格美”于 6 月 13 日夜间在粤闽交界沿海以南约 200 km 的南海海面上生成。生成后低压中心缓慢地向东北方向移动，逐渐靠近台湾岛，15 日 08 时在台湾高雄登陆，登陆强度为热带低压级别。之后穿过台湾岛，进入东海海域，并在夜间加强为热带风暴，其后移速加快。热带风暴“格美”于 16 日擦过冲绳岛，次日早晨变性为温带气旋，随后继续东北行，20 日下午在日本北部沿海以东的西北太平洋洋面上减弱消散。

受强热带风暴“格美”影响，6 月 14—16 日，福建沿海和浙江沿海局部出现最大风力 6 ～ 7 级、阵风 7 ～ 8 级；福建三沙出现最大风力 7 级（14.6 m/s）、阵风 8 级（20.3 m/s) 为本次热带风暴影响过程的风极值。

6 月 14—15 日，海南大部、广东局部、广西西南部、福建中北部局部、浙江南部沿海局部总雨量为 10 ～ 50 mm；海南西沙和海南岛北部部分总雨量为 50 ～ 140 mm，其中，海南临高总雨量 139.4 mm，14 日日雨量 98.9 mm，14 日 09 时小时雨量 43.1 mm，分别为本次热带风暴影响过程总雨量、日雨量和时雨量极值。

表 2.7.1 是热带风暴“格美”的中心位置和强度。图 2.7.1 ～图 2.7.8 分别是热带风暴“格美”路径图、总降水量图、大风分布图、总降水日数图、2018 年 6 月 14—15 日的日降水量图、大风区域演变图和 2018 年 6 月 15 日 20 时 500 hPa 高度场图。

表 2.7.1　1806 号热带风暴“格美”(Gaemi) 中心位置和强度

6 月 13—20 日

年	月	日	时	中心位置		中心气压（hPa）	最大风速（m/s）
				北纬（°N）	东经（°E）		
2018	6	13	20	21.5	117.3	996	13
	6	14	2	21.7	118.0	996	13
	6	14	8	21.8	118.7	994	15
	6	14	11	21.9	119.0	994	15
	6	14	14	22.0	119.3	994	15
	6	14	17	22.2	119.6	994	15
	6	14	20	22.4	119.8	994	15
	6	14	23	22.5	120.0	994	15
	6	15	2	22.6	120.1	994	15
	6	15	5	22.7	120.2	994	15
	6	15	8	22.8	120.2	992	15
	6	15	14	23.4	121.7	992	15

（续表）

年	月	日	时	中心位置		中心气压（hPa）	最大风速（m/s）
				北纬（°N）	东经（°E）		
2018	6	15	20	24.5	123.6	992	18
	6	16	2	25.5	125.1	992	18
	6	16	8	26.4	127.2	992	18
	6	16	14	27.0	128.8	990	20
	6	16	20	27.3	130.5	990	20
	6	17	2	27.8	131.4	992	18
△	6	17	8	28.5	132.1	996	15
	6	17	14	29.4	132.7	996	15
	6	17	20	30.0	133.5	996	15
	6	18	2	30.5	134.2	996	15
	6	18	8	31.0	135.3	996	15
	6	18	14	31.7	137.2	996	15
	6	18	20	32.0	139.0	1000	13
	6	19	2	32.6	141.6	1000	13
	6	19	8	33.7	144.0	1000	13
	6	19	14	34.9	146.3	1000	13
	6	19	20	35.8	148.2	1000	13
	6	20	2	36.1	150.2	1000	13
	6	20	8	36.6	151.0	1000	13
	6	20	14	37.3	151.7	1000	13
消散							

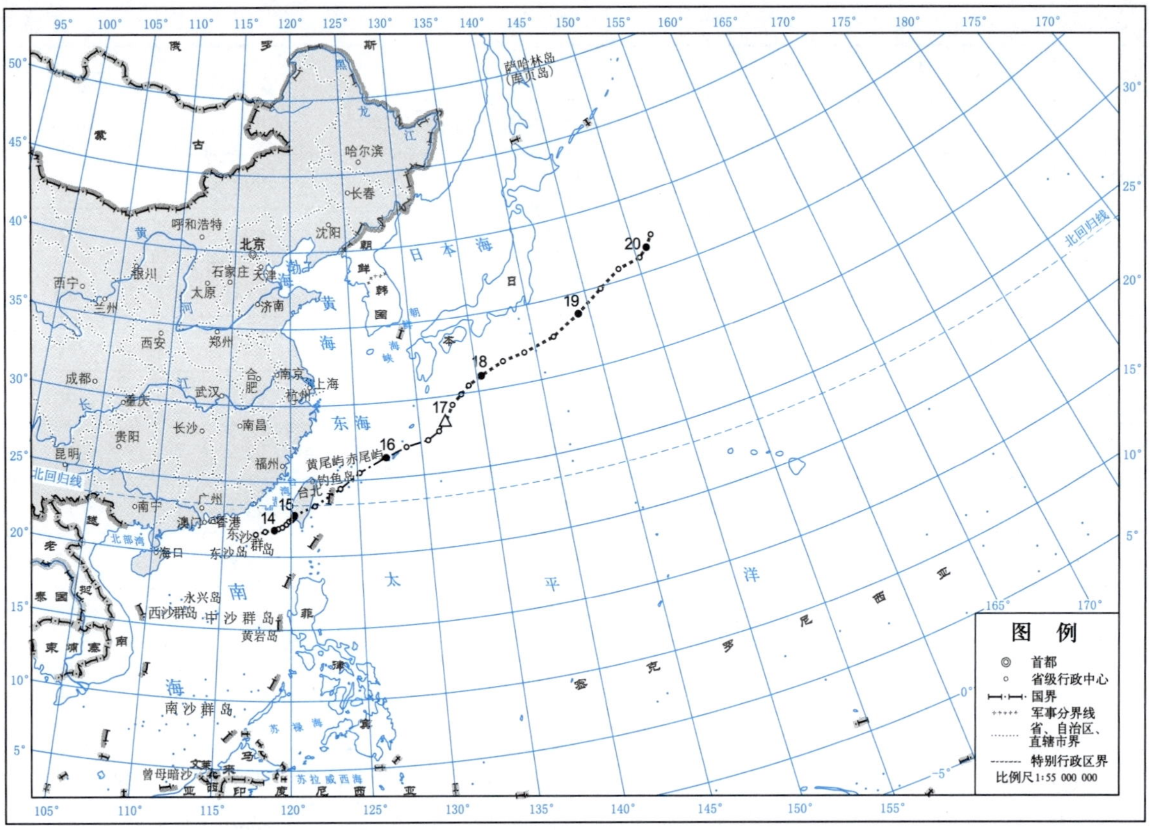

图 2.7.1 1806 号热带风暴“格美”(Gaemi)路径图

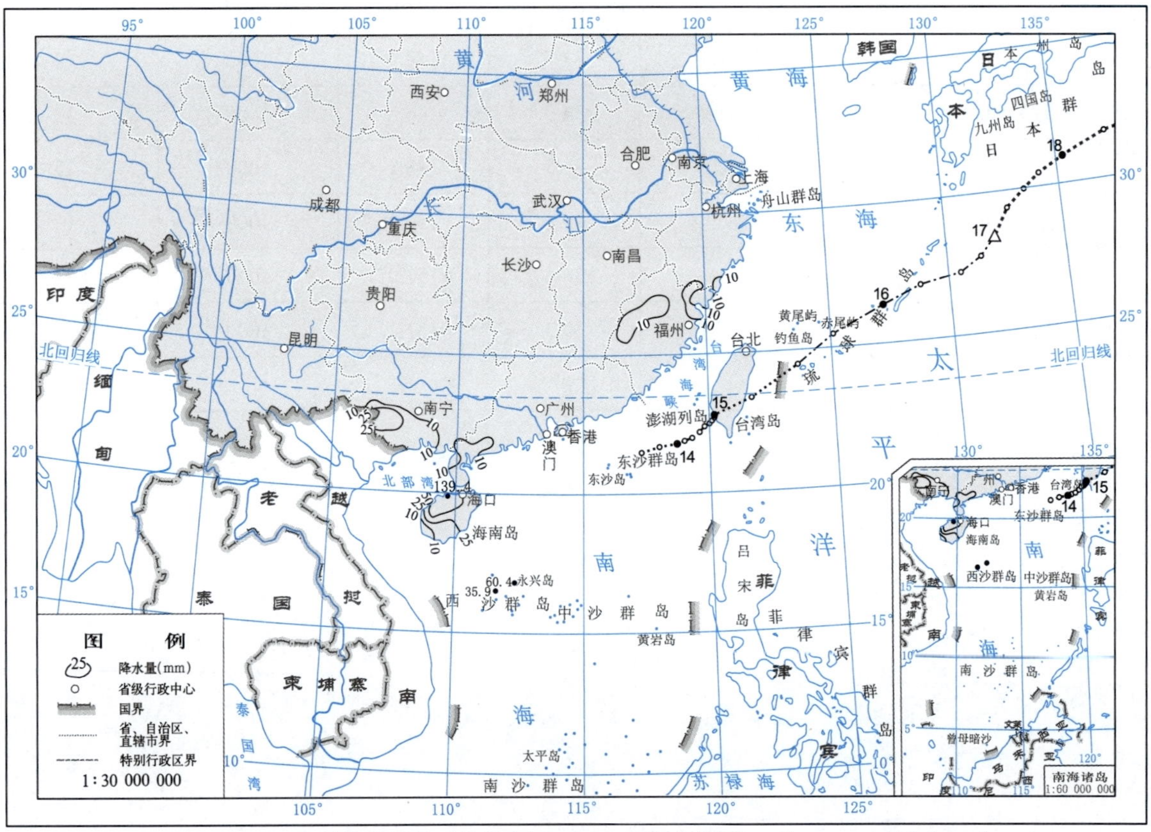

图 2.7.2 1806 号热带风暴“格美”(Gaemi)总降水量图 (6 月 14—15 日)(mm)

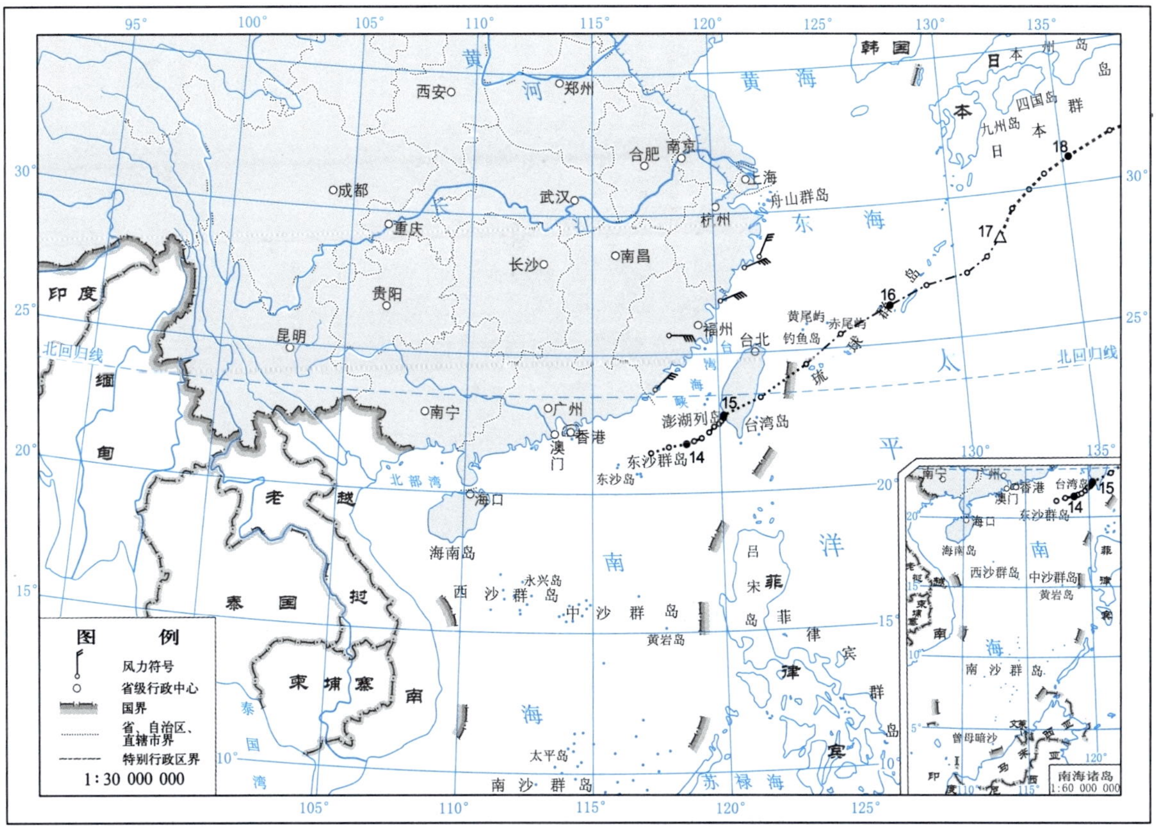

图 2.7.3 1806 号热带风暴“格美”（Gaemi）大风分布图（6 月 14—16 日）

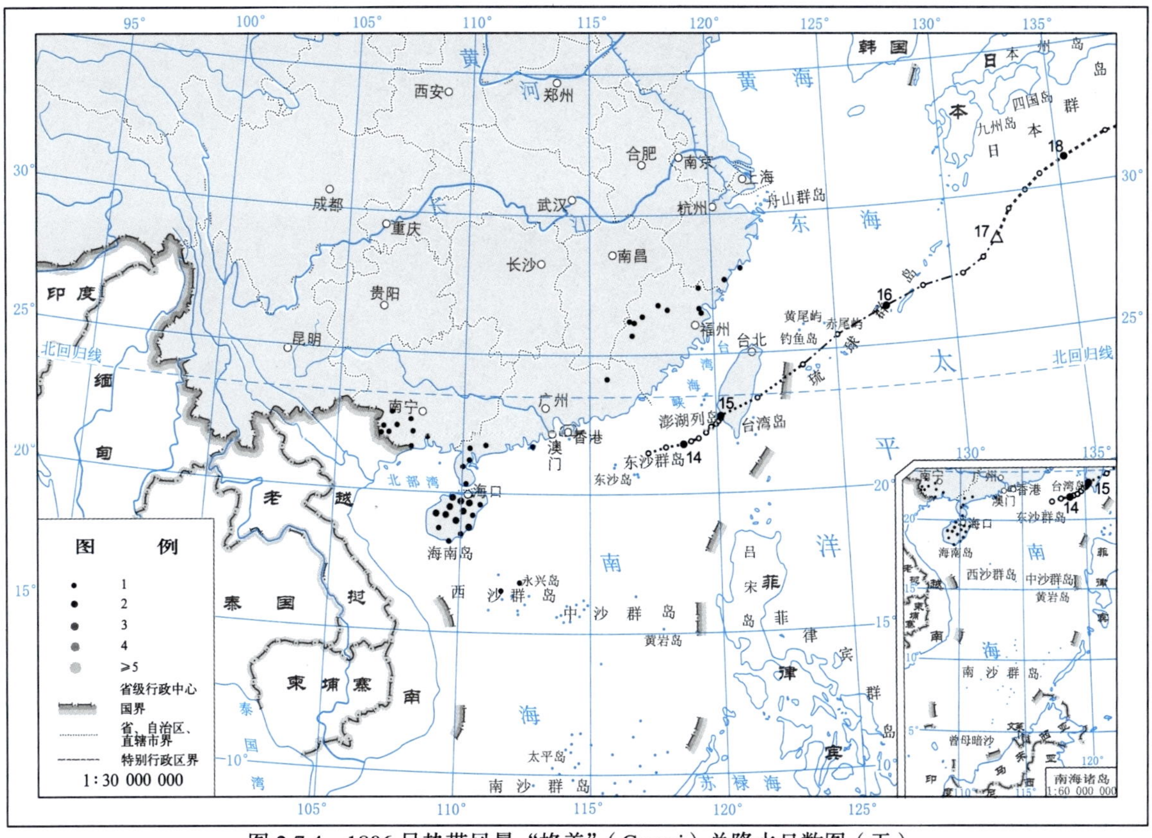

图 2.7.4 1806 号热带风暴“格美”（Gaemi）总降水日数图（天）

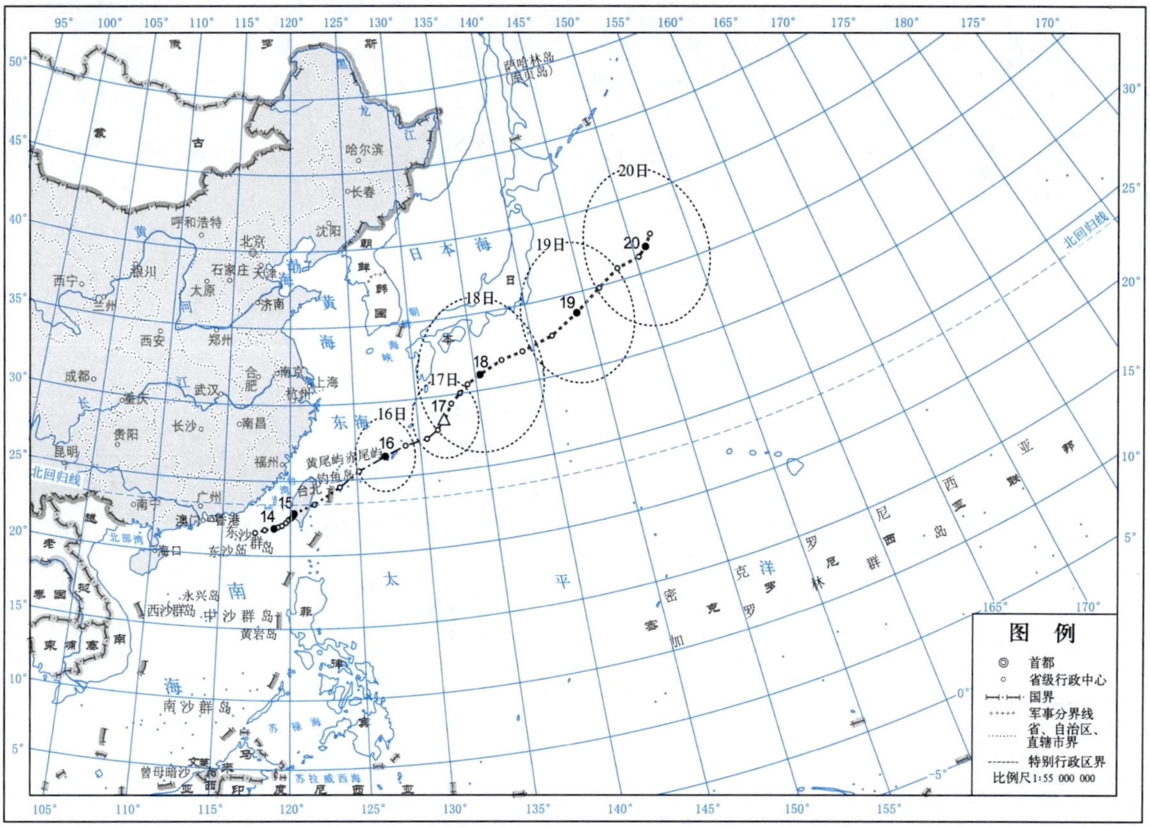

图 2.7.5 1806 号热带风暴“格美”（Gaemi）大风区域演变图

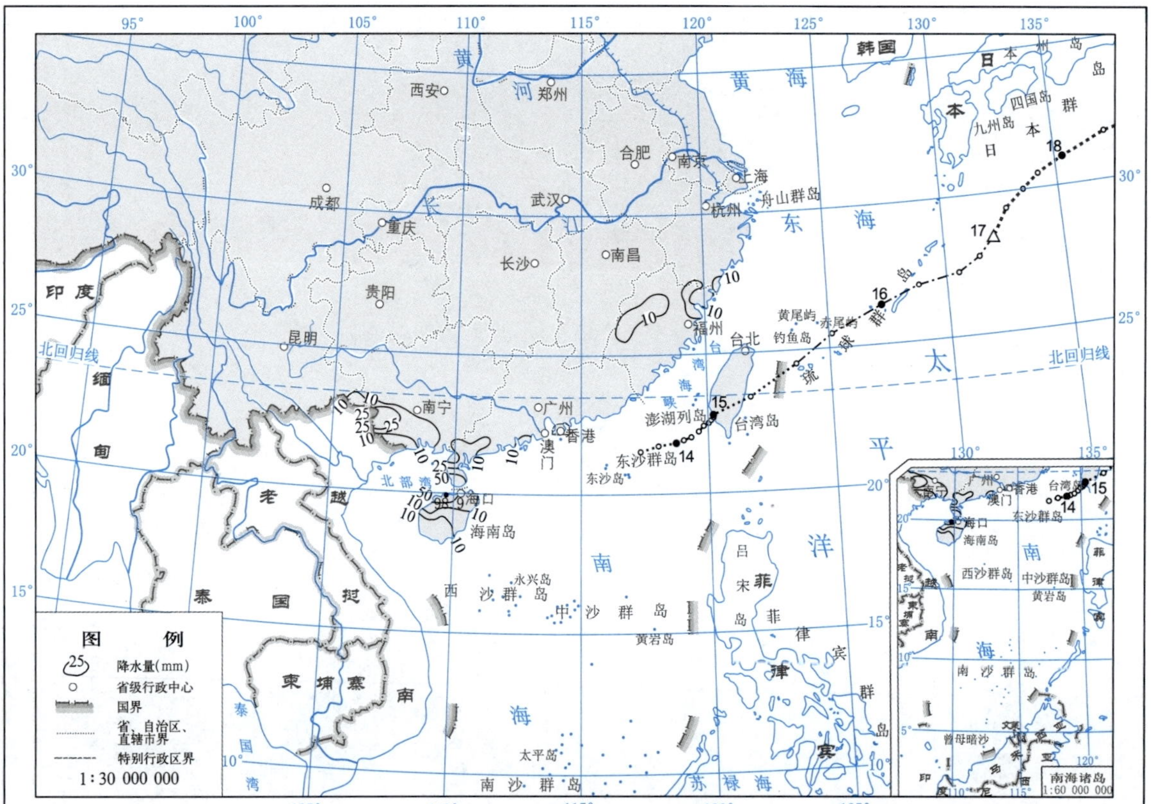

图 2.7.6 2018 年 6 月 14 日的日降水量图（mm）

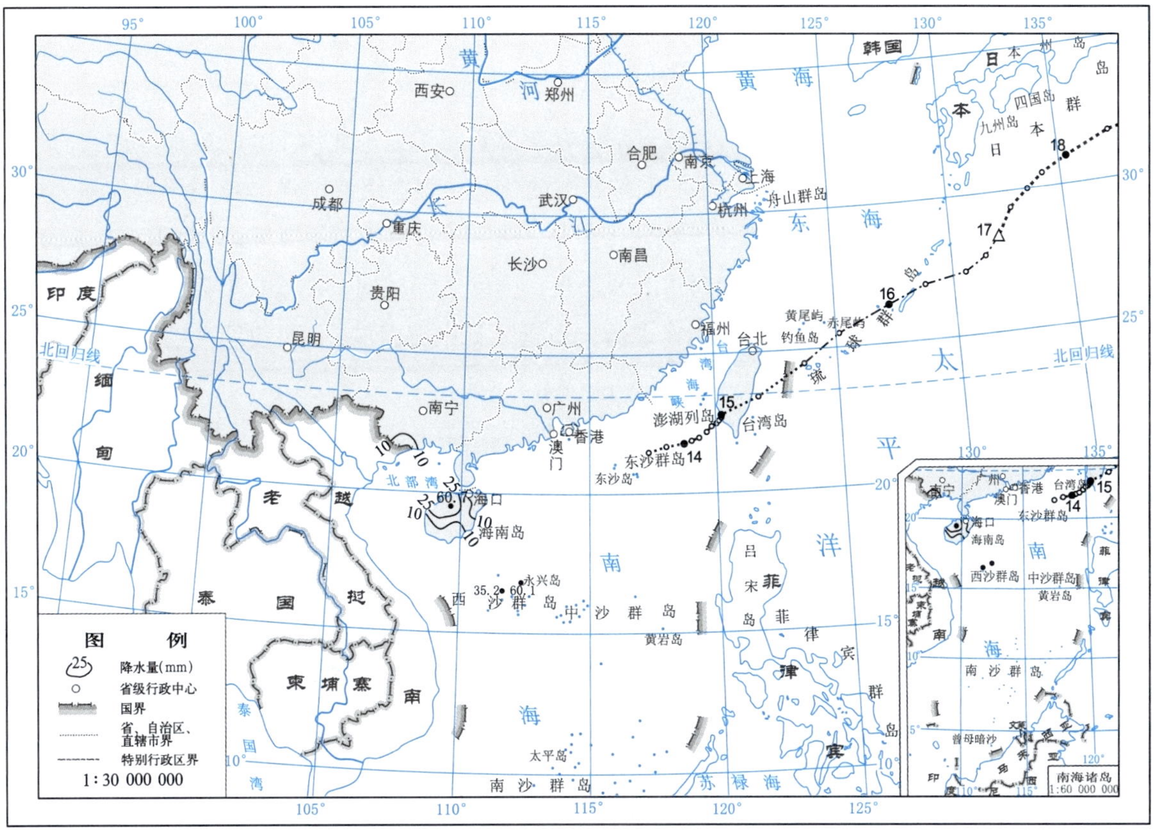

图 2.7.7 2018 年 6 月 15 日的日降水量图（mm）

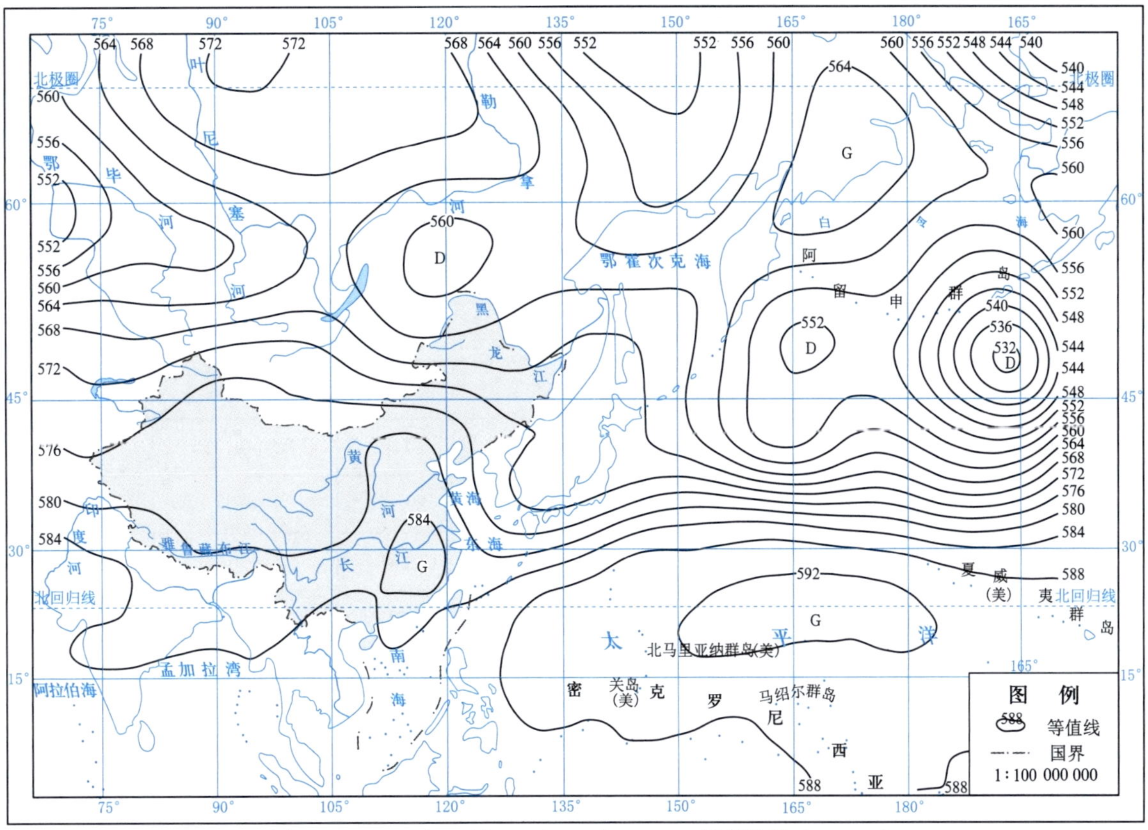

图 2.7.8 2018 年 6 月 15 日 20 时 500 hPa 高度场图（dagpm）

2.8 台风“派比安”(Prapiroon)

第 1807 号台风“派比安”是由 6 月 28 日早晨在菲律宾吕宋岛东北约 1100 km 的菲律宾海海面上的一个热带低压发展形成。形成后低压中心向偏西方向移动，强度缓慢增强，29 日早晨加强为热带风暴，之后转向西北，1 日早晨进一步加强至强热带风暴，随后 2 日进入东海海域，强度继续增强至台风。之后台风“派比安”偏北分量加大，向日本九州靠近，强度逐渐减弱，在 3 日早晨强度减弱为强热带风暴，并继续北行，穿过对马海峡后转向东北方向，进入日本海海域，4 日夜间变性为温带气旋，之后迅速在日本札幌境内消散。

受台风“派比安”影响，7 月 2 日，浙江萧山出现最大风力 6 级（11.6 m/s）、阵风 7 级（15.0 m/s)，为本次台风影响过程的风极值。

表 2.8.1 是台风“派比安”的中心位置和强度。图 2.8.1 ～图 2.8.4 分别是台风“派比安”路径图、大风分布图、大风区域演变图和 2018 年 7 月 3 日 02 时 500 hPa 高度场图。

表 2.8.1　1807 号台风“派比安”(Prapiroon) 中心位置和强度

6 月 28 日—7 月 5 日

年	月	日	时	中心位置		中心气压（hPa）	最大风速（m/s）
				北纬（°N）	东经（°E）		
2018	6	28	8	19.8	132.9	1006	13
	6	28	14	19.8	132.1	1006	13
	6	28	20	19.8	131.4	1004	15
	6	29	2	19.9	130.8	1004	15
	6	29	8	19.9	130.3	998	18
	6	29	14	19.9	130.1	998	18
	6	29	20	20.0	129.9	995	20
	6	30	2	20.3	129.8	995	20
	6	30	8	20.8	129.6	990	23
	6	30	14	21.2	129.2	990	23
	6	30	20	21.7	128.8	990	23
	7	1	2	22.8	128.2	990	23
	7	1	8	23.7	127.6	985	25
	7	1	14	24.5	127.1	985	25
	7	1	20	25.3	126.9	980	28

（续表）

年	月	日	时	中心位置		中心气压（hPa）	最大风速（m/s）
				北纬（°N）	东经（°E）		
2018	7	2	2	26.2	126.8	970	30
	7	2	8	27.2	127.0	965	33
	7	2	14	28.2	127.2	965	33
	7	2	20	29.5	127.6	965	33
	7	3	2	30.8	127.8	960	35
	7	3	8	32.0	128.1	965	30
	7	3	14	33.3	128.7	965	30
	7	3	20	34.4	129.6	975	28
	7	4	2	35.7	131.0	980	25
	7	4	8	37.3	132.5	985	23
	7	4	14	39.6	134.9	986	20
△	7	4	20	40.6	136.8	986	20
	7	5	2	40.9	138.3	986	20
	7	5	8	41.3	139.5	992	18
	7	5	14	41.7	140.5	1002	13
消散							

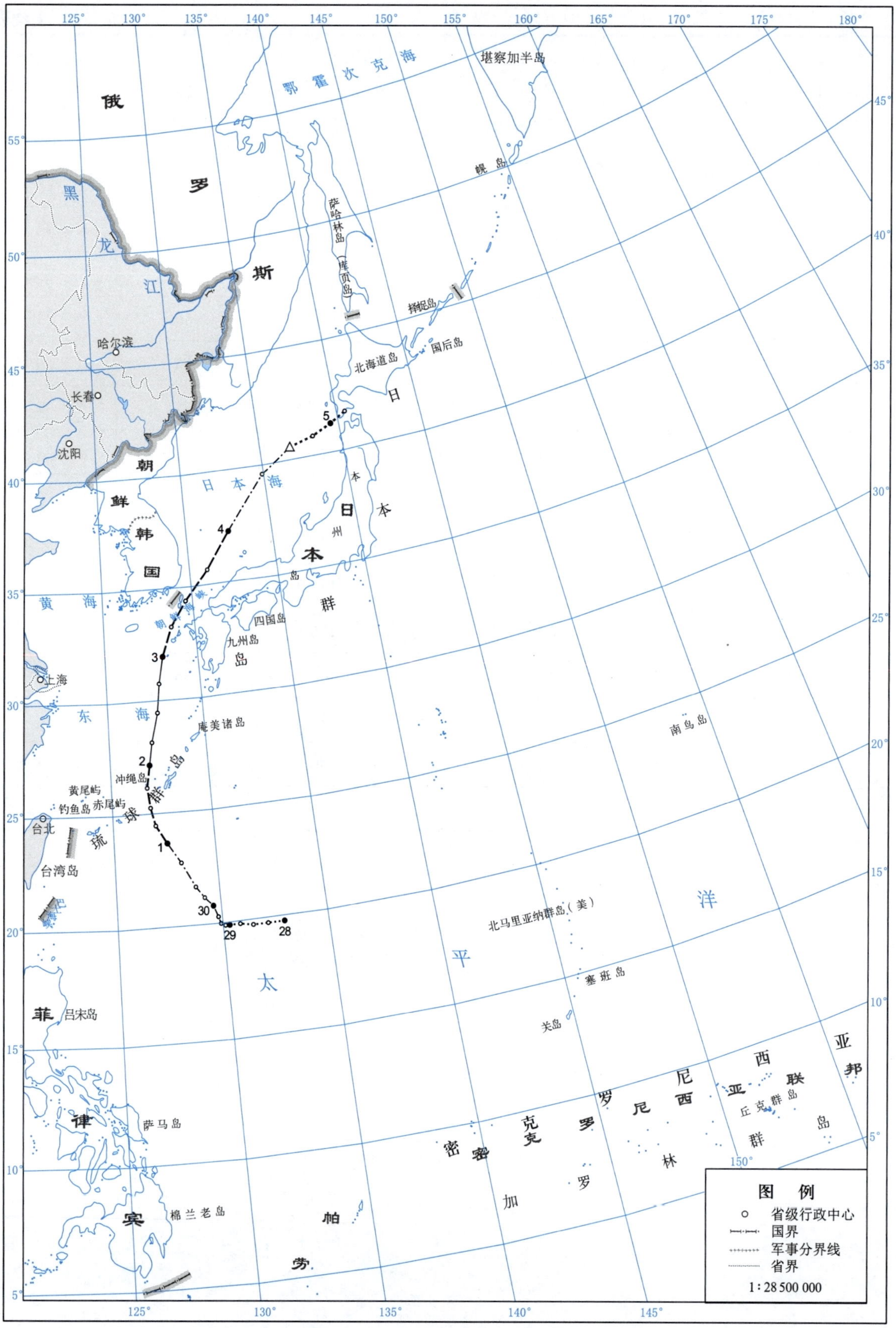

图 2.8.1　1807 号台风“派比安”（Prapiroon）路径图

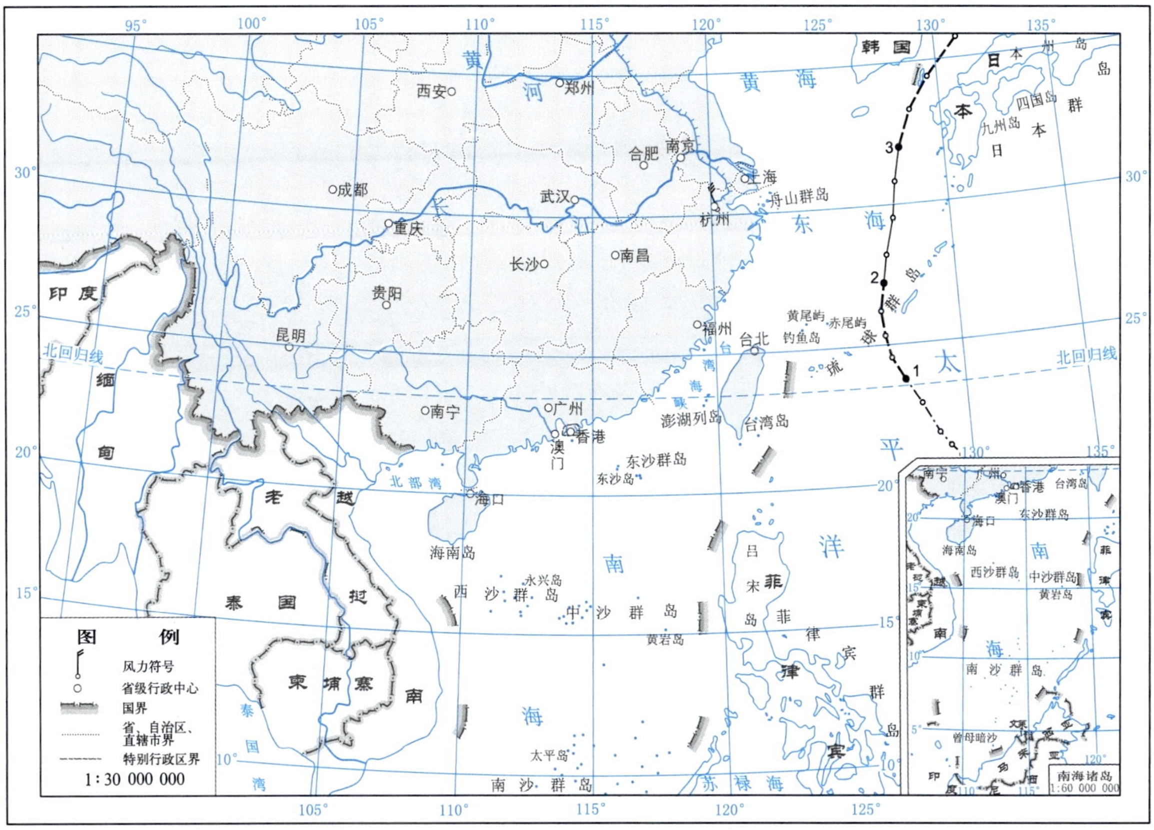

图 2.8.2 1807 号台风“派比安”（Prapiroon）大风分布图（7 月 2 日）

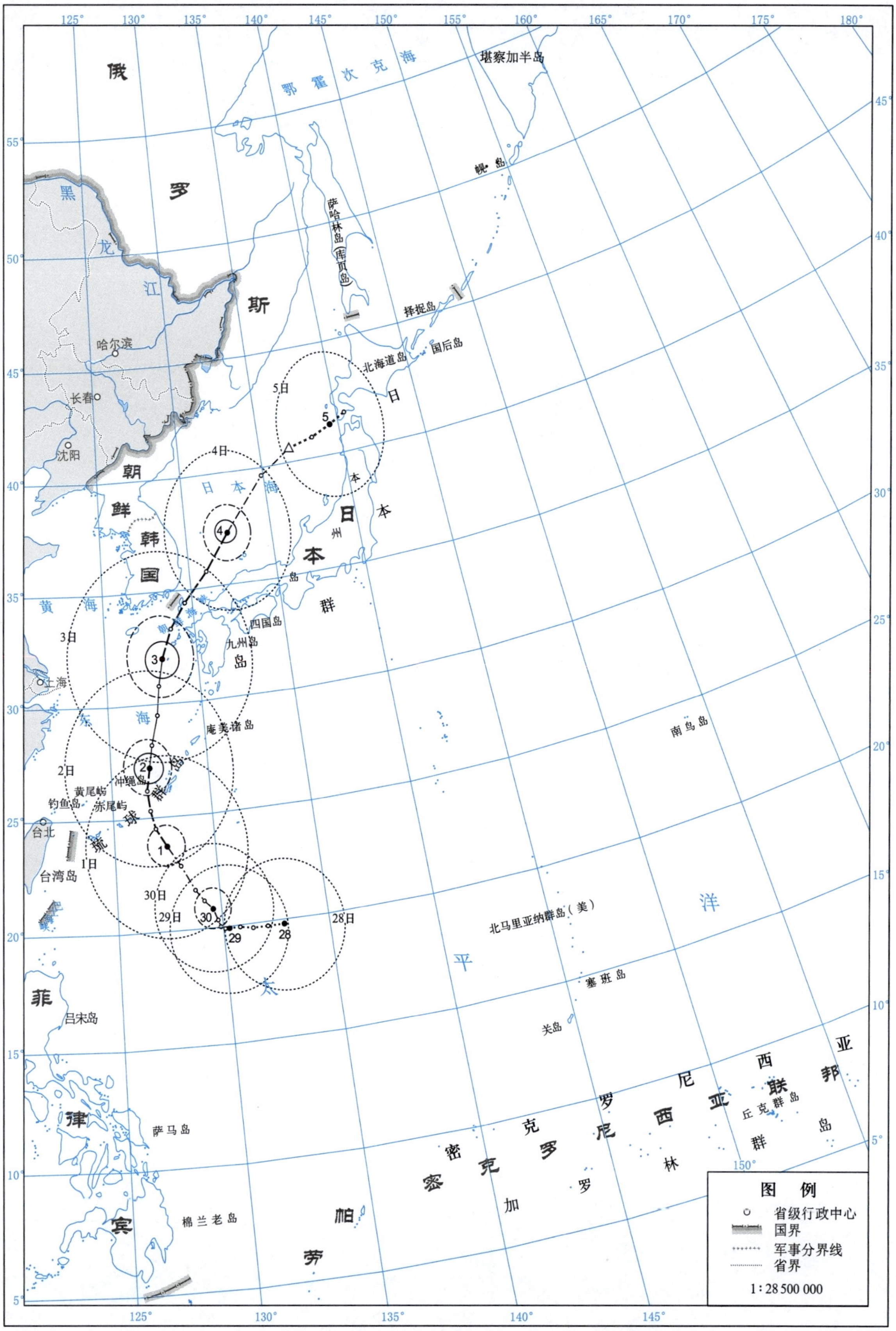

图 2.8.3　1807 号台风“派比安”（Prapiroon）大风区域演变图

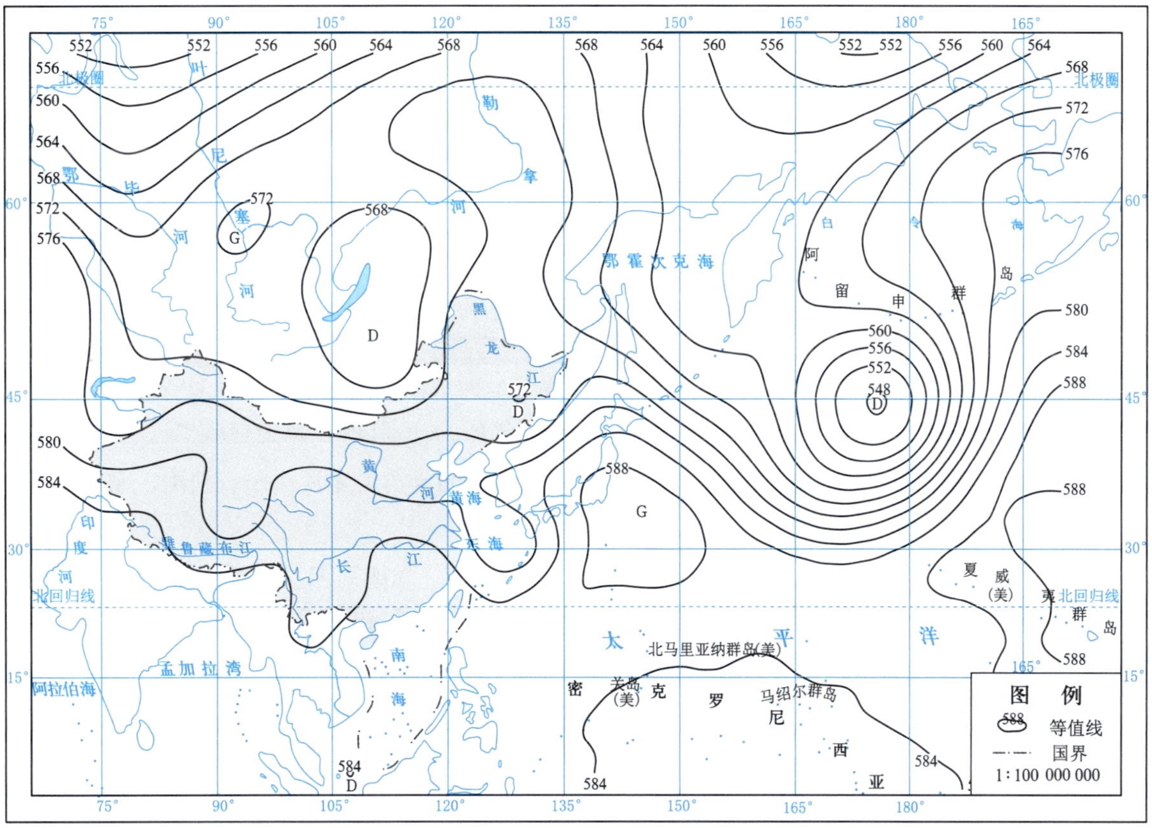

图 2.8.4 2018 年 7 月 3 日 02 时 500 hPa 高度场图（dagpm）

2.9 超强台风“玛利亚”（Maria）

第 1808 号超强台风“玛利亚”是由 7 月 3 日早晨位于美国关岛东南约 500 km 的西北太平洋洋面上的一个热带低压发展形成。形成后低压中心稳定地向西北方向移动，4 日傍晚加强为热带风暴，之后进入快速加强阶段，5 日早晨加强为强热带风暴，下午增强至台风，次日凌晨继续增强为强台风，于 6 日早晨达到其生命史最大强度超强台风，其中心附近最大风速 58 m/s，中心最低气压 925 hPa。随后，超强台风“玛利亚”向西移动的分量加大，移速加快，逐渐向日本宫古岛靠近，强度略有减弱，在 10 日早晨减弱为强台风，下午进入东海海域，之后靠近福建沿海地区，于 11 日 08 时 50 分登陆福建连江，登陆时中心附近最大风速为 38 m/s（13 级），近中心最低气压为 965 hPa。超强台风“玛利亚”登陆后，强度快速减弱，11 日夜间减弱为热带低压，并加大向北移动的分量，途径江西、湖南、湖北，最终于 13 日早晨在河南南部减弱消散。

受超强台风“玛利亚”影响，7 月 10—13 日，广东东北部、湖南局部、江西部分、福建沿海大部、浙江沿海大部、安徽南部部分、湖北咸丰、重庆云阳、河南嵩山、陕西丹凤等地出现最大风力 6 ～ 7 级、阵风 7 ～ 11 级；福建福州和九仙山、浙江玉环、安徽黄山出现最大风力 8 ～ 9 级、阵风 9 ～ 11 级；福建霞浦出现最大风力 10 级、阵风 14 级；福建罗源出现最大风力 12 级、阵风 17 级；福建三沙出现最大风力 14 级（41.7 m/s）、阵风 17 级（57.5 m/s），为本次超强台风影响过程的风极值。

受其影响，7 月 11—14 日，广东东部部分、广西东北部局部、贵州东部局部、重庆东部局部、四川东部局部、湖南大部、江西中部和西部、福建大部、浙江东南部部分、湖北部分、陕西南部局部、山西中南部部分、山东北部部分及南部局部、河南中部和西部、河北中南部部分、天津局部、北京平谷等地总雨量为 10 ～ 50 mm；广东东北部局部、福建部分、浙江东南部部分、湖南中东部部分、江西中部部分及庐山、重庆北部局部、湖北当阳和荆门、河南北部局部、山西中南部局部、河北南部大部、山东西北部大部、天津蓟县总雨量为 50 ～ 150 mm；湖南醴陵和安乡、浙江永嘉和温州、河北衡水和沧州南部及山东德州总雨量为 150 ～ 216 mm；其中，河北枣强总雨量 215.7 mm，为本次超强台风影响过程的总雨量极值。

7 月 11 日，受“玛利亚”登陆环流影响，福建北部和浙江南部出现暴雨到大暴雨；12 日，江西和湖南出现局部暴雨到大暴雨，湖南安乡日雨量 184.5 mm，10 时雨量 64.3 mm，为本次超强台风影响过程日雨量和时雨量极值；13 日，雨区北移，在山东北部和河北南部出现了暴雨到大暴雨天气；14 日，台风残留云系与西风槽结合，给河南、河北和山东交界地区带来了暴雨天气。

超强台风“玛利亚”具有移动路径稳定、强度强、快速增强（30 小时内从热带风暴级增强到超强台风级），且在超强台风阶段维持时间长等特点。受其影响，浙江、福建、江西和湖南省出现了一定程度的灾情，总计受灾人数达到 142.3 万人，死亡人口 1 人，紧急转移人口 54.2 万人，农作物受灾面积达到 82.3 千公顷，农作物绝收面积 5.0 千公顷，倒塌房屋 500 间，直接经济损失达到 41.6 亿元（表 2.9.2）。

表 2.9.1 是超强台风“玛利亚”的中心位置和强度。图 2.9.1 ～图 2.9.10 分别是 1808 号超强台风“玛利亚”的路径图、总降水量图、大风分布图、总降水日数图、2018 年 7 月 11—14 日的日降水量图、大风区域演变图和 2018 年 7 月 11 日 08 时 500 hPa 高度场图。

表 2.9.1　1808 号超强台风“玛利亚”（Maria）中心位置和强度

7 月 3—13 日

年	月	日	时	中心位置		中心气压（hPa）	最大风速（m/s）
				北纬（°N）	东经（°E）		
2018	7	3	8	10.1	148.0	1002	13
	7	3	14	10.6	147.8	1002	13
	7	3	20	11.1	147.3	1002	13
	7	4	2	11.3	146.8	1002	13
	7	4	8	11.6	146.4	1000	15
	7	4	14	12.1	146.2	1000	15
	7	4	20	12.7	145.8	998	18
	7	5	2	13.4	145.0	992	23
	7	5	8	14.2	144.1	985	28
	7	5	14	14.6	143.3	975	33
	7	5	20	14.8	142.7	965	38
	7	6	2	15.4	142.3	945	48
	7	6	8	16.0	142.0	925	58
	7	6	14	16.5	141.6	925	58
	7	6	20	16.7	141.2	925	58
	7	7	2	16.9	140.9	930	55
	7	7	8	17.2	140.7	935	52
	7	7	14	17.6	140.6	935	52
	7	7	20	17.9	140.3	935	52
	7	8	2	18.4	139.7	935	52
	7	8	8	19.0	138.9	935	52
	7	8	14	19.8	137.8	925	58
	7	8	20	20.5	136.6	925	58
	7	9	2	21.1	135.1	925	58
	7	9	8	21.8	133.6	925	58
	7	9	14	22.4	132.0	925	58
	7	9	20	22.9	130.4	930	55

（续表）

年	月	日	时	中心位置		中心气压（hPa）	最大风速（m/s）
				北纬（°N）	东经（°E）		
2018	7	10	2	23.4	128.8	935	52
	7	10	8	24.0	127.3	940	50
	7	10	11	24.4	126.4	940	50
	7	10	14	24.7	125.6	945	48
	7	10	17	25.0	124.8	945	48
	7	10	20	25.3	124.1	945	48
	7	10	23	25.6	123.4	950	45
	7	11	2	26.1	122.3	950	45
	7	11	5	26.3	121.1	955	42
	7	11	8	26.4	120.2	960	40
	7	11	11	26.3	119.2	975	30
	7	11	14	26.5	118.4	990	20
	7	11	17	26.8	117.6	992	18
	7	11	20	27.1	117.0	996	15
	7	11	23	27.5	116.2	996	15
	7	12	2	27.9	115.6	998	13
	7	12	5	28.2	115.1	998	13
	7	12	8	28.6	114.4	1000	10
	7	12	11	28.9	114.0	1000	10
	7	12	14	29.2	113.6	1000	10
	7	12	17	29.6	113.3	1000	10
	7	12	20	30.0	113.1	1000	10
	7	12	23	30.4	112.9	1002	10
	7	13	2	31.0	112.7	1002	10
	7	13	5	31.7	112.6	1002	10
	7	13	8	32.4	112.5	1002	10
消散							

表 2.9.2 1808 号超强台风“玛利亚”（Maria）在浙江、福建、江西和湖南省引发的灾情

受灾省	受灾人口（万人）	死亡人口（人）	失踪人口（人）	紧急转移人口（万人）	农作物		倒塌房屋（万间）	直接经济损失（亿元）
					受灾面积（千公顷）	绝收面积（千公顷）		
浙江省	43.3	0	0	33	31.8	1.4	0.01	9.4
福建省	83.8	0	0	20.9	33.7	2.8	0.04	31.2
江西省	5.7	1	0	0.3	4.5	0.4	0	0.4
湖南省	9.5	0	0	0	12.3	0.4	0	0.6
合计	142.3	1	0	54.2	82.3	5	0.05	41.6

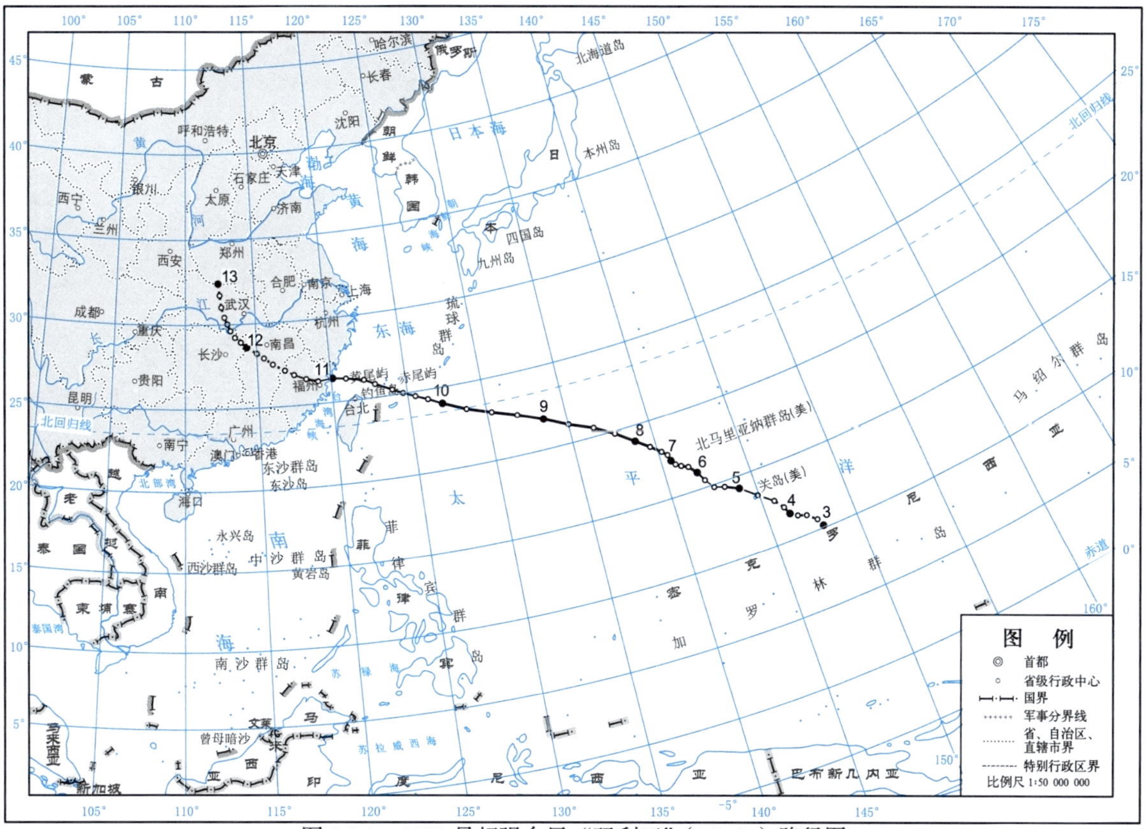

图 2.9.1 1808 号超强台风“玛利亚”（Maria）路径图

图 2.9.2　1808 号超强台风“玛利亚”（Maria）总降水量图（7 月 11—14 日）（mm）

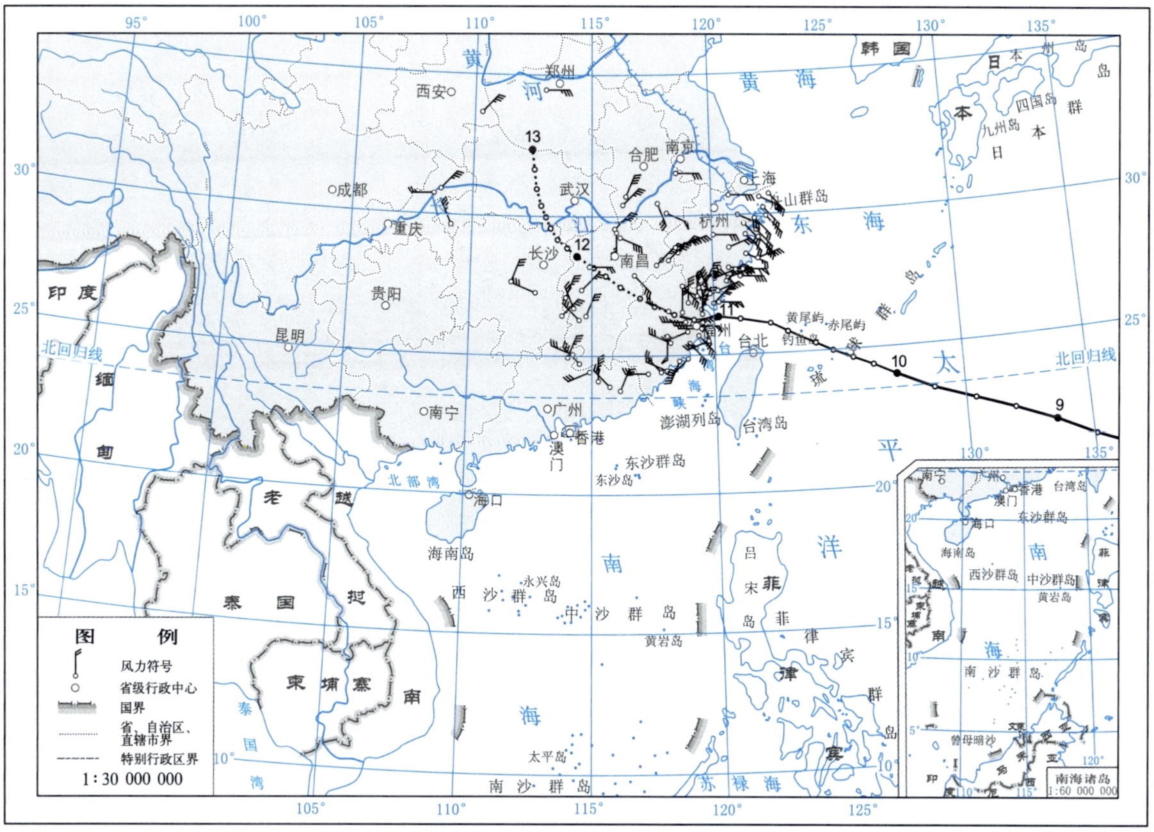

图 2.9.3　1808 号超强台风“玛利亚”（Maria）大风分布图（7 月 10—13 日）

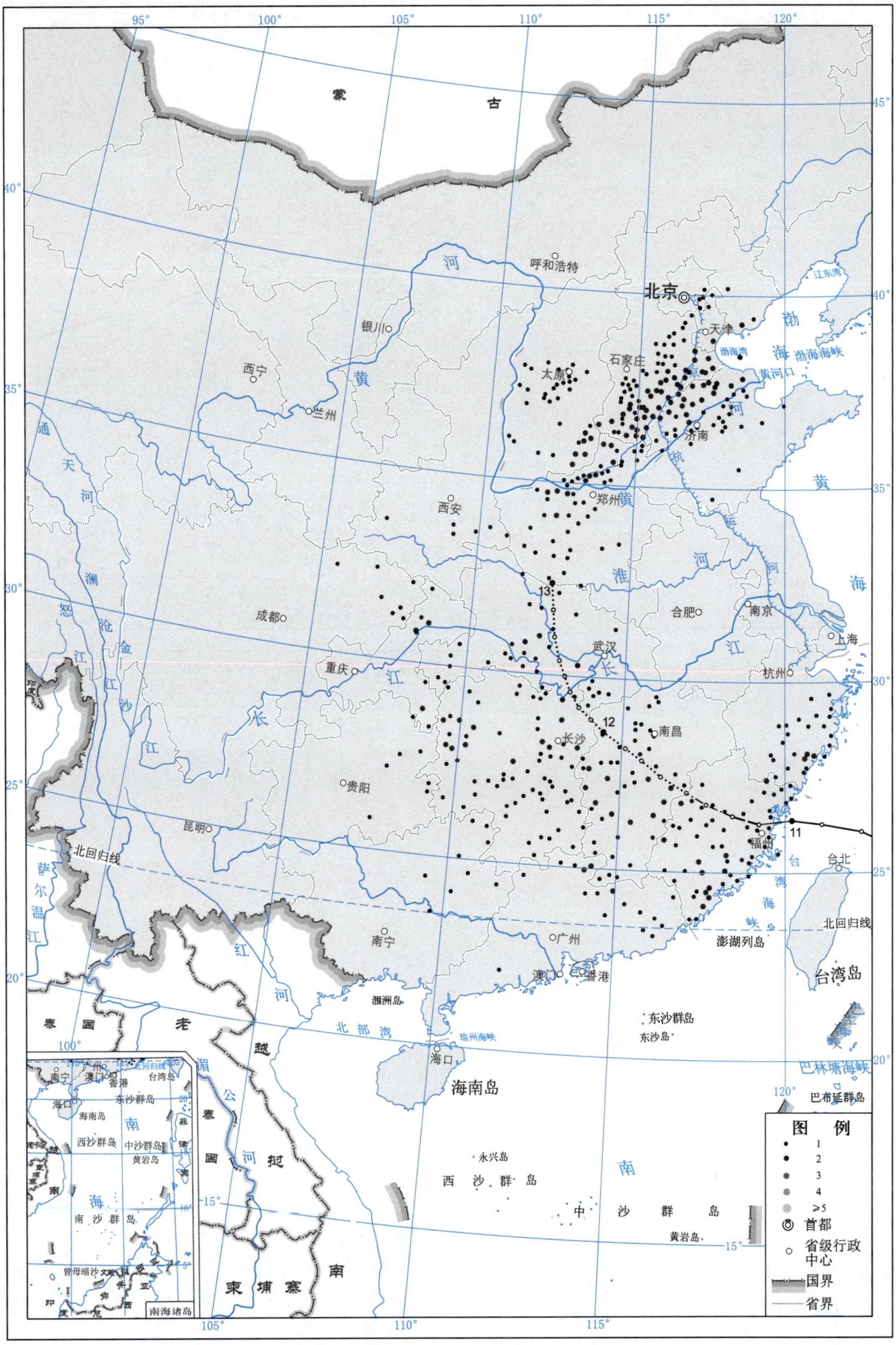

图 2.9.4　1808 号超强台风“玛利亚”（Maria）总降水日数图

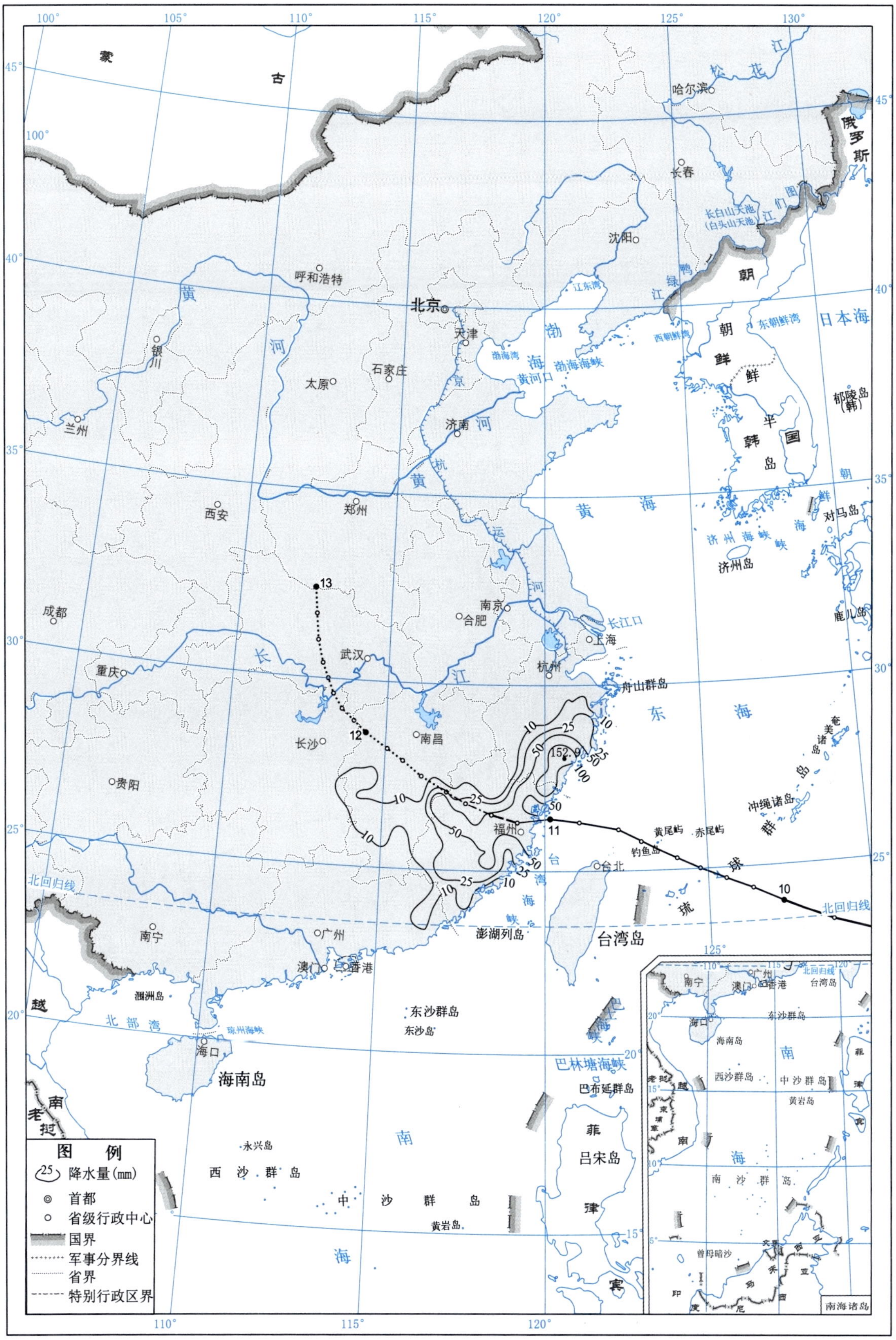

图 2.9.5　2018 年 7 月 11 日的日降水量图（mm）

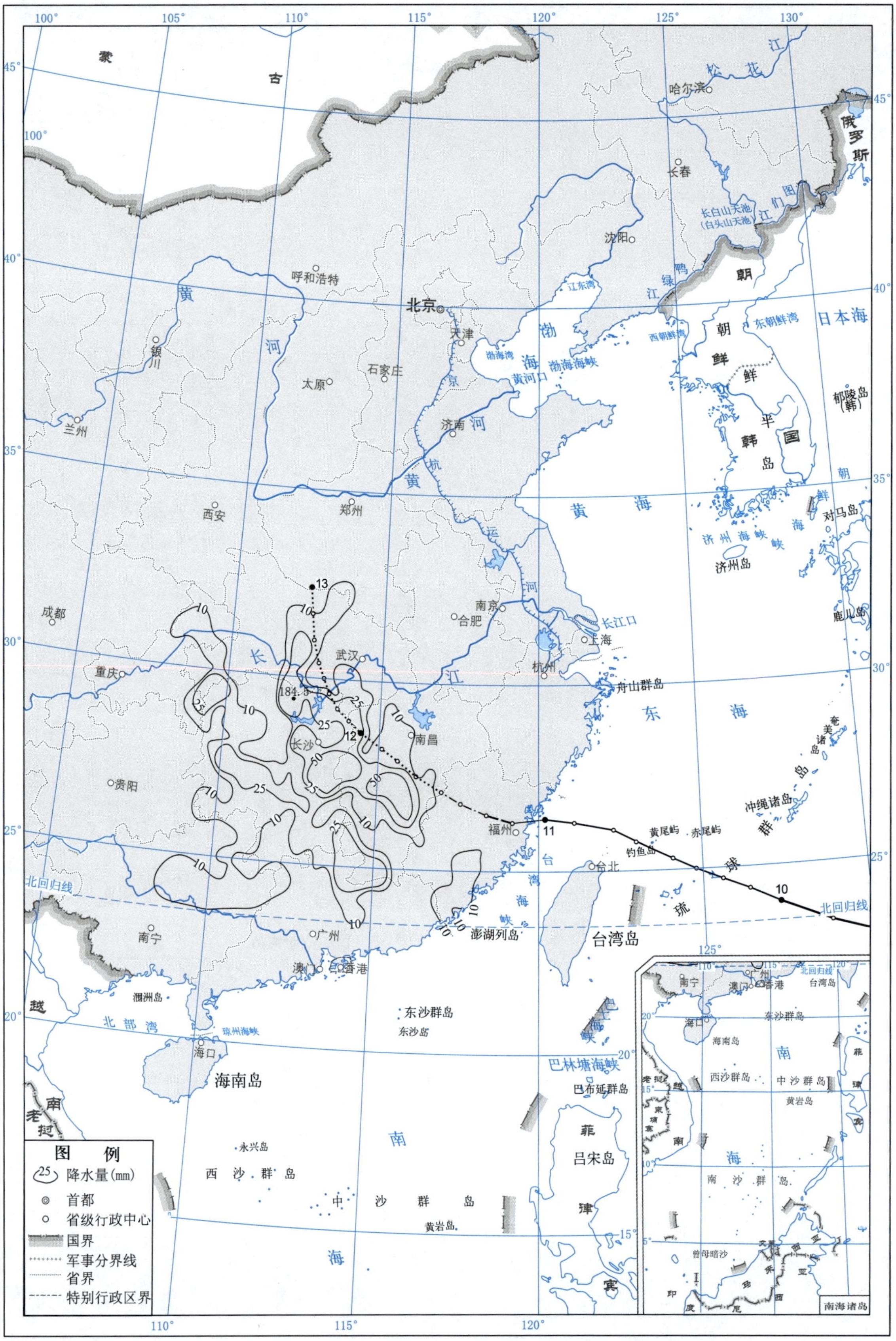

图 2.9.6　2018 年 7 月 12 日的日降水量图（mm）

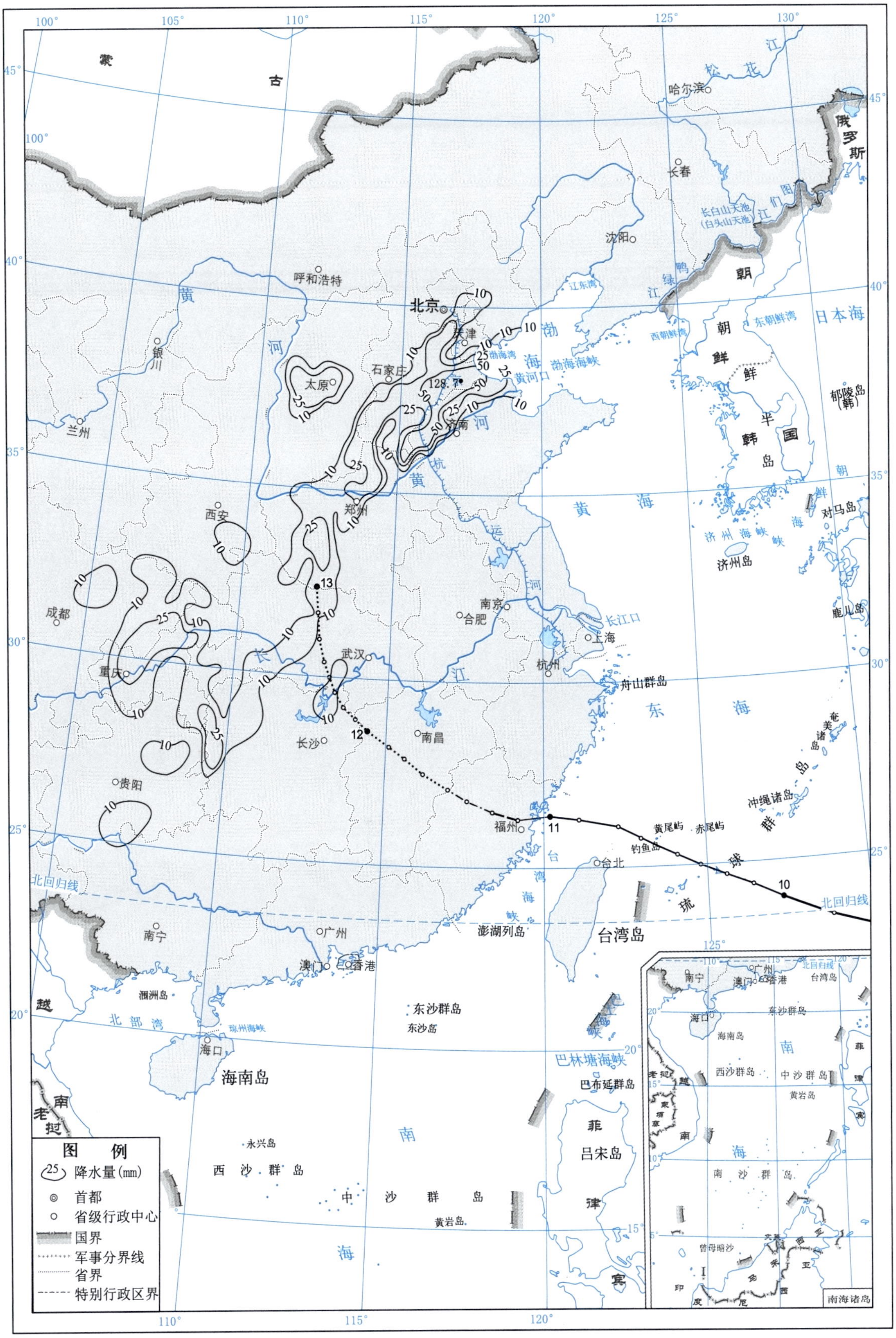

图 2.9.7 2018 年 7 月 13 日的日降水量图（mm）

图 2.9.8 2018 年 7 月 14 日的日降水量图（mm）

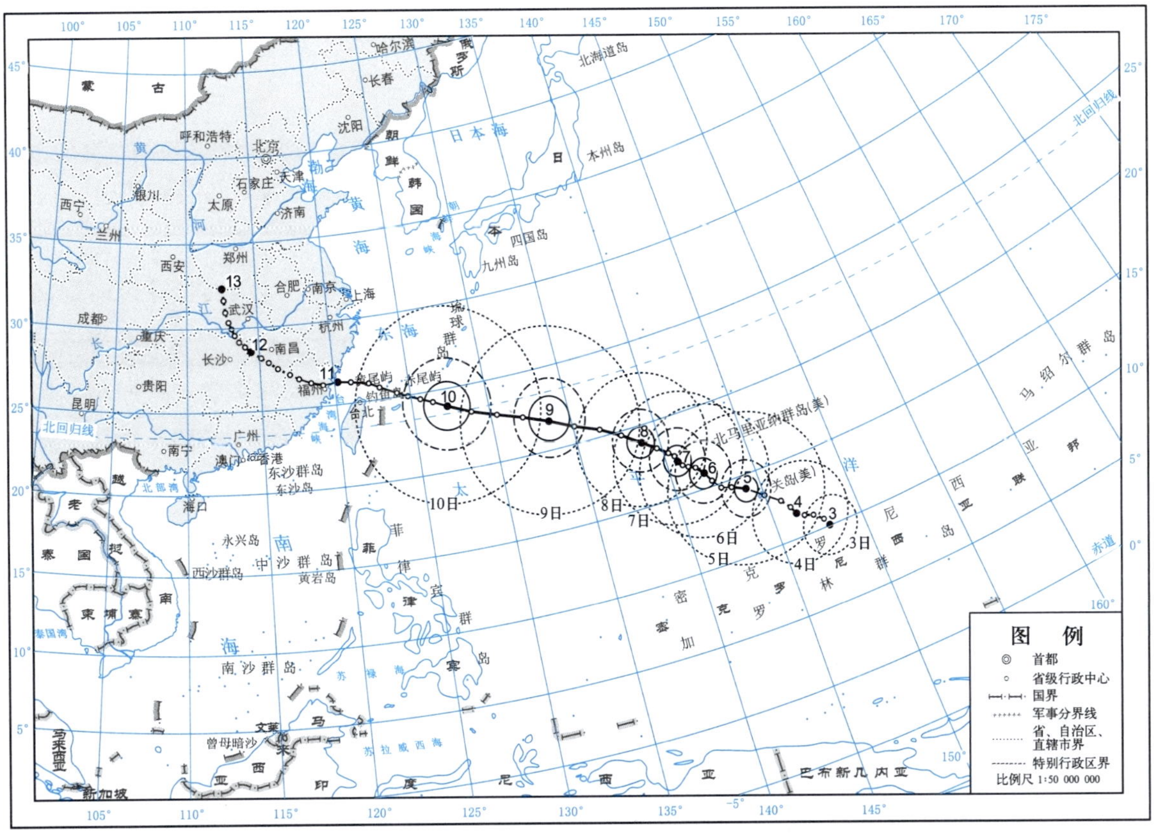

图 2.9.9　1808 号超强台风“玛利亚”（Maria）大风区域演变图

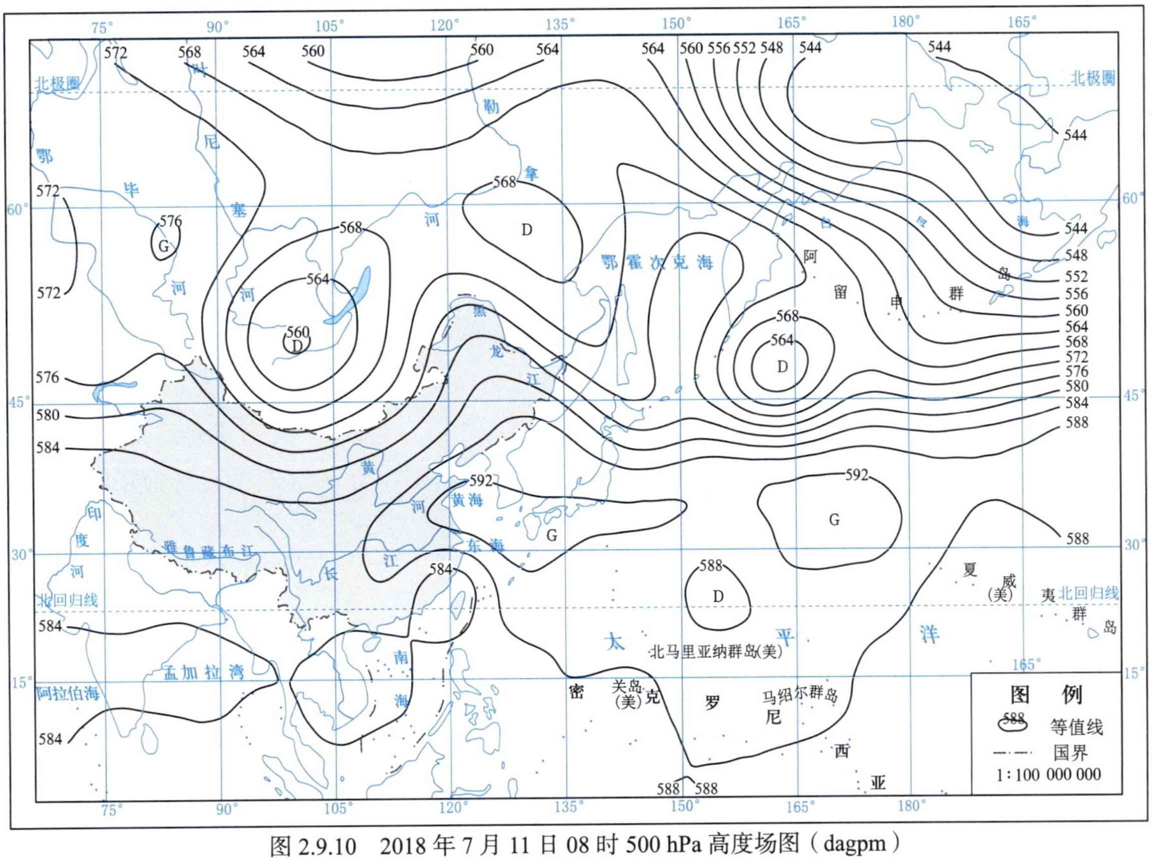

图 2.9.10　2018 年 7 月 11 日 08 时 500 hPa 高度场图（dagpm）

2.10 热带风暴“山神”(Son-tinh)

第1809号热带风暴“山神”是由7月16日早晨位于菲律宾吕宋岛以东约300 km的西北太平洋洋面上一个热带低压发展形成。形成后低压中心向偏西方向移动，从吕宋岛北部沿海擦过，17日早晨增强为热带风暴，进入南海海域，之后继续西行，于18日4时50分登陆海南万宁，登陆时中心附近最大风速23 m/s(9级)，中心最低气压984 hPa。热带风暴“山神”继续西行穿过海南岛，于19日凌晨在越南荣市登陆，夜间减弱为热带低压，并折向东北，21日中午再次进入南海海域，转向东南方向移动，22日19时20分再次登陆海南东方，登陆后强度维持热带低压级，转向东北偏北方向移动，途径琼州海峡，并于23日10时20分再次在广东徐闻登陆，登陆强度为热带低压级别，经过雷州湾后转向西北，于24日在广西南宁境内消散。

受热带风暴“山神”影响，7月17—23日，海南东南部和西沙、广东清远、珠海和上川岛、广西崇左、来宾和田阳、福建东山和靖江出现最大风力6～7级、阵风7～10级；福建九仙山出现最大风力8级(20.5 m/s)、阵风10级(27.1 m/s)为本次热带风暴影响过程的风极值。

受其及后期与南海热带低压共同影响，7月17—25日，海南西沙、广东中东部大部及西部局部、广西东部北部部分、云南中南部部分、贵州中南部大部、四川西南部局部、湖南大部、江西西南部部分、福建西南部局部总雨量为10～50 mm；海南东北部部分及珊瑚岛、广东中西部部分及东部局部、广西大部、云南东南部部分、贵州西南局部、四川东南局部、湖南局部、江西南部局部总雨量为50～150 mm；海南大部、广东西南沿海大部、广西南部部分及田林总雨量为150～300 mm；海南万宁、乐东和昌江、广西防城港及涠洲岛总雨量300～426 mm，其中，海南万宁总雨量425.6 mm，为本次热带风暴影响过程的总雨量极值。

受“山神”在北部湾附近缓慢移动迂回影响，7月22日，海南出现暴雨到大暴雨，局部特大暴雨；万宁22日雨量262.4 mm，21日23时雨量68.3 mm，分别为本次热带风暴影响过程的日雨量和时雨量极值。

热带风暴“山神”具有路径曲折、登陆次数多、造成的暴雨范围集中等特点。受其影响，广西、海南和云南等省(区)出现了一定程度的灾情。总计受灾人数达到52.4万人，紧急转移人数达到4.1万人，农作物受灾面积达到21.2千公顷，农作物绝收面积3.5千公顷，直接经济损失3.9亿元(表2.10.2)。

表2.10.1是热带风暴“山神”的中心位置和强度。图2.10.1～图2.10.14分别是热带风暴“山神”的路径图、总降水量图、大风分布图、总降水日数图、2018年7月18—25日的日降雨量图、大风区域演变图和2018年7月18日02时500 hPa高度场图。

表 2.10.1　1809 号热带风暴“山神”（Son-tinh）中心位置和强度

7 月 16—24 日

年	月	日	时	中心位置		中心气压（hPa）	最大风速（m/s）
				北纬（°N）	东经（°E）		
2018	7	16	8	18.8	125.3	1002	13
	7	16	14	18.8	123.8	1000	15
	7	16	20	18.7	122.4	1000	15
	7	17	2	19.0	120.8	1000	15
	7	17	5	19.2	119.6	1000	15
	7	17	8	19.4	118.4	995	18
	7	17	11	19.4	117.0	995	18
	7	17	14	19.4	115.8	995	18
	7	17	17	19.2	114.7	992	20
	7	17	20	19.0	113.5	992	20
	7	17	23	19.0	112.3	988	23
	7	18	2	18.9	111.3	988	23
	7	18	5	18.8	110.4	988	23
	7	18	8	18.8	109.5	995	18
	7	18	11	18.8	108.8	995	18
	7	18	14	18.7	108.0	992	20
	7	18	20	18.7	106.7	992	20
	7	19	2	18.9	105.6	992	20
	7	19	8	19.1	104.4	995	18
	7	19	14	19.4	103.4	1000	15
	7	19	20	19.4	102.8	1000	15
	7	20	2	19.7	103.4	1002	13
	7	20	8	19.9	103.8	1002	13
	7	20	14	20.2	104.2	1002	13
	7	20	20	20.3	104.7	1000	13

（续表）

年	月	日	时	中心位置		中心气压（hPa）	最大风速（m/s）
				北纬（°N）	东经（°E）		
2018	7	21	2	20.2	105.2	1000	13
	7	21	8	20.1	105.6	1000	13
	7	21	14	19.9	106.0	1000	13
	7	21	20	19.7	106.4	998	15
	7	21	23	19.5	106.8	998	15
	7	22	2	19.4	107.1	998	15
	7	22	5	19.3	107.4	998	15
	7	22	8	19.2	107.7	998	15
	7	22	11	19.1	108.0	998	15
	7	22	14	19.0	108.3	998	15
	7	22	17	18.9	108.5	990	15
	7	22	20	18.9	108.8	990	15
	7	22	23	19.1	109.1	994	15
	7	23	2	19.4	109.4	994	15
	7	23	5	19.7	109.6	994	15
	7	23	8	20.0	109.8	994	15
	7	23	11	20.3	110.0	994	15
	7	23	14	20.4	110.1	994	15
	7	23	17	20.5	110.2	994	15
	7	23	20	20.6	110.3	994	15
	7	23	23	20.8	110.4	994	15
	7	24	2	21.1	110.4	994	15
	7	24	5	21.5	110.4	994	15
	7	24	8	22.0	110.1	994	15
	7	24	11	22.4	109.6	994	13
	7	24	14	22.6	109.1	994	13

（续表）

年	月	日	时	中心位置		中心气压（hPa）	最大风速（m/s）
				北纬（°N）	东经（°E）		
2018	7	24	17	22.8	108.7	996	13
	7	24	20	23.0	108.3	996	13
消散							

表 2.10.2 1809 号热带风暴“山神”（Son-tinh）在广西、海南和云南省（区）引发的灾情

受灾省（区）	受灾人口（万人）	死亡人口（人）	失踪人口（人）	紧急转移人口（万人）	农作物		倒塌房屋（万间）	直接经济损失（亿元）
					受灾面积（千公顷）	绝收面积（千公顷）		
广西区	0.3	0	0	0	0.1	0	0	0
海南省	24.5	0	0	4.1	1.4	0.1	0	1.3
云南省	27.6	0	0	0	19.7	3.4	0	2.6
合计	52.4	0	0	4.1	21.2	3.5	0	3.9

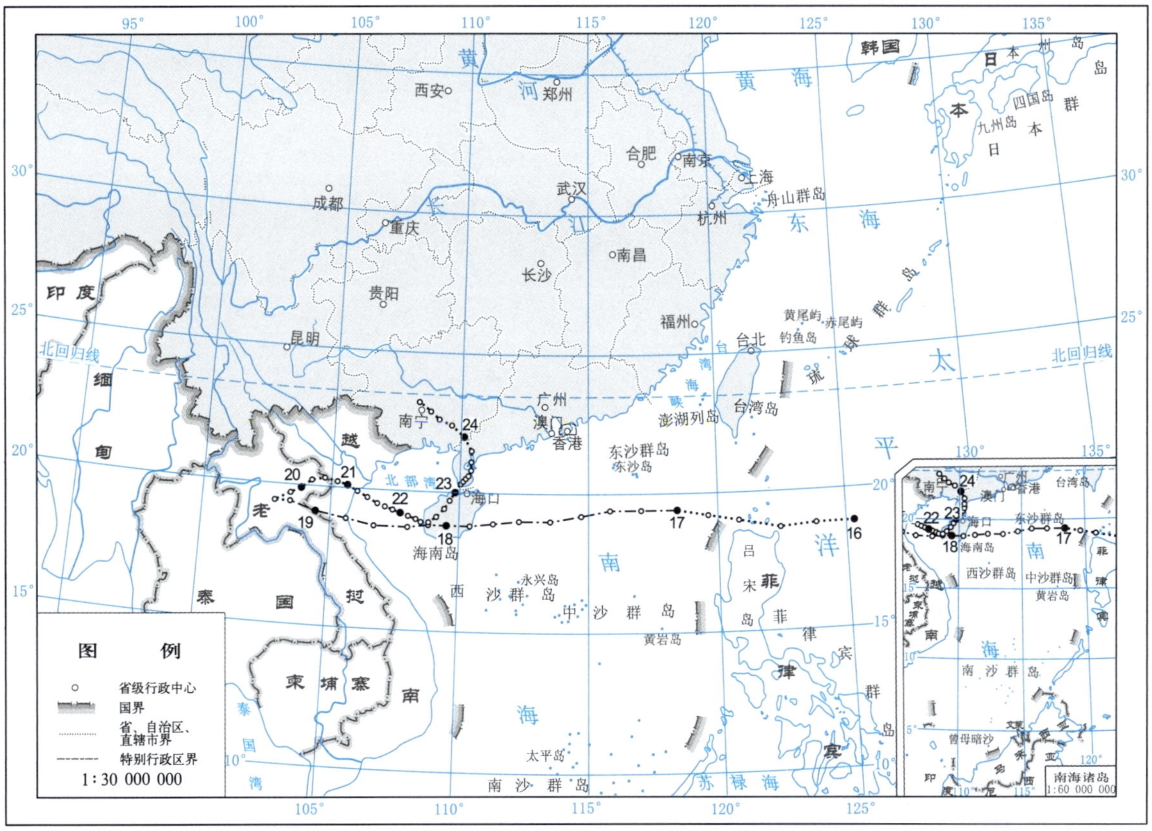

图 2.10.1 1809 号热带风暴“山神”（Son-tinh）路径图

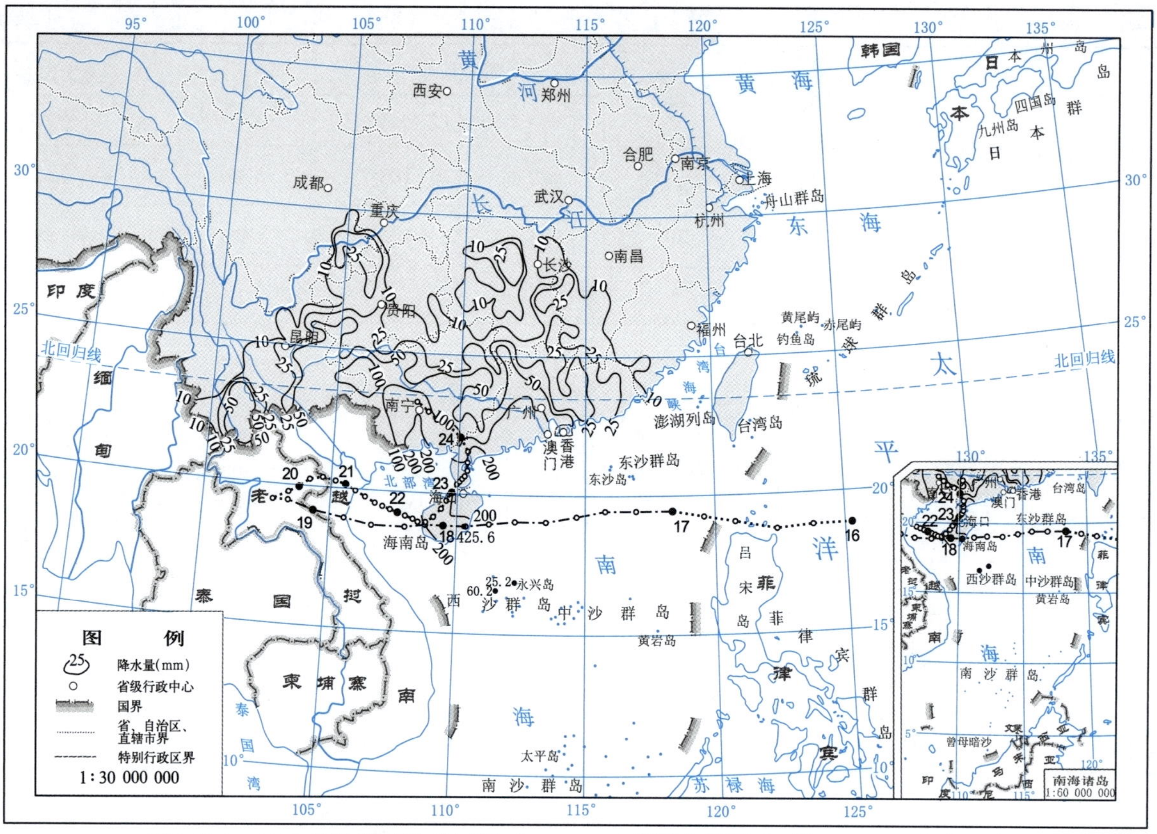

图 2.10.2 1809 号热带风暴“山神”（Son-tinh）总降水量图（7 月 17—25 日）（mm）

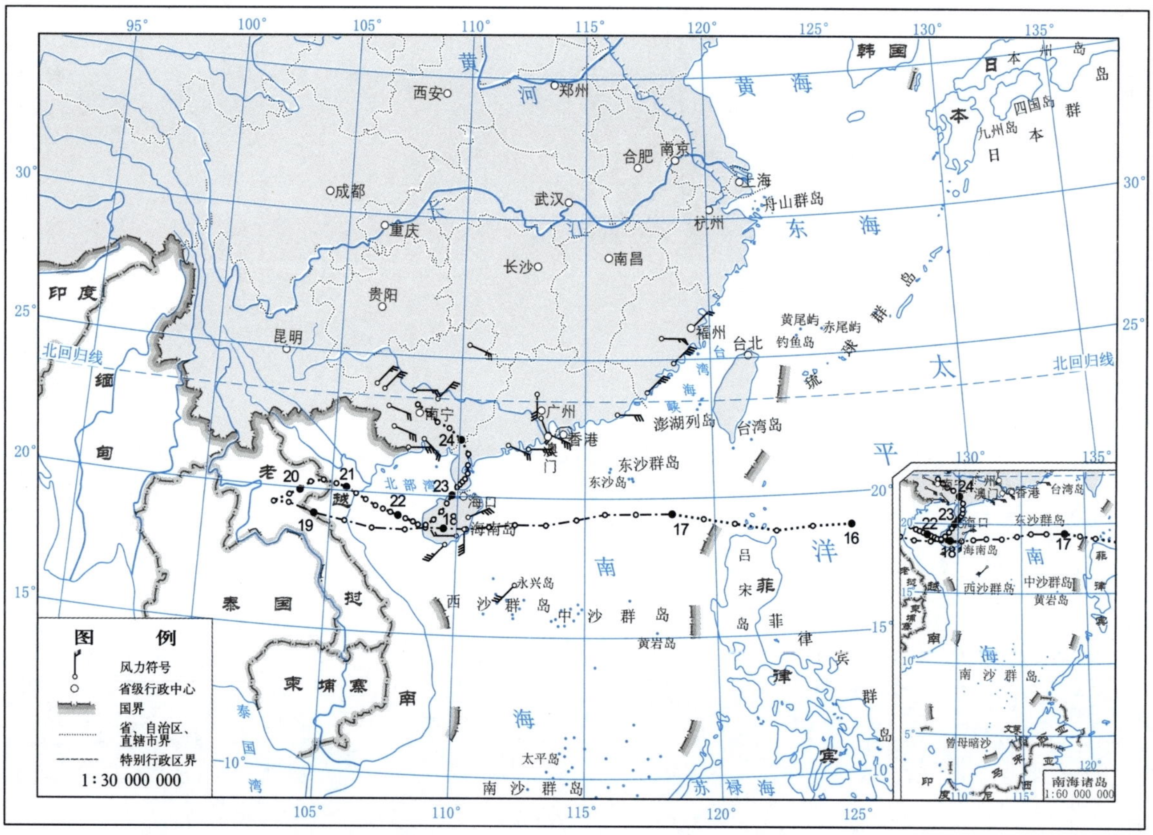

图 2.10.3 1809 号热带风暴“山神”（Son-tinh）大风分布图（7 月 17—23 日）

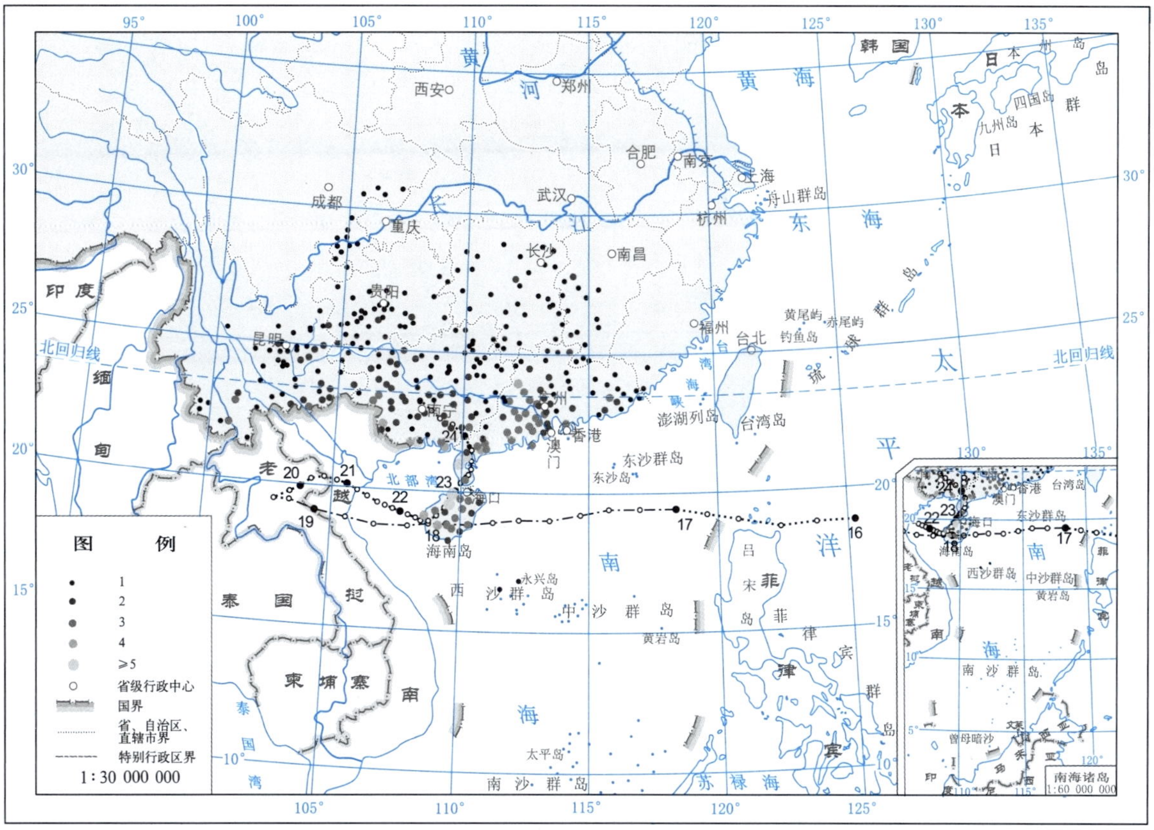

图 2.10.4　1809 号热带风暴“山神”（Son-tinh）总降水日数图

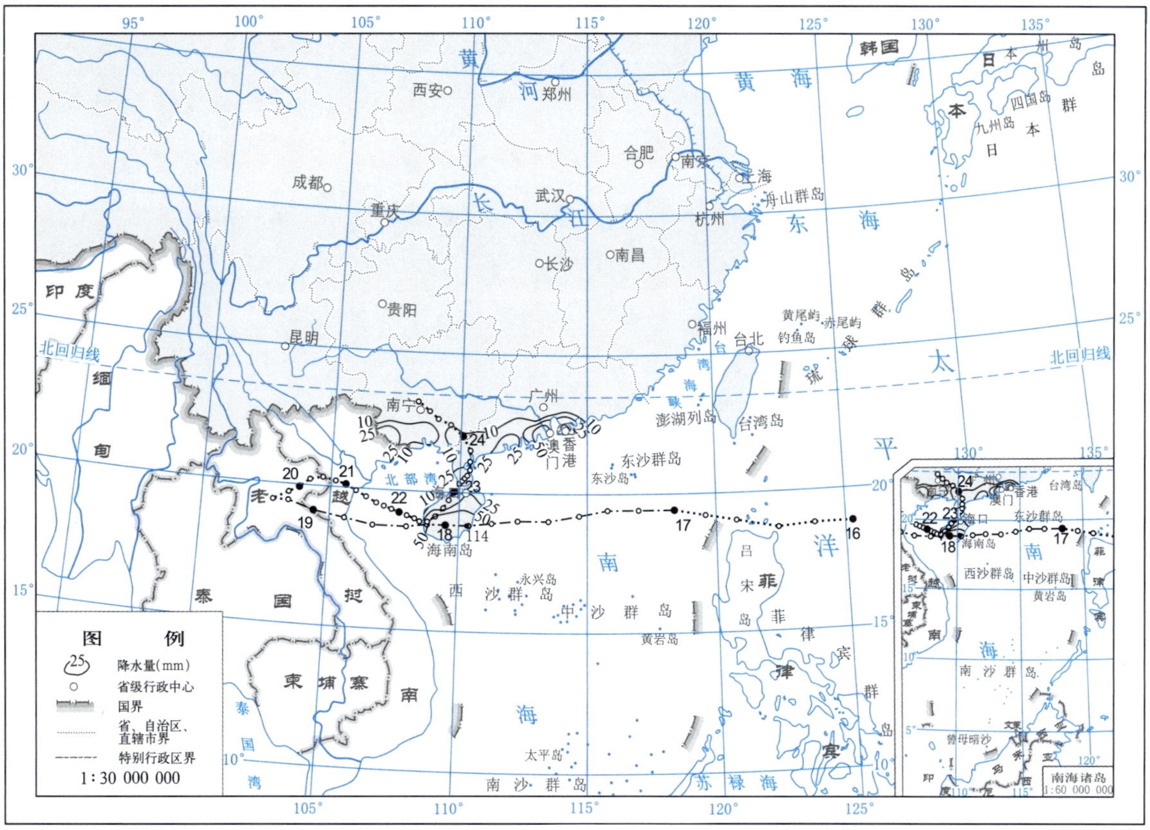

图 2.10.5　2018 年 7 月 18 日的日降水量图（mm）

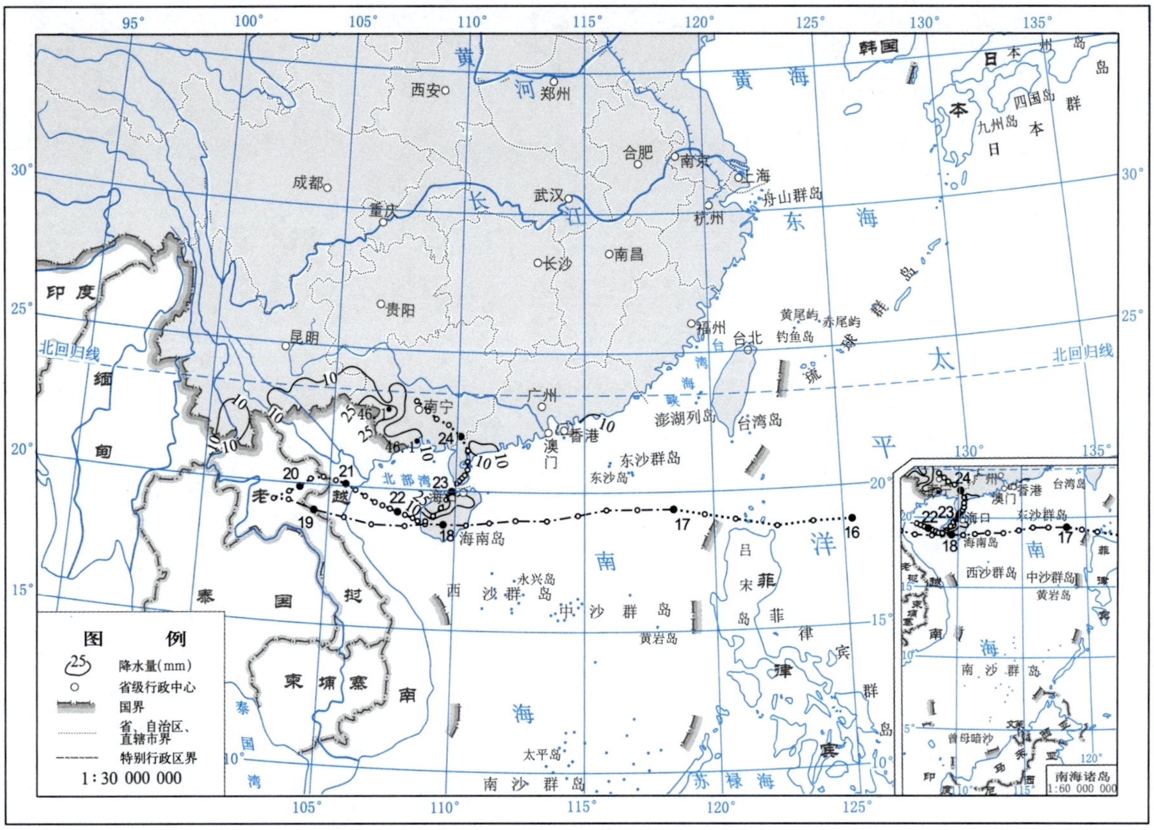

图 2.10.6　2018 年 7 月 19 日的日降水量图（mm）

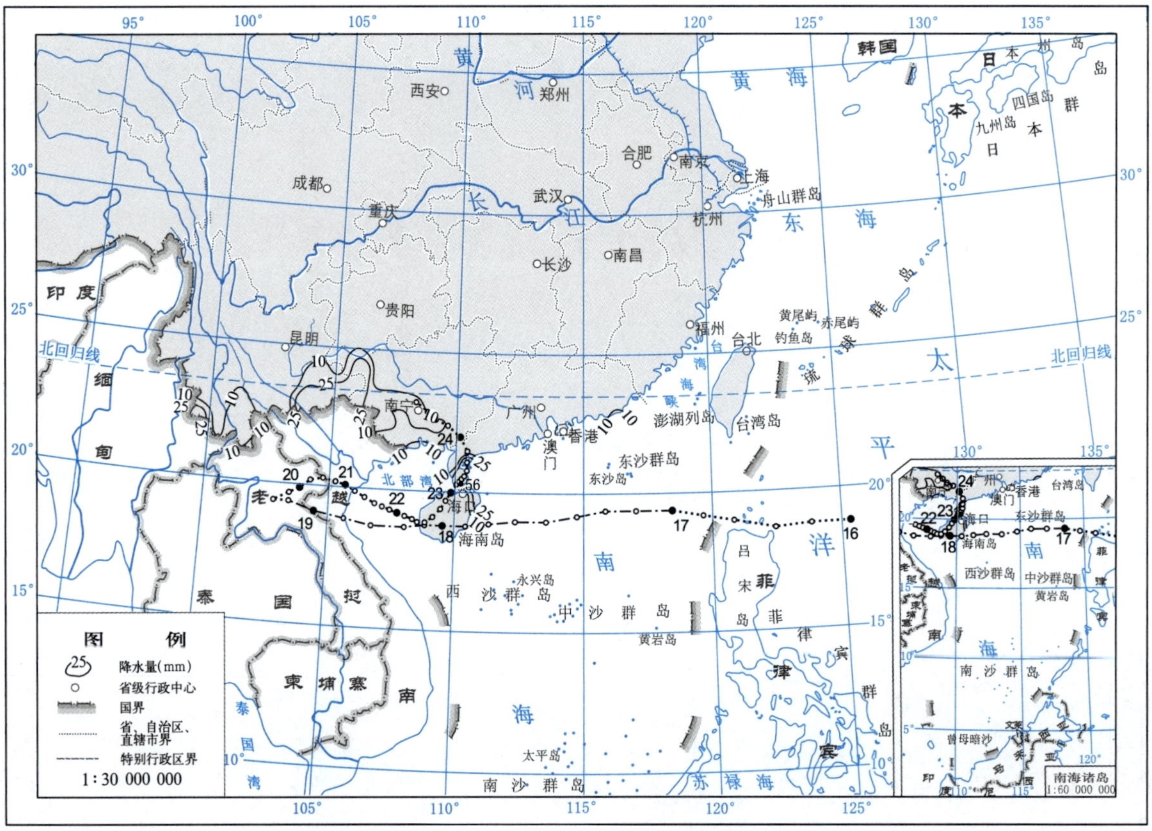

图 2.10.7　2018 年 7 月 20 日的日降水量图（mm）

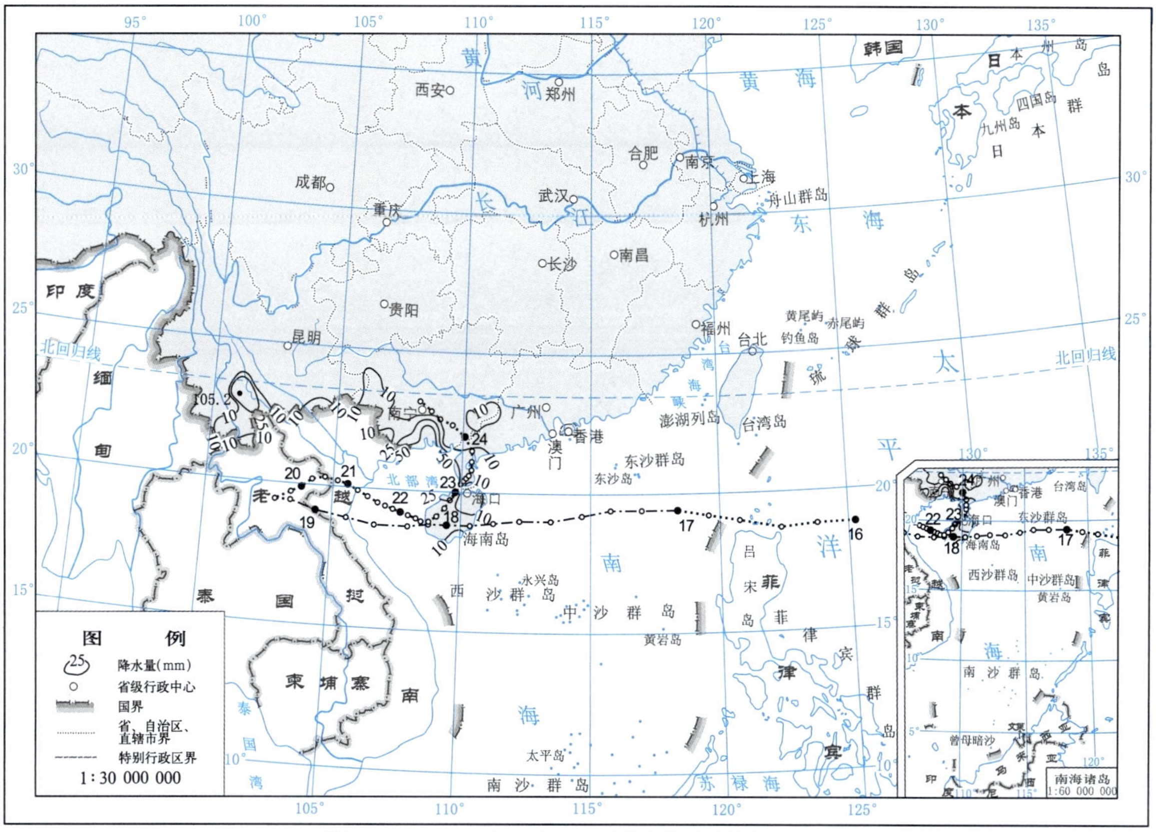

图 2.10.8　2018 年 7 月 21 日的日降水量图（mm）

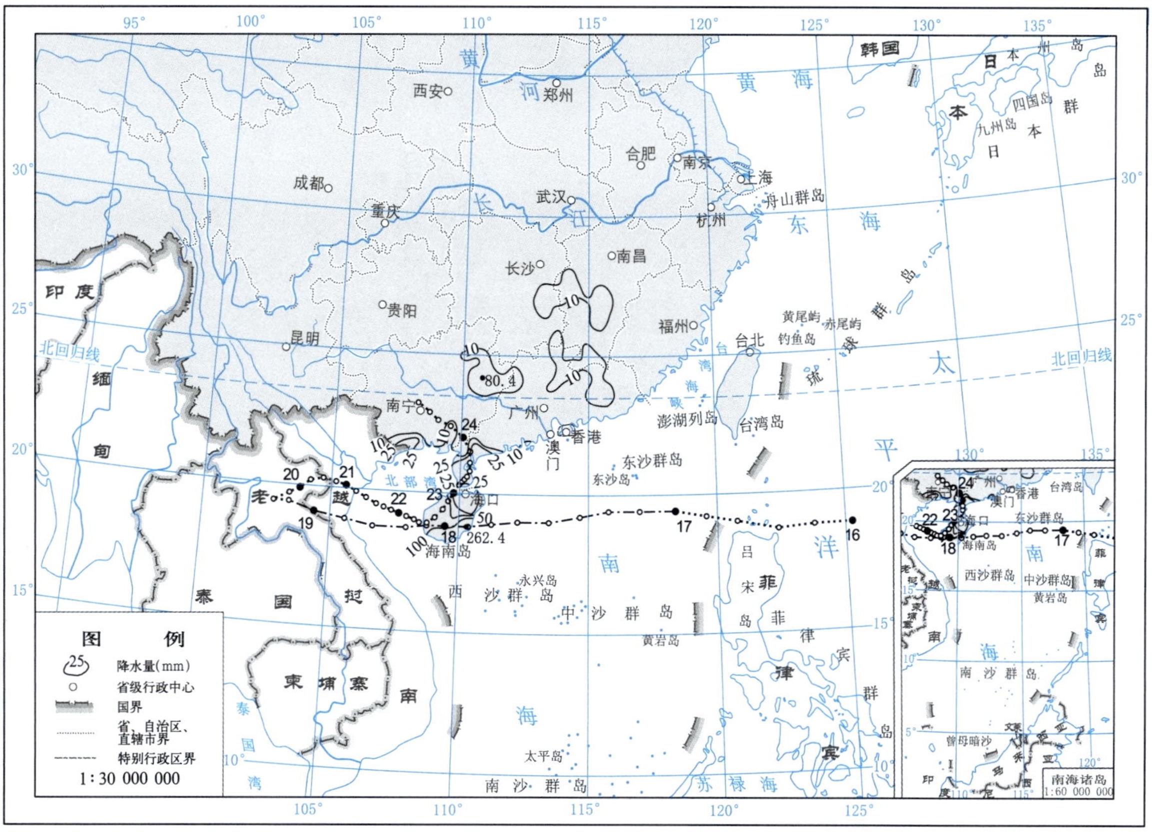

图 2.10.9　2018 年 7 月 22 日的日降水量图（mm）

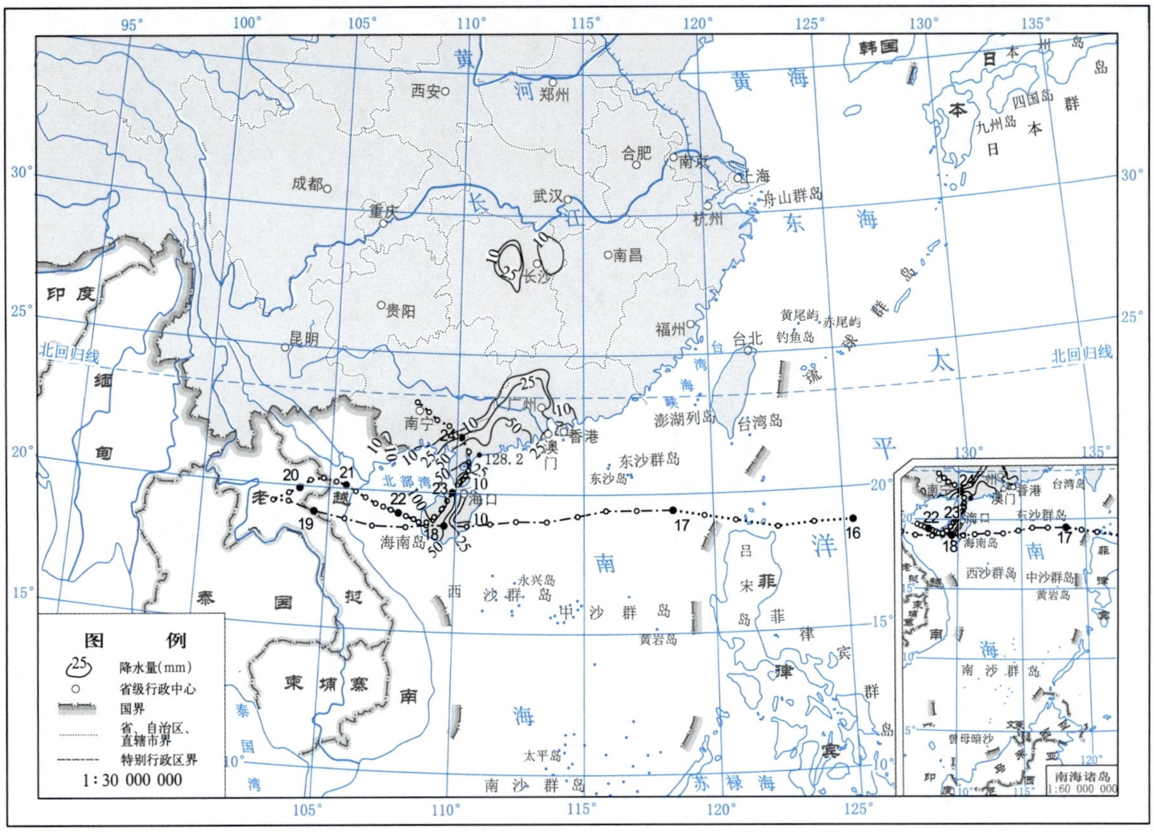

图 2.10.10　2018 年 7 月 23 日的日降水量图（mm）

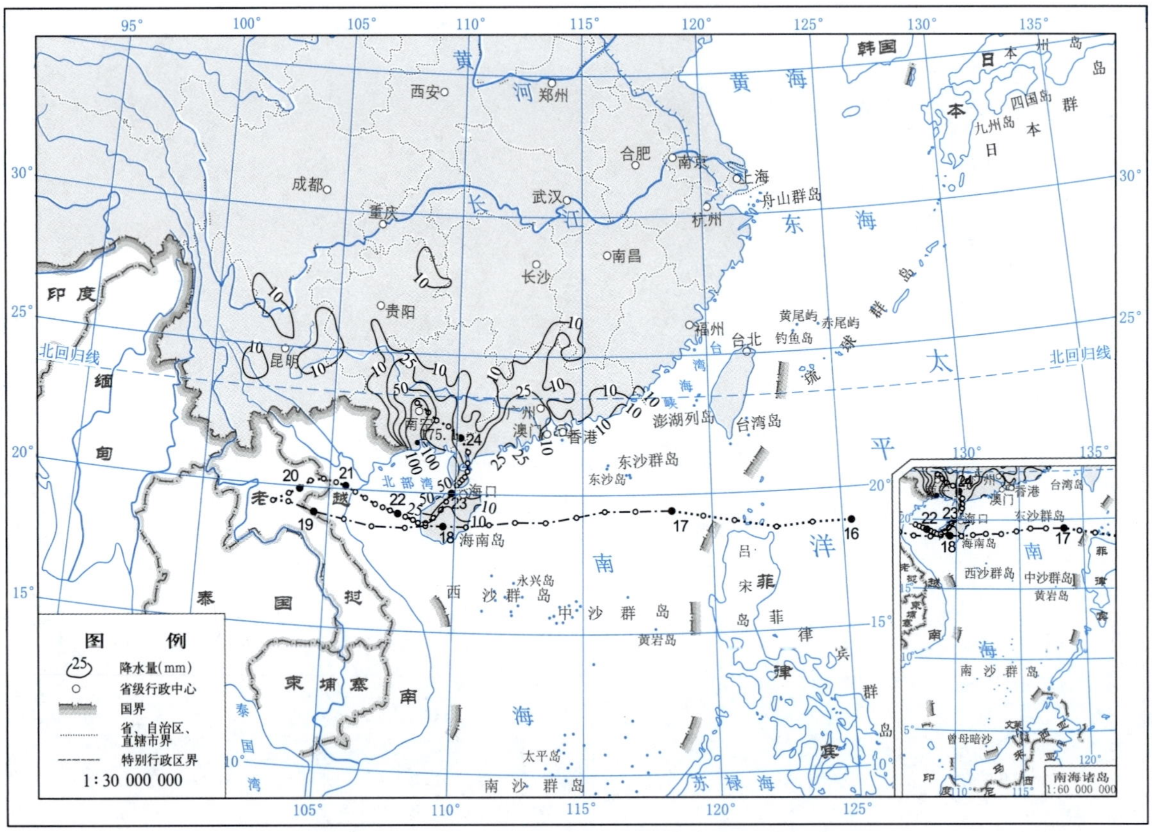

图 2.10.11　2018 年 7 月 24 日的日降水量图（mm）

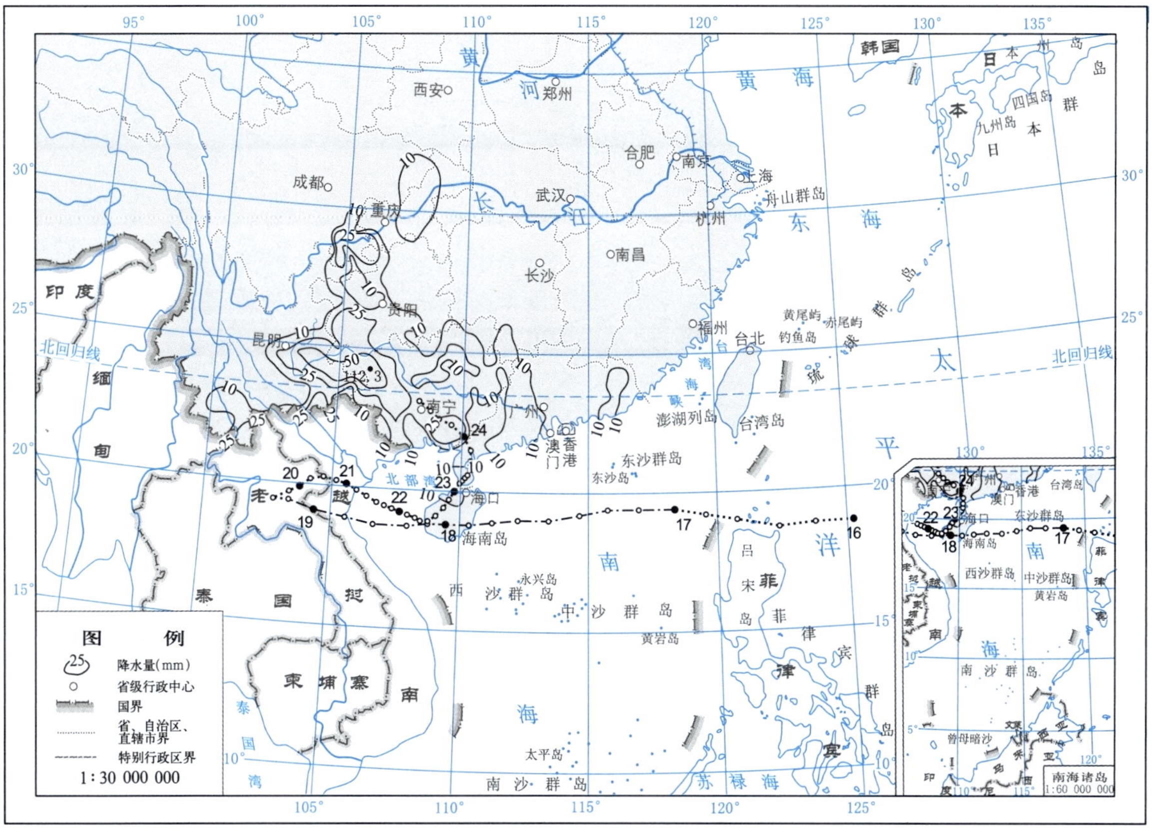

图 2.10.12 2018 年 7 月 25 日的日降水量图（mm）

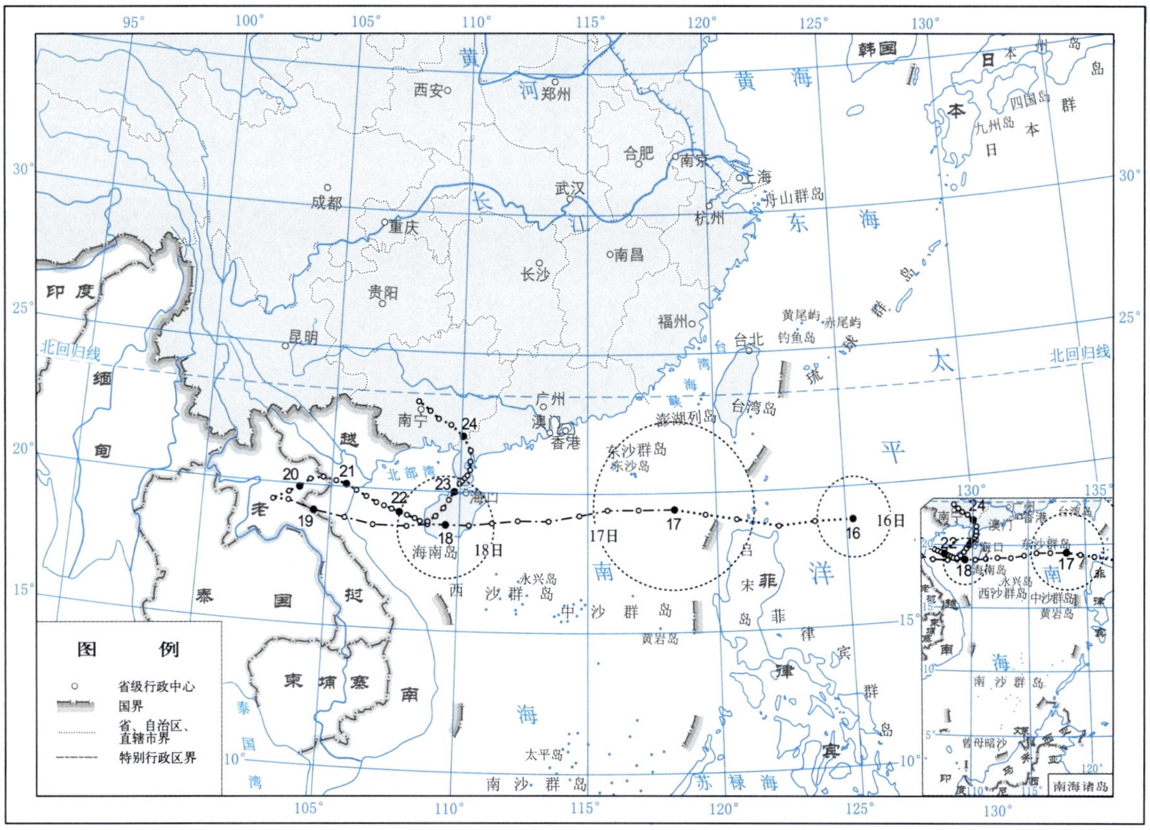

图 2.10.13 1809 号热带风暴“山神”（Son-tinh）大风区域演变图

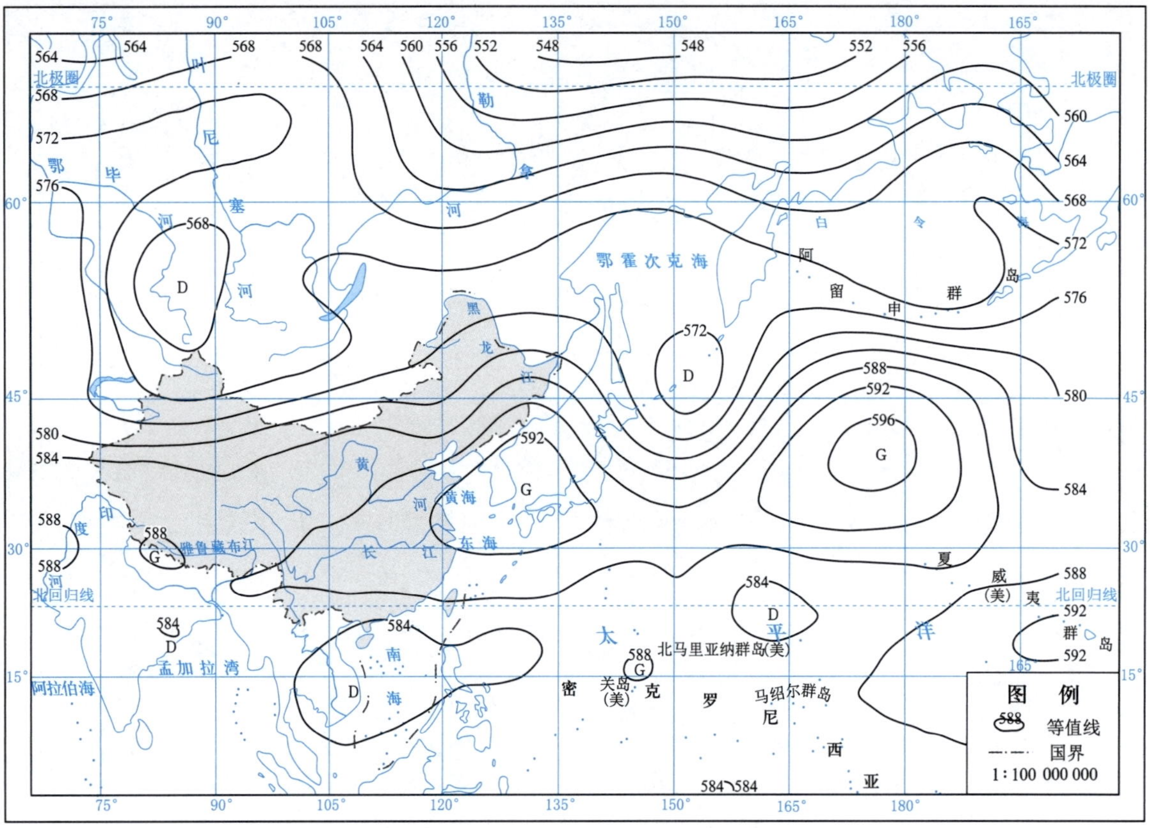

图 2.10.14　2018 年 7 月 18 日 02 时 500 hPa 高度场图（dagpm）

2.11 强热带风暴“安比”（Ampil）

第 1810 号强热带风暴“安比”是由 7 月 18 日早晨位于菲律宾吕宋岛以东约 680 km 的西北太平洋洋面上一个热带低压发展形成。形成后低压中心向东北方向移动，并迅速增强为热带风暴，19 日夜间转向西北，次日早晨继续加强至强热带风暴，移速加快，于 21 日凌晨穿过冲绳岛，进入东海海域，逐渐靠近华东沿海。强热带风暴“安比”22 日 12 时 30 分在上海市崇明岛沿海登陆，登陆时中心附近最大风速 28 m/s（10 级），中心最低气压 982 hPa，登陆后迅速减弱为热带风暴。之后，强热带风暴“安比”继续西北行途径江苏、山东、河北，24 日凌晨转向东北，经过天津、河北、辽宁、内蒙古，于 25 日凌晨变性为温带气旋，随后继续东北行穿过吉林、黑龙江，26 日凌晨进入俄罗斯境内，下午减弱消散。

受强热带风暴“安比”影响，7 月 21—25 日，浙江北部沿海、江西广丰、安徽黄山和郎溪、江苏中南部局部及赣榆、山东中东部部分、河北中南部局部、天津西青、辽宁西部大部及康平、内蒙古中部局部、吉林中部局部、黑龙江南部部分地区出现最大风力 6 ～ 7 级、阵风 7 ～ 10 级；浙江嵊泗、上海洋山港、江苏西连岛、山东泰山、天津 A 平台出现最大风力 8 ～ 9 级、阵风 9 ～ 11 级，上海洋山港出现最大风力 9 级（23.7 m/s）、阵风 10 级（28.0 m/s），浙江嵊泗出现最大风力 9 级（21.9 m/s）、阵风 11 级（30.0 m/s），为本次强热带风暴影响过程风极值。

受其影响，7 月 21—25 日，福建北部沿海局部、浙江大部、安徽东部局部、上海大部、江苏大部、山东部分、山西榆社、河北南部部分、北京大部、辽宁局部、内蒙古东部部分、吉林西北部部分、黑龙江中部部分地区总雨量为 10 ～ 50 mm；浙江沿海局部、上海东北局部、江苏沿海大部、山东部分、河北东部大部、北京东部部分、天津局部、辽宁西部局部、内蒙古东南部局部、吉林西北部局部、黑龙江中部部分地区总雨量为 50 ～ 150 mm；山东五莲、河北东部局部、天津大部及黑龙江伊春总雨量为 150 ～ 225 mm；其中，天津宝坻总雨量为 224.8 mm，为本次强热带风暴影响过程的总雨量极值。

受“安比”在江苏南通登陆并一路北上环流影响，7 月 23 日，山东中部偏东出现大面积暴雨到大暴雨；7 月 24 日，大面积暴雨区北移至天津和河北东部，天津有 5 站日降水超过 150 mm，其中北辰日降水量 195.3 mm，为本次强热带风暴影响过程的日雨量极值；25 日，暴雨区迅速向东北移动，天津宝坻 03 时雨量 50.7 mm，为本次强热带风暴影响过程的时雨量极值。

强热带风暴“安比”成为 1949 年以来第 3 个直接登陆上海的热带气旋，且登陆后一路向北，造成风雨影响跨越纬度较大等特点。受其影响，北京、天津、河北、内蒙古、辽宁、吉林、上海、江苏、浙江和山东省（区、市）出现了一定程度的灾情，总计受灾人数达到 233.4 万人，死亡人口 1 人，紧急转移人口 26.6 万人，农作物受灾面积达到 216.5 千公顷，农作物绝收面积 10.2 千公顷，倒塌房屋 700 间，直接经济损失达到 16.2 亿元（表 2.11.2）。

表 2.11.1 是强热带风暴“安比”的中心位置和强度。图 2.11.1 ～图 2.11.9 分别是强热带风暴“安比”路径图、总降水量图、大风分布图、总降水日数图、2018 年 7 月 23—25 日的日降水量图、大风区域演变图和 2018 年 7 月 22 日 08 时 500 hPa 高度场图。

表 2.11.1　1810 号强热带风暴“安比”（Ampil）中心位置和强度

7 月 18—26 日

年	月	日	时	中心位置		中心气压（hPa）	最大风速（m/s）
				北纬（°N）	东经（°E）		
2018	7	18	8	19.1	128.7	1000	15
	7	18	14	19.3	129.3	1000	15
	7	18	20	19.5	129.9	998	18
	7	19	2	19.8	130.5	998	18
	7	19	8	20.2	131.0	995	20
	7	19	14	20.8	131.7	995	20
	7	19	20	21.5	131.7	990	23
	7	20	2	22.1	131.2	990	23
	7	20	8	22.6	130.8	985	25
	7	20	14	23.1	130.5	985	25
	7	20	20	24.3	130.1	985	25
	7	21	2	25.3	129.3	985	25
	7	21	8	26.7	127.9	982	25
	7	21	14	27.7	126.6	982	25
	7	21	17	28.3	126.1	980	28
	7	21	20	28.8	125.5	980	28
	7	21	23	29.3	124.8	980	28
	7	22	2	29.7	123.9	980	28
	7	22	5	30.1	123.2	980	28
	7	22	8	30.7	122.9	980	28
	7	22	11	31.2	122.3	980	28
	7	22	14	31.8	121.7	982	25
	7	22	17	32.2	121.3	985	23
	7	22	20	32.6	120.8	985	23
	7	22	23	33.0	120.2	985	23
	7	23	2	33.4	119.8	985	23

（续表）

年	月	日	时	中心位置		中心气压（hPa）	最大风速（m/s）
				北纬（°N）	东经（°E）		
2018	7	23	5	33.8	119.5	988	20
	7	23	8	34.2	119.1	990	20
	7	23	11	34.6	118.8	990	20
	7	23	14	35.1	118.6	990	20
	7	23	17	35.8	118.3	990	20
	7	23	20	36.4	117.9	992	18
	7	23	23	37.0	117.4	992	18
	7	24	2	37.6	117.1	992	18
	7	24	5	38.2	117.0	992	18
	7	24	8	38.8	117.2	992	18
	7	24	11	39.3	117.6	992	18
	7	24	14	39.9	118.3	992	18
	7	24	17	40.8	118.9	992	18
	7	24	20	41.7	119.4	992	18
	7	24	23	42.8	120.1	992	15
△	7	25	2	43.9	121.1	992	15
	7	25	5	44.7	123.1	992	15
	7	25	8	45.4	124.6	992	15
	7	25	11	46.0	125.9	992	15
	7	25	14	46.6	127.5	994	13
	7	25	17	46.9	129.3	996	13
	7	25	20	47.2	131.0	996	13
	7	25	23	47.5	132.9	998	13
	7	26	2	48.1	135.2	1000	10
	7	26	8	48.8	137.4	1002	10
	7	26	14	49.4	139.8	1004	10
消散							

表 2.11.2　1810 号强热带风暴“安比”（Ampil）在北京、天津、河北、内蒙古、辽宁、吉林、上海、江苏、浙江和山东省（区、市）引发的灾情

受灾省（区、市）	受灾人口（万人）	死亡人口（人）	失踪人口（人）	紧急转移人口（万人）	农作物		倒塌房屋（万间）	直接经济损失（亿元）
					受灾面积（千公顷）	绝收面积（千公顷）		
北京市	2	0	0	1.8	0	0	0	0.4
天津市	10.7	0	0	0.1	14.1	0.7	0.01	0.9
河北省	58	0	0	0.3	47.6	2.1	0.01	3.3
内蒙古	4.6	0	0	0	8.7	0.8	0	0.5
辽宁省	27.2	0	0	0	22.7	0.7	0	1.7
吉林省	1.1	0	0	0	6.2	0.2	0	0.3
上海市	19.6	0	0	18.4	3.1	0	0	0.4
江苏省	8.8	0	0	1	21.4	1	0	0.7
浙江省	6.8	0	0	5	0.7	0	0	2.3
山东省	94.6	1	0	0	92	4.7	0.05	5.7
合计	233.4	1	0	26.6	216.5	10.2	0.07	16.2

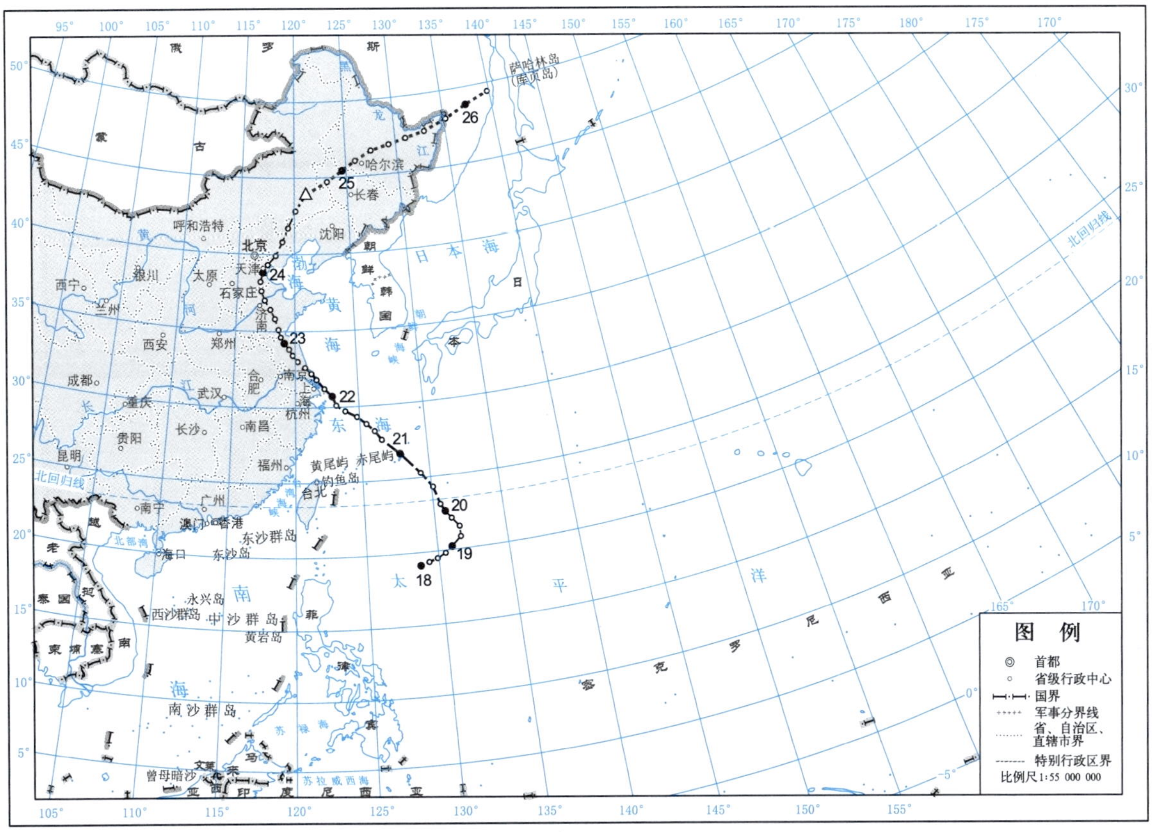

图 2.11.1　1810 号强热带风暴“安比”（Ampil）路径图

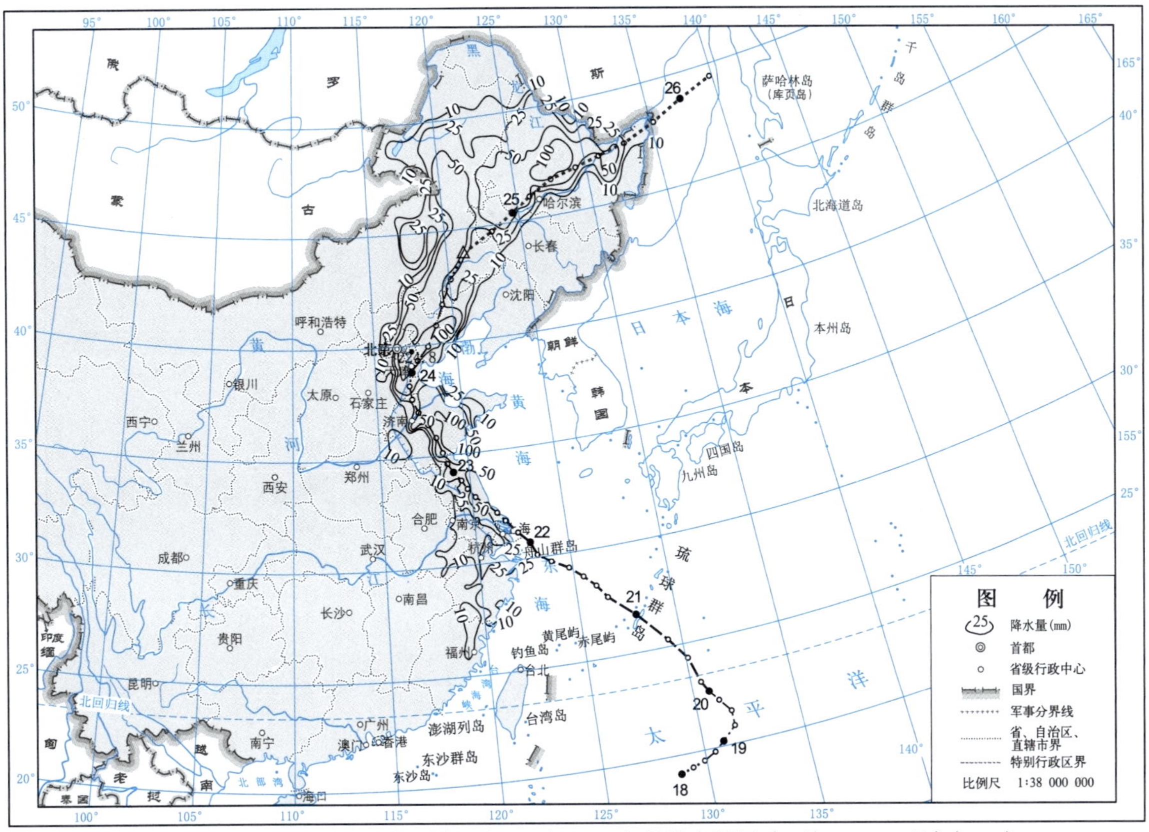

图 2.11.2　1810 号强热带风暴“安比”（Ampil）总降水量图（7 月 21—25 日）（mm）

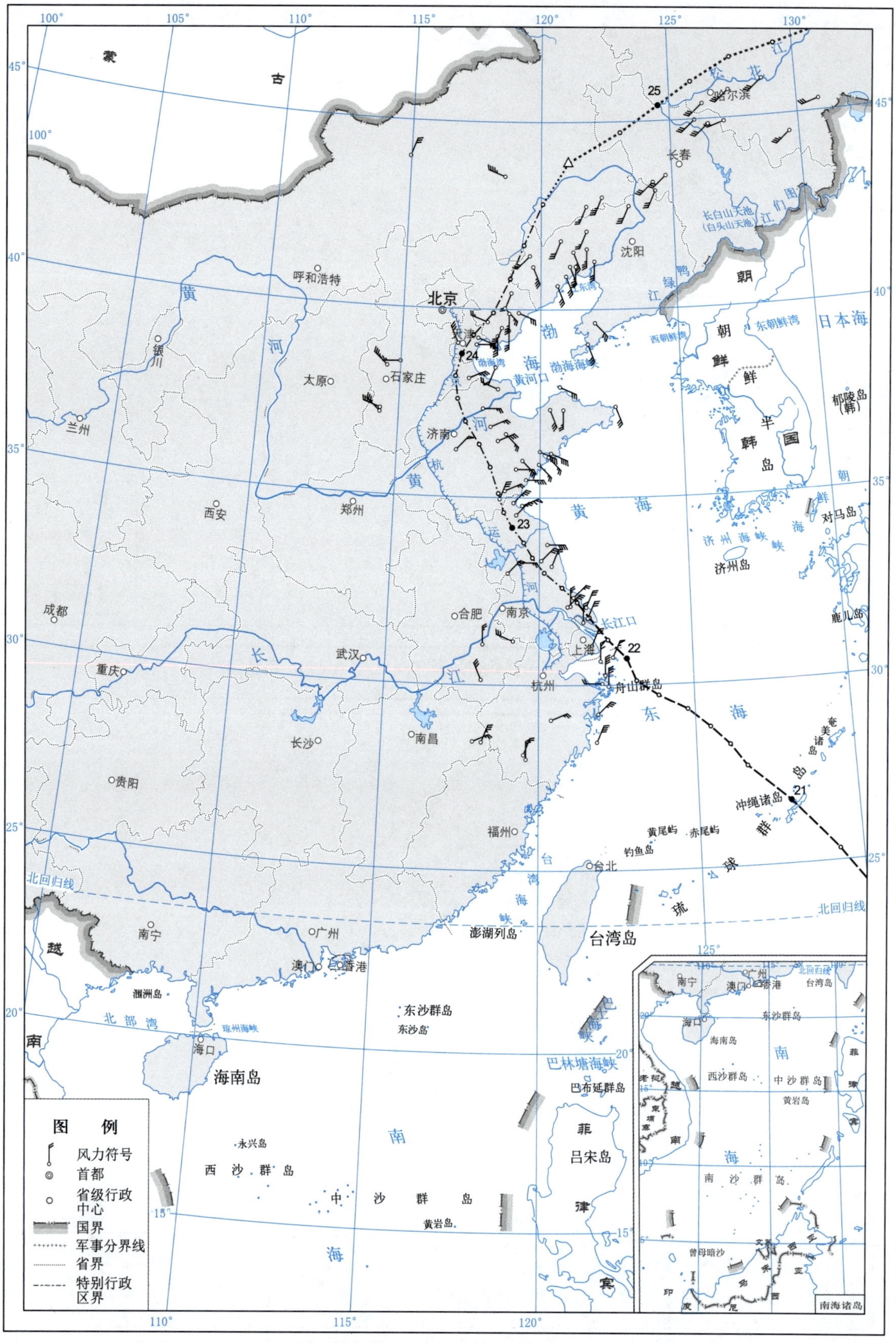

图 2.11.3　1810 号强热带风暴“安比”（Ampil）大风分布图（7 月 21—25 日）

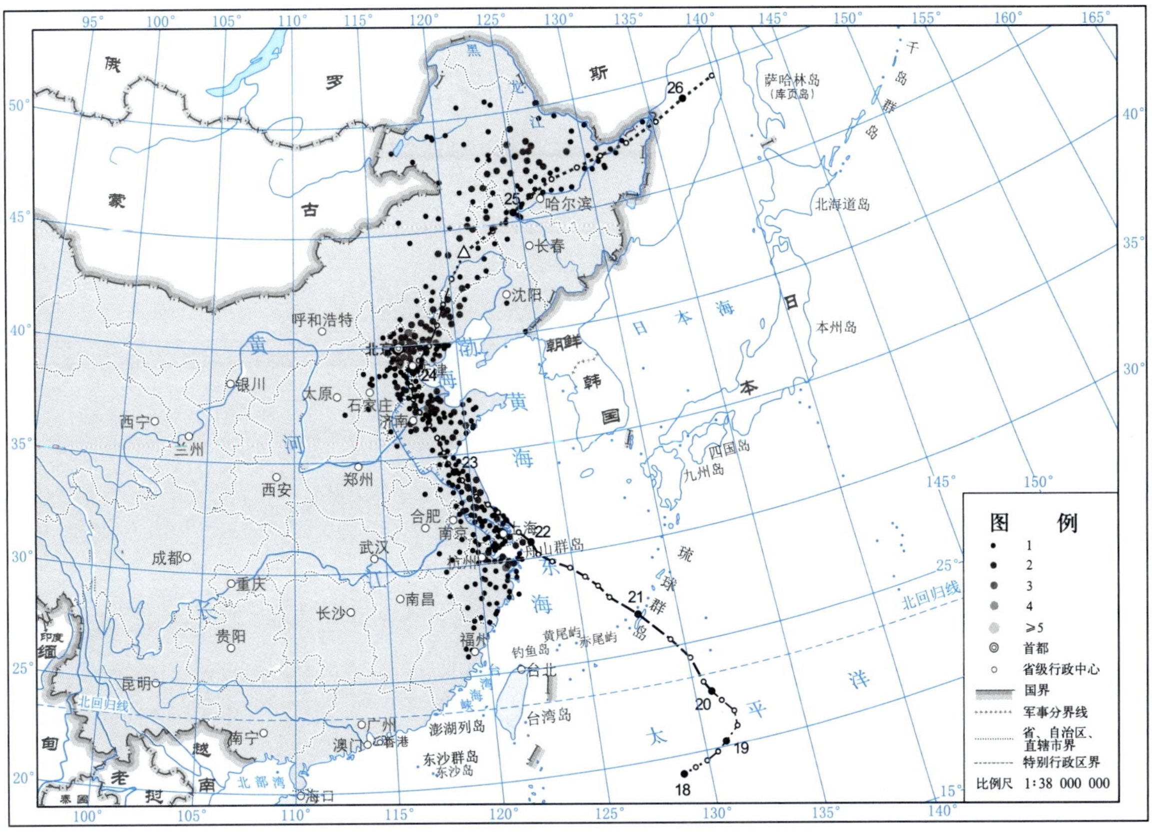

图 2.11.4　1810 号强热带风暴“安比”（Ampil）总降水日数图

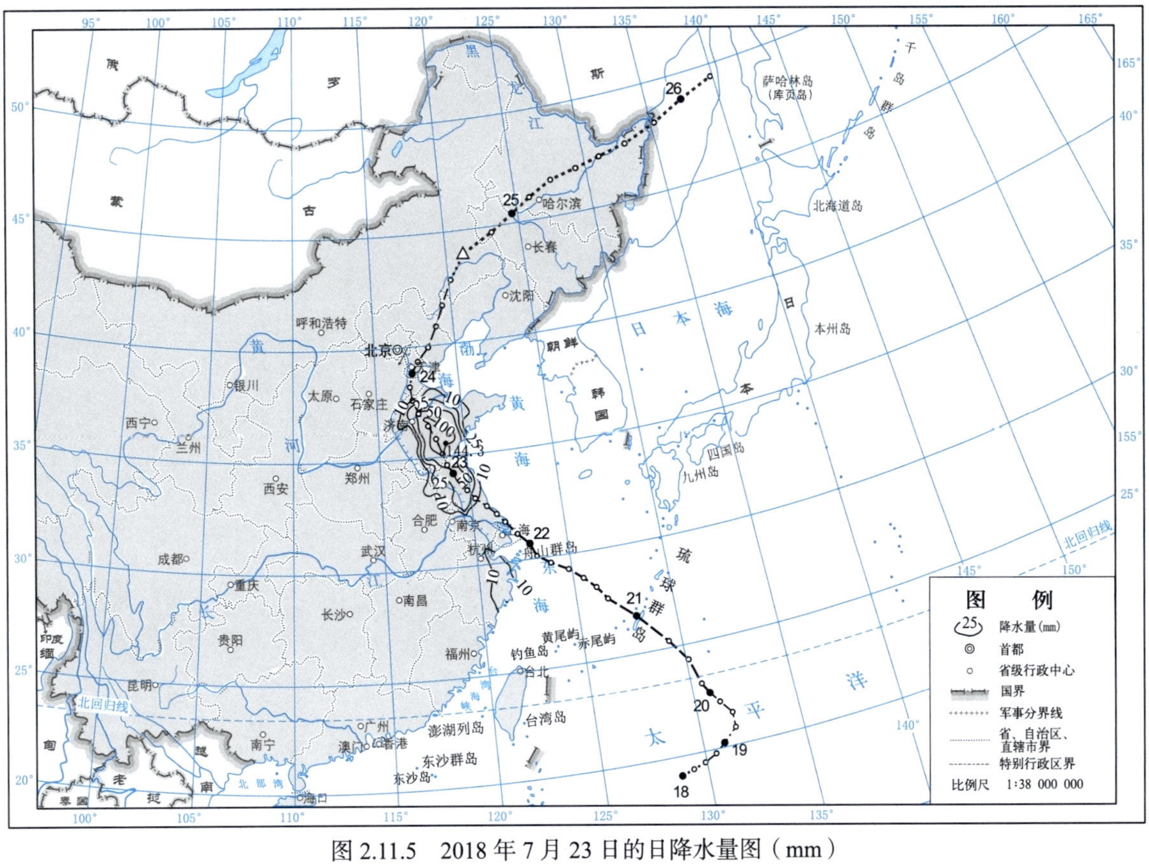

图 2.11.5　2018 年 7 月 23 日的日降水量图（mm）

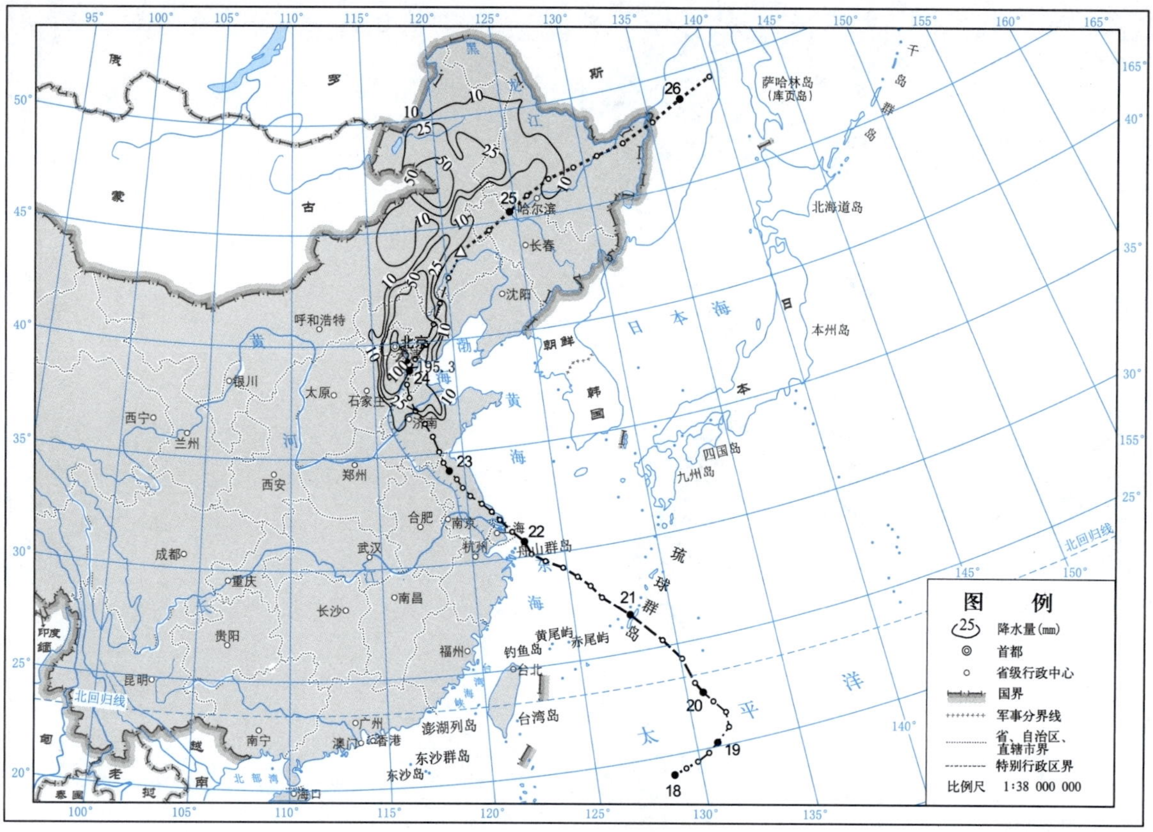

图 2.11.6　2018 年 7 月 24 日的日降水量图（mm）

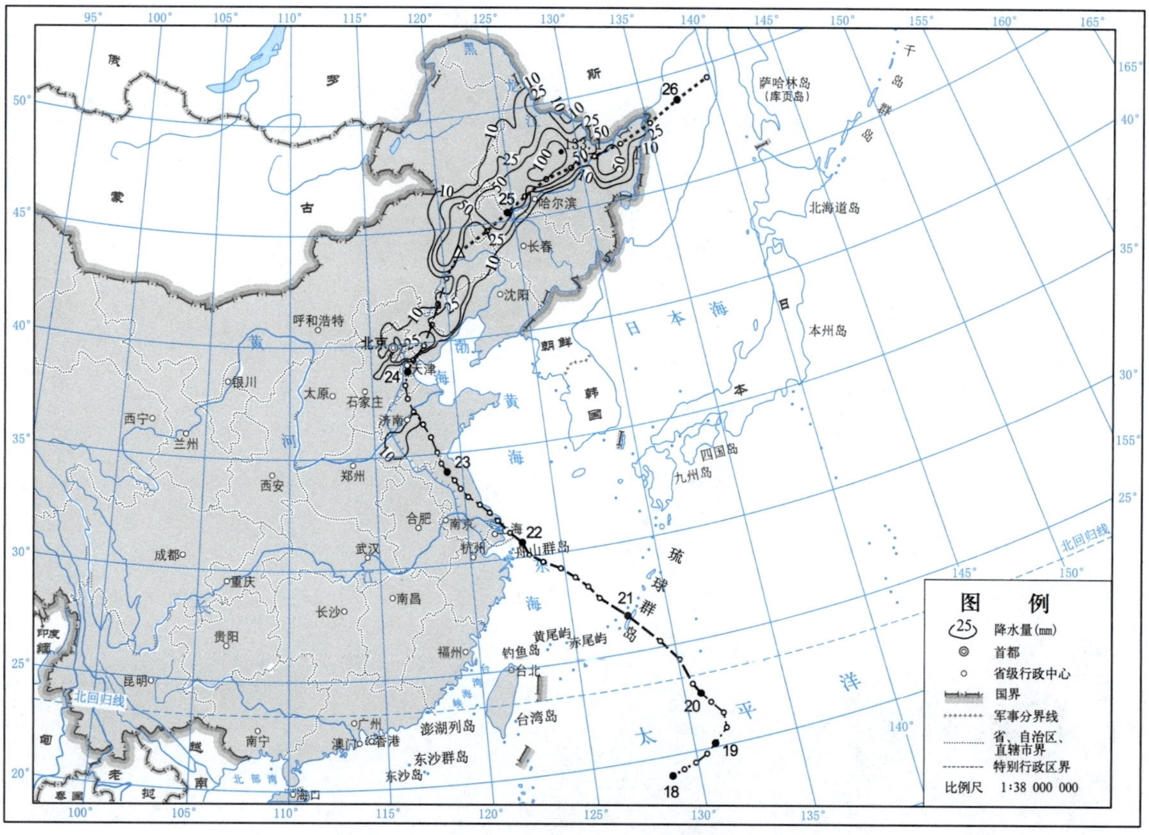

图 2.11.7　2018 年 7 月 25 日的日降水量图（mm）

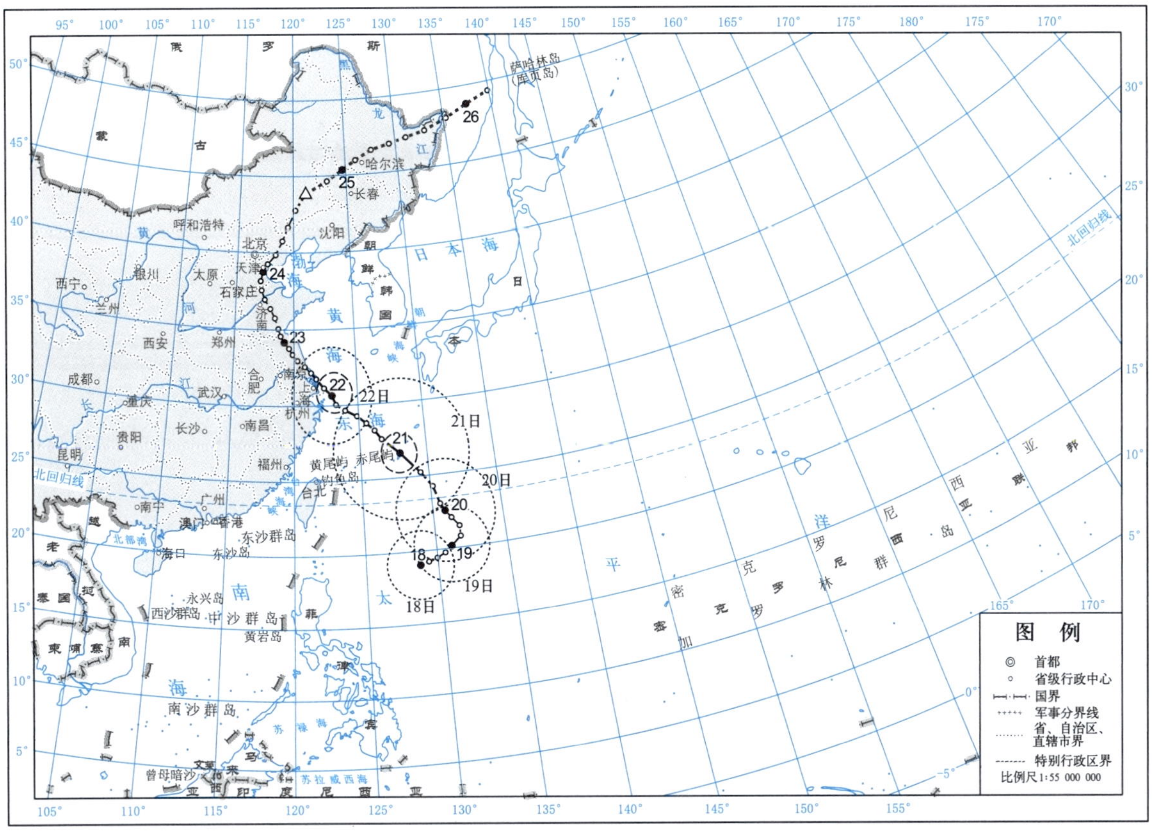

图 2.11.8　1810 号强热带风暴“安比”（Ampil）大风区域演变图

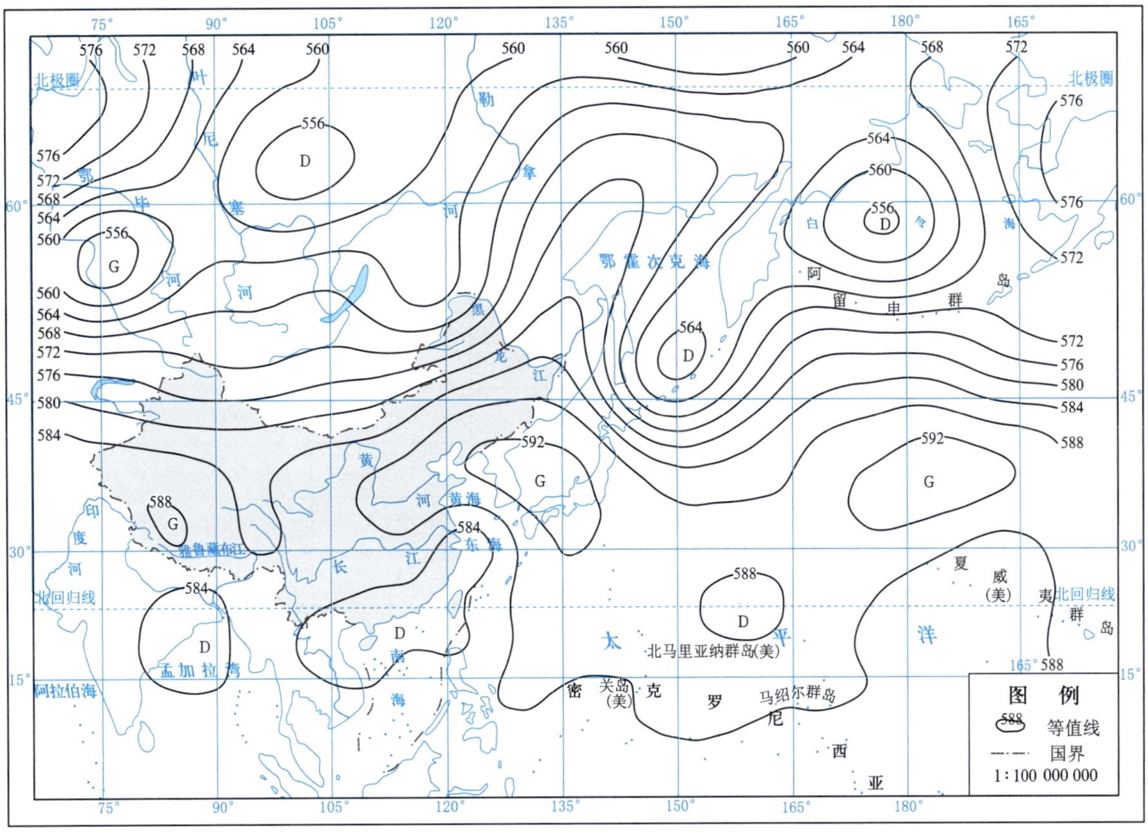

图 2.11.9　2018 年 7 月 22 日 08 时 500 hPa 高度场图（dagpm）

2.12 热带低压 (TD1802)

热带低压（TD1802）于 7 月 21 日凌晨在菲律宾吕宋岛以西约 320 km 的南海海域生成。生成后低压中心向东北方向移动，穿过巴林塘海峡，22 日下午转向偏北方向移动，随后进入东海海域，向华东沿海靠近，沿着上海、江苏沿海海面北上，24 日早晨在黄海南部消散。

受热带低压影响，7 月 23—24 日，广东东南部沿海、江西南部局部、福建局部、浙江部分、上海南汇、安徽南部局部、湖北南部局部、江苏南部局部等地总雨量为 10 ~ 50 mm；广东揭西、福建周宁及宁德、江西南丰、浙江沿海局部及庆元、安徽全椒等地总雨量 50 ~ 74 mm，其中，广东揭西总雨量 73.2 mm，24 日雨量 73.2 mm，24 日 05 时小时雨量 41.4 mm，分别为本次热带低压影响过程的总雨量、日雨量和时雨量极值。

表 2.12.1 是热带低压（TD1802）的中心位置和强度。图 2.12.1 ～图 2.12.5 分别是热带低压（TD1802）路径图、总降水量图、总降水日数图、大风区域演变图和 2018 年 7 月 23 日 20 时 500 hPa 高度场图。

表 2.12.1 热带低压 (TD1802) 中心位置和强度

7 月 21—24 日

年	月	日	时	中心位置		中心气压（hPa）	最大风速（m/s）
				北纬（°N）	东经（°E）		
2018	7	21	2	17.8	117.3	1000	13
	7	21	8	18.1	118.7	1000	13
	7	21	14	18.4	119.8	998	15
	7	21	20	19.0	120.8	998	15
	7	22	2	19.7	121.7	998	15
	7	22	8	20.8	122.8	998	15
	7	22	14	22.2	123.7	998	15
	7	22	20	23.7	123.7	998	15
	7	23	2	25.1	123.5	998	15
	7	23	8	26.5	123.5	998	15
	7	23	14	28.3	123.5	1000	13
	7	23	20	29.8	122.9	1000	13
	7	24	2	31.3	122.4	1000	13
	7	24	8	33.1	122.1	1002	13
消散							

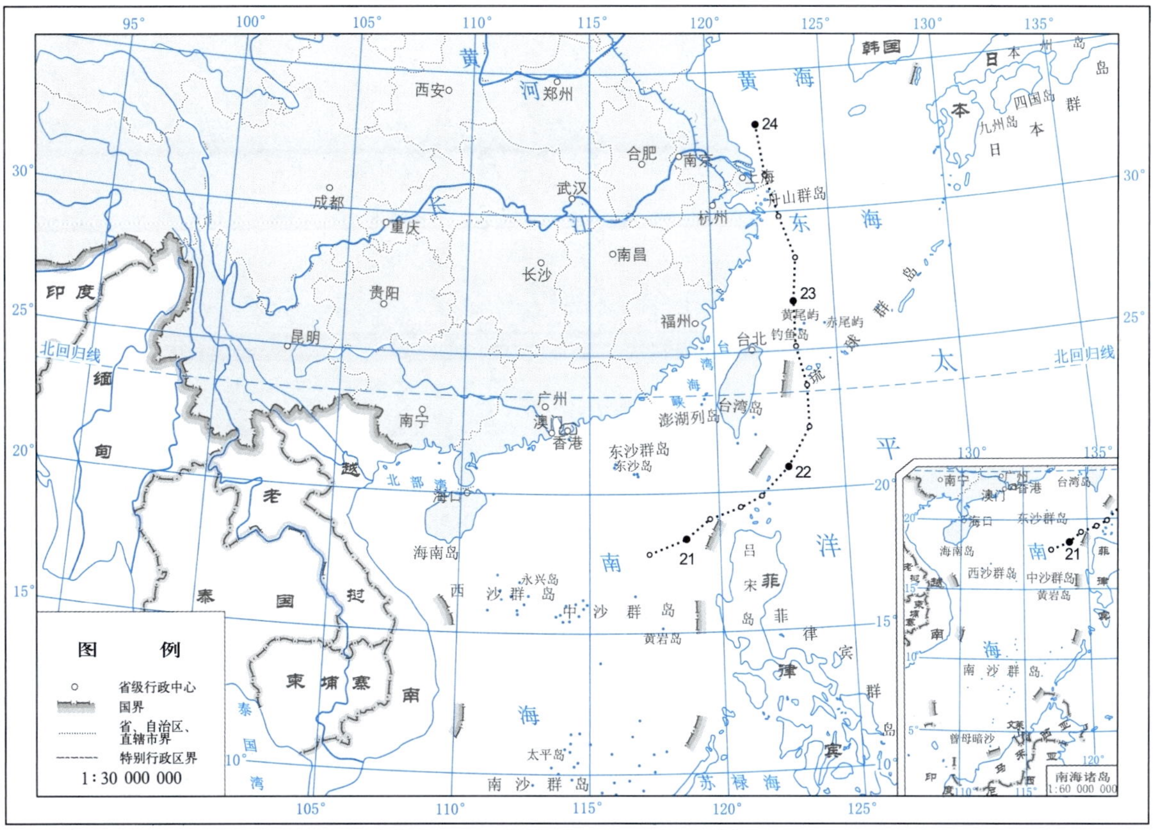

图 2.12.1　热带低压（TD1802）路径图

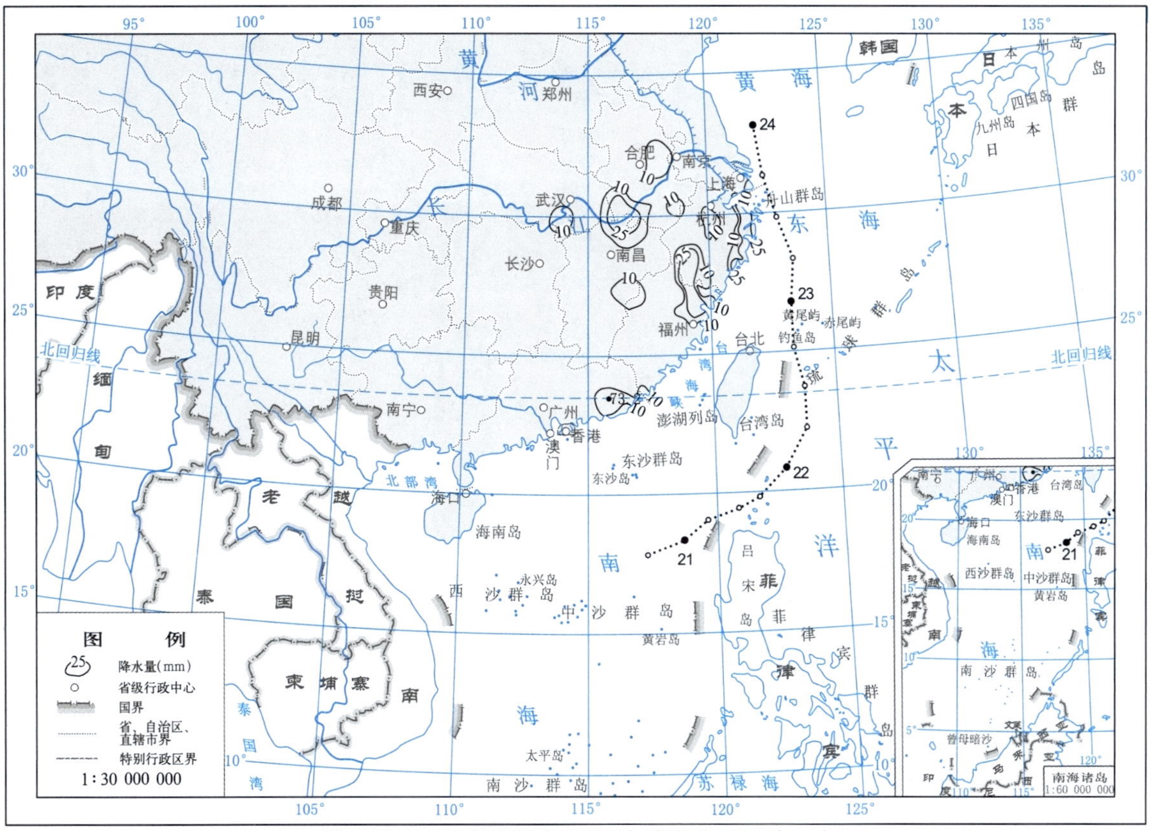

图 2.12.2　热带低压（TD1802）总降水量图（mm）

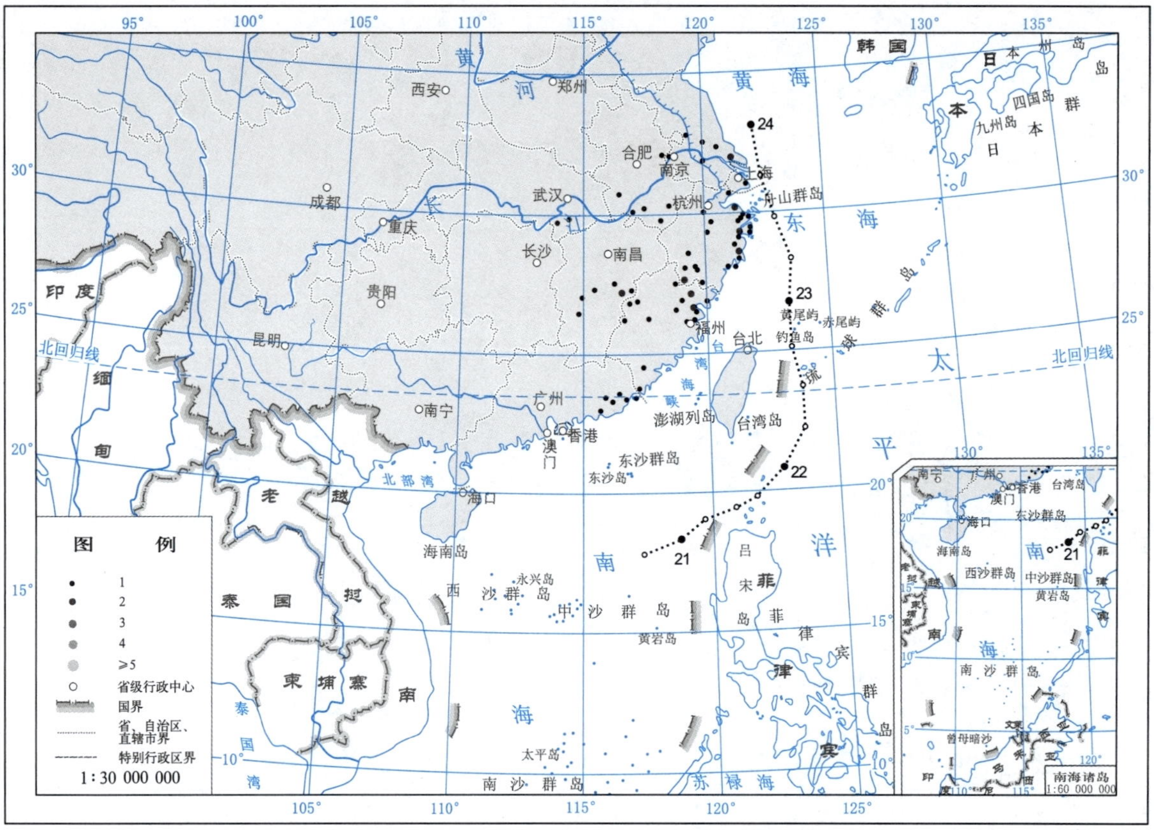

图 2.12.3 热带低压 (TD1802) 总降水日数图

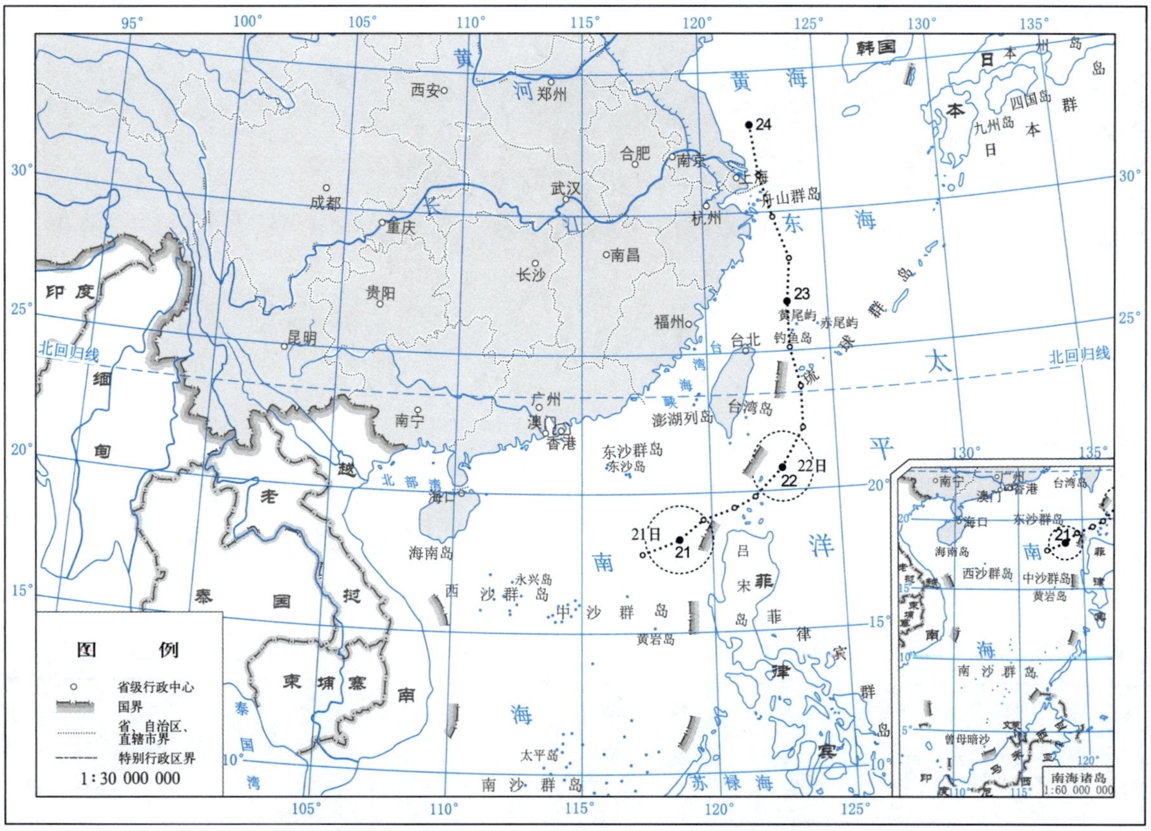

图 2.12.4 热带低压 (TD1802) 大风区域演变图

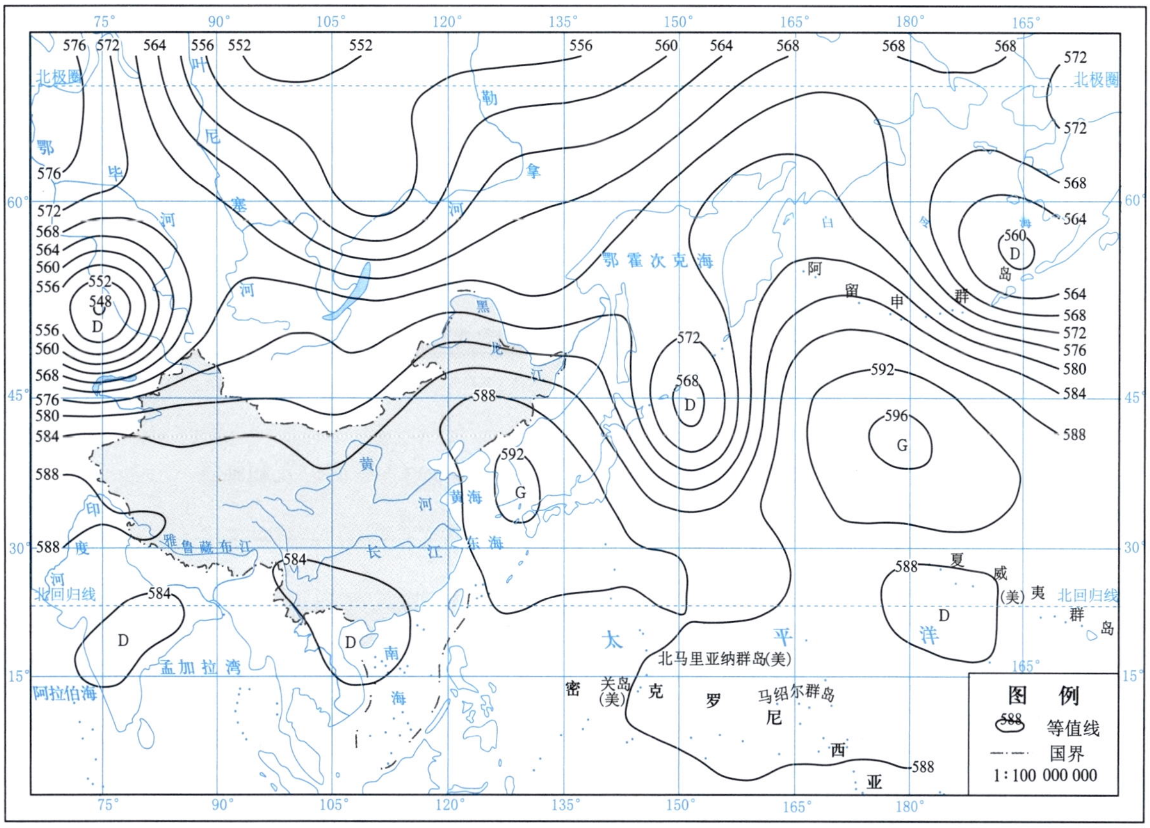

图 2.12.5　2018 年 7 月 23 日 20 时 500 hPa 高度场图（dagpm）

2.13 强热带风暴“悟空”(Wukong)

第 1811 号强热带风暴“悟空”是由 7 月 22 日位于美国塞班岛东北约 1600 km 的西北太平洋洋面上的一个热带低压发展形成。形成后低压中心向偏北方向移动，强度缓慢增强，23 日下午增强为热带风暴，25 日早晨增强至强热带风暴，之后转向西北行，强度开始减弱，26 日下午减弱为热带风暴，27 日凌晨变性为温带气旋，随后在俄罗斯千岛群岛以东约 130 km 的洋面上消散。

表 2.13.1 是强热带风暴“悟空”的中心位置和强度。图 2.13.1 ～图 2.13.3 分别是强热带风暴“悟空”的路径图、大风区域演变图和 2018 年 7 月 27 日 02 时 500 hPa 高度场图。

表 2.13.1 1811 号强热带风暴“悟空”(Wukong)中心位置和强度

7 月 22—27 日

年	月	日	时	中心位置		中心气压(hPa)	最大风速(m/s)
				北纬(°N)	东经(°E)		
2018	7	22	8	22.1	159.5	1002	13
	7	22	14	22.9	159.7	1002	13
	7	22	20	23.7	159.5	1002	13
	7	23	2	24.5	159.3	1000	15
	7	23	8	25.3	159.6	1000	15
	7	23	14	26.3	159.5	998	18
	7	23	20	27.1	159.4	998	18
	7	24	2	28.1	159.1	995	20
	7	24	8	29.2	159.1	990	23
	7	24	14	30.2	158.8	990	23
	7	24	20	30.9	158.6	990	23
	7	25	2	31.7	158.5	990	23
	7	25	8	32.5	158.2	982	28
	7	25	14	33.9	157.8	980	30
	7	25	20	35.3	157.2	980	30
	7	26	2	37.0	156.2	982	28
	7	26	8	38.5	154.7	985	25
	7	26	14	39.8	153.6	990	23

（续表）

年	月	日	时	中心位置		中心气压（hPa）	最大风速（m/s）
				北纬（°N）	东经（°E）		
2018	7	26	20	41.3	152.8	998	18
△	7	27	2	42.7	152.3	998	18
	7	27	8	44.3	152.2	1000	15
	7	27	14	45.9	153.2	1000	15
消散							

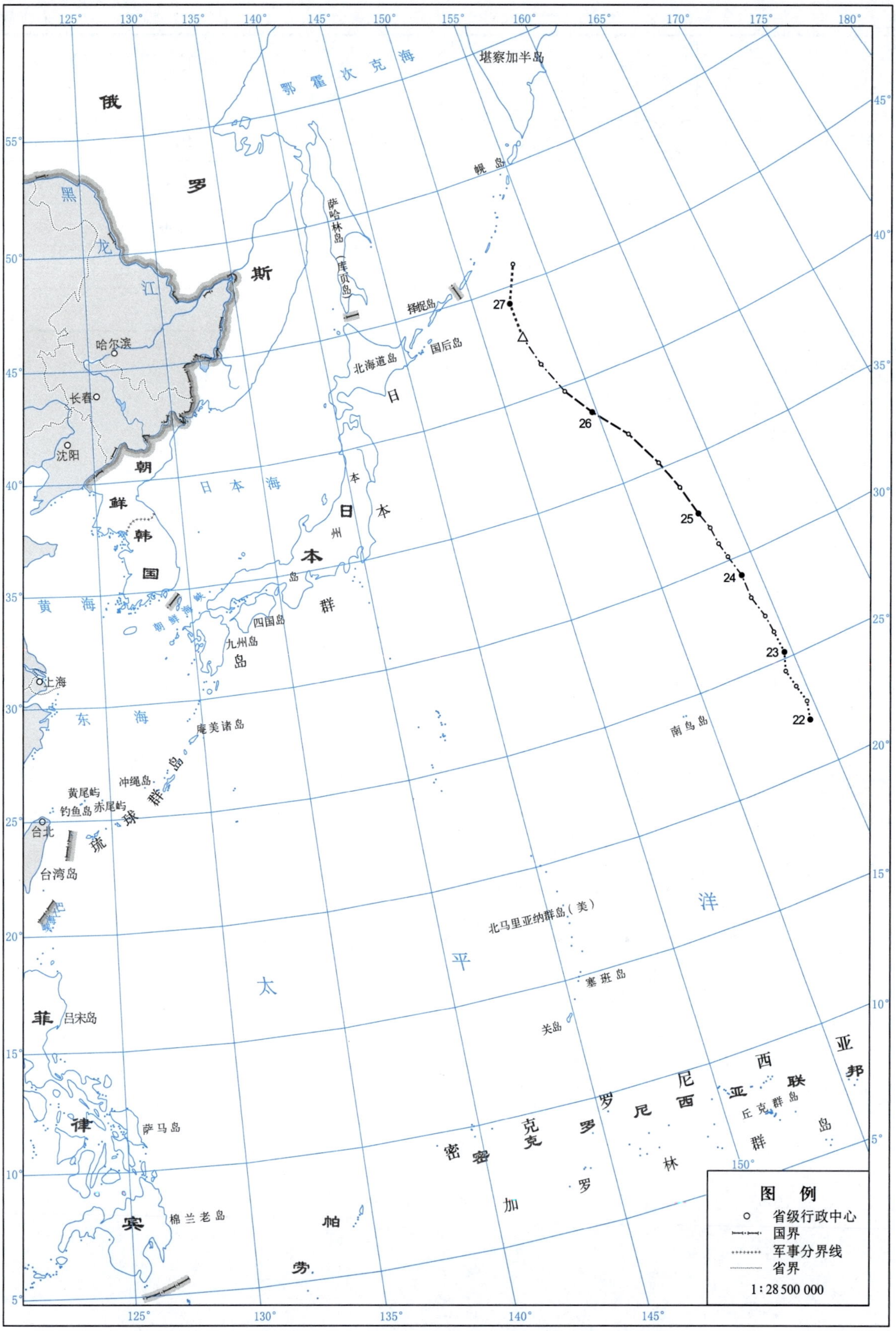

图 2.13.1　1811 号强热带风暴“悟空”（Wukong）路径图

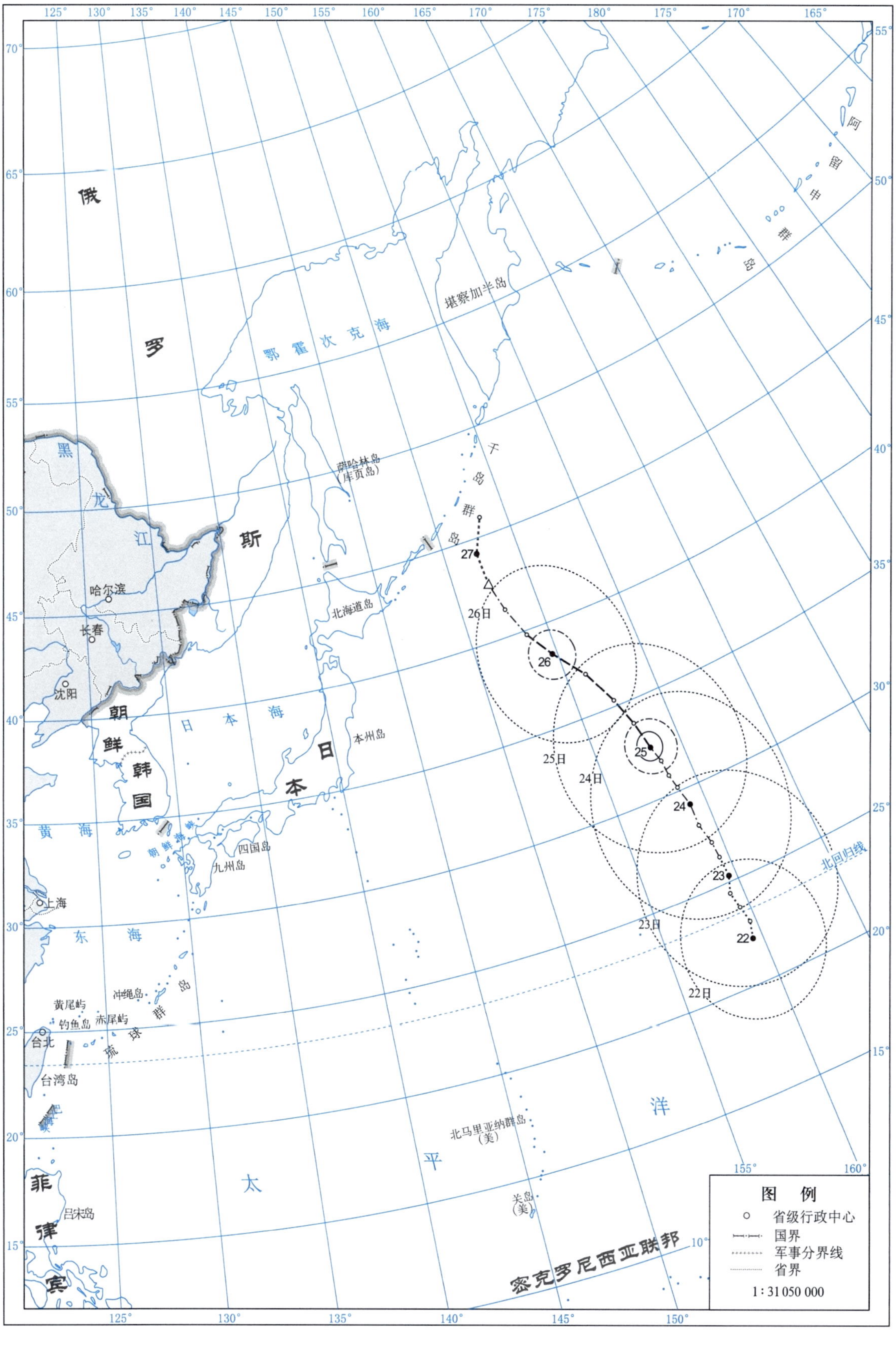

图 2.13.2　1811 号强热带风暴“悟空”（Wukong）大风区域演变图

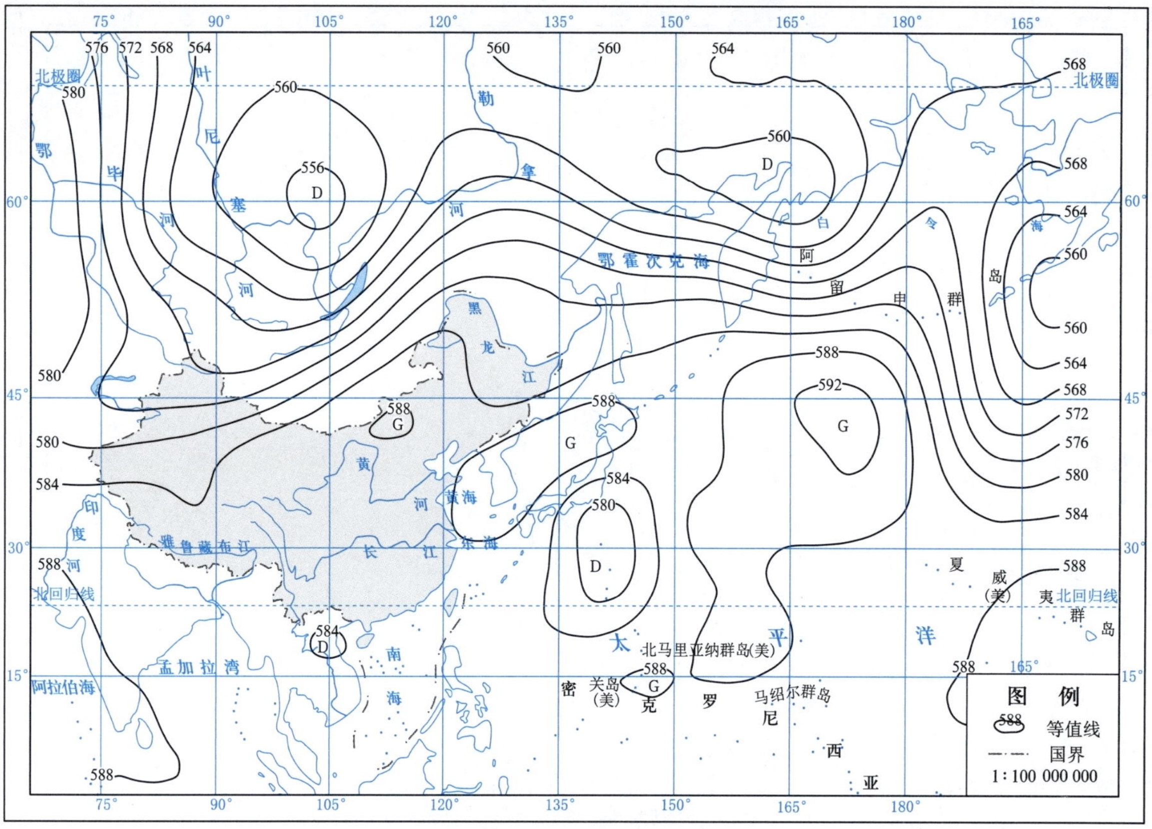

图 2.13.3 2018 年 7 月 27 日 02 时 500 hPa 高度场图（dagpm）

2.14　强台风“云雀”（Jongdari）

第 1812 号强台风“云雀”是由 7 月 23 日夜间位于美国塞班岛以西约 900 km 的西北太平洋洋面上的一个热带低压发展形成。形成后低压中心向偏北方向移动，24 日夜间增强为热带风暴，25 日下午转向东北方向移动，次日凌晨强度继续增强至强热带风暴，26 日夜间继续增强至台风后，移速加快，于 27 日下午强度增强至其生命史最大强度强台风，其中心附近最大风速 42 m/s，中心最低气压 955 hPa。之后 28 日凌晨强台风“云雀”转向西北，强度逐渐减弱为台风，向日本东部沿海靠近，并于 29 日凌晨在日本本州岛南部沿海登陆，登陆时强度为台风级别。登陆后，该台风折向西南偏南方向移动，穿过日本九州岛，并迅速减弱为热带风暴，30 日凌晨再次进入西北太平洋。随后，强台风“云雀”在日本鹿儿岛以南海域打转两天，折向西南方向移动，进入东海海域，强度维持，8 月 1 日下午起在东海中南部海域打转一天后，转向偏西方向移动，逐渐靠近长三角沿海地区，并于 3 日 11 点 35 分在浙江平湖 - 上海金山一带沿海登陆，登陆时中心附近最大风速 23 m/s（9 级），中心最低气压 988 hPa。登陆后强台风“云雀”强度迅速减弱为热带低压，转向西北方向移动，途径江苏、安徽、河南，5 日早晨在河南中部消散。

受强台风“云雀”影响，8 月 2—4 日，浙江北部沿海及大陈、上海奉贤及洋山港、江西北部局部、安徽南部局部、湖北东南部局部及兴山、江苏西连岛和山东泰山出现最大风力 6 ～ 7 级、阵风 7 ～ 9 级；上海洋山港出现最大风力 7 级（16.4 m/s）、阵风 9 级（23.1 m/s)、浙江嵊泗出现最大风力 7 级（15.9 m/s）、阵风 9 级（23.4 m/s) 为本次强台风影响过程的风极值。

受其影响，8 月 2—5 日，广东中东部大部、福建大部、湖南中东部部分、湖北中东部部分、江西大部、浙江中东部部分、上海大部、江苏大部、安徽大部、河南中东部大部、山东南部局部、山西东南部局部、陕西宜川、河北中南部部分、北京局部、天津局部总雨量为 10 ～ 50 mm；广东局部、福建局部、湖南局部、江西局部、湖北潜江、浙江北部大部、上海局部、江苏局部、安徽东南部局部、河南局部、河北廊坊和巨鹿总雨量为 50 ～ 150 mm；浙江嘉兴地区总雨量为 150 ～ 239 mm，其中，海盐总雨量 238.8 mm，为本次强台风影响过程的总雨量极值。

8 月 2 日，受“云雀”外围环流影响，福建和浙江出现局部暴雨天气，福建尤溪 18 时小时雨量 83.2 mm，为本次强台风影响过程的时雨量极值；3 日，受“云雀”登陆北上影响，浙江北部和上海南部普降大到暴雨，杭州湾北侧出现 5 站大暴雨，其中浙江海盐日雨量 231.4 mm，为本次强台风影响过程的日雨量极值。

强台风“云雀”具有路径曲折（先登陆日本，又折向西南，两次打转后，登陆我国长三角地区）、生命史长（13 天）、造成的风雨范围大等特点。受其影响，上海市和浙江省出现了一定程度的灾情，总计受灾人数 33.2 万人，紧急转移人口 15.7 万人，农作物受灾面积 15.1 千公顷，农作物绝收面积 100 公顷，直接经济损失达到 4.2 亿元（表 2.14.2）。

表 2.14.1 是强台风“云雀”的中心位置和强度。图 2.14.1 ～图 2.14.9 分别是强台风“云雀”路径图、总降水量图、大风分布图、总降水日数图、2018 年 8 月 2—4 日的日降水量图、大风区域演变图和 2018 年 8 月 3 日 02 时 500 hPa 高度场图。

表 2.14.1　1812 号强台风“云雀”（Jongdari）中心位置和强度

7 月 23 日—8 月 5 日

年	月	日	时	中心位置		中心气压（hPa）	最大风速（m/s）
				北纬（°N）	东经（°E）		
2018	7	23	20	16.4	136.8	1004	13
	7	24	2	17.4	136.7	1002	15
	7	24	8	18.2	136.7	1002	15
	7	24	14	19.0	136.7	1002	15
	7	24	20	19.7	136.7	998	18
	7	25	2	20.4	136.6	998	18
	7	25	8	21.1	136.7	998	18
	7	25	14	21.6	137.0	995	20
	7	25	20	21.9	137.3	990	23
	7	26	2	22.1	137.7	985	25
	7	26	8	22.3	138.3	982	28
	7	26	14	22.8	139.2	980	30
	7	26	20	23.4	140.1	975	33
	7	27	2	24.0	140.9	970	35
	7	27	8	25.0	142.3	965	38
	7	27	14	26.4	143.7	955	42
	7	27	20	28.2	144.6	955	42
	7	28	2	30.3	144.2	955	42
	7	28	8	32.2	143.0	960	40
	7	28	14	33.8	140.6	965	38
	7	28	20	34.2	138.3	970	35
	7	29	2	34.8	135.8	980	30
	7	29	8	34.6	133.4	990	23

（续表）

年	月	日	时	中心位置		中心气压（hPa）	最大风速（m/s）
				北纬（°N）	东经（°E）		
2018	7	29	14	34.1	131.6	992	20
	7	29	20	33.3	130.5	995	18
	7	30	2	32.1	129.7	995	18
	7	30	8	31.1	129.4	995	18
	7	30	14	30.3	129.5	995	18
	7	30	20	29.2	129.9	996	15
	7	31	2	28.8	130.8	996	15
	7	31	8	29.5	131.4	995	18
	7	31	14	30.4	131.7	995	18
	7	31	20	31.0	130.4	990	20
	8	1	2	30.9	129.0	990	20
	8	1	8	30.4	128.0	990	20
	8	1	14	29.7	126.9	990	20
	8	1	20	29.2	126.5	990	20
	8	2	2	28.6	126.3	990	20
	8	2	8	28.7	126.9	985	23
	8	2	11	29.1	126.9	985	23
	8	2	14	29.4	126.7	985	23
	8	2	17	29.7	126.1	985	23
	8	2	20	30.1	125.1	985	23
	8	2	23	30.4	123.9	985	23
	8	3	2	30.7	122.6	985	23
	8	3	5	30.7	121.9	985	23
	8	3	8	30.6	121.5	985	23
	8	3	11	30.7	121.3	985	23
	8	3	14	30.9	121.1	990	20

（续表）

年	月	日	时	中心位置		中心气压（hPa）	最大风速（m/s）
				北纬（°N）	东经（°E）		
2018	8	3	17	31.4	120.9	994	15
	8	3	20	31.9	120.5	995	15
	8	3	23	32.6	119.9	998	13
	8	4	2	33.2	119.2	998	13
	8	4	5	33.5	118.6	998	13
	8	4	8	33.7	118.0	998	13
	8	4	11	33.9	117.5	1000	10
	8	4	14	34.0	117.1	1000	10
	8	4	17	34.1	116.6	1000	10
	8	4	20	34.1	116.1	1000	10
	8	4	23	34.1	115.5	1002	10
	8	5	2	34.3	114.8	1002	10
	8	5	5	34.4	114.1	1002	10
消散							

表 2.14.2　1812 号强台风“云雀”（Jongdari）在上海市和浙江省引发的灾情

受灾省（市）	受灾人口（万人）	死亡人口（人）	失踪人口（人）	紧急转移人口（万人）	农作物		倒塌房屋（万间）	直接经济损失（亿元）
					受灾面积（千公顷）	绝收面积（千公顷）		
上海市	14.8	0	0	14.7	2.2	0	0	0.2
浙江省	18.4	0	0	1	12.9	0.1	0	4
合计	33.2	0	0	15.7	15.1	0.1	0	4.2

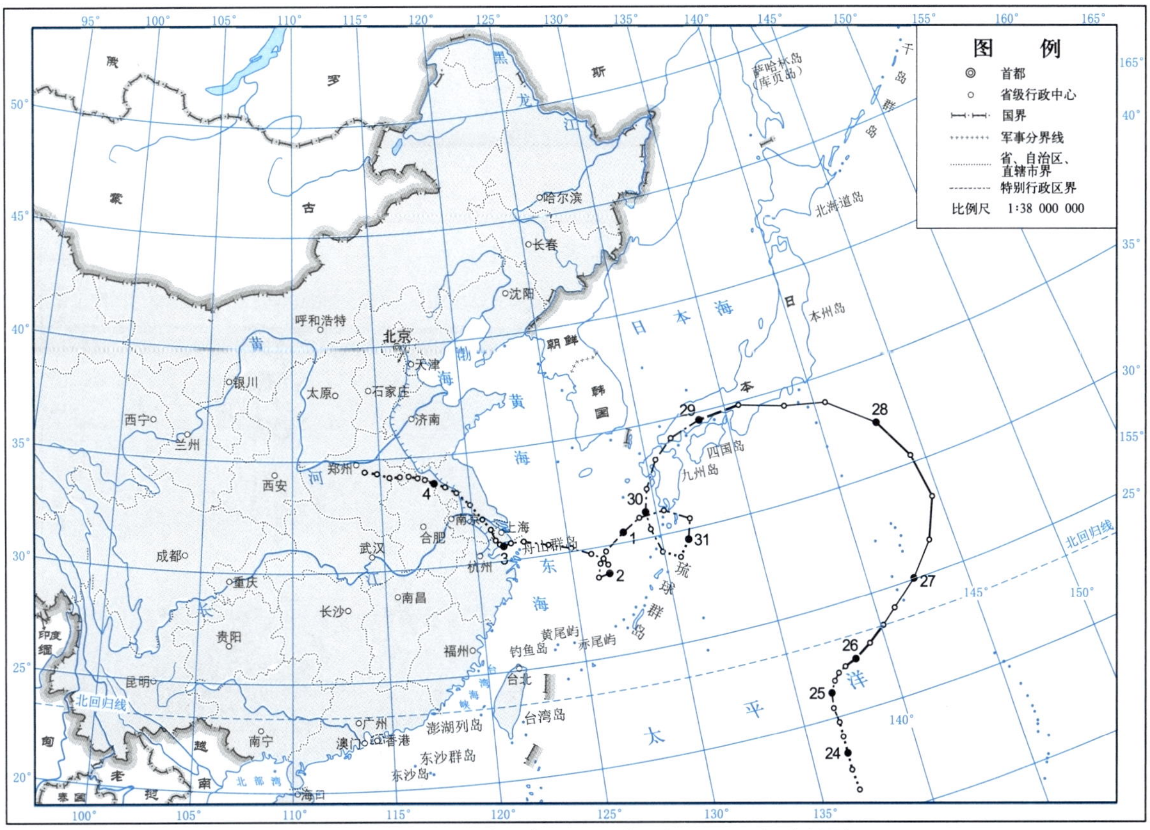

图 2.14.1 1812 号强台风“云雀”（Jongdari）路径图

图 2.14.2 1812 号强台风“云雀”（Jongdari）总降水量图（8 月 2—5 日）（mm）

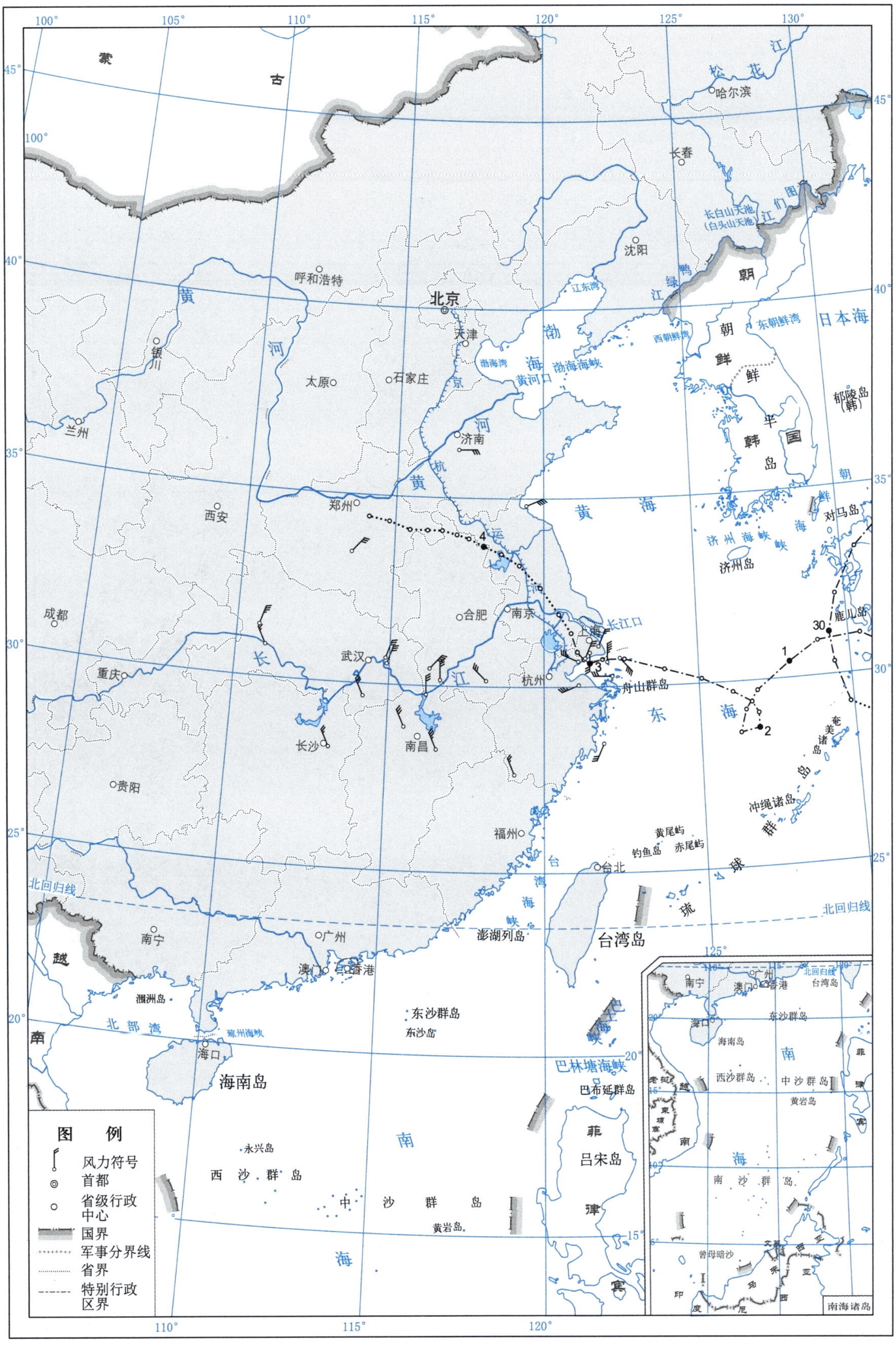

图 2.14.3　1812号强台风“云雀”（Jongdari）大风分布图（8月2—4日）

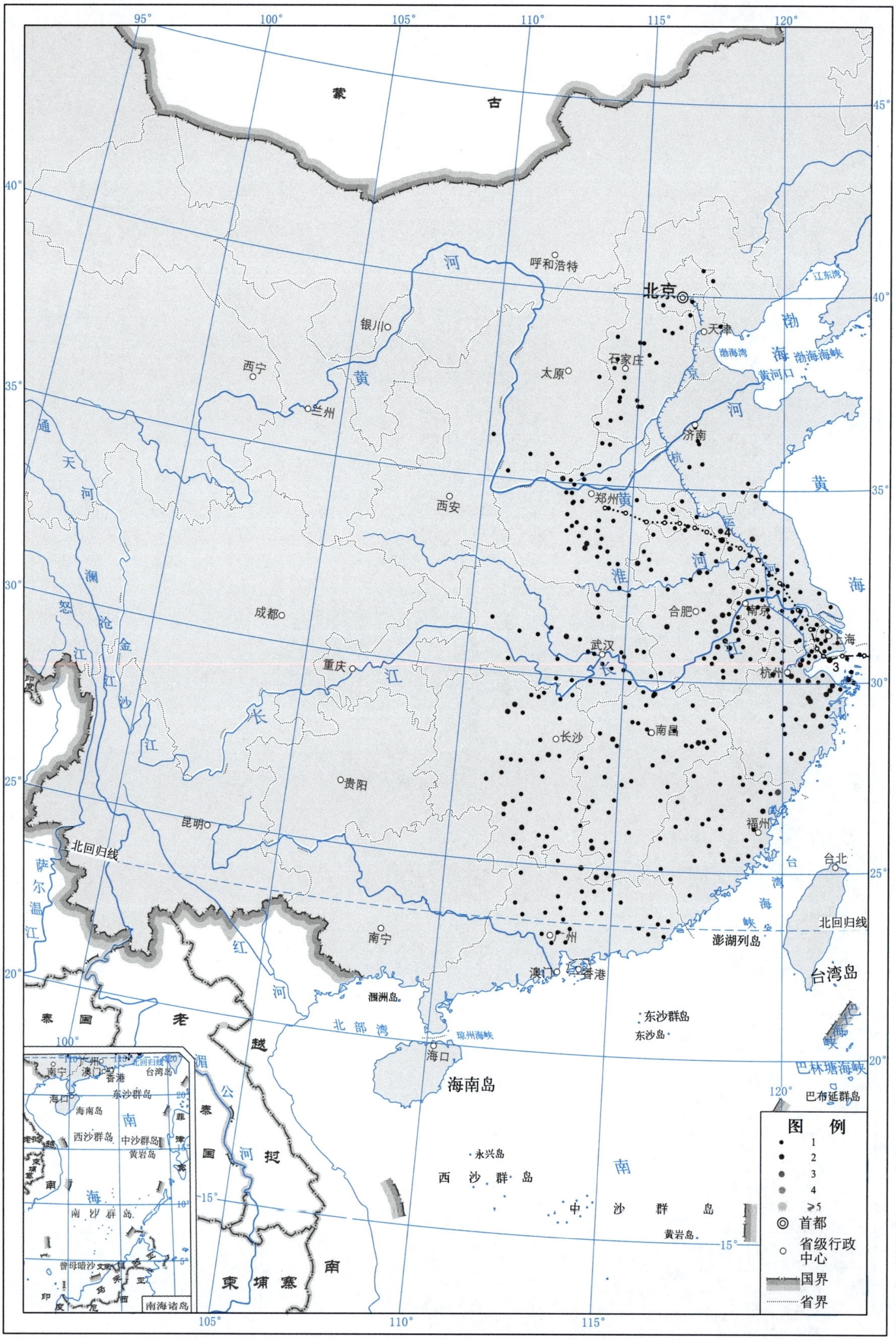

图 2.14.4　1812 号强台风“云雀”（Jongdari）总降水日数图

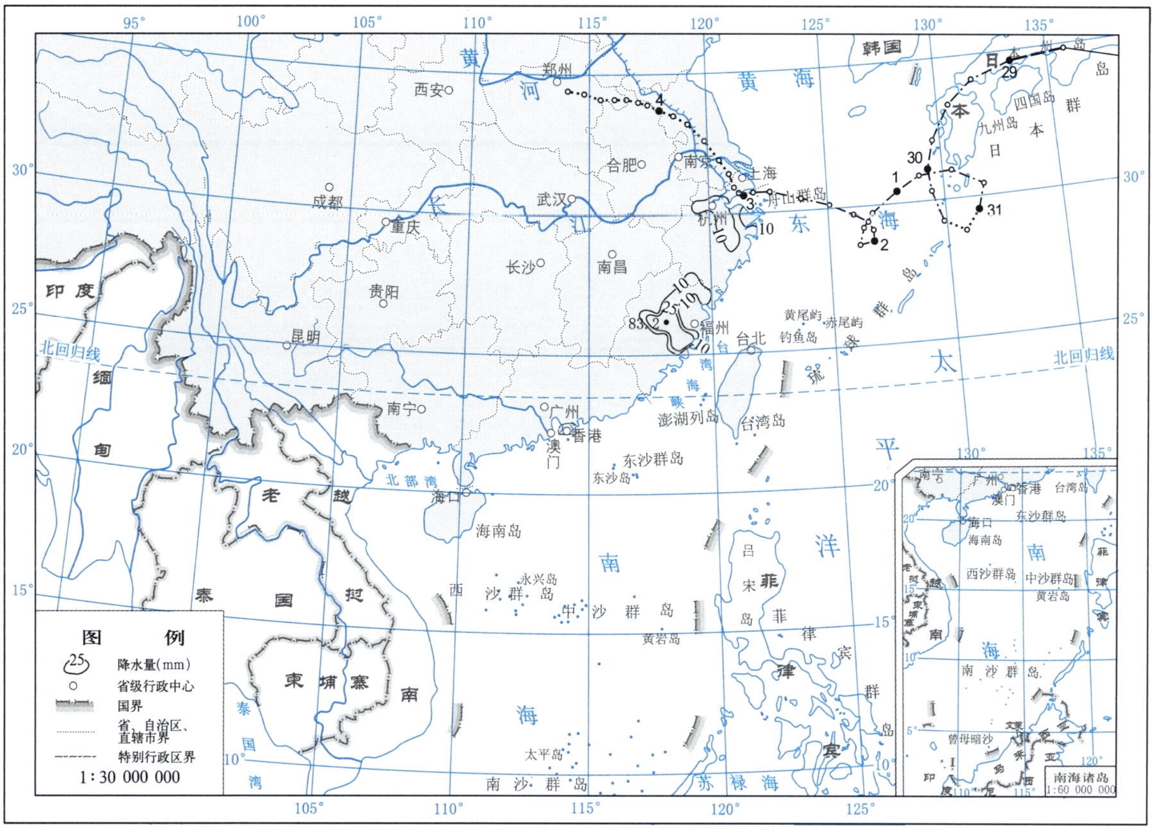

图 2.14.5　2018 年 8 月 2 日的日降水量图（mm）

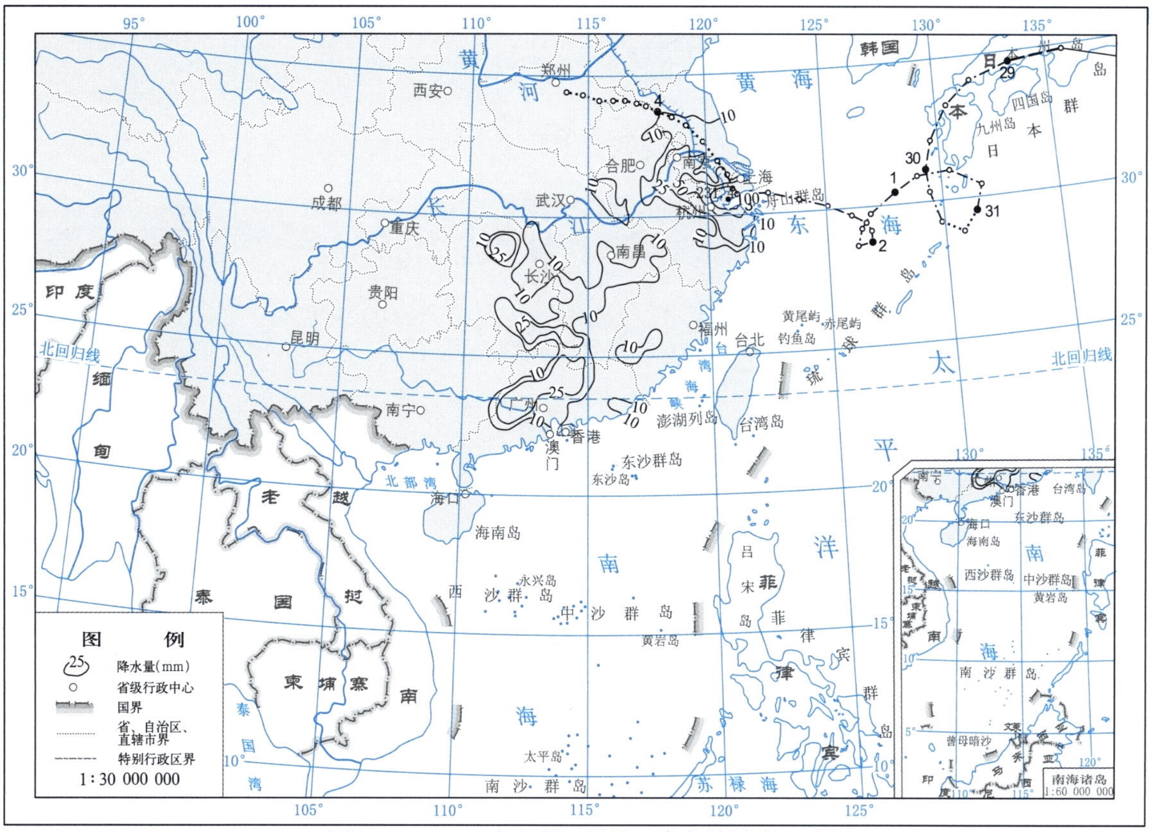

图 2.14.6　2018 年 8 月 3 日的日降水量图（mm）

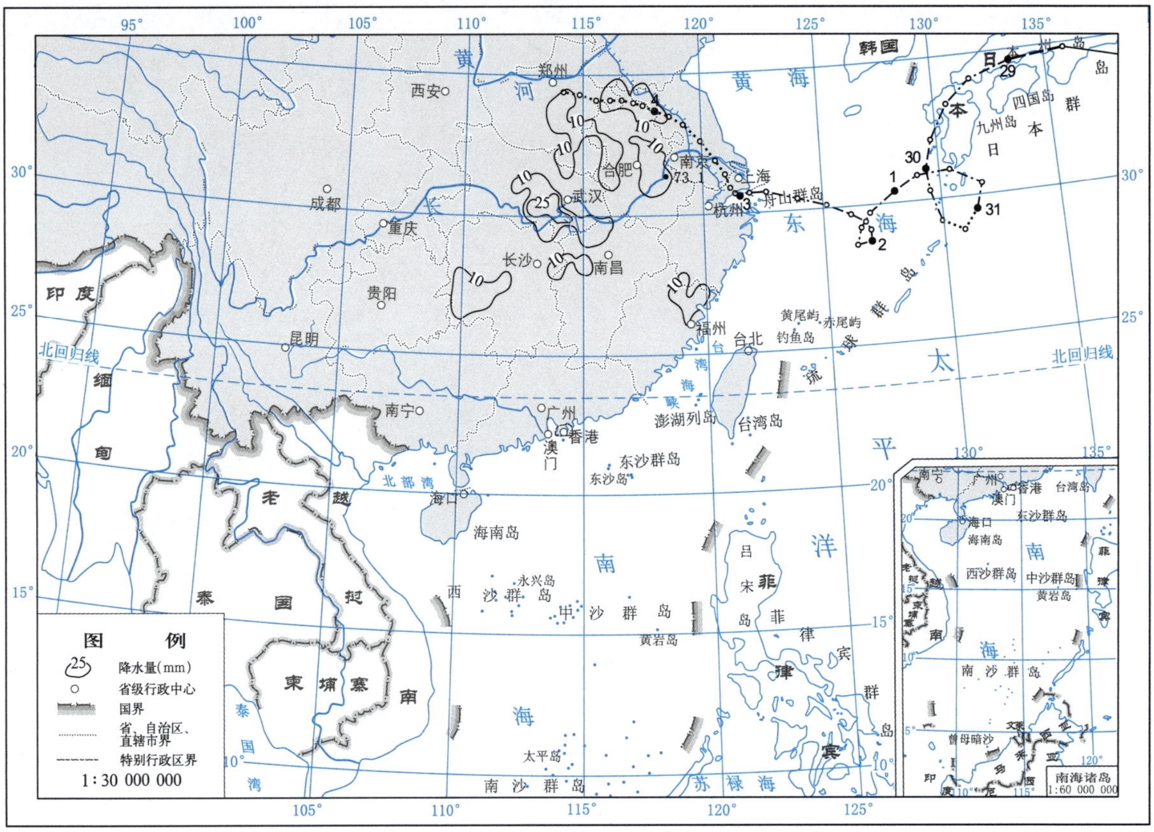

图 2.14.7　2018 年 8 月 4 日的日降水量图（mm）

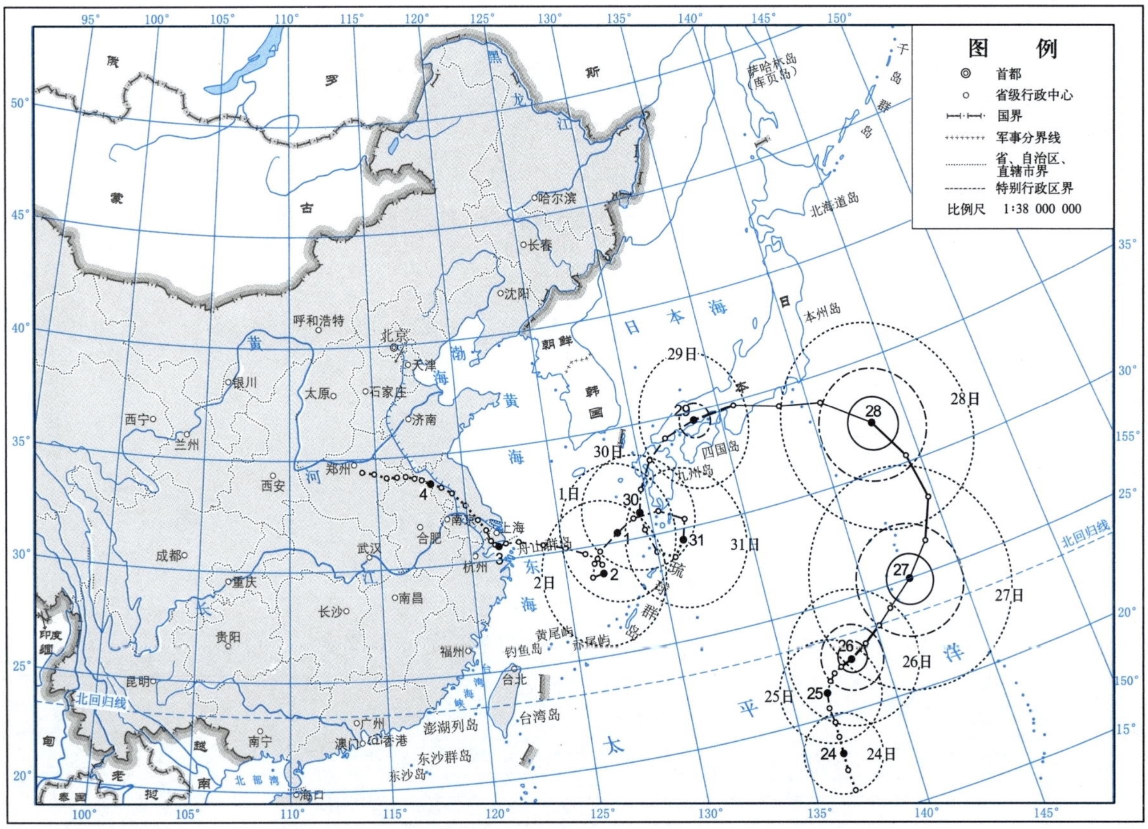

图 2.14.8　1812 号强台风“云雀”（Jongdari）大风区域演变图

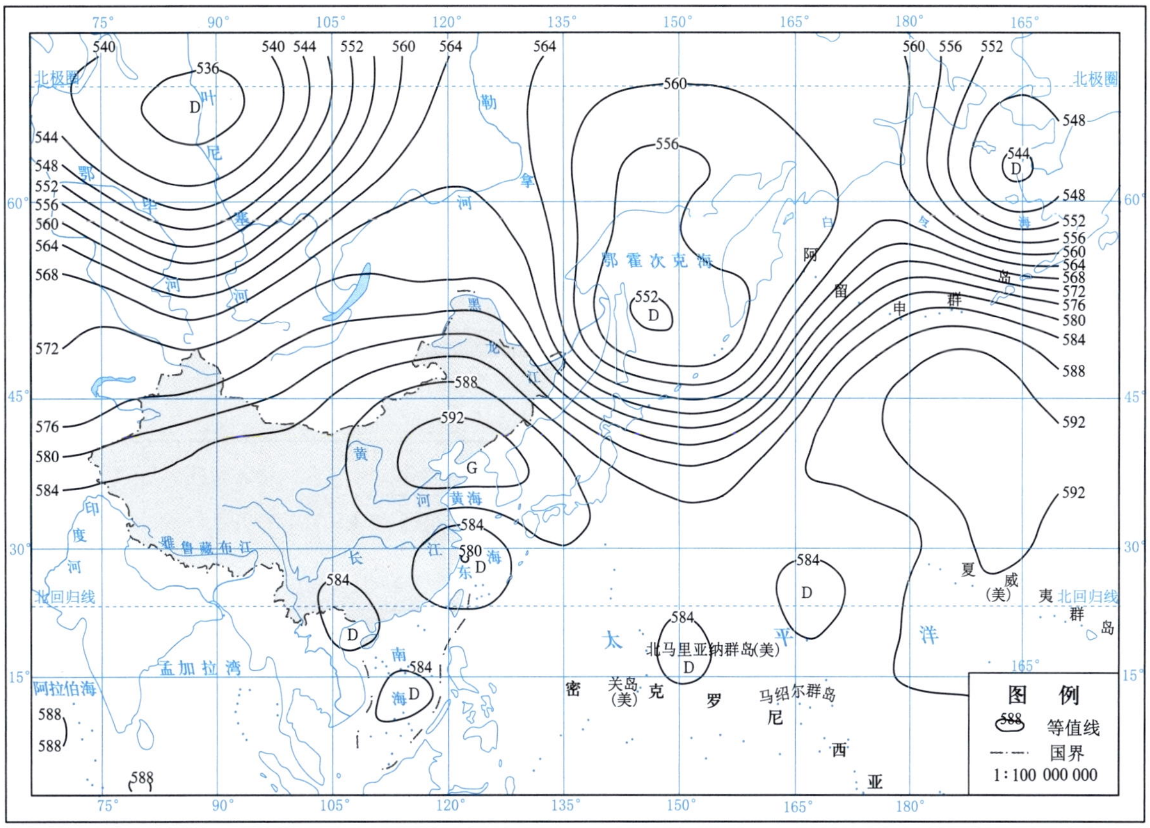

图 2.14.9　2018 年 8 月 3 日 02 时 500 hPa 高度场图（dagpm）

2.15 热带低压 (TD1803)

热带低压（TD1803）于 7 月 30 日下午在日本本州东南约 1500 km 的西北太平洋洋面上形成。形成后低压中心向西北方向移动，强度基本维持，8 月 1 日下午转向东北方向移动，次日早晨减弱消散。

表 2.15.1 是热带低压(TD1803)的中心位置和强度。图 2. 15.1 ～图 2.15.3 分别是热带低压(TD1803)路径图、大风区域演变图和 2018 年 8 月 1 日 14 时 500 hPa 高度场图。

表 2.15.1 热带低压 (TD1803) 中心位置和强度

7 月 30 日—8 月 2 日

年	月	日	时	中心位置		中心气压（hPa）	最大风速（m/s）
				北纬（°N）	东经（°E）		
2018	7	30	14	28.3	153.0	1002	13
	7	30	20	28.8	152.2	1002	13
	7	31	2	29.5	151.9	1000	15
	7	31	8	30.5	151.5	1000	15
	7	31	14	31.6	151.2	1000	15
	7	31	20	32.7	150.5	1000	15
	8	1	2	33.8	150.0	1000	15
	8	1	8	34.8	149.5	1000	15
	8	1	14	35.3	149.4	1002	13
	8	1	20	36.2	150.2	1002	13
	8	2	2	36.5	151.5	1002	13
	8	2	8	36.9	152.7	1002	13
消散							

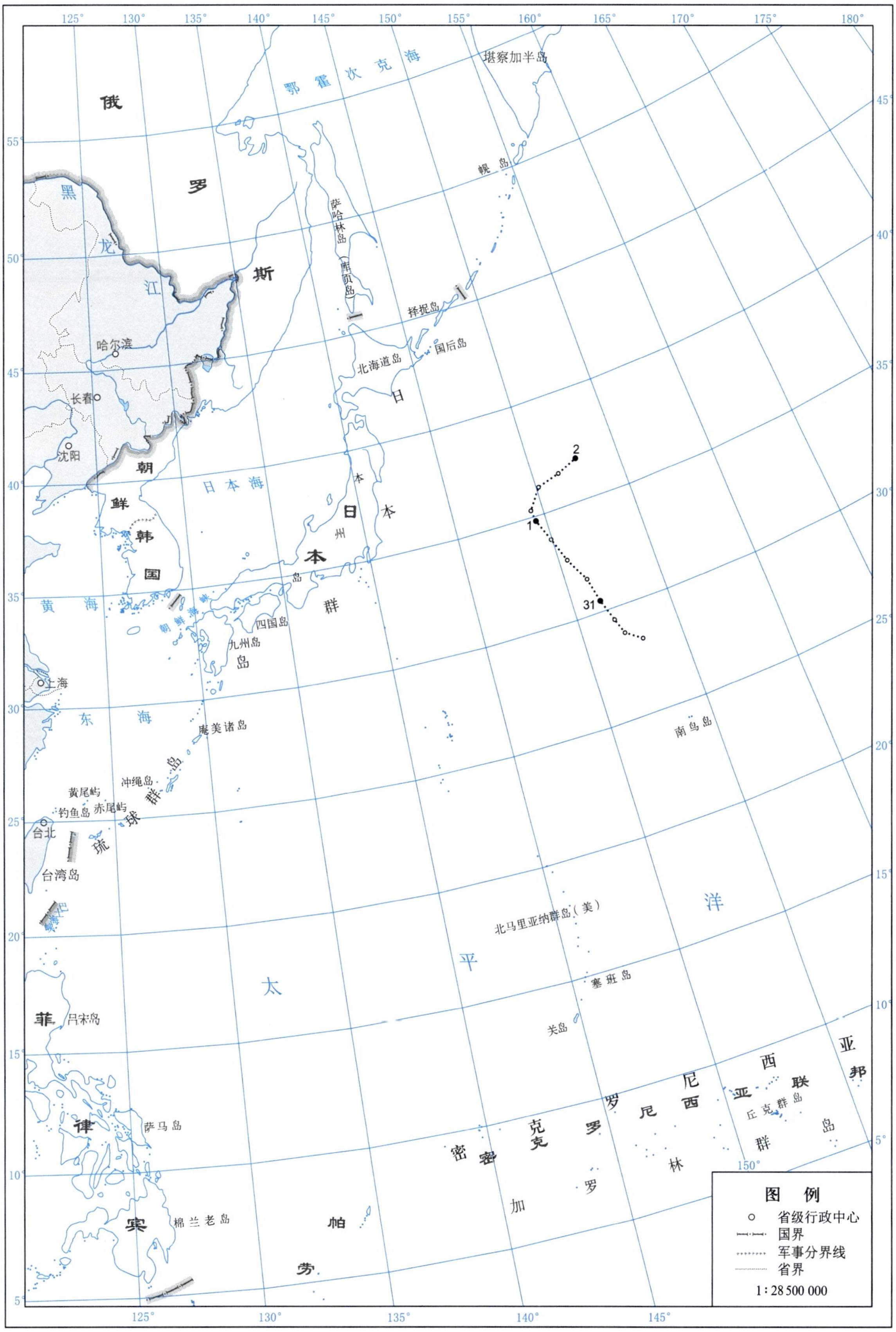

图 2.15.1 热带低压 (TD1803) 路径图

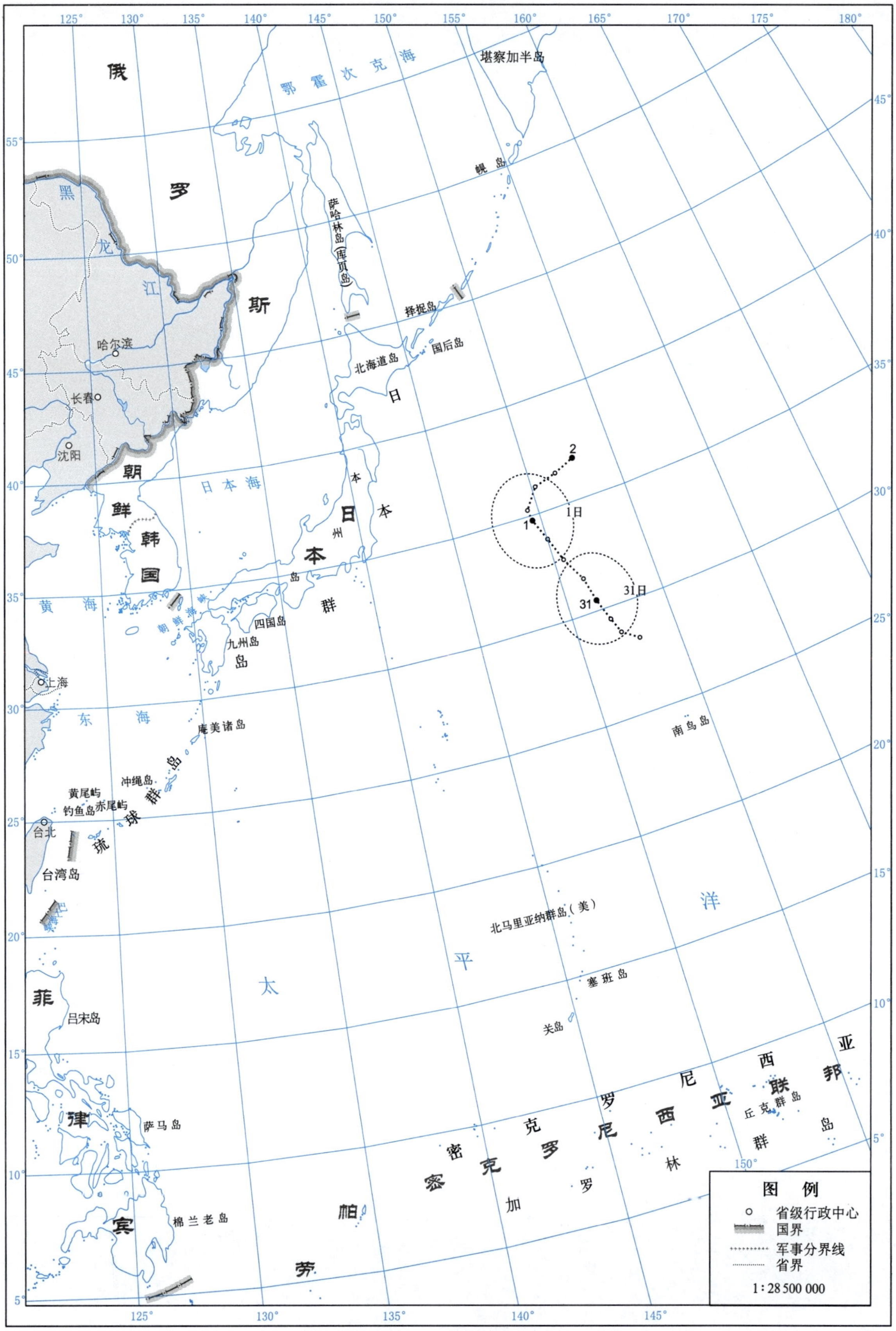

图 2.15.2 热带低压 (TD1803) 大风区域演变图

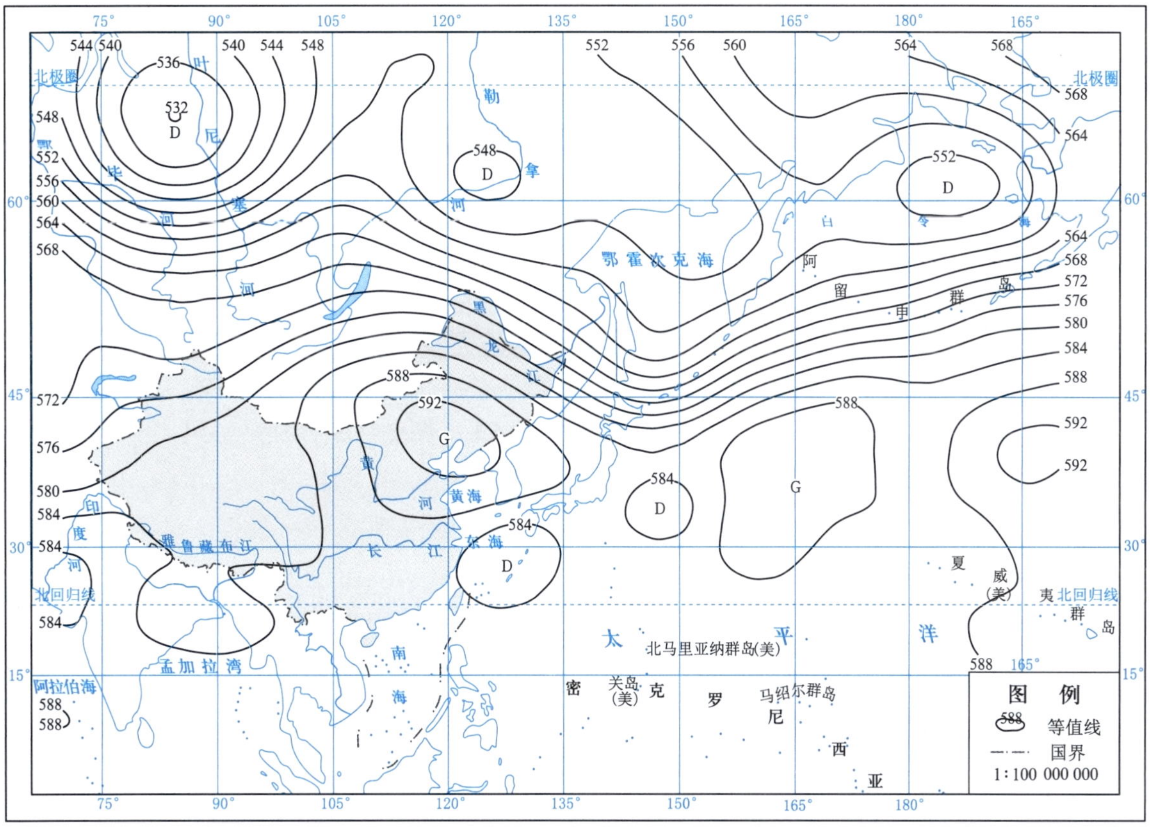

图 2.15.3　2018 年 8 月 1 日 14 时 500 hPa 高度场图（dagpm）

2.16 台风“珊珊”(Shanshan)

第 1813 号台风“珊珊”是由 8 月 2 日凌晨位于美国塞班岛东北约 800 km 的西北太平洋洋面上的一个热带低压发展形成。形成后低压中心向西南方向移动，3 日早晨增强为热带风暴，强度迅速增强，夜间增强为强热带风暴，并转向西北行，4 日下午继续增强至台风，之后稳定地向西北方向移动，逐渐靠近日本本州岛沿海地区。“珊珊”8 日起强度逐渐减弱，9 日早晨在距离日本本州岛约 30 km 处转向东北行，下午强度减弱为强热带风暴，之后加速向东北方向移动，逐渐远离日本，10 日凌晨继续减弱为热带风暴，随后下午变性为温带气旋，并于 11 日凌晨在西北太平洋上减弱消散。

表 2.16.1 是台风“珊珊”的中心位置和强度。图 2.16.1 ～图 2.16.3 分别是台风“珊珊”路径图、大风区域演变图和 2018 年 8 月 9 日 08 时 500 hPa 高度场图。

表 2.16.1　1813 号台风“珊珊”(Shanshan) 中心位置和强度

8 月 2—11 日

年	月	日	时	中心位置		中心气压（hPa）	最大风速（m/s）
				北纬（°N）	东经（°E）		
2018	8	2	8	18.5	152.7	1002	13
	8	2	14	18.1	152.3	1002	13
	8	2	20	17.8	151.8	1002	13
	8	3	2	17.7	151.3	1000	15
	8	3	8	17.8	150.9	998	18
	8	3	14	18.0	150.5	995	20
	8	3	20	18.4	150.0	985	25
	8	4	2	19.2	149.6	982	28
	8	4	8	20.1	149.3	980	30
	8	4	14	20.9	148.7	975	33
	8	4	20	21.7	148.3	975	33
	8	5	2	22.5	147.7	970	35
	8	5	8	22.9	147.4	965	38
	8	5	14	23.9	147.5	965	38
	8	5	20	24.7	147.3	965	38
	8	6	2	25.6	146.7	965	38

（续表）

年	月	日	时	中心位置		中心气压（hPa）	最大风速（m/s）
				北纬（°N）	东经（°E）		
2018	8	6	8	26.5	146.2	965	38
	8	6	14	27.5	146.0	965	38
	8	6	20	28.6	145.7	965	38
	8	7	2	29.7	145.0	965	38
	8	7	8	30.4	144.3	965	38
	8	7	14	31.3	143.9	960	40
	8	7	20	32.0	143.2	960	40
	8	8	2	32.5	142.3	960	40
	8	8	8	33.3	141.9	960	40
	8	8	14	33.8	141.2	965	38
	8	8	20	34.5	141.2	970	35
	8	9	2	35.3	141.1	970	35
	8	9	8	36.2	141.0	975	33
	8	9	14	37.2	141.6	980	30
	8	9	20	37.8	142.6	985	25
	8	10	2	39.1	144.2	990	23
	8	10	8	40.0	147.0	992	20
△	8	10	14	41.0	150.7	995	18
	8	10	20	41.3	154.6	995	18
	8	11	2	41.4	158.2	998	15
消散							

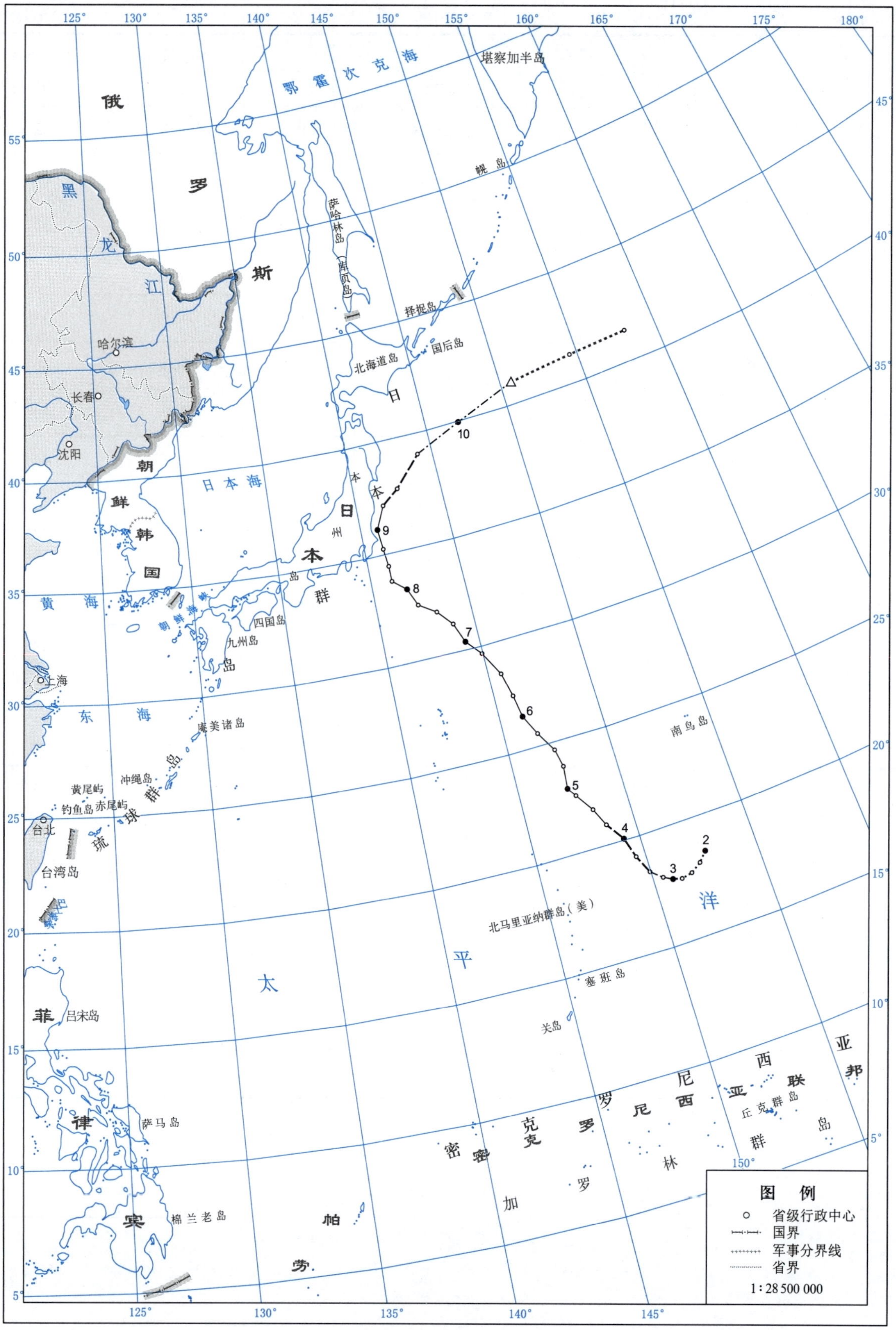

图 2.16.1　1813 号台风“珊珊”（Shanshan）路径图

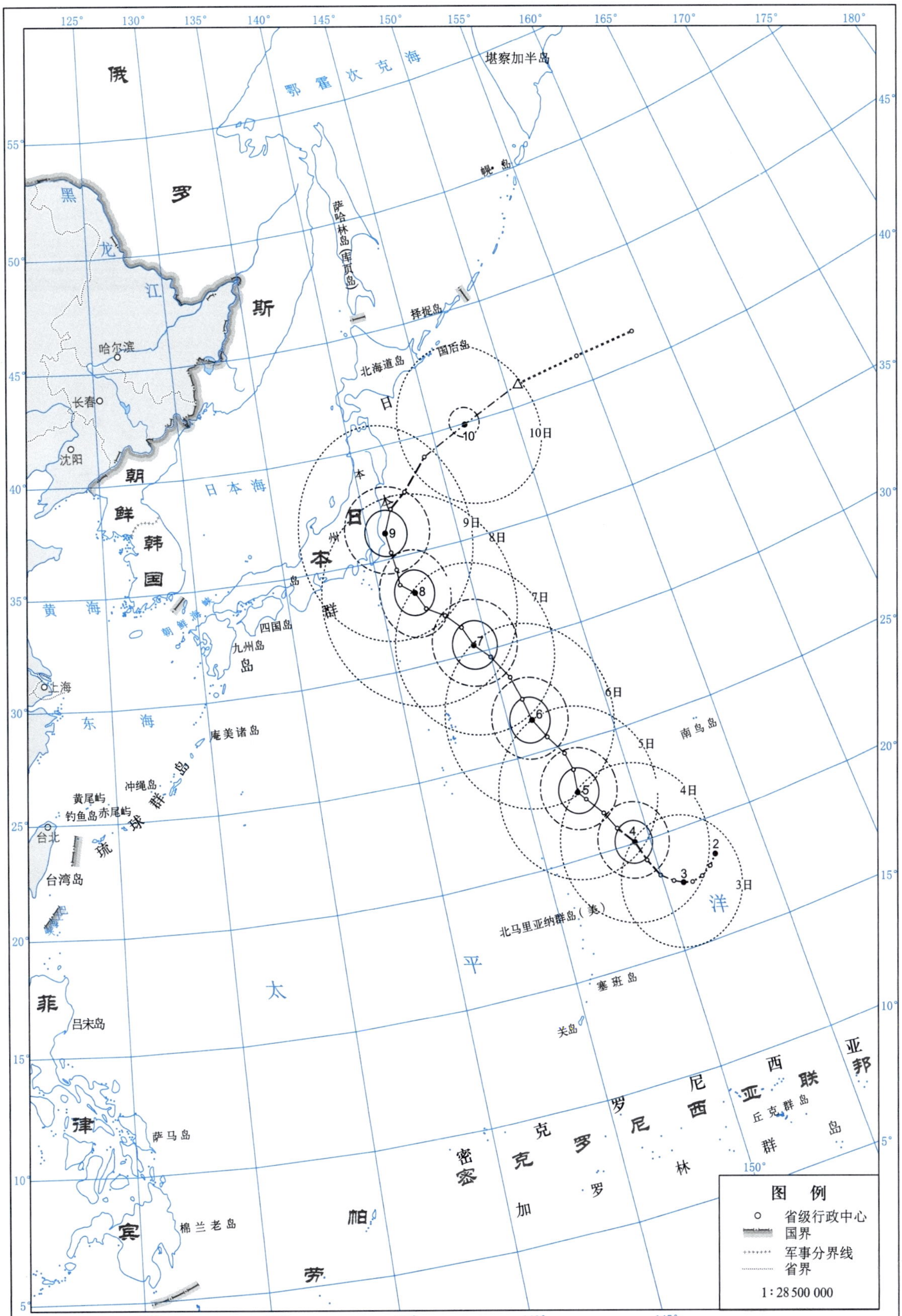

图 2.16.2 1813号台风“珊珊”(Shanshan)大风区域演变图

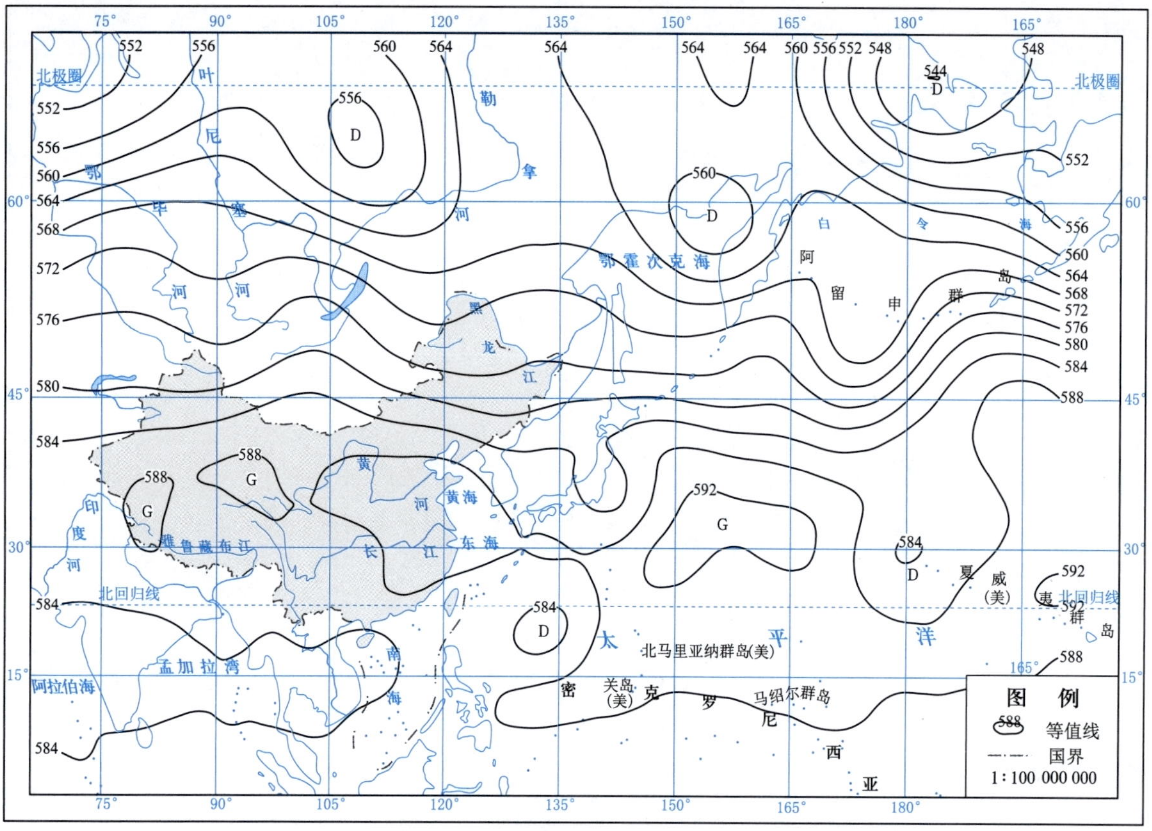

图 2.16.3 2018 年 8 月 9 日 08 时 500 hPa 高度场图（dagpm）

2.17 强热带风暴“摩羯”（Yagi）

第1814号强热带风暴“摩羯”是由8月7日早晨在菲律宾吕宋岛以东约1100 km的西北太平洋洋面上的一个热带低压发展形成。形成后低压中心向偏西方向缓慢移动，8日早晨转向东北方向，下午加强为热带风暴，9日凌晨转向西北方向移动，强度缓慢增强，11日早晨偏西移动的分量加大，移速加快，在12日凌晨进入东海海域。之后“摩羯”再次转向西北方向移动，强度增强为强热带风暴，逐渐靠近华东沿海，并于12日23时35分登陆浙江温岭，登陆时中心附近最大风速28 m/s（10级），中心最低气压980 hPa。登陆后“摩羯”迅速减弱为热带风暴，继续西北行，经过浙江、安徽，13日夜间强度继续减弱为热带低压，14日凌晨转向北上，途径河南、山东，15日早晨进入渤海湾，并再次增强为热带风暴。“摩羯”再次入海后，在渤海湾以顺时针方向打转，15日19时50分二次登陆山东潍坊，登陆时中心附近最大风速18 m/s（8级），中心最低气压998 hPa，之后向西南方向移动，于16日凌晨在山东中部减弱消散。

受强热带风暴“摩羯”影响，8月12—16日，江西北部局部、浙江大部、上海洋山港、安徽大部、江苏局部、河南北部局部、河北局部、山东部分、北京佛爷顶、辽宁旅顺和金州出现最大风力6～7级、阵风7～10级；浙江大陈和石浦、安徽马鞍山、山东泰山、天津A平台出现最大风力8～9级、阵风9～10级，天津A平台出现最大风力9级（22.4 m/s）、阵风10级（28.3 m/s），为本次强热带风暴影响过程的风极值。另据山东当地自动站资料，14日，山东德州、东营、潍坊、烟台等多地出现龙卷，东营石油平台15日13时出现阵风13级（37.6 m/s）。

受其影响，8月12—16日，湖南华容、江西北部局部、福建局部、浙江部分、安徽大部、湖北中东部部分、上海西部部分、江苏大部、安徽大部、河南北部部分和南部局部、山东部分、河北大部、北京部分、天津部分、辽宁部分、内蒙古南部局部及阿尔山、吉林局部、黑龙江南部局部总雨量为10～50 mm；江西奉新、湖北南部局部、浙江中北部大部、上海部分、江苏部分、安徽中北部部分和南部局部、山东大部、河南安阳、河北中南部部分、北京西部部分、天津部分、辽宁大部、吉林中南部大部、黑龙江绥芬河总雨量50～150 mm；浙江天台、安徽东北部局部、江苏北部局部、山东局部、河北东部局部、辽宁沿海局部、吉林中部局部总雨量为150～300 mm；其中河北孟村过程总雨量334.1 mm，为本次强热带风暴影响过程的总雨量极值。

受“摩羯”登陆环流影响，8月13日，华东地区出现局部暴雨。14日，雨区北移、雨势加大，在山东中西部和辽宁南部出现大面积暴雨到大暴雨，河北孟村日雨量273.3 mm，山东东阿09时的小时雨量75.8 mm，分别为本次强热带风暴影响过程的日雨量和时雨量极值；另据山东当地自动站资料，14日，山东昌乐（173.7 mm）、陵城（171.0 mm）日降雨量突破本站历史极值，宁津（225.6 mm）、德州（177.2 mm）日降雨量突破本站8月历史极值，乐陵朱集镇15时录得雨量120.6 mm。15—16日，雨势迅速减弱。

受其影响，河北、辽宁、上海、江苏、浙江、安徽、山东和河南等省（市）出现了一定程度的灾情，总计受灾人数达到237.3万人，死亡人口3人，紧急转移人口24.5万人，农作物受灾面积达到260千公顷，农作物绝收面积30.6千公顷，倒塌房屋1200间，直接经济损失达到25.2亿元（表2.17.2）。

表 2.17.1 是强热带风暴“摩羯”的中心位置和强度。图 2.17.1 ～图 2.17.9 分别是强热带风暴“摩羯”路径图、总降水量图、大风分布图、总降水日数图、2018 年 8 月 13—15 日的日降水量图、大风区域演变图和 2018 年 8 月 12 日 20 时 500 hPa 高度场图。

表 2.17.1　1814 号强热带风暴“摩羯”（Yagi）中心位置和强度

8 月 7 日—16 日

年	月	日	时	中心位置		中心气压（hPa）	最大风速（m/s）
				北纬（°N）	东经（°E）		
2018	8	7	8	19.0	133.3	1002	13
	8	7	14	19.0	132.7	1000	15
	8	7	20	19.0	132.5	1000	15
	8	8	2	19.1	132.5	1000	15
	8	8	8	19.2	132.6	1000	15
	8	8	14	19.5	133.4	998	18
	8	8	20	19.9	133.9	998	18
	8	9	2	20.5	134.1	998	18
	8	9	8	21.0	133.8	998	18
	8	9	14	21.0	133.6	998	18
	8	9	20	21.0	133.3	998	18
	8	10	2	22.0	133.1	998	18
	8	10	8	22.8	132.2	998	18
	8	10	14	22.8	132.0	998	18
	8	10	20	23.2	131.9	998	18
	8	11	2	24.2	130.9	998	18
	8	11	8	25.0	129.6	998	18
	8	11	14	25.1	128.0	992	18
	8	11	20	25.1	126.7	990	20
	8	12	2	25.3	125.6	990	20
	8	12	5	25.5	125.1	990	20
	8	12	8	25.7	124.7	988	23

（续表）

年	月	日	时	中心位置		中心气压（hPa）	最大风速（m/s）
				北纬（°N）	东经（°E）		
2018	8	12	11	26.0	124.3	988	23
	8	12	14	26.5	123.8	988	23
	8	12	17	27.2	122.9	985	25
	8	12	20	27.7	122.3	985	25
	8	12	23	28.2	121.5	980	28
	8	13	2	28.9	120.7	990	20
	8	13	5	29.8	120.0	990	20
	8	13	8	30.7	119.3	992	18
	8	13	11	31.4	118.5	992	18
	8	13	14	31.9	117.8	992	18
	8	13	17	32.3	117.3	992	18
	8	13	20	32.9	116.7	994	18
	8	13	23	33.5	116.2	996	15
	8	14	2	34.2	116.1	996	15
	8	14	5	35.0	116.1	996	15
	8	14	8	35.8	116.4	998	13
	8	14	11	36.3	116.5	998	13
	8	14	14	37.1	116.8	998	13
	8	14	17	37.3	117.0	998	13
	8	14	20	37.6	117.3	998	13
	8	14	23	37.7	117.7	1000	13
	8	15	2	37.8	117.9	1000	15
	8	15	5	37.9	118.7	1000	15
	8	15	8	38.2	119.3	998	18
	8	15	11	38.3	119.8	996	20
	8	15	14	37.8	119.7	992	23

（续表）

年	月	日	时	中心位置		中心气压（hPa）	最大风速（m/s）
				北纬（°N）	东经（°E）		
2018	8	15	17	37.3	119.7	996	20
	8	15	20	37.1	119.2	998	18
	8	15	23	36.7	118.7	1000	15
	8	16	2	36.5	118.1	1002	13
	8	16	5	35.9	117.1	1004	10
消散							

表 2.17.2　1814 号强热带风暴“摩羯”（Yagi）在河北、辽宁、上海、江苏、浙江、安徽、山东和河南省（市）引发的灾情

受灾省（市）	受灾人口（万人）	死亡人口（人）	失踪人口（人）	紧急转移人口（万人）	农作物		倒塌房屋（万间）	直接经济损失（亿元）
					受灾面积（千公顷）	绝收面积（千公顷）		
河北省	58.8	0	0	0	89.8	14	0.01	4.3
辽宁省	6.9	0	0	0.3	10.1	1.6	0.01	2
上海市	1	0	0	0.4	1	0	0	0.1
江苏省	52.9	2	0	0.1	43.4	1.4	0.05	2.7
浙江省	24.9	0	0	23.6	0.2	0	0	0
安徽省	11.1	1	0	0	22.2	0	0.01	0.9
山东省	73.1	0	0	0.1	85	10.4	0.03	14.3
河南省	8.6	0	0	0	8.3	3.2	0.01	0.9
合计	237.3	3	0	24.5	260	30.6	0.12	25.2

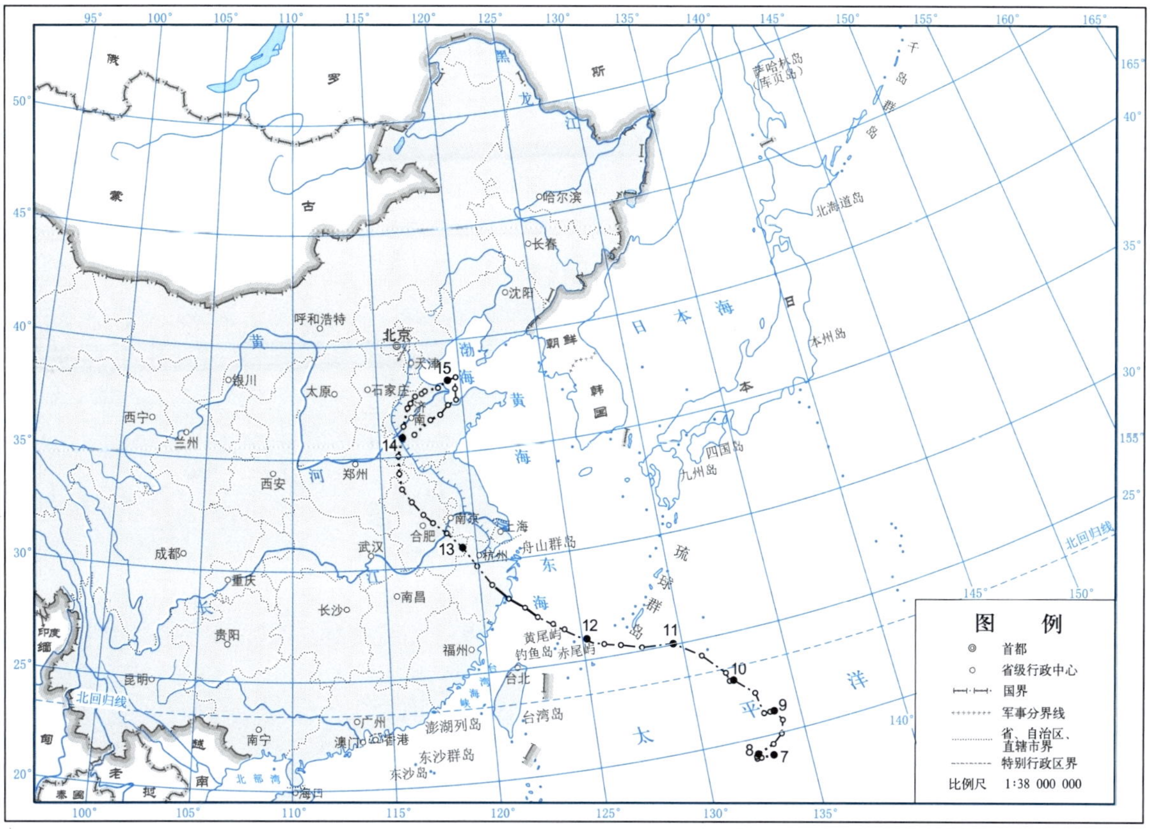

图 2.17.1　1814号强热带风暴“摩羯”（Yagi）路径图

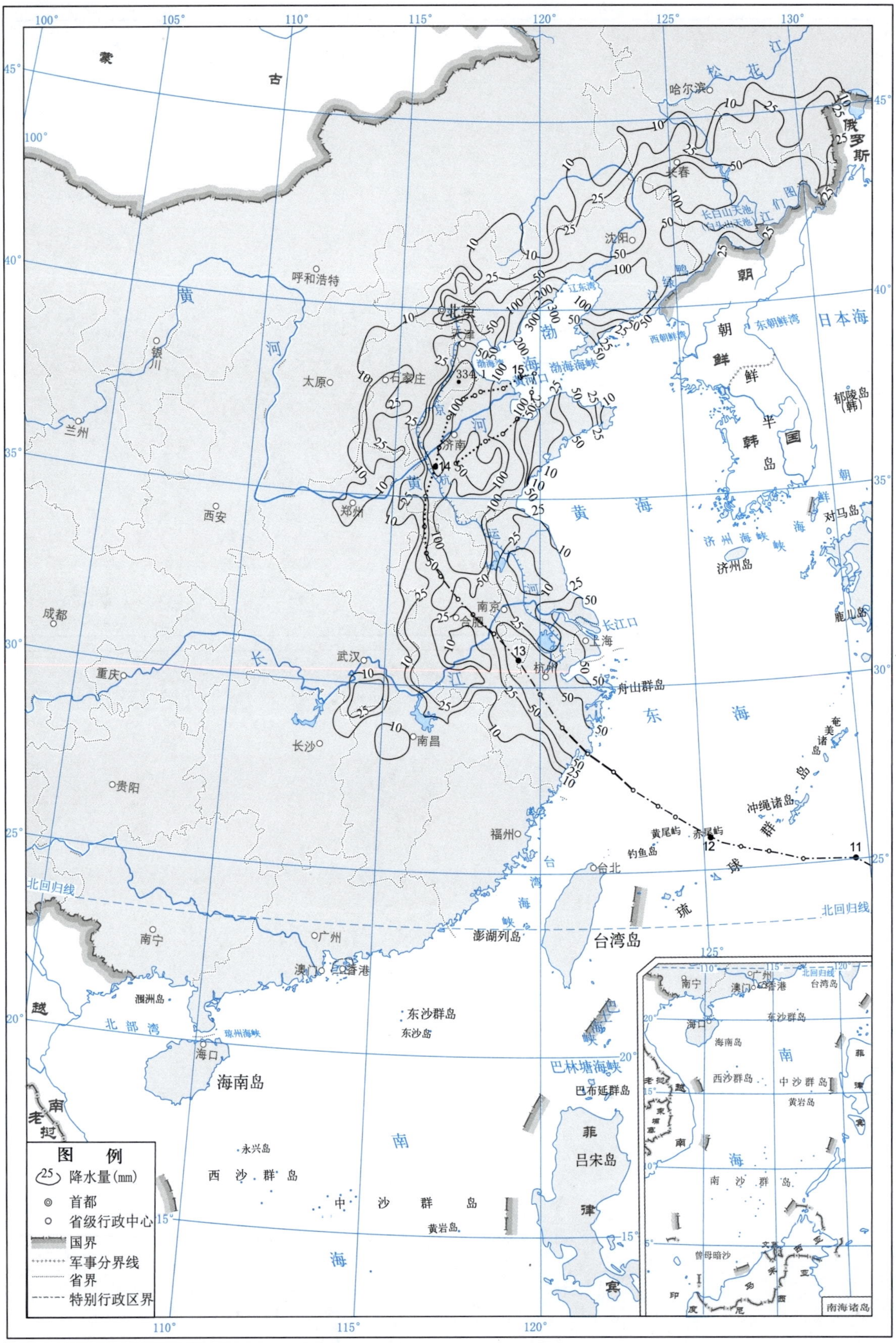

图 2.17.2　1814 号强热带风暴“摩羯”（Yagi）总降水量图（8 月 12—16 日）（mm）

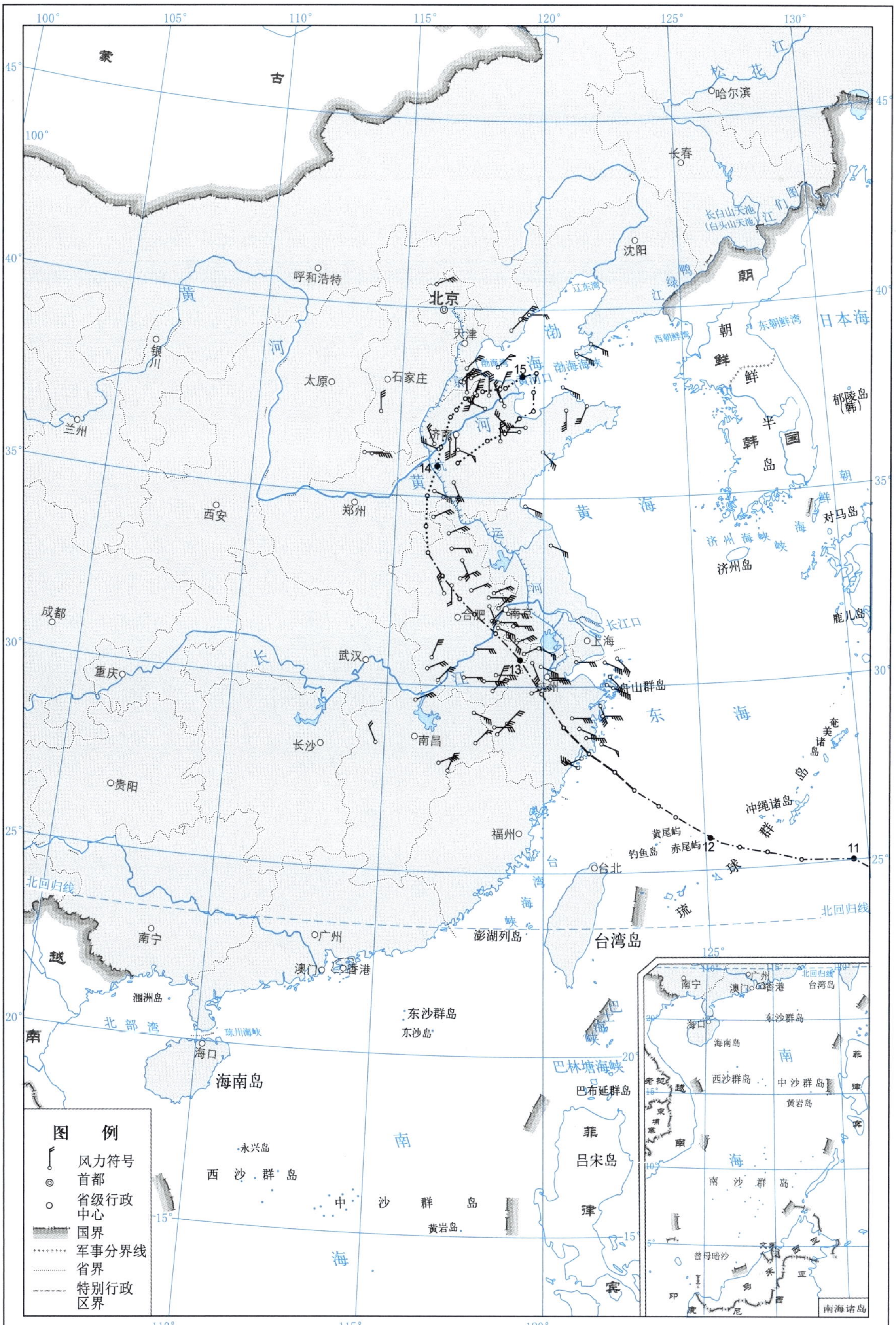

图 2.17.3　1814 号强热带风暴“摩羯”（Yagi）大风分布图（8 月 12—16 日）

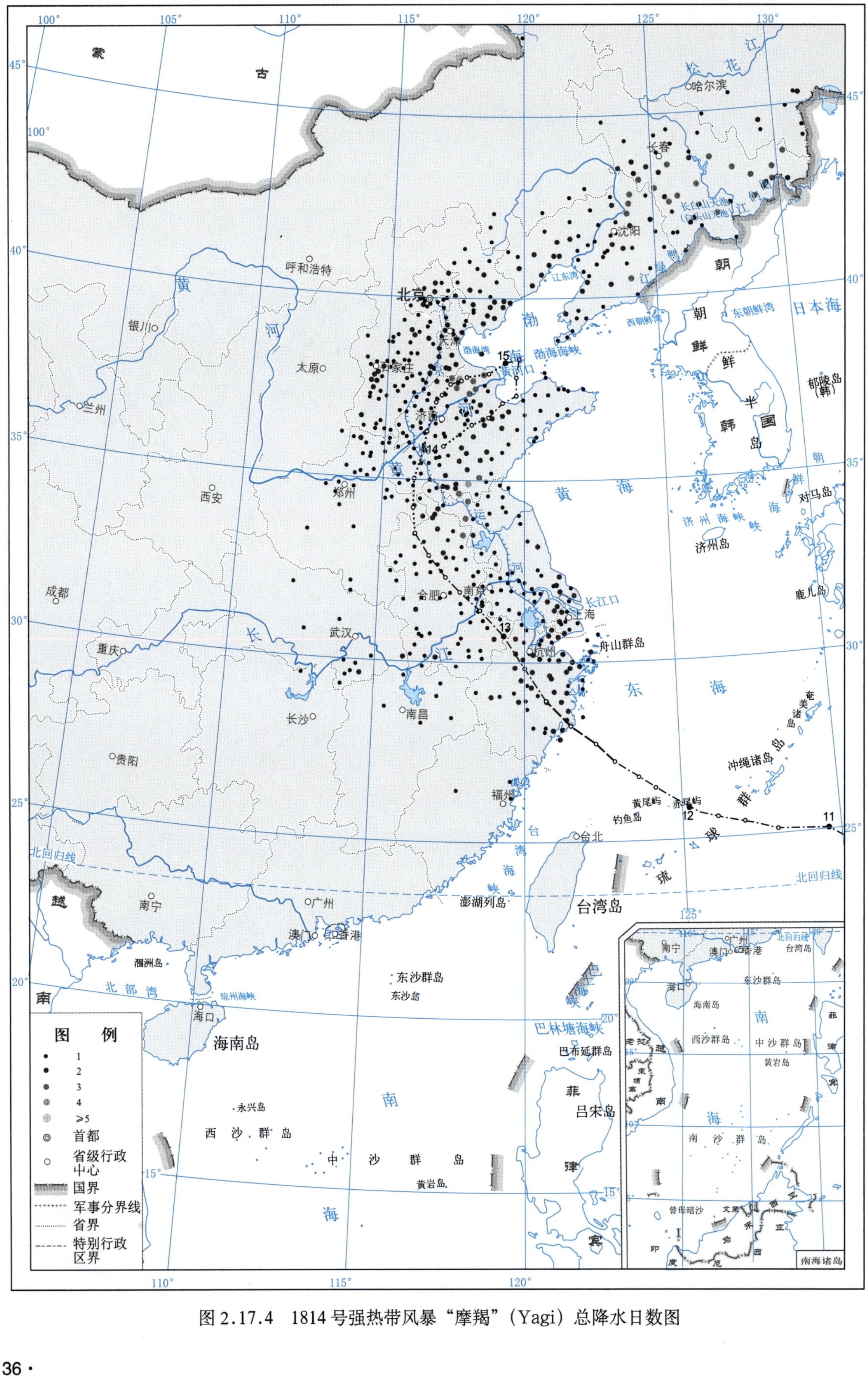

图 2.17.4　1814 号强热带风暴“摩羯”（Yagi）总降水日数图

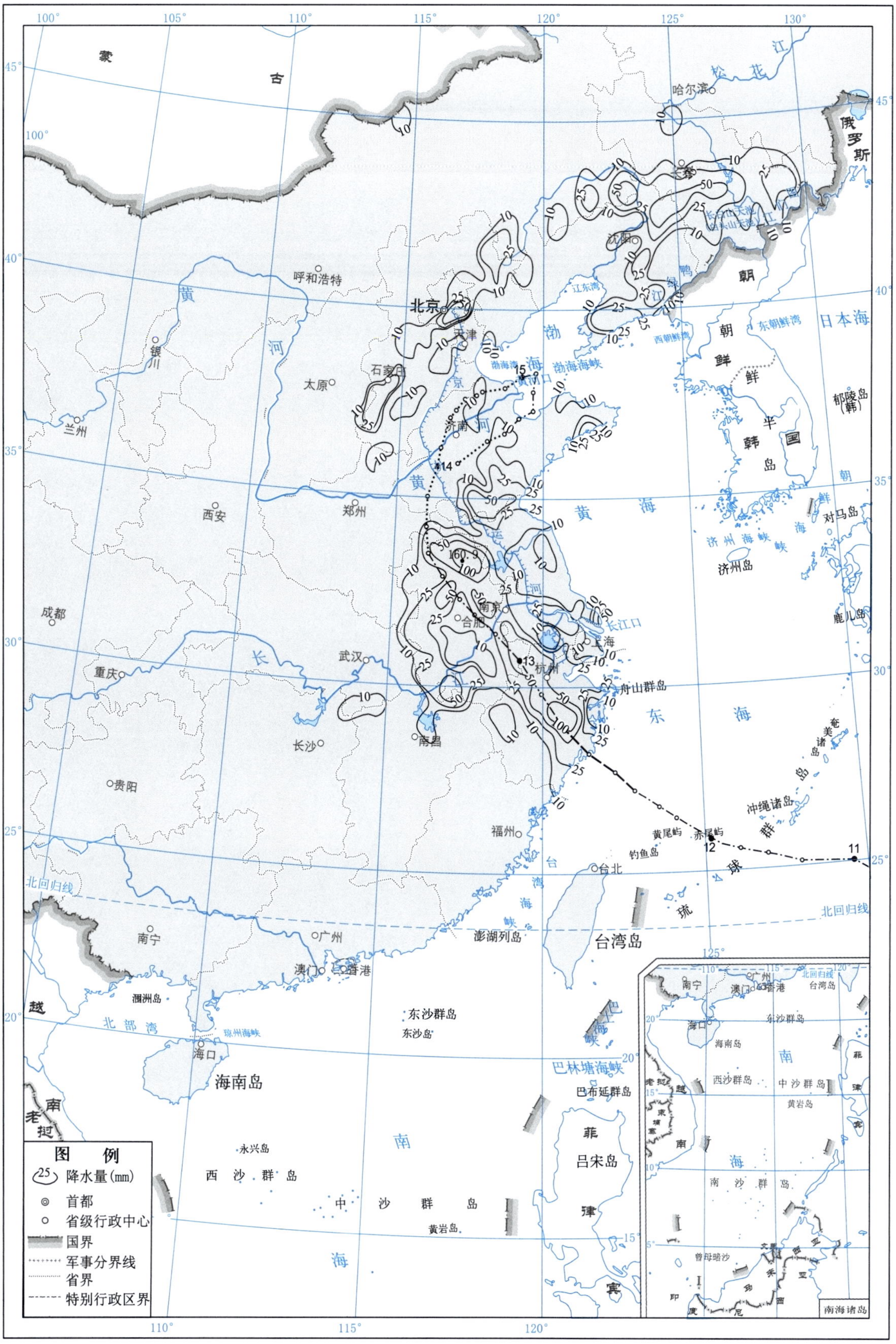

图 2.17.5 2018 年 8 月 13 日的日降水量图（mm）

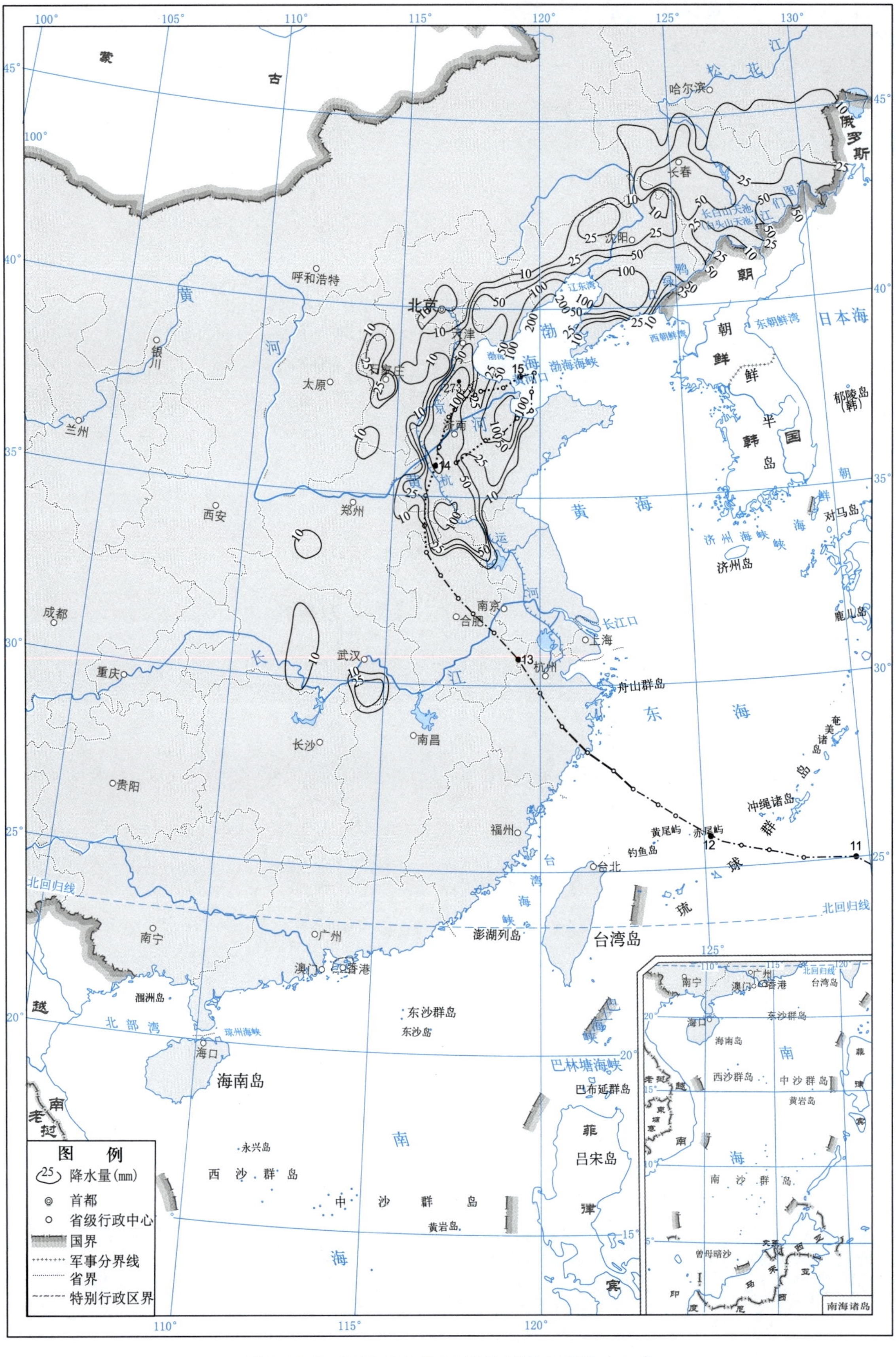

图 2.17.6　2018 年 8 月 14 日的日降水量图（mm）

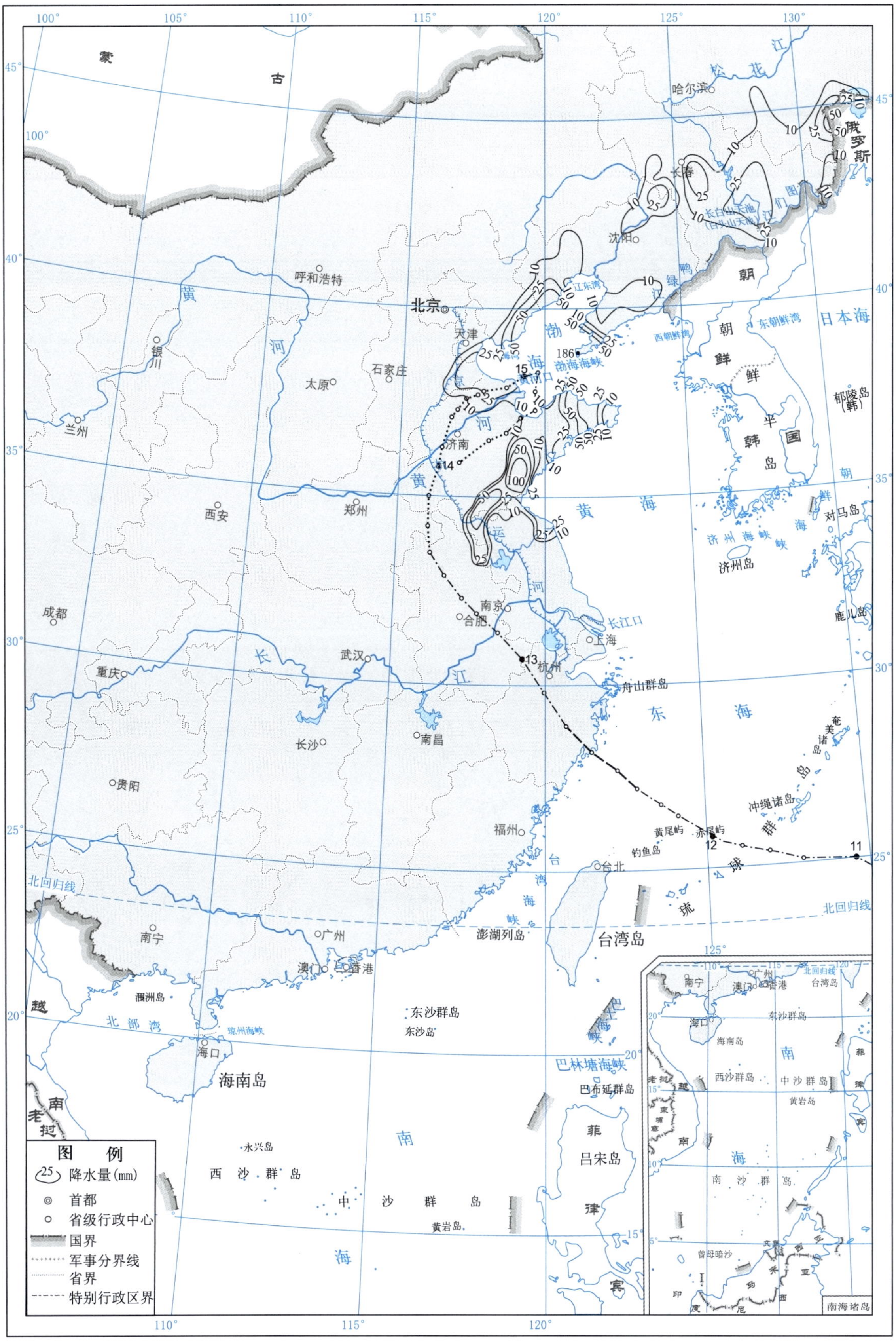

图 2.17.7　2018 年 8 月 15 日的日降水量图（mm）

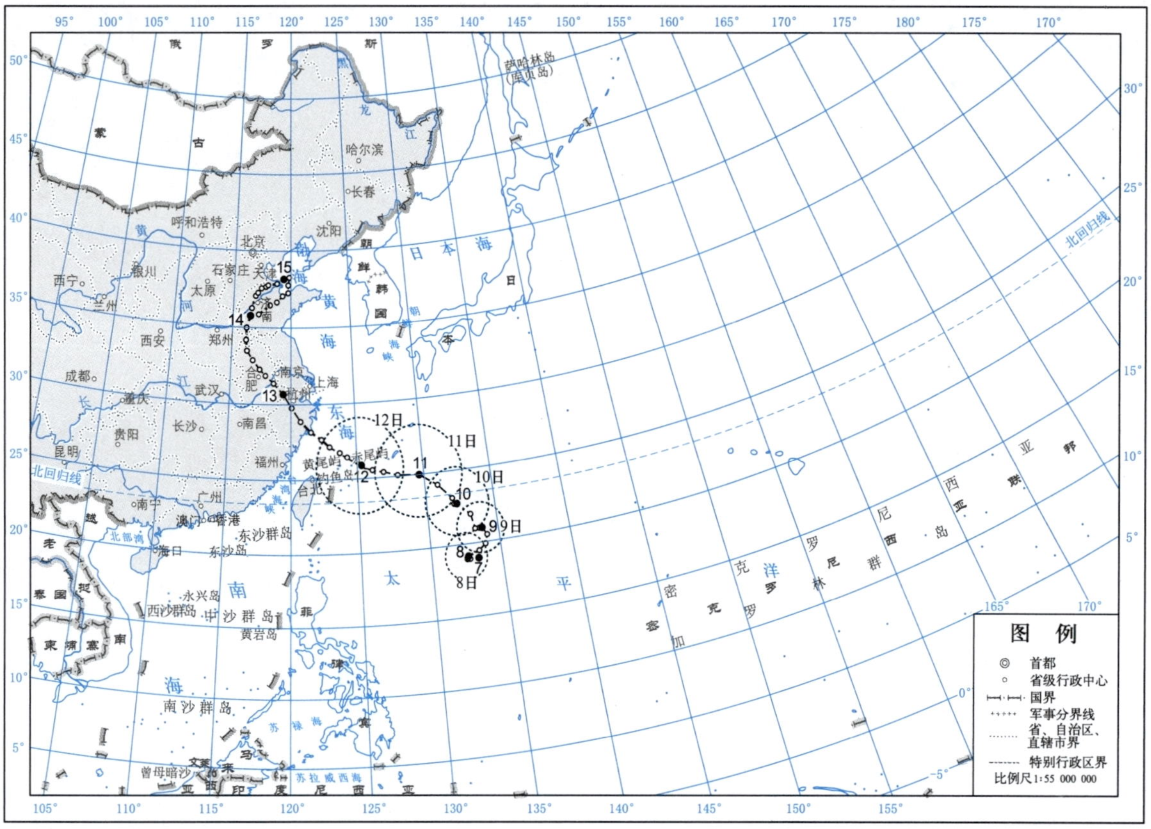

图 2.17.8　1814 号强热带风暴“摩羯”（Yagi）大风区域演变图

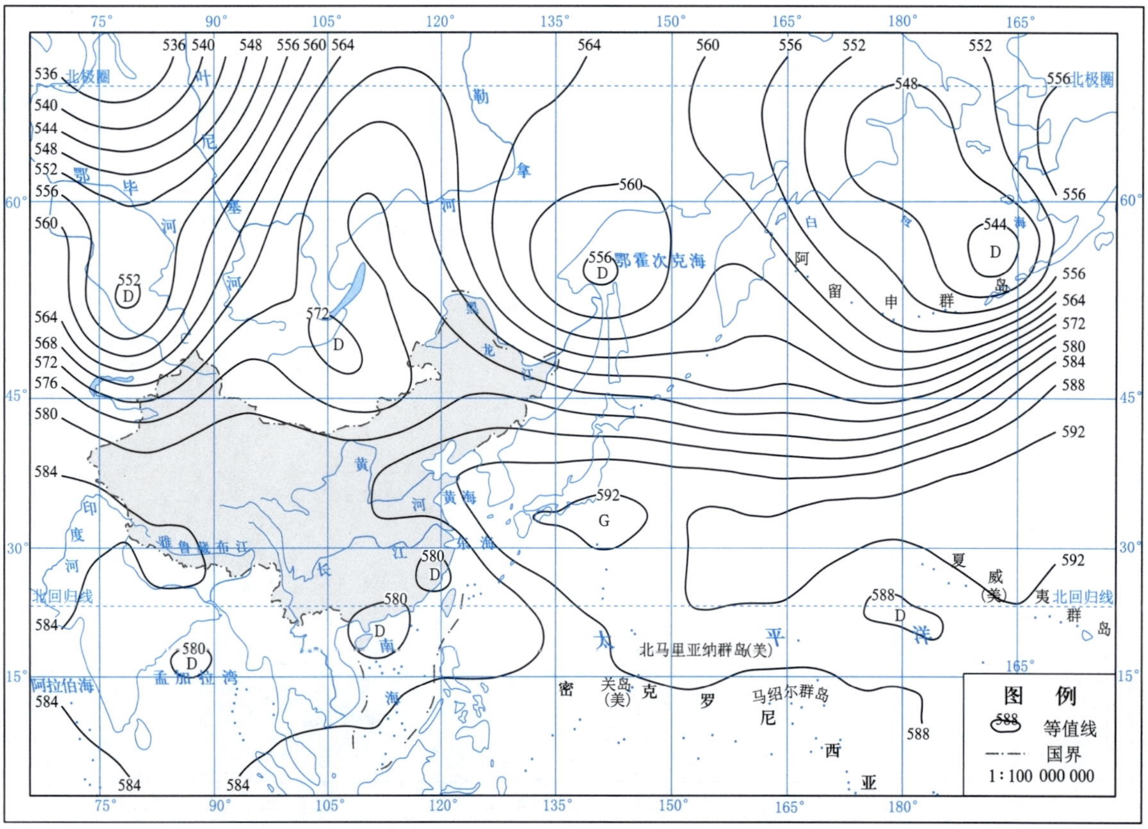

图 2.17.9　2018 年 8 月 12 日 20 时 500 hPa 高度场图（dagpm）

2.18　强热带风暴“丽琵”（Leepi）

第 1815 号强热带风暴“丽琵”是由 8 月 10 日位于美国塞班岛西北约 260 km 的西北太平洋洋面上一个热带低压发展形成。形成后低压中心稳定地向西北方向移动，强度逐渐增强，11 日夜间增强为热带风暴，12 日夜间增强为强热带风暴，之后继续西北行。14 日下午减弱为热带风暴，逐渐靠近日本九州岛以东洋面，并于 15 日凌晨在九州岛宫崎县沿海登陆，登陆后强度迅速减弱为热带低压，随后穿过对马海峡、朝鲜海峡，在韩国境内消散。

表 2.18.1 是强热带风暴“丽琵”中心位置和强度。图 2.18.1 ~图 2.18.3 分别是强热带风暴“丽琵”的路径图、大风区域演变图和 2018 年 8 月 14 日 20 时 500 hPa 高度场图。

表 2.18.1　1815 号强热带风暴“丽琵”（Leepi）中心位置和强度

8 月 10—15 日

年	月	日	时	中心位置		中心气压（hPa）	最大风速（m/s）
				北纬（°N）	东经（°E）		
2018	8	10	20	17.4	144.8	1006	13
	8	11	2	17.9	144.4	1004	15
	8	11	8	18.5	144.1	1004	15
	8	11	14	19.2	143.8	1004	15
	8	11	20	20.0	143.5	1000	18
	8	12	2	20.8	143.2	995	20
	8	12	8	21.7	142.7	990	23
	8	12	14	22.7	142.0	990	23
	8	12	20	23.5	141.5	982	28
	8	13	2	24.5	140.7	982	28
	8	13	8	25.3	139.8	982	28
	8	13	14	26.3	138.7	985	25
	8	13	20	27.2	137.8	985	25
	8	14	2	28.3	137.0	985	25
	8	14	8	29.5	136.0	985	25
	8	14	14	30.4	134.8	990	23
	8	14	20	31.2	133.4	990	23

（续表）

年	月	日	时	中心位置		中心气压（hPa）	最大风速（m/s）
				北纬（°N）	东经（°E）		
2018	8	15	2	32.2	131.4	1000	20
	8	15	8	33.7	130.0	1005	15
	8	15	14	34.7	129.3	1005	15
	8	15	20	35.8	129.2	1005	15
消散							

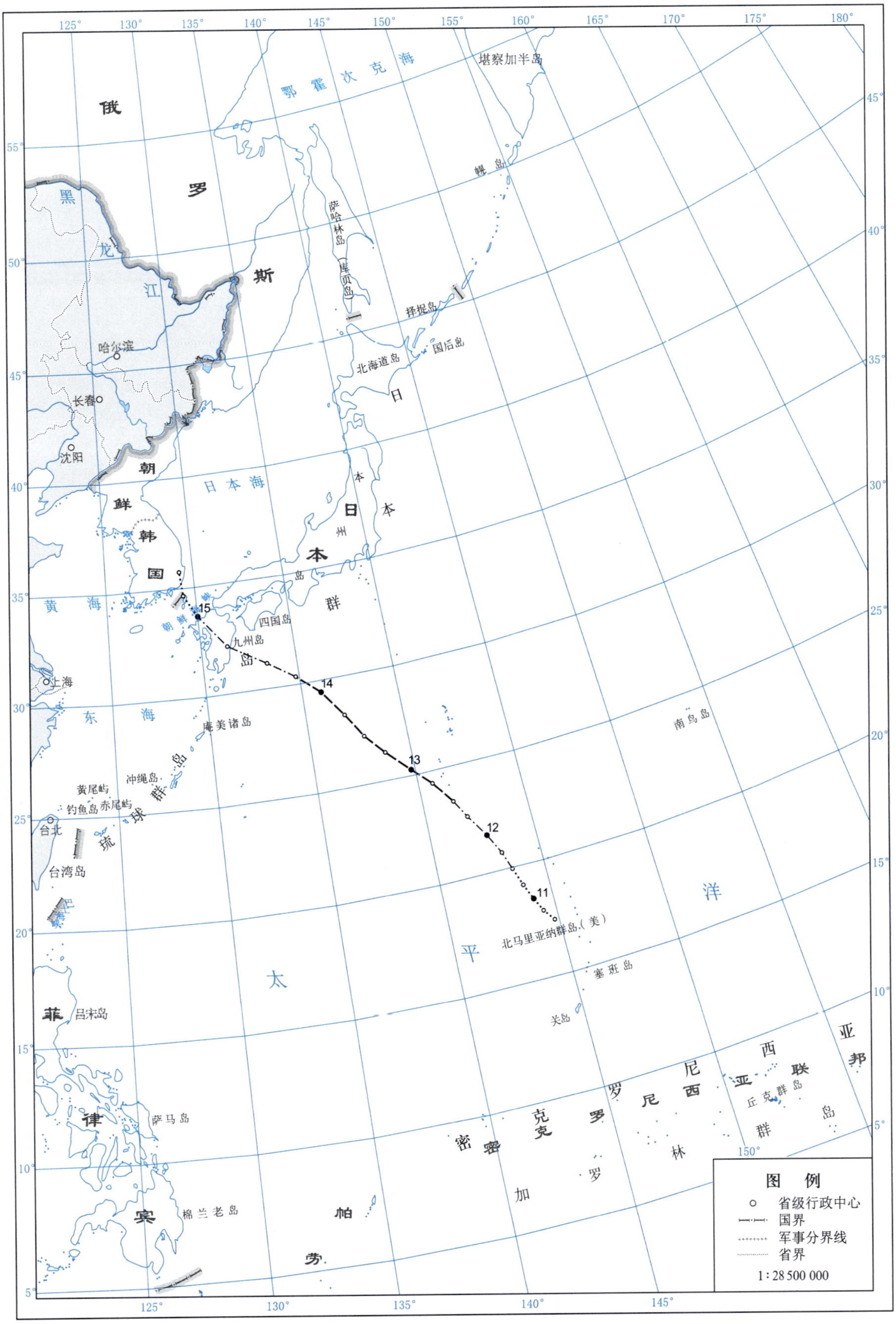

图 2.18.1 1815号强热带风暴“丽琵”（Leepi）路径图

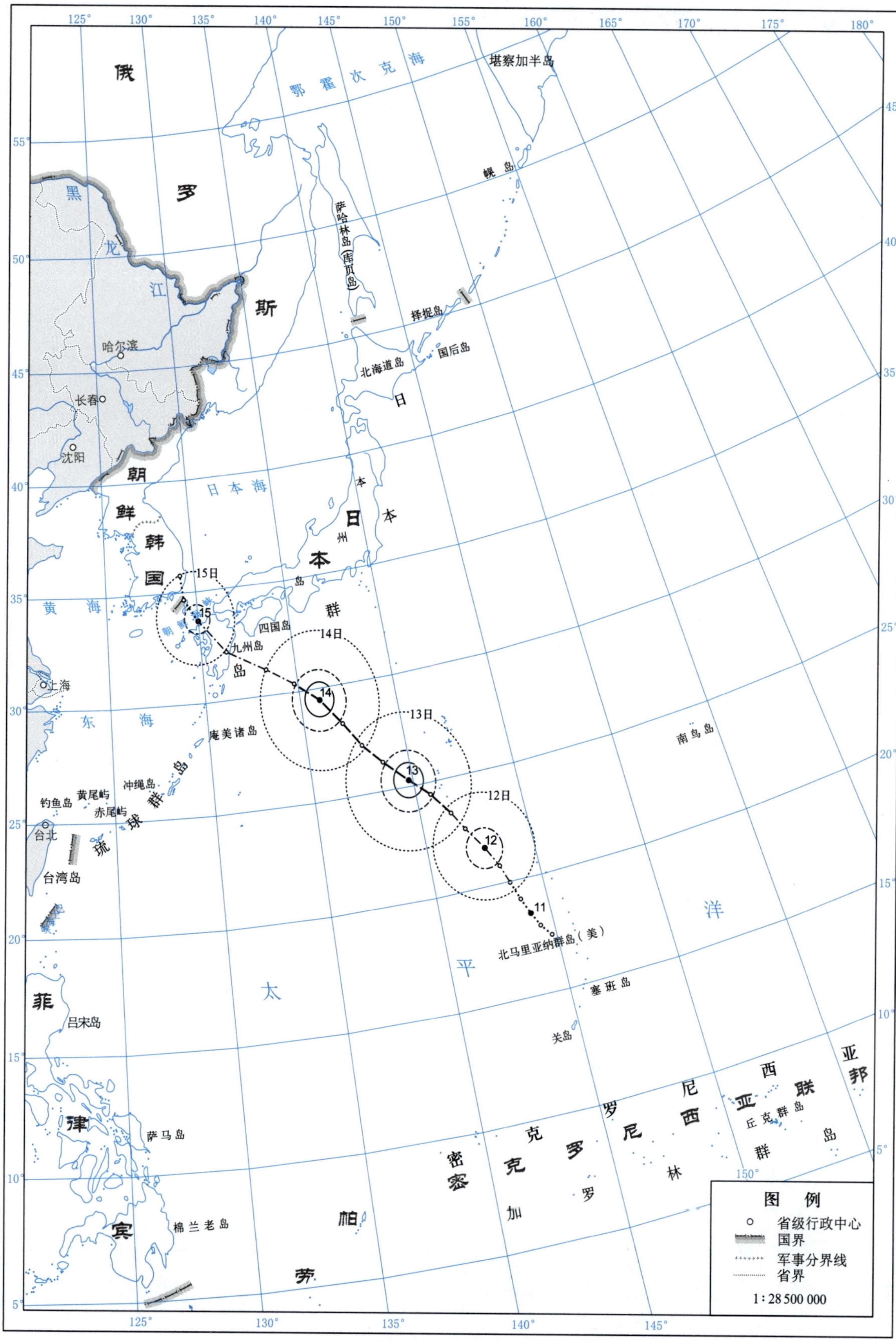

图 2.18.2　1815 号强热带风暴“丽琵”（Leepi）大风区域演变图

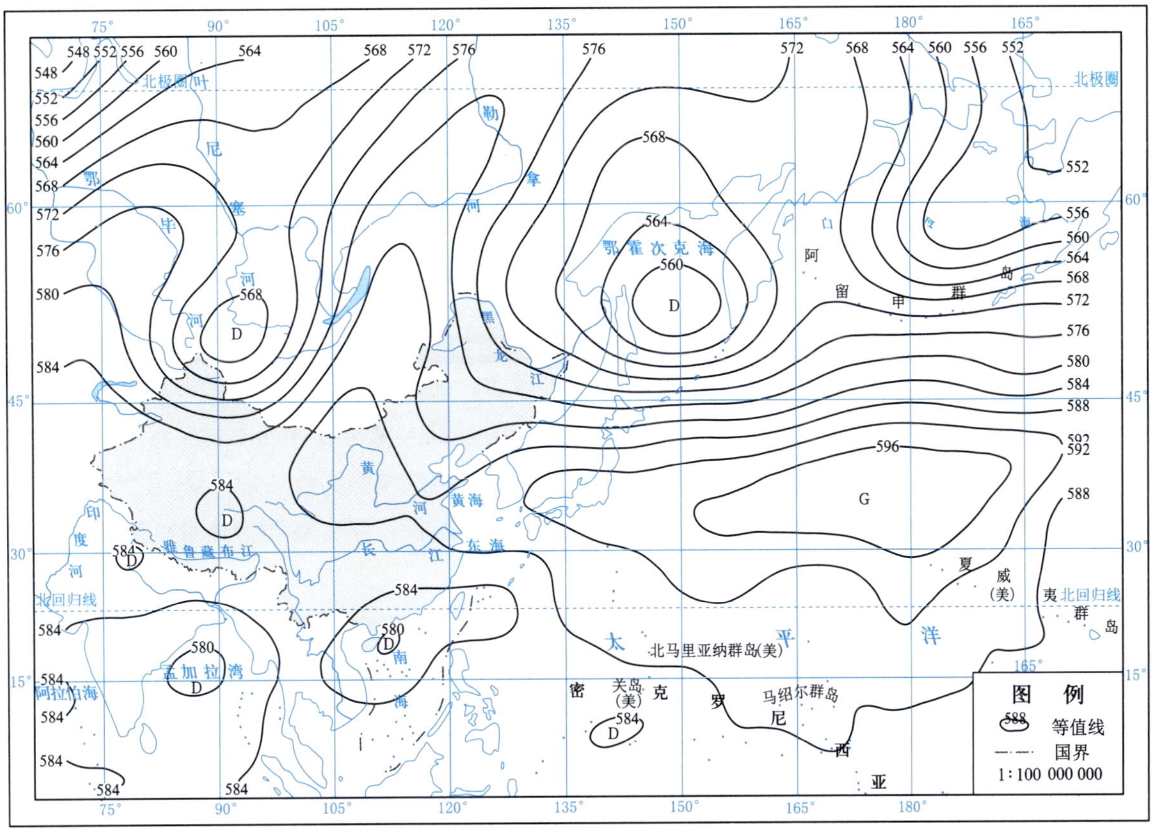

图 2.18.3　2018 年 8 月 14 日 20 时 500 hPa 高度场图（dagpm）

2.19 强热带风暴“贝碧嘉”（Bebinca）

第 1816 号强热带风暴“贝碧嘉”是由 8 月 9 日位于我国西沙群岛附近的一个热带低压发展形成。形成后低压中心向北偏西方向移动，并于 10 日 09 时在海南琼海登陆，登陆时中心附近最大风速 15 m/s，中心最低气压 998 hPa，登陆后迅速转向东北方向，重新进入南海海域，向广东沿海逼近，强度维持。11 日 10 时 50 分“贝碧嘉”二次登陆广东阳江，登陆时强度维持 7 级，之后沿逆时针方向缓慢移动，12 日凌晨再次入海，下午强度加强为热带风暴，随后在广东沿海海面再次逆时针旋转，14 日下午继续加强至强热带风暴。之后“贝碧嘉”向着偏西方向移动，逐渐靠近雷州半岛沿海地区，强度略有减弱，并于 15 日 21 时 40 分登陆广东雷州，登陆时中心附近最大风速 23 m/s（9 级），中心最低气压 985 hPa，登陆后穿过雷州半岛，进入北部湾，16 日早晨强度再次增强为强热带风暴，之后 17 日早晨在越南清化省沿海登陆，并迅速减弱为热带风暴。之后继续西行，强度减弱为热带低压，18 日凌晨在越南境内消散。

受强热带风暴“贝碧嘉”影响，8 月 9—17 日，海南西沙、三亚和东方、广东西南部大部、广西大部、云南局部、贵州长顺、重庆中西部、四川纳溪、湖南中南部部分、江西西部局部、福建九仙山出现最大风力 6 ～ 7 级、阵风 7 ～ 11 级；广西柳城出现最大风力 7 级（16.8 m/s）、阵风 10 级（25.8 m/s），广西鹿寨出现最大风力 6 级（13.6 m/s）、阵风 11 级（29.7 m/s），为本次强热带风暴影响过程风极值。

受其影响，8 月 9—18 日，海南西沙、广东东部和北部大部、广西大部、云南部分、贵州大部、四川东部部分、重庆西南部部分、湖南大部、江西大部、福建大部、浙江东南部局部、湖北东南部局部、安徽南部局部总雨量为 10 ～ 50 mm；海南东南部局部及珊瑚、广东部分、广西部分、云南勐海及东北部局部、贵州西部局部、四川东南部局部、重庆南部局部、湖南中南部部分、江西南部局部、福建局部、浙江沿海局部、湖北东南部局部总雨量为 50 ～ 150 mm；海南局部、广东西南部部分及普宁、广西南部局部、湖南南部局部、福建中部沿海局部、四川兴文总雨量为 150 ～ 300 mm；海南中北部大部、广东西南部沿海部分总雨量为 300 ～ 632 mm；其中，海南临高过程总雨量为 631.6 mm，为本次强热带风暴影响过程的总雨量极值。

受“贝碧嘉”登陆环流影响，8 月 9—10 日，海南连续两天出现暴雨到大暴雨天气；11—12 日，“贝碧嘉”在阳江再次登陆，广东西南部沿海连续两天出现暴雨到大暴雨，局部特大暴雨，阳春 11 日雨量 255.8 mm，阳江 11 日 20 时雨量 92.1 mm，分别为本次强热带风暴影响过程的日雨量及时雨量极值；13—14 日，雨势减弱；15 日，“贝碧嘉”再次在雷州登陆，海南中北部大部和湛江局部出现暴雨到大暴雨。

强热带风暴“贝碧嘉”具有路径曲折复杂、近海回旋、移动缓慢、多次登陆、造成的风雨影响范围广、时间长、累积雨量大等特点。受其影响，广东和海南省出现了一定程度的灾情，总计受灾人数 58.2 万人，死亡人口 4 人，失踪人口 2 人，紧急转移人口 22.3 万人，农作物受灾面积达到 112.1 千公顷，农作物绝收面积 5.9 千公顷，倒塌房屋 1000 间，直接经济损失达到 23.2 亿元（表 2.19.2）。

表 2.19.1 是强热带风暴“贝碧嘉”中心位置和强度。图 2.19.1 ～图 2.19.14 分别是强热带风暴“贝碧嘉”的路径图、总降水量图、大风分布图、总降水日数图、2018 年 8 月 9—16 日的日降水量图、大风区域演变图和 2018 年 8 月 15 日 20 时 500 hPa 高度场图。

表2.19.1 1816号强热带风暴“贝碧嘉”（Bebinca）中心位置和强度

8月9—18日

年	月	日	时	中心位置		中心气压（hPa）	最大风速（m/s）
				北纬（°N）	东经（°E）		
2018	8	9	8	16.9	111.7	998	13
	8	9	11	17.2	111.6	998	13
	8	9	14	17.5	111.5	998	13
	8	9	17	17.7	111.4	998	13
	8	9	20	17.9	111.4	998	13
	8	9	23	18.1	111.4	998	13
	8	10	2	18.4	111.2	998	15
	8	10	5	18.8	110.9	998	15
	8	10	8	19.3	110.6	998	15
	8	10	11	19.8	110.4	998	15
	8	10	14	19.9	110.9	998	15
	8	10	17	20.1	111.3	998	15
	8	10	20	20.4	111.5	998	15
	8	10	23	20.7	111.6	998	15
	8	11	2	20.9	111.8	998	15
	8	11	5	21.1	112.1	998	15
	8	11	8	21.4	112.3	998	15
	8	11	11	21.8	112.4	998	15
	8	11	14	21.9	112.0	998	15
	8	11	17	21.8	111.6	998	15
	8	11	20	21.7	111.3	998	15
	8	11	23	21.5	111.2	998	15
	8	12	2	21.3	111.3	998	15
	8	12	5	21.2	111.5	998	15
	8	12	8	21.1	111.7	998	15

（续表）

年	月	日	时	中心位置		中心气压（hPa）	最大风速（m/s）
				北纬（°N）	东经（°E）		
2018	8	12	11	21.0	111.9	998	15
	8	12	14	21.0	112.1	995	18
	8	12	17	20.9	112.2	995	18
	8	12	20	20.7	112.3	995	18
	8	12	23	20.6	112.4	995	18
	8	13	2	20.6	112.6	995	18
	8	13	5	20.7	112.8	995	18
	8	13	8	20.7	112.9	995	18
	8	13	11	20.6	113.0	990	20
	8	13	14	20.6	113.2	990	20
	8	13	17	20.6	113.3	988	23
	8	13	20	20.6	113.3	988	23
	8	13	23	20.5	113.4	988	23
	8	14	2	20.5	113.5	988	23
	8	14	5	20.6	113.6	988	23
	8	14	8	20.8	113.7	988	23
	8	14	11	20.9	113.7	988	23
	8	14	14	21.0	113.7	988	23
	8	14	17	21.1	113.6	985	25
	8	14	20	21.2	113.4	985	25
	8	14	23	21.2	113.1	985	25
	8	15	2	21.1	112.8	985	25
	8	15	5	21.0	112.4	985	25
	8	15	8	20.9	112.0	985	25
	8	15	11	20.9	111.7	985	25
	8	15	14	21.0	111.4	985	25

（续表）

年	月	日	时	中心位置		中心气压（hPa）	最大风速（m/s）
				北纬（°N）	东经（°E）		
2018	8	15	17	20.9	111.1	985	25
	8	15	20	20.8	110.7	985	23
	8	15	23	20.7	110.2	990	20
	8	16	2	20.6	109.6	990	20
	8	16	8	20.3	108.7	985	25
	8	16	14	20.0	108.0	982	28
	8	16	20	19.9	107.3	982	28
	8	17	2	19.7	106.4	985	25
	8	17	8	19.4	105.5	990	23
	8	17	14	19.8	103.7	994	15
	8	17	20	20.0	102.1	996	13
	8	18	2	19.6	100.1	996	13
消散							

表 2.19.2　1816 号强热带风暴“贝碧嘉”（Bebinca）在广东和海南省引发的灾情

受灾省	受灾人口（万人）	死亡人口（人）	失踪人口（人）	紧急转移人口（万人）	农作物		倒塌房屋（万间）	直接经济损失（亿元）
					受灾面积（千公顷）	绝收面积（千公顷）		
广东省	41	4	2	13.2	97.4	3.8	0.1	19.4
海南省	17.2	0	0	9.1	14.7	2.1	0	3.8
合计	58.2	4	2	22.3	112.1	5.9	0.1	23.2

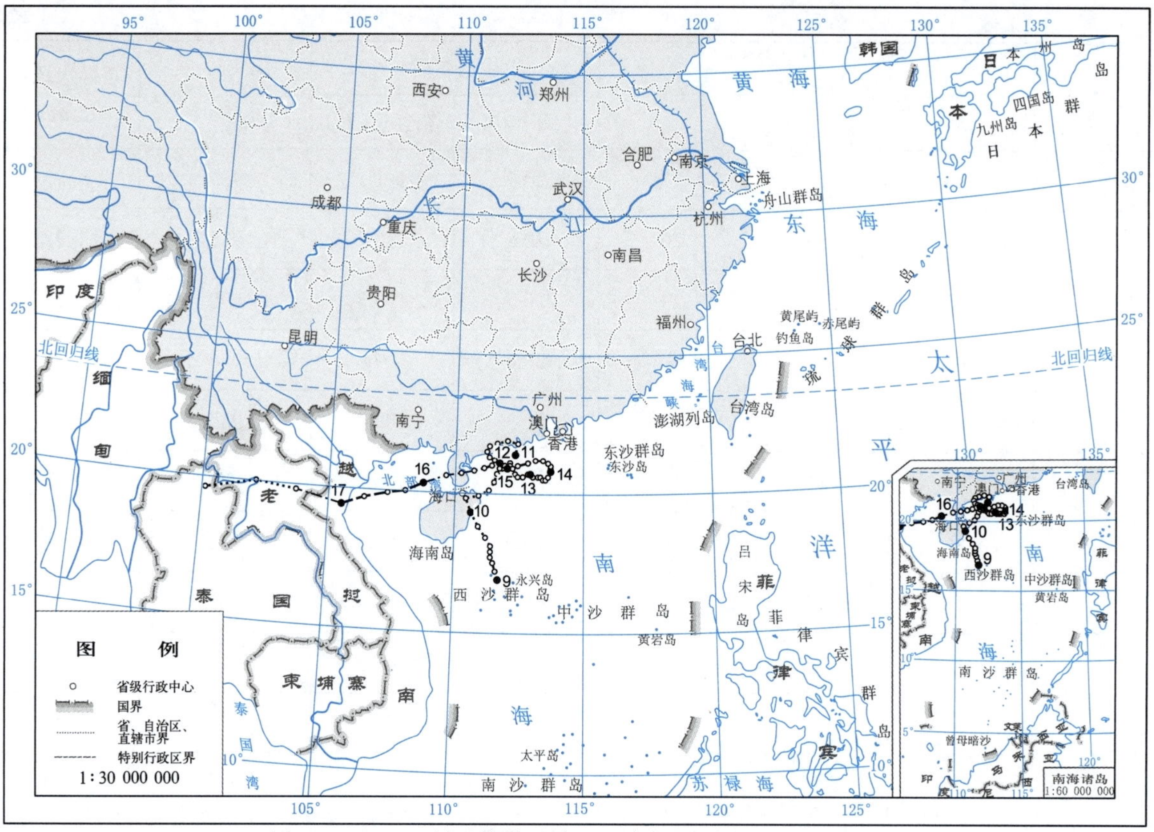

图 2.19.1 1816 号强热带风暴“贝碧嘉”（Bebinca）路径图

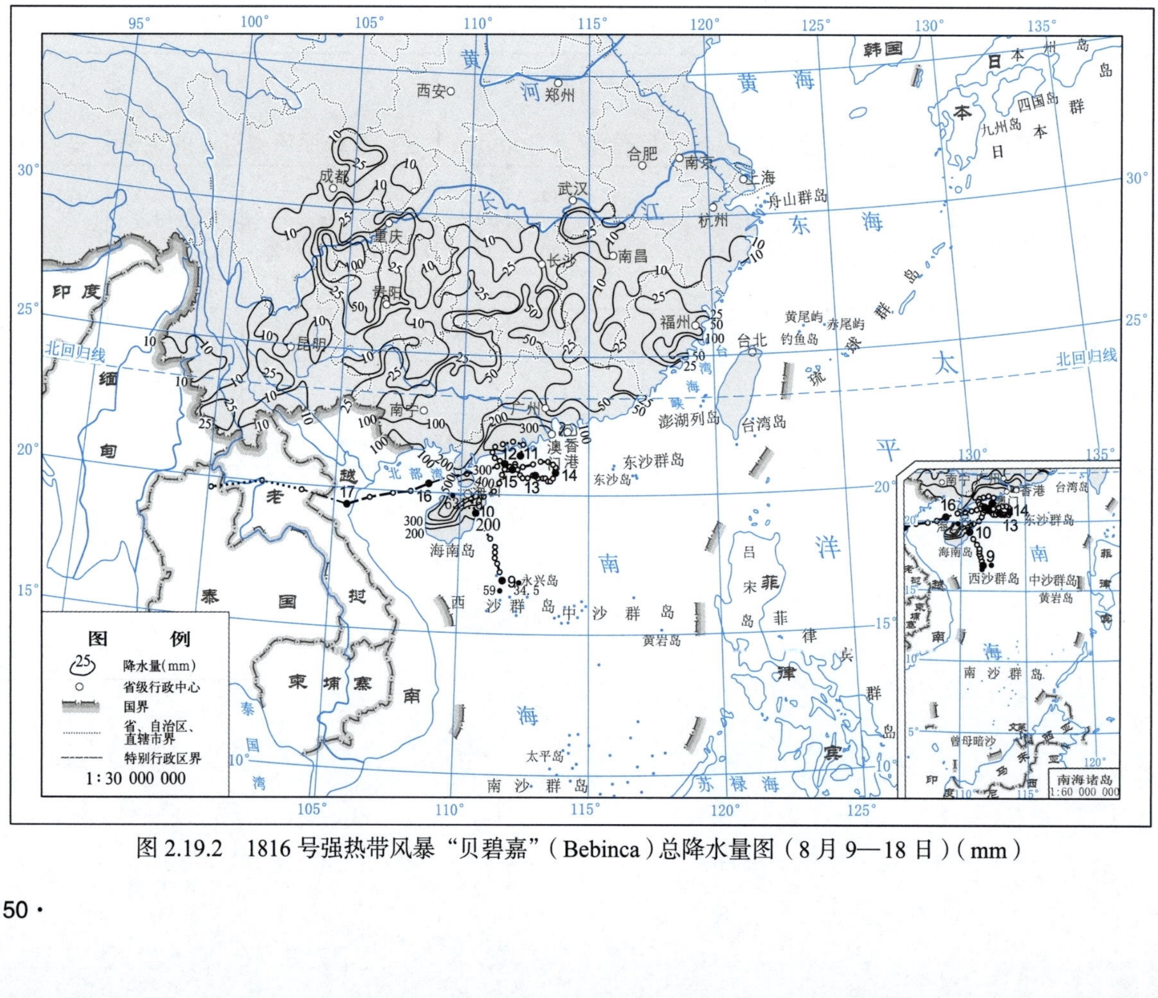

图 2.19.2 1816 号强热带风暴“贝碧嘉”（Bebinca）总降水量图（8 月 9—18 日）（mm）

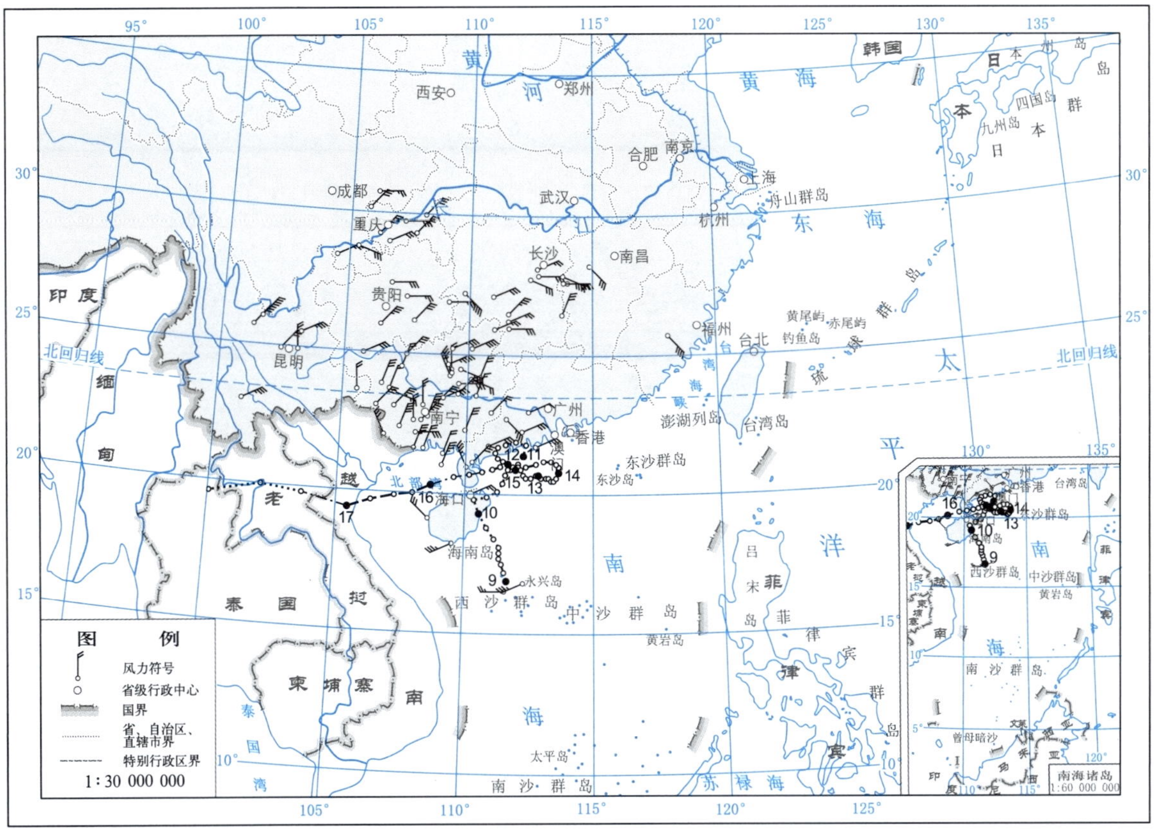

图 2.19.3　1816 号强热带风暴“贝碧嘉”（Bebinca）大风分布图（8 月 9—17 日）

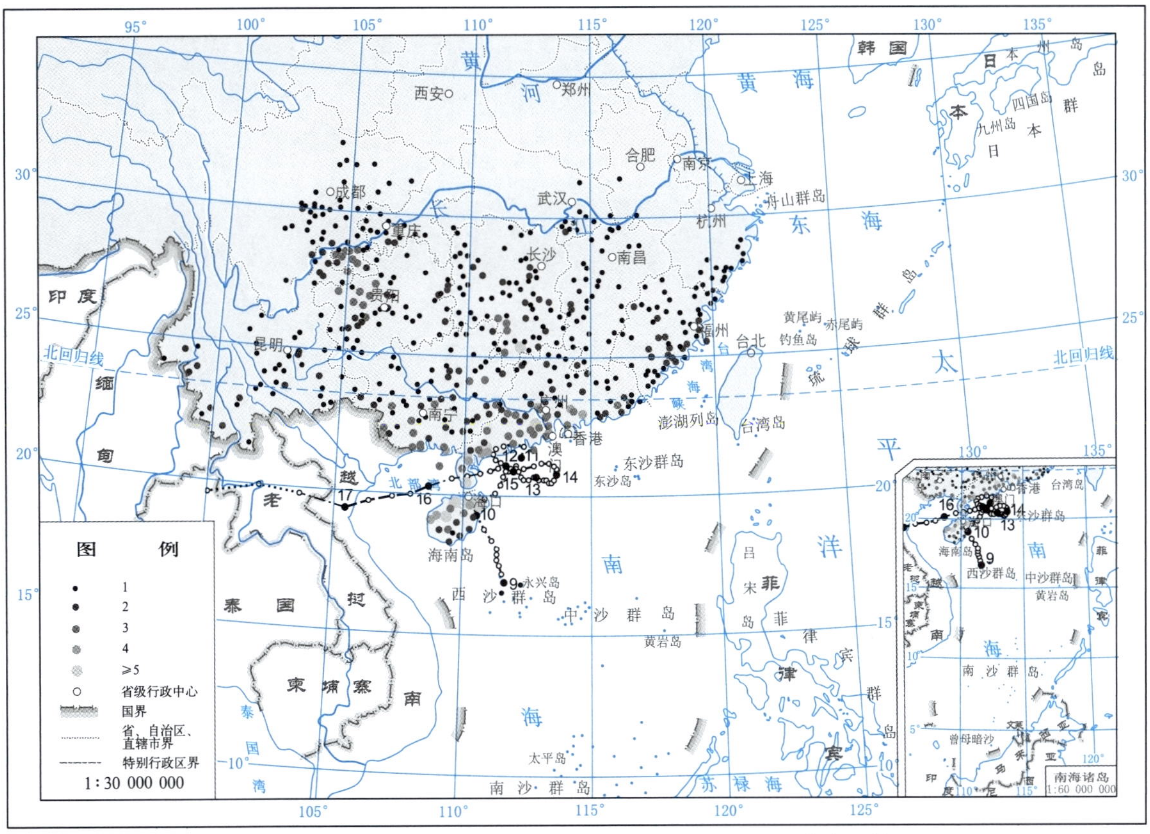

图 2.19.4　1816 号强热带风暴“贝碧嘉”（Bebinca）总降水日数图

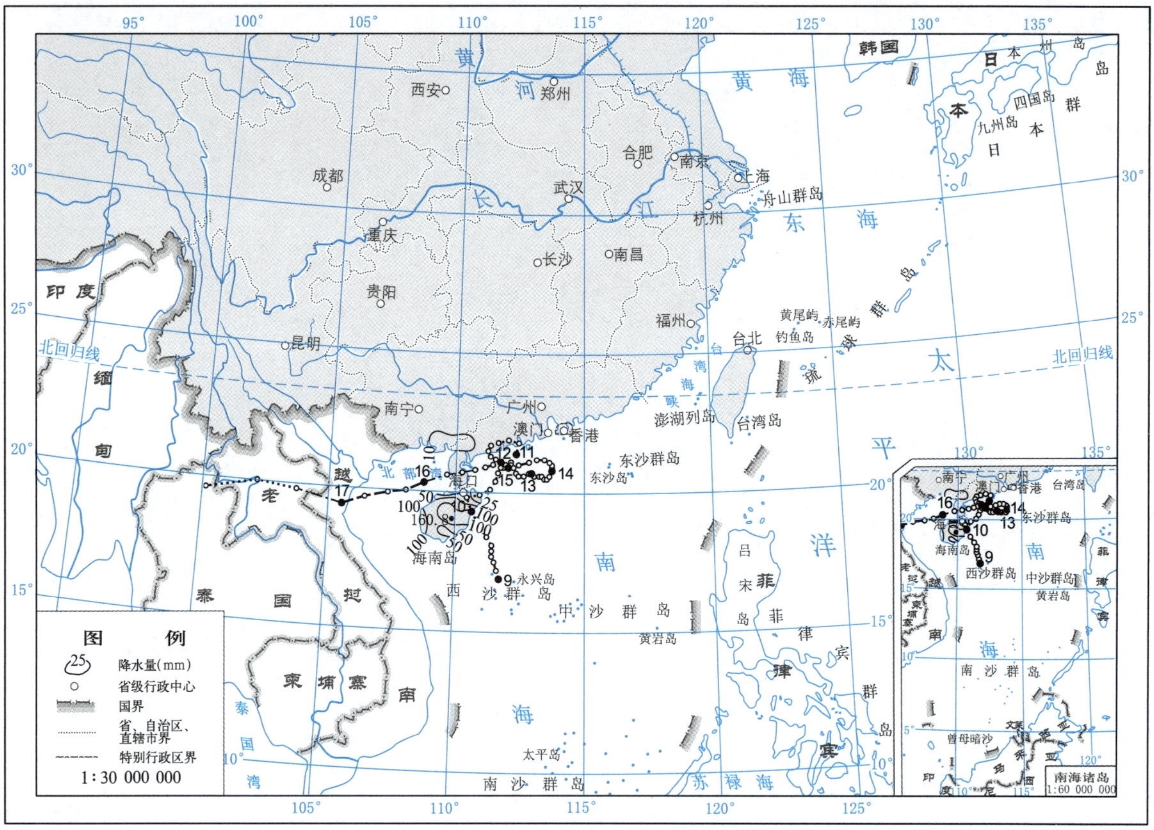

图 2.19.5　2018 年 8 月 9 日的日降水量图（mm）

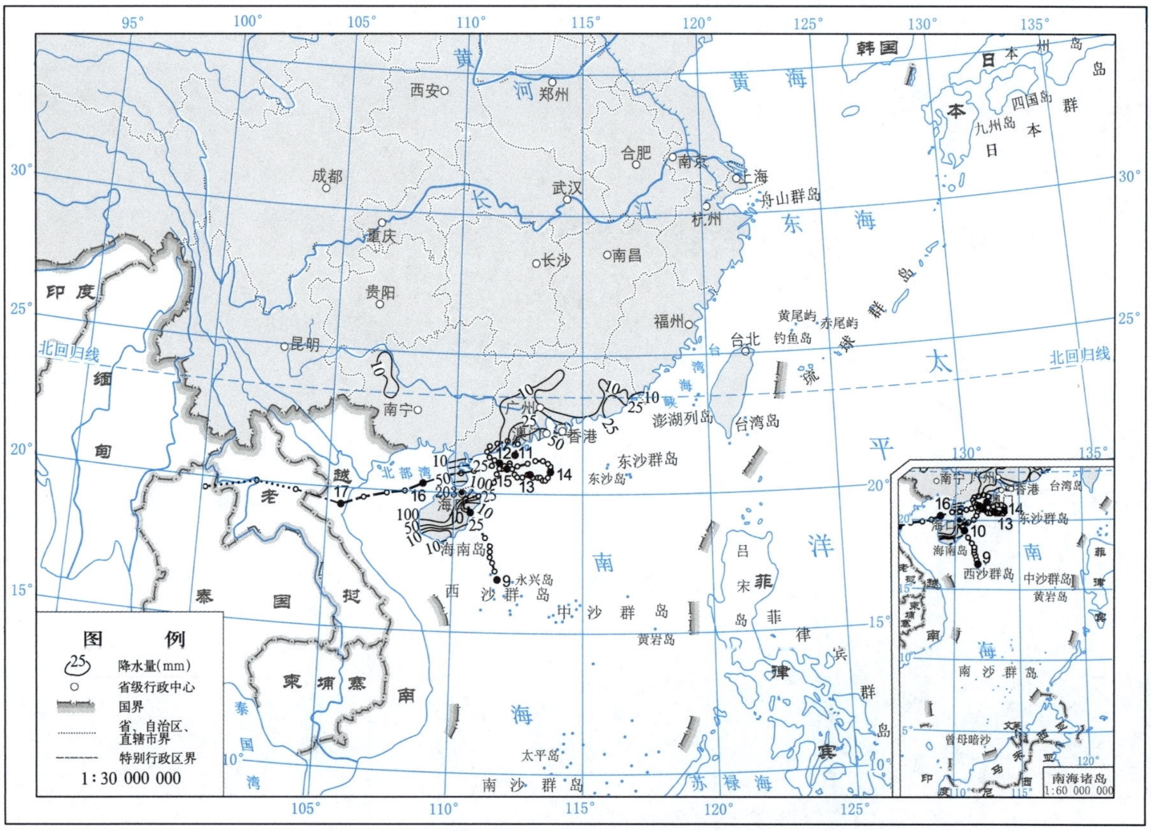

图 2.19.6　2018 年 8 月 10 日的日降水量图（mm）

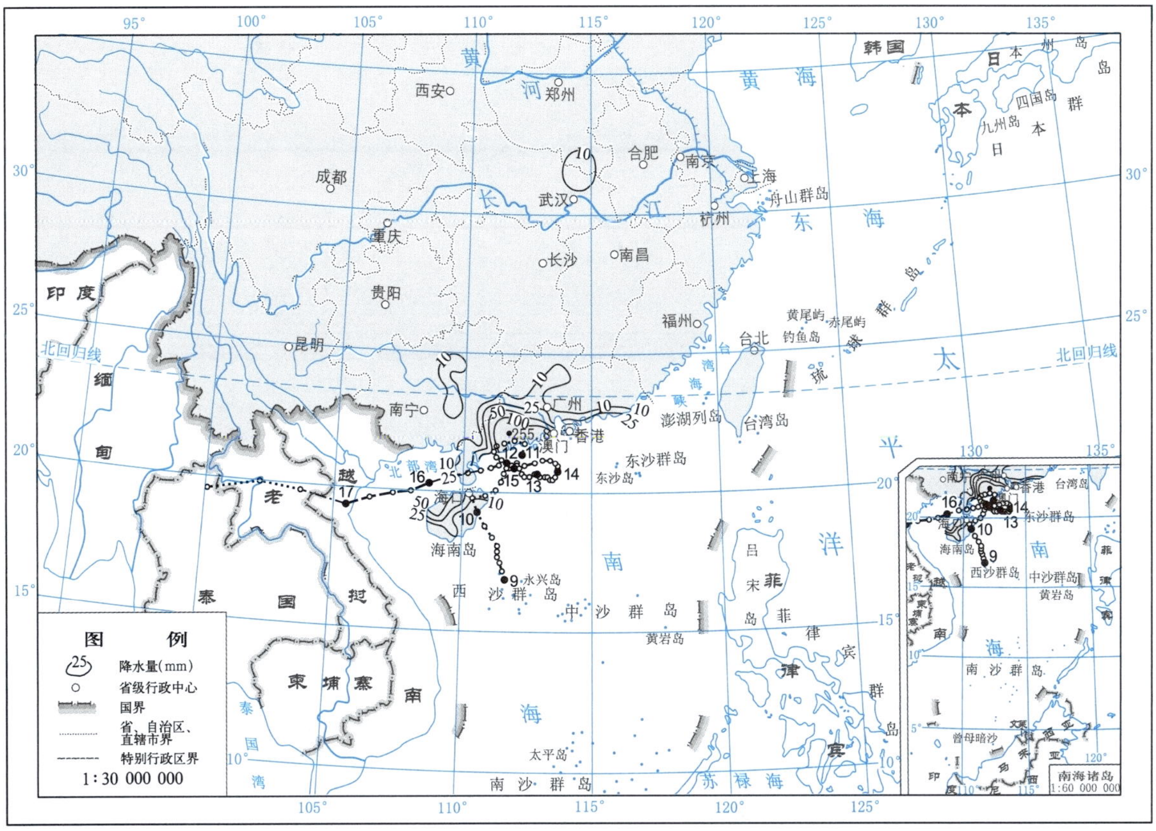

图 2.19.7　2018 年 8 月 11 日的日降水量图（mm）

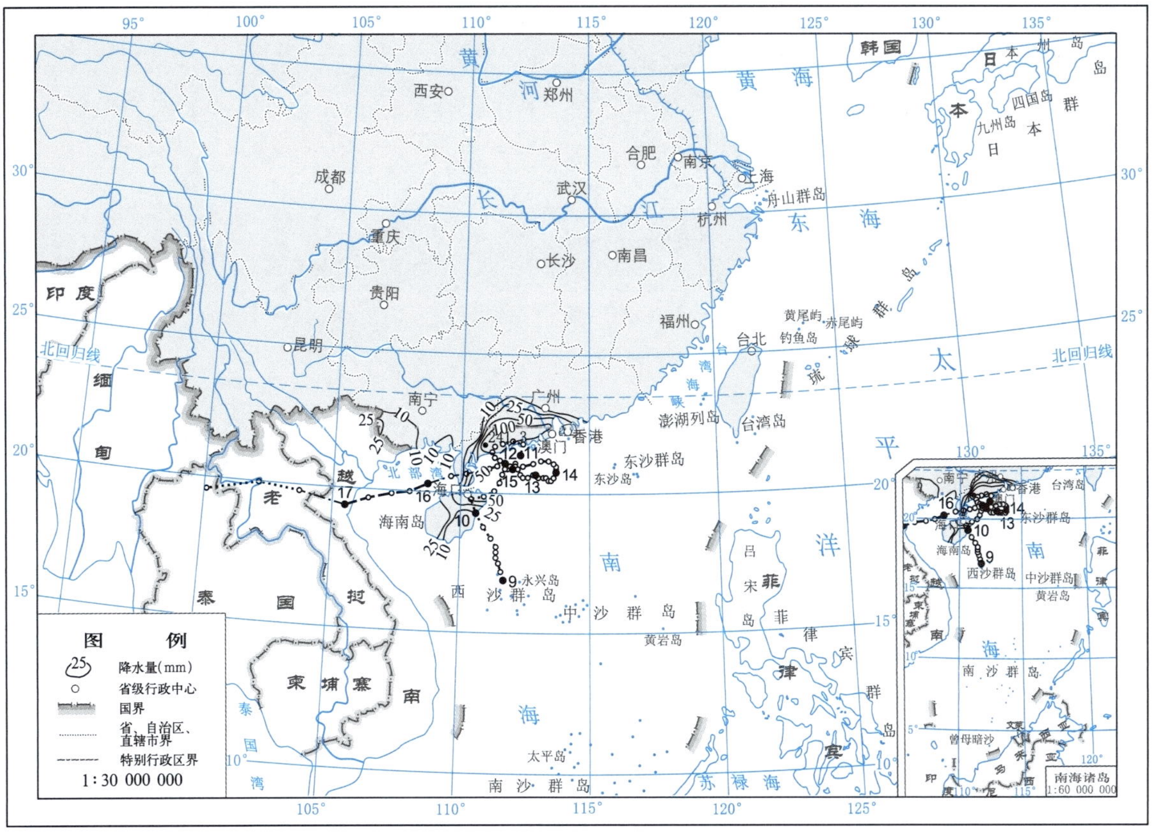

图 2.19.8　2018 年 8 月 12 日的日降水量图（mm）

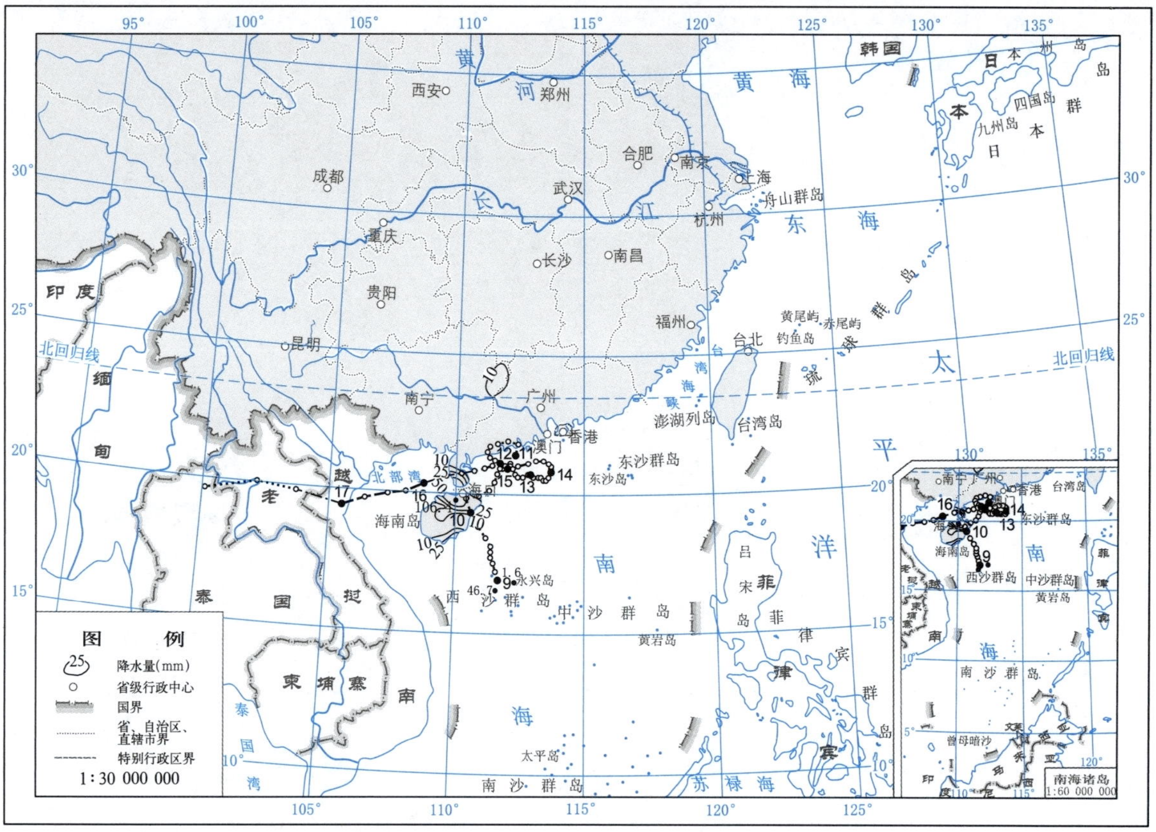

图 2.19.9　2018 年 8 月 13 日的日降水量图（mm）

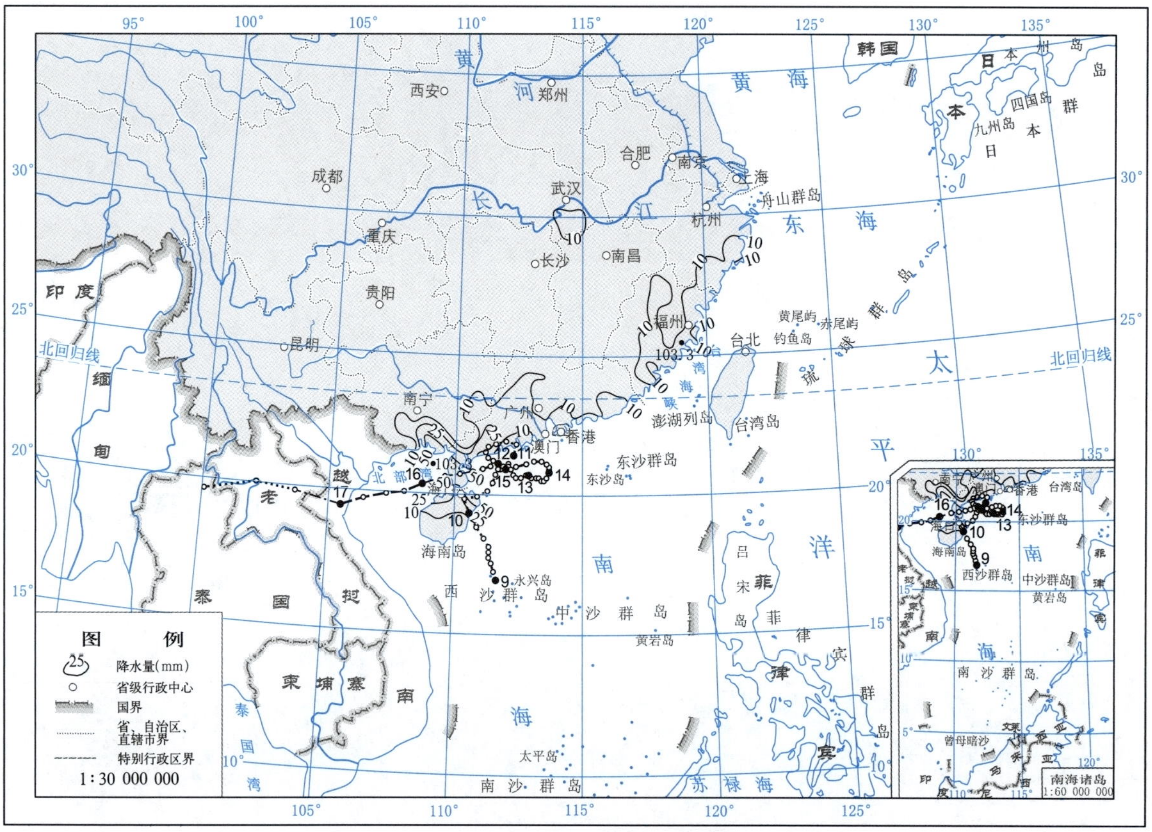

图 2.19.10　2018 年 8 月 14 日的日降水量图（mm）

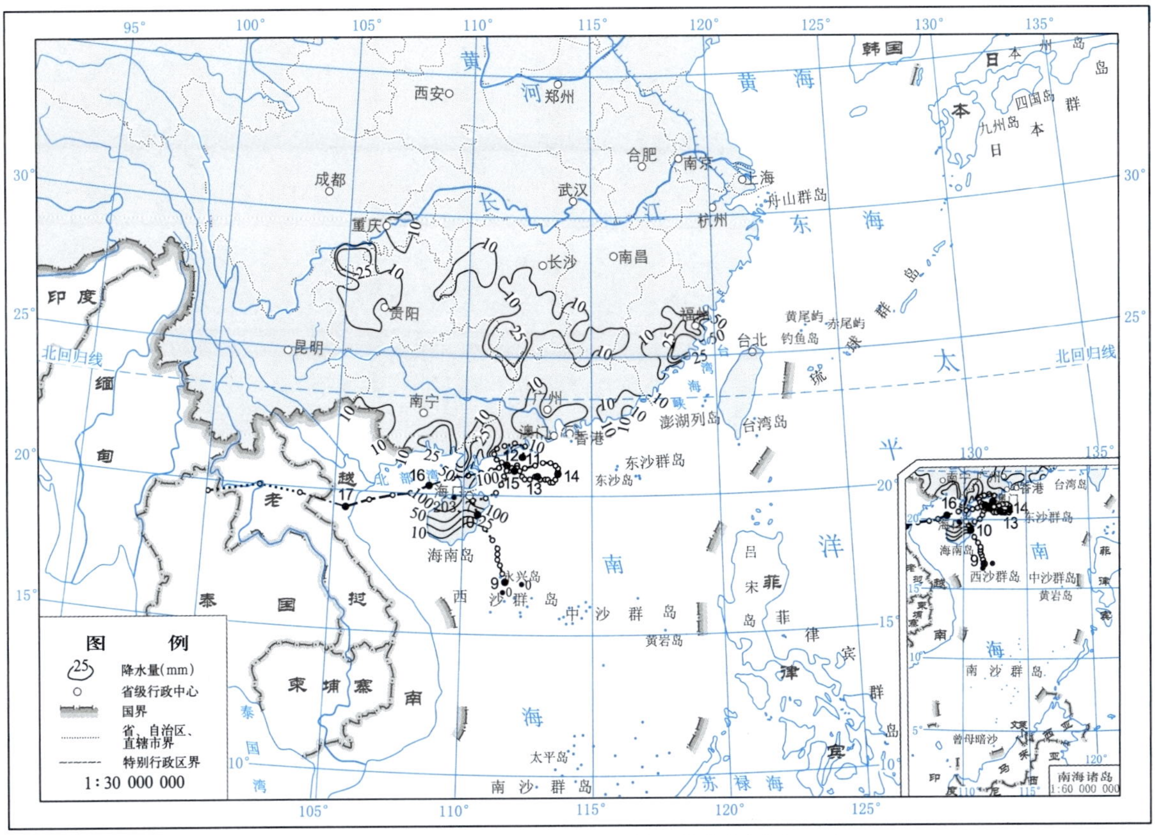

图 2.19.11　2018 年 8 月 15 日的日降水量图（mm）

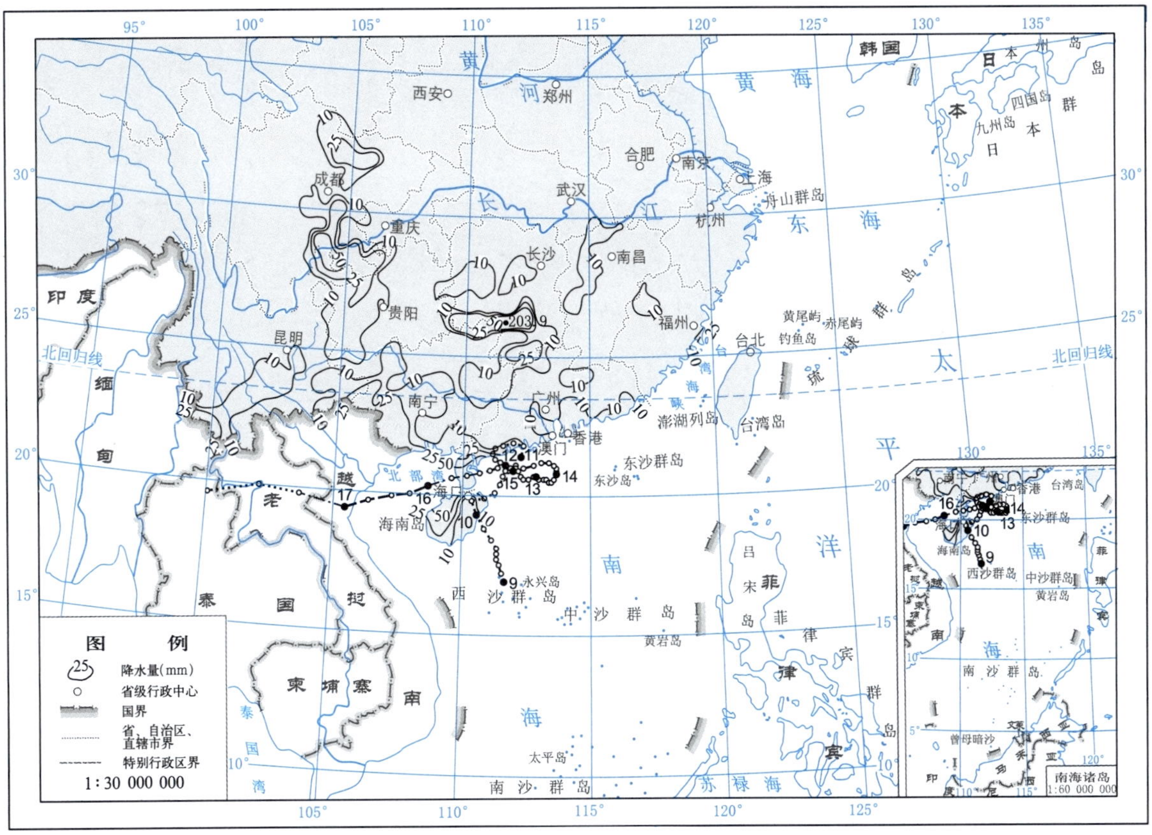

图 2.19.12　2018 年 8 月 16 日的日降水量图（mm）

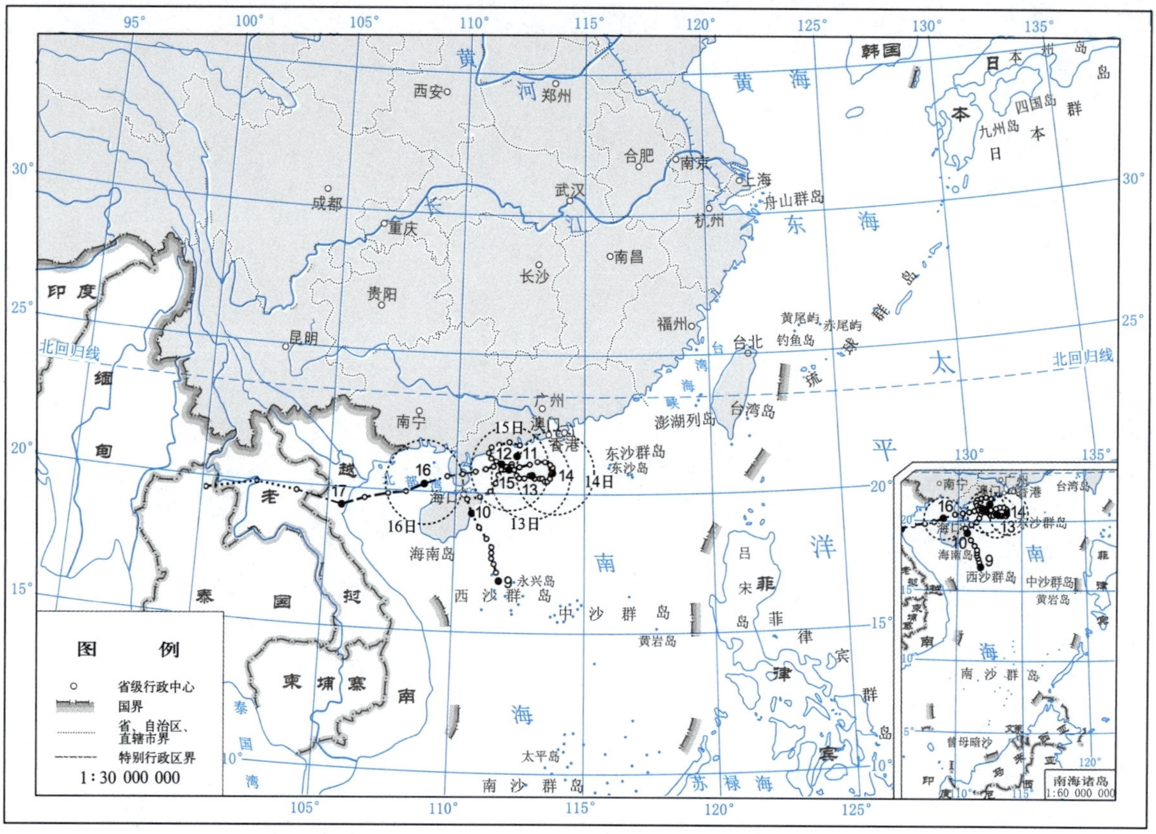

图 2.19.13　1816 号强热带风暴“贝碧嘉”（Bebinca）大风区域演变图

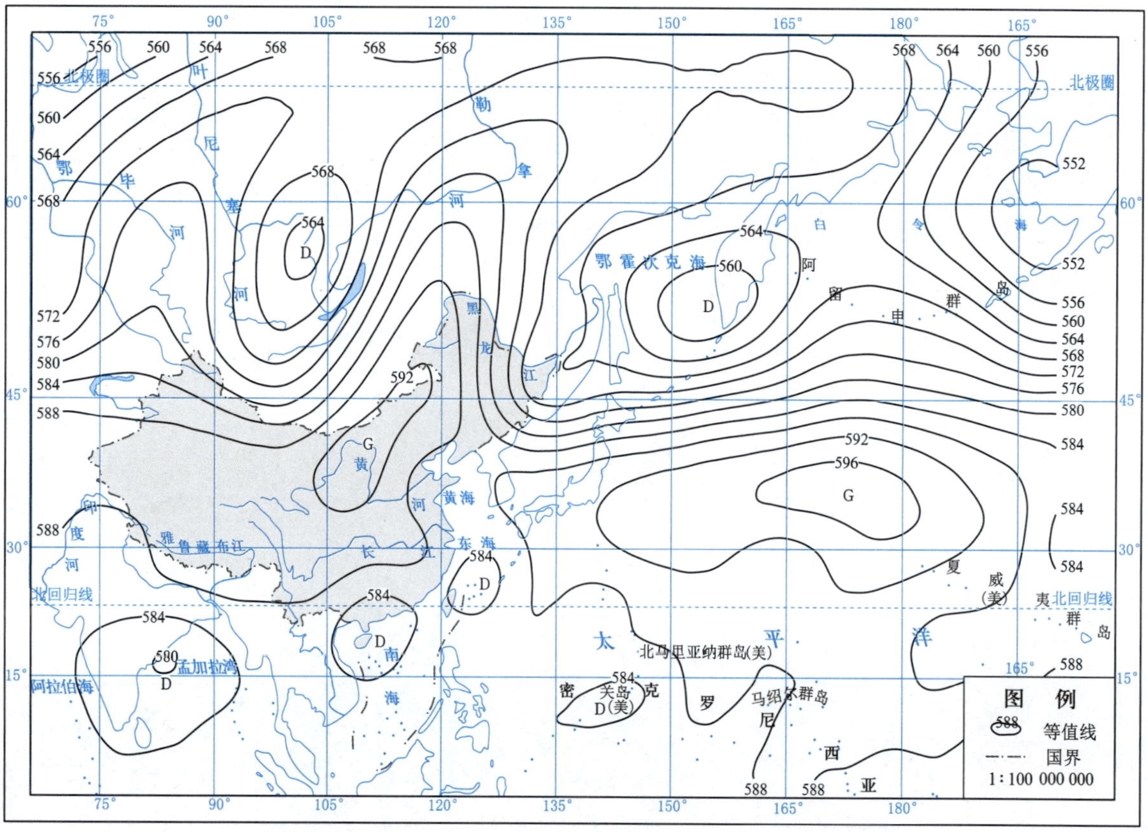

图 2.19.14　2018 年 8 月 15 日 20 时 500 hPa 高度场图（dagpm）

2.20　超强台风“赫克托”(Hector)

第 1817 号超强台风“赫克托”是由 8 月 1 日凌晨在距离墨西哥 1350 km 的东太平洋洋面上的一个热带低压形成。形成后低压中心稳定地向西移动，强度迅速加强，3 日早晨加强为强台风，5 日下午加强为超强台风，于 6 日夜间达到其生命史最大强度，中心附近最大风速 58 m/s，中心最低气压 925 hPa。“赫克托”11 日起开始迅速减弱，在 13 日夜间减弱至热带风暴级别，并于次日凌晨进入西北太平洋，之后向西北方向移动，15 日早晨减弱为热带低压，随后迅速减弱消散。“赫克托”在西北太平洋活动期间最大强度为 20 m/s (8 级)。

表 2.20.1 是超强台风“赫克托”的中心位置和强度。图 2.20.1 ～图 2.20.3 分别是超强台风“赫克托”路径图、大风区域演变图和 2018 年 8 月 14 日 14 时 500 hPa 高度场图。

表 2.20.1　1817 号超强台风“赫克托”(Hector) 中心位置和强度

8 月 1—16 日

年	月	日	时	中心位置		中心气压（hPa）	最大风速（m/s）
				北纬（°N）	经度（°）		
2018	8	1	2	12.5	−116.1	1004	13
	8	1	8	12.8	−117.6	1002	15
	8	1	14	13.3	−118.9	998	18
	8	1	20	13.6	−119.7	992	20
	8	2	2	13.8	−120.7	990	23
	8	2	8	13.9	−121.7	985	25
	8	2	14	14.1	−122.7	982	28
	8	2	20	14.2	−124.0	975	33
	8	3	2	14.1	−125.2	960	40
	8	3	8	14.1	−126.3	955	42
	8	3	14	14.0	−127.3	955	42
	8	3	20	14.1	−128.3	955	42
	8	4	2	14.1	−129.3	955	42
	8	4	8	14.2	−130.3	950	45
	8	4	14	14.2	−131.2	945	48
	8	4	20	14.2	−132.2	945	48

（续表）

年	月	日	时	中心位置		中心气压（hPa）	最大风速（m/s）
				北纬（°N）	经度（°）		
2018	8	5	2	14.2	−133.2	940	50
	8	5	8	14.3	−134.2	940	50
	8	5	14	14.3	−135.2	935	52
	8	5	20	14.3	−136.3	935	52
	8	6	2	14.3	−137.4	935	52
	8	6	8	14.5	−138.6	935	52
	8	6	14	14.8	−139.9	935	52
	8	6	20	14.9	−141.3	925	58
	8	7	2	15.1	−142.4	925	58
	8	7	8	15.5	−144.0	925	58
	8	7	14	15.7	−145.6	925	58
	8	7	20	16.0	−147.1	935	52
	8	8	2	16.3	−148.5	935	52
	8	8	8	16.5	−150.0	935	52
	8	8	14	16.5	−151.6	935	52
	8	8	20	16.4	−153.2	940	50
	8	9	2	16.5	−154.6	950	45
	8	9	8	16.6	−156.1	950	45
	8	9	14	16.6	−157.7	950	45
	8	9	20	16.6	−159.3	945	48
	8	10	2	16.8	−160.8	945	48
	8	10	8	17.0	−162.4	940	50
	8	10	14	17.2	−163.7	935	52
	8	10	20	17.5	−165.2	935	52
	8	11	2	17.8	−166.6	935	52
	8	11	8	18.1	−167.8	935	52

（续表）

年	月	日	时	中心位置		中心气压（hPa）	最大风速（m/s）
				北纬（°N）	经度（°）		
2018	8	11	14	18.5	−168.7	945	48
	8	11	20	19.0	−169.7	945	48
	8	12	2	19.7	−170.4	950	45
	8	12	8	20.8	−171.3	950	45
	8	12	14	21.7	−172.3	965	38
	8	12	20	22.6	−173.6	970	35
	8	13	2	23.5	−175.0	975	33
	8	13	8	24.2	−176.3	980	30
	8	13	14	24.7	−177.9	982	28
	8	13	20	25.2	−179.5	990	23
	8	14	2	25.8	179.0	995	20
	8	14	8	26.3	177.1	995	20
	8	14	14	26.5	175.9	995	20
	8	14	20	27.0	174.5	998	18
	8	15	2	27.7	172.5	998	18
	8	15	8	28.5	170.7	1000	15
	8	15	14	29.2	168.8	1000	15
	8	15	20	29.8	167.9	1002	13
	8	16	2	30.5	167.1	1002	13
	8	16	8	31.4	166.4	1002	13
	8	16	14	32.2	165.8	1002	13
	8	16	20	33.0	165.4	1002	13
消散							

* 第六列，正值为° E，负值为° W。

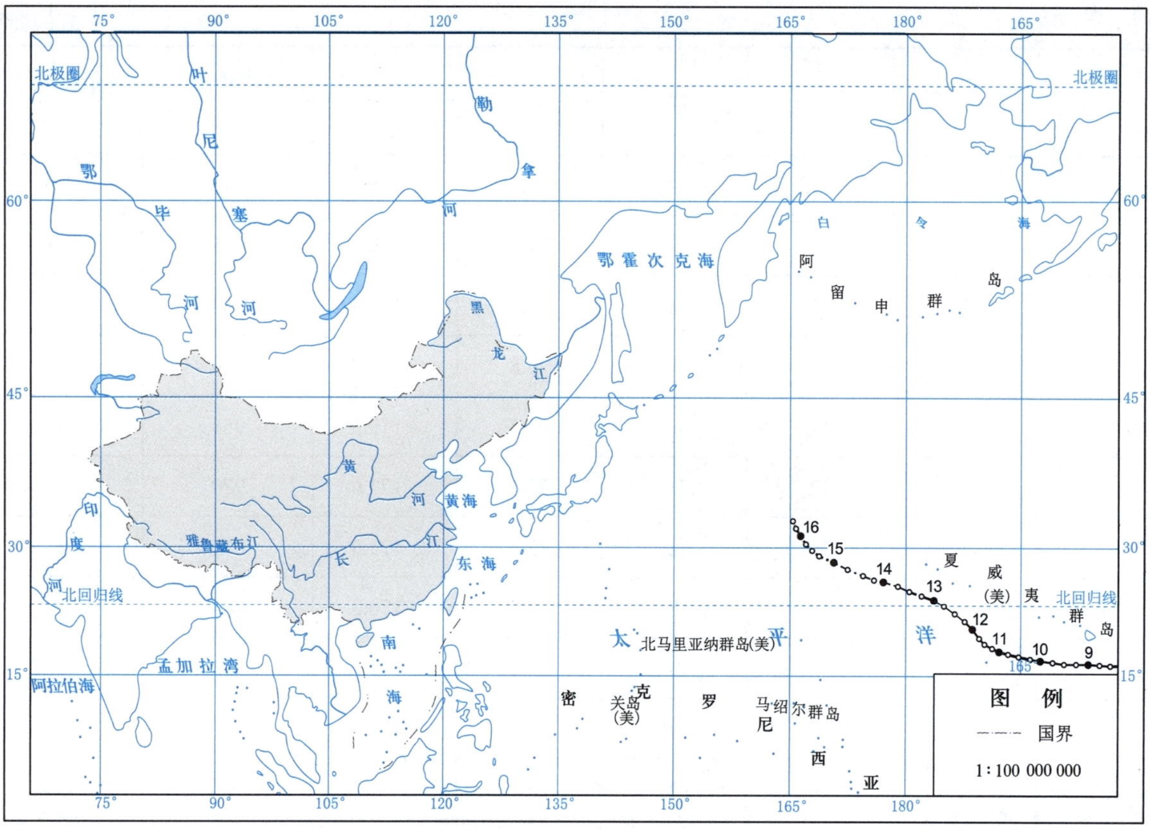

图 2.20.1　1817 号超强台风“赫克托”（Hector）路径图

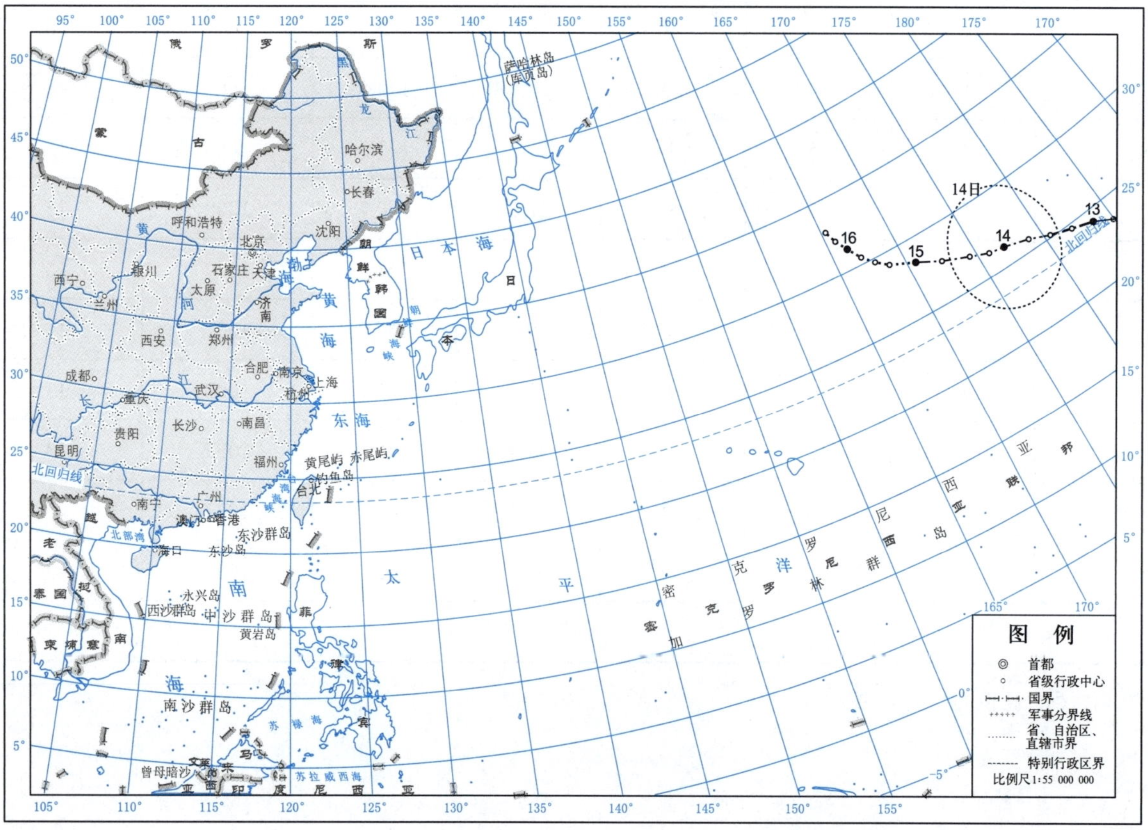

图 2.20.2　1817 号超强台风“赫克托”（Hector）大风区域演变图

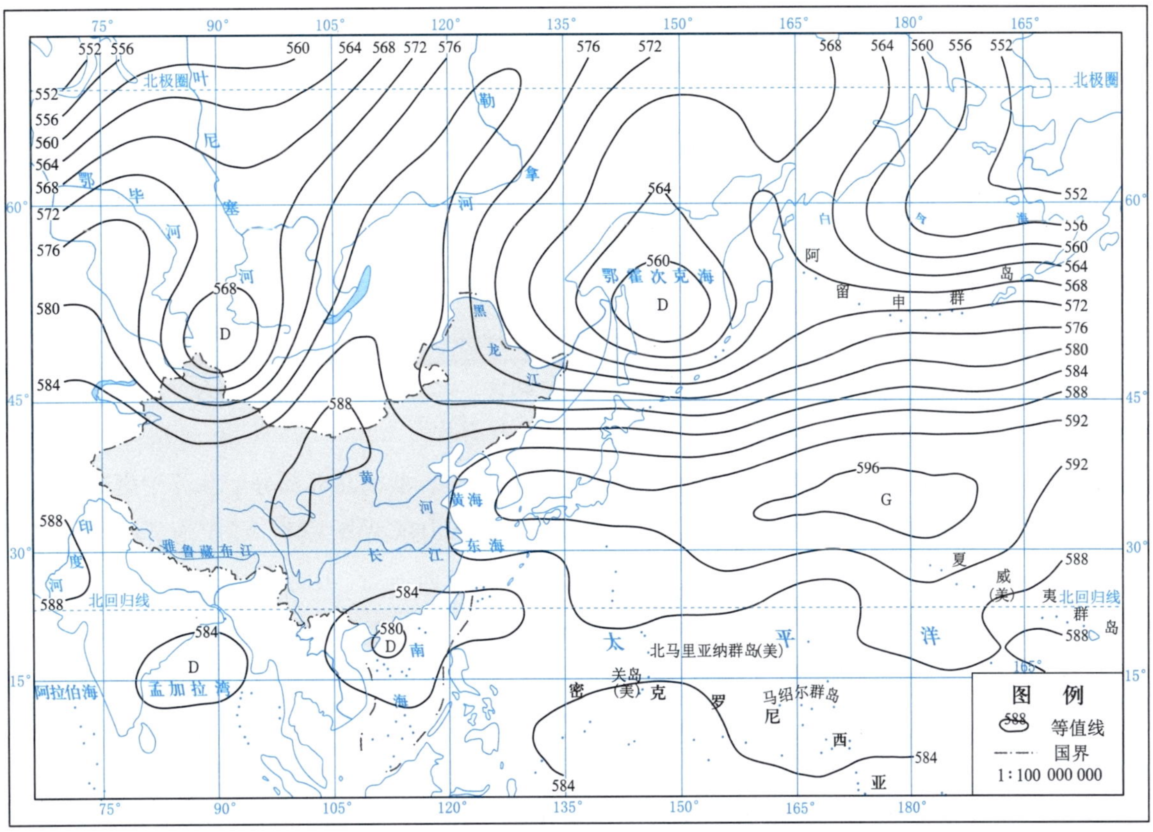

图 2.20.3　2018 年 8 月 14 日 14 时 500 hPa 高度场图（dagpm）

2.21 强热带风暴“温比亚”（Rumbia）

第 1818 号强热带风暴“温比亚”是由 8 月 14 日下午位于我国台湾岛以东约 680 km 的西北太平洋洋面上一个热带低压发展形成。形成后低压中心向北偏西方向移动，于 15 日早晨进入东海海域，下午强度增强为热带风暴，之后转向西北，逐渐向华东沿海靠近，移动的偏西分量逐渐加大，16 日夜间强度增强至强热带风暴，并于 17 日 04 时 05 分在上海浦东沿海登陆，登陆时中心附近最大风速 23 m/s（9 级），中心最低气压 982 hPa。“温比亚”登陆后强度减弱为热带风暴，继续向偏西方向移动，途径江苏、安徽、河南，18 日下午进一步减弱为热带低压，之后转向东北方向移动，经过山东，20 日早晨进入渤海湾并发生变性，之后 21 日凌晨在朝鲜境内消散。

受强热带风暴“温比亚”影响，8 月 16—21 日，江西星子、浙江北部部分、江苏中南部大部、安徽大部、湖北东南部局部、河南中东部部分、山西南部局部、山东沿海大部、辽宁南部沿海局部最大风力 6 ～ 7 级、阵风 7 ～ 11 级；浙江嵊泗、上海洋山港、江苏西连岛、山东泰山、成山头和长岛出现最大风力 8 ～ 9 级、阵风 9 ～ 12 级，浙江嵊泗出现最大风力 9 级（22.2 m/s）、阵风 12 级（33.3 m/s），为本次强热带风暴影响过程风极值。

受其影响，8 月 15—21 日，重庆西南部局部、湖南东北部局部、湖北东南部大部、江西局部、福建大部、浙江大部、安徽南部局部、江苏北部部分、山东局部、河南局部、山西东部局部、河北中南部大部、天津南部部分、辽宁中部部分、吉林大部、黑龙江大部、内蒙古东部局部总雨量为 10 ～ 50 mm；江西庐山、湖北东南部局部、福建中北部局部、浙江北部偏北大部及其余局部、上海大部、江苏大部、安徽大部、河南中东部大部、山东大部、河北南部部分、天津大港、辽宁南部部分、吉林南部局部及乾安、黑龙江东宁总雨量为 50 ～ 150 mm；湖北鸡公山、安徽部分、浙江北仑、江苏南部部分及西北部局部、河南东北部部分、山东大部、辽宁南部沿海大部总雨量为 150 ～ 300 mm；苏皖豫鲁交界附近及山东青州总雨量为 300 ～ 431 mm，其中，安徽淮北过程总雨量为 430.2 mm，为本次强热带风暴影响过程的总雨量极值。

受“温比亚”环流影响，8 月 17 日，浙江北部、上海、江苏中南部和安徽中南部出现大面积暴雨到大暴雨；18 日，大面积暴雨区北移至安徽中北部、河南东部和山东南部，河南东北部出现 4 站日雨量超过 300 mm 的特大暴雨，其中，河南商丘日雨量 363.6 mm，11 时雨量 93.9 mm，分别为本次强热带风暴影响过程的日雨量及时雨量极值；19 日，大面积暴雨区继续滞留于河南东部和山东大部，山东出现 43 站大暴雨和 2 站特大暴雨；20 日，随着“温比亚”快速向东北移动，山东东部和辽宁南部出现了暴雨到大暴雨，局部特大暴雨；20 日，雨势减弱，雨区北移。

另据山东当地自动站资料，8 月 17 日至 20 日，山东出现大面积暴雨到大暴雨，局部特大暴雨，山东平均降雨量 135.5 mm，超过 9711 号台风“温妮”，为有气象记录以来首位；过程总雨量超过 400 mm 的气象观测站有 3 个，300 ～ 400 mm 有 49 个，200 ～ 300 mm 有 255 个，12 个站的 3 日连续降水量突破历史极值；20 日 00 时潍坊昌邑龙池雨量 121.4 mm。

强热带风暴“温比亚”是 2018 年第三个登陆上海的热带气旋，打破了 1949 年以来的历史纪录（2018 年之前只有 7708 和 8913 台风直接登陆上海）。其登陆后先西北行再转向东北行，途径上海、江苏、安徽、河南、山东，在我国陆地上滞留时间超过 72 小时，与西风带系统相结合带来了大范围的强降雨，造成严重的人员和经济损失，是 2018 年造成我国直接经济损失最严重的热带气旋。受其影响，河北、辽宁、上海、江苏、浙江、安徽、山东和河南省（市）出现了一定程度的灾情，总计受灾人数达到 1800.4 万人，死亡人口 52 人，失踪人口 1 人，紧急转移人口 45.4 万人，农作物受灾面积达到 2014.9 千公顷，农作物绝收面积 249.3 千公顷，倒塌房屋 1.5 万间，直接经济损失高达 369.1 亿元（表 2.21.2）。由于"温比亚"对中国造成严重影响，2019 年 2 月在中国广州举行的第 51 届台风委员会年度会议上，决定将"温比亚"除名，其替代名将在下一届年度会议上公布。

表 2.20.1 是强热带风暴"温比亚"的中心位置和强度。图 2.21.1 ～图 2.21.10 分别是强热带风暴"温比亚"路径图、总降水量图、大风分布图、总降水日数图、2018 年 8 月 17—20 日的日降水量图、大风区域演变图和 2018 年 8 月 17 日 02 时 500 hPa 高度场图。

表 2.21.1　1818 号强热带风暴"温比亚"（Rumbia）中心位置和强度

8 月 14—21 日

年	月	日	时	中心位置		中心气压（hPa）	最大风速（m/s）
				北纬（°N）	东经（°E）		
2018	8	14	14	23.4	128.4	1000	13
	8	14	20	24.4	127.8	1000	13
	8	15	2	25.5	127.5	998	15
	8	15	8	27.0	127.5	998	15
	8	15	14	28.1	126.9	996	18
	8	15	20	29.2	125.8	996	18
	8	16	2	29.7	125.0	990	20
	8	16	5	29.8	124.8	990	20
	8	16	8	29.9	124.6	990	20
	8	16	11	30.0	124.4	985	23
	8	16	14	30.2	124.0	985	23
	8	16	17	30.3	123.5	985	23
	8	16	20	30.4	123.0	985	23
	8	16	23	30.4	122.5	982	25
	8	17	2	30.6	122.0	982	25
	8	17	5	31.1	121.4	982	23

（续表）

年	月	日	时	中心位置		中心气压（hPa）	最大风速（m/s）
				北纬（°N）	东经（°E）		
2018	8	17	8	31.1	120.6	982	23
	8	17	11	31.3	119.7	984	23
	8	17	14	31.5	118.7	984	23
	8	17	17	31.4	117.8	985	20
	8	17	20	31.4	117.2	988	20
	8	17	23	31.6	116.6	988	18
	8	18	2	31.9	116.0	988	18
	8	18	5	32.2	115.6	988	18
	8	18	8	32.4	115.2	988	18
	8	18	11	32.5	114.9	988	18
	8	18	14	32.6	114.7	992	15
	8	18	17	32.7	114.6	992	15
	8	18	20	32.8	114.5	992	15
	8	18	23	32.9	114.4	994	13
	8	19	2	33.0	114.4	996	13
	8	19	5	33.1	114.5	996	13
	8	19	8	33.3	114.7	996	13
	8	19	11	33.5	115.0	996	13
	8	19	14	33.8	115.3	998	13
	8	19	17	34.7	115.9	998	13
	8	19	20	35.9	116.7	998	13
	8	19	23	36.8	117.4	998	13
	8	20	2	37.4	118.0	998	13
	8	20	5	37.7	118.7	995	15
△	8	20	8	37.9	119.6	992	18
	8	20	14	38.1	121.5	990	20

（续表）

年	月	日	时	中心位置		中心气压（hPa）	最大风速（m/s）
				北纬（° N）	东经（° E）		
2018	8	20	20	39.0	123.8	992	18
	8	21	2	40.8	126.6	998	13
消散							

表 2.21.2　1818 号强热带风暴“温比亚”（Rumbia）在河北、辽宁、上海、江苏、浙江、安徽、山东和河南省（市）引发的灾情

受灾省（市）	受灾人口（万人）	死亡人口（人）	失踪人口（人）	紧急转移人口（万人）	农作物		倒塌房屋（万间）	直接经济损失（亿元）
					受灾面积（千公顷）	绝收面积（千公顷）		
河北省	1.6	0	0	0	7	0.3	0	0.2
辽宁省	124	0	0	0.6	205.9	32.2	0.03	25.1
上海市	5.4	0	0	5.2	1	0	0	0.2
江苏省	174.6	7	0	1.7	184.7	27.8	0.15	20.9
浙江省	3.3	0	0	3.2	0	0	0	0
安徽省	312.2	12	0	11.3	388.2	77.4	0.2	55.1
山东省	529.4	30	1	22.1	636.4	61.5	1.1	239.3
河南省	649.9	3	0	1.3	591.7	50.1	0.02	28.3
合计	1800.4	52	1	45.4	2014.9	249.3	1.5	369.1

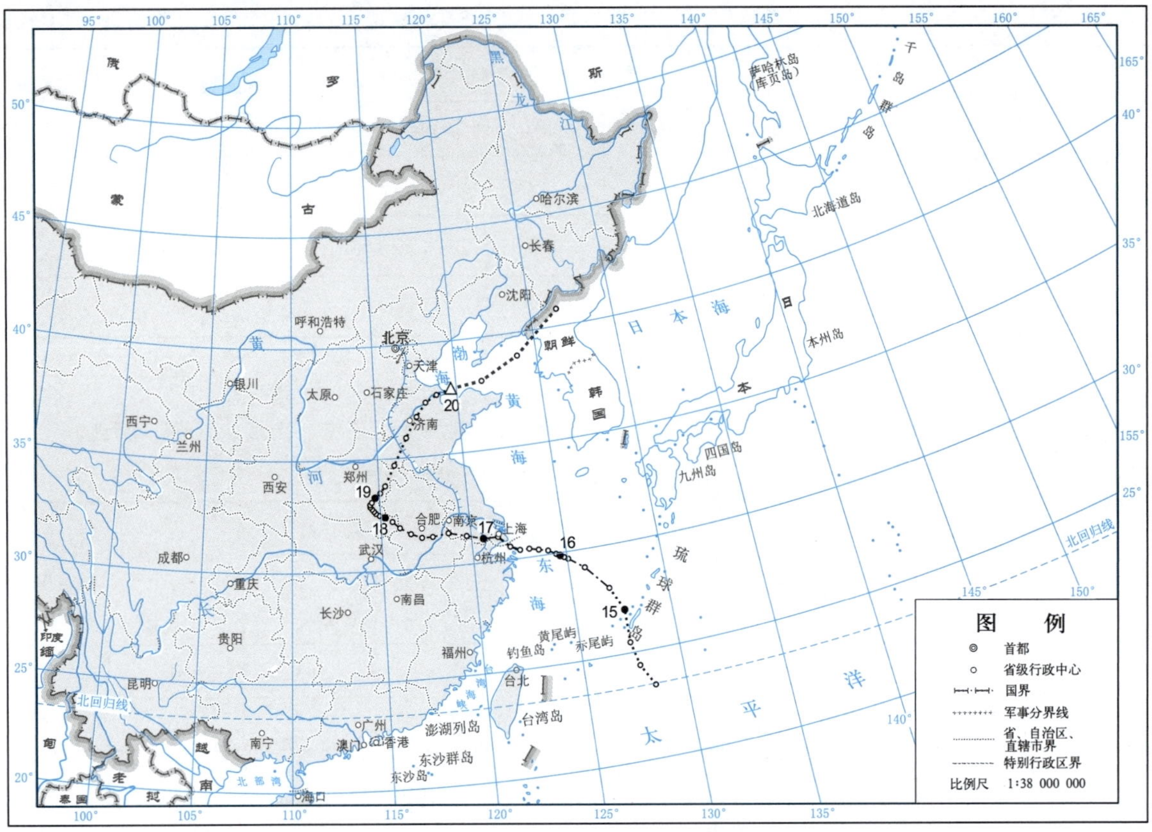

图 2.21.1　1818 号强热带风暴“温比亚”（Rumbia）路径图

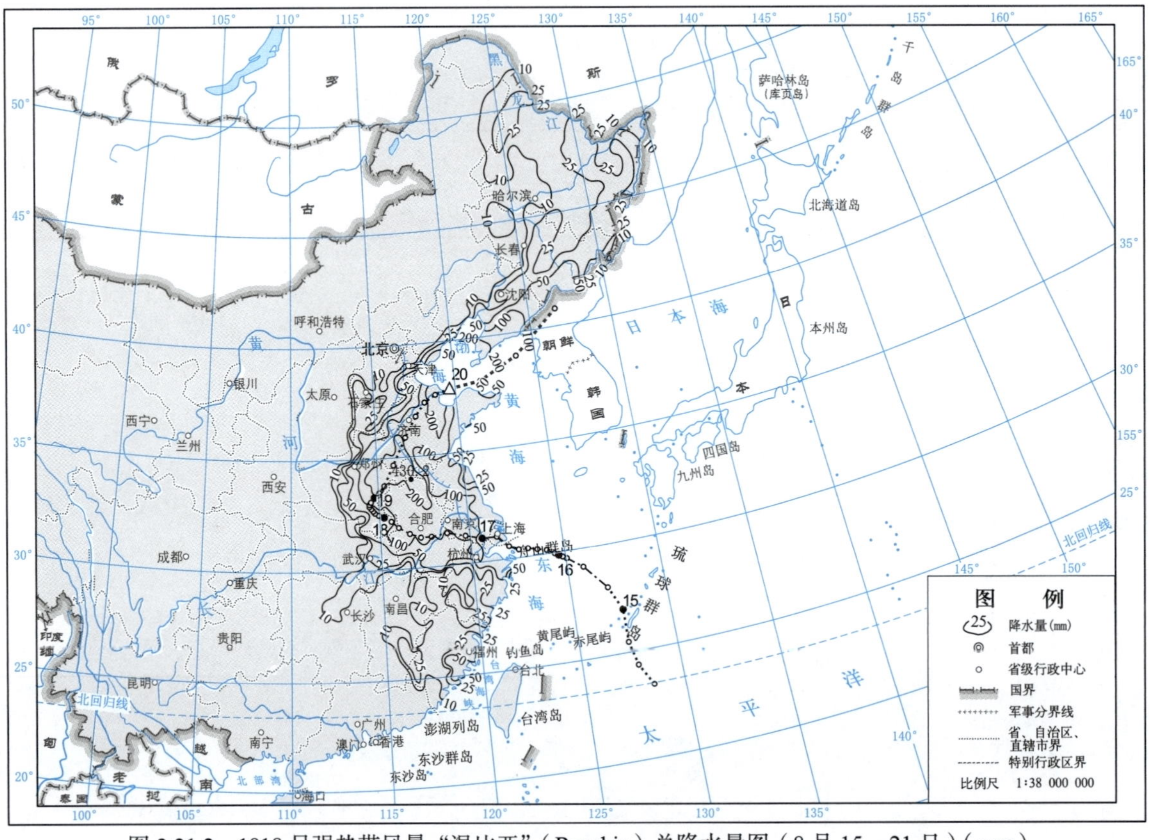

图 2.21.2　1818 号强热带风暴“温比亚”（Rumbia）总降水量图（8 月 15—21 日）（mm）

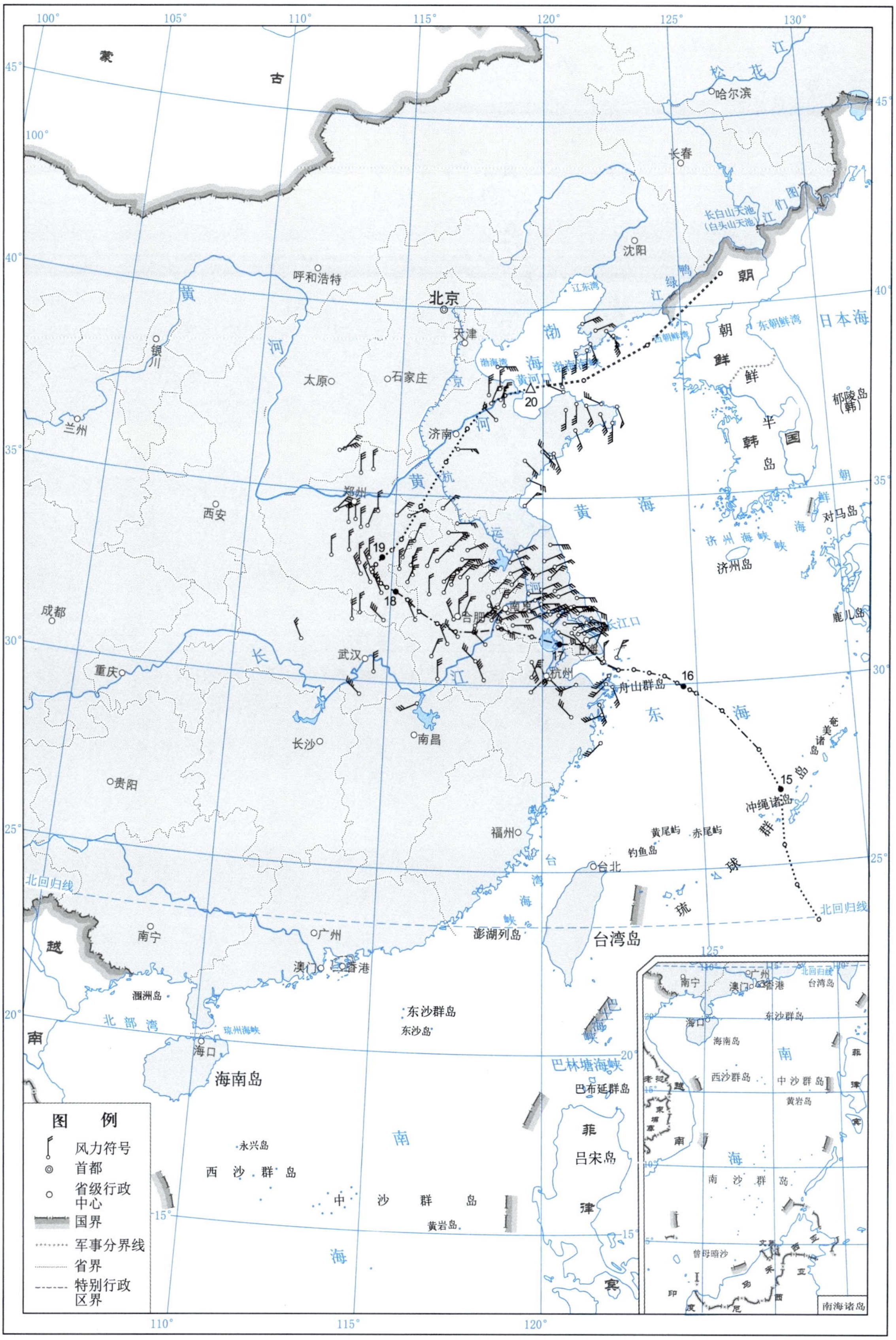

图 2.21.3 1818 号强热带风暴“温比亚”（Rumbia）大风分布图（8 月 16—21 日）

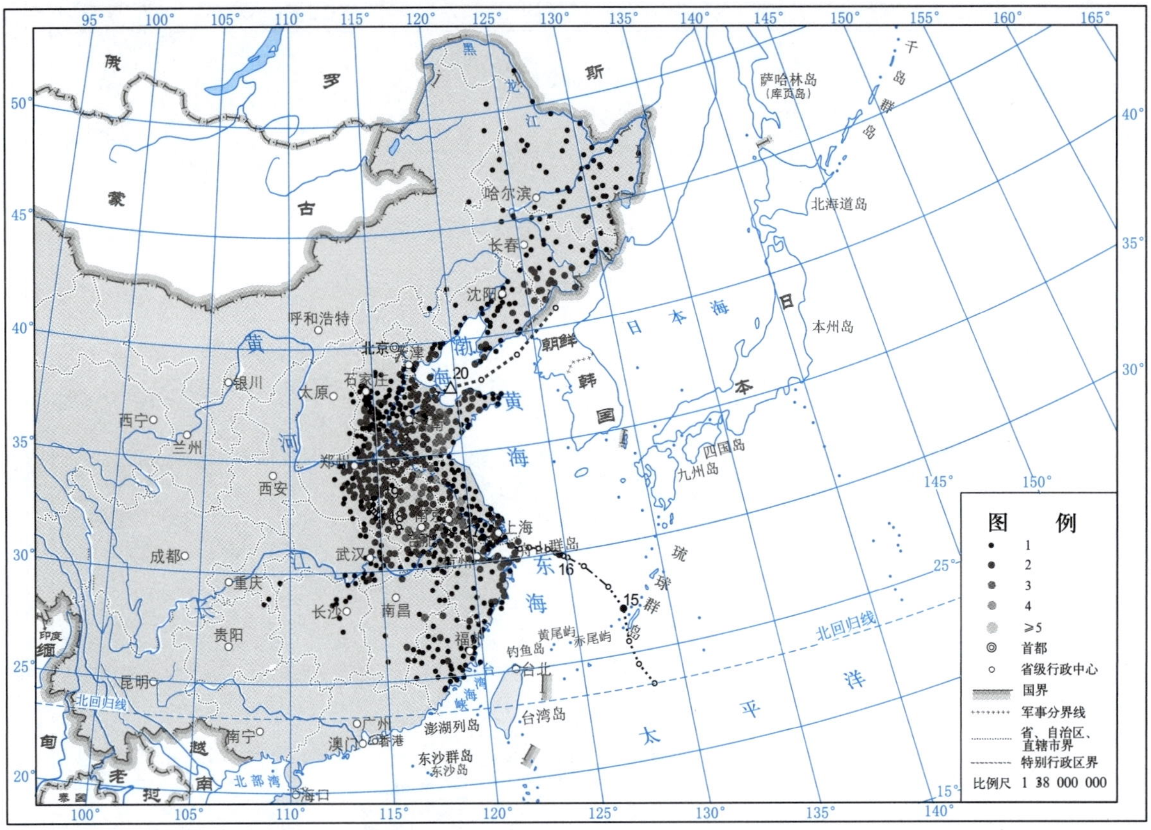

图 2.21.4　1818 号强热带风暴“温比亚”（Rumbia）总降水日数图

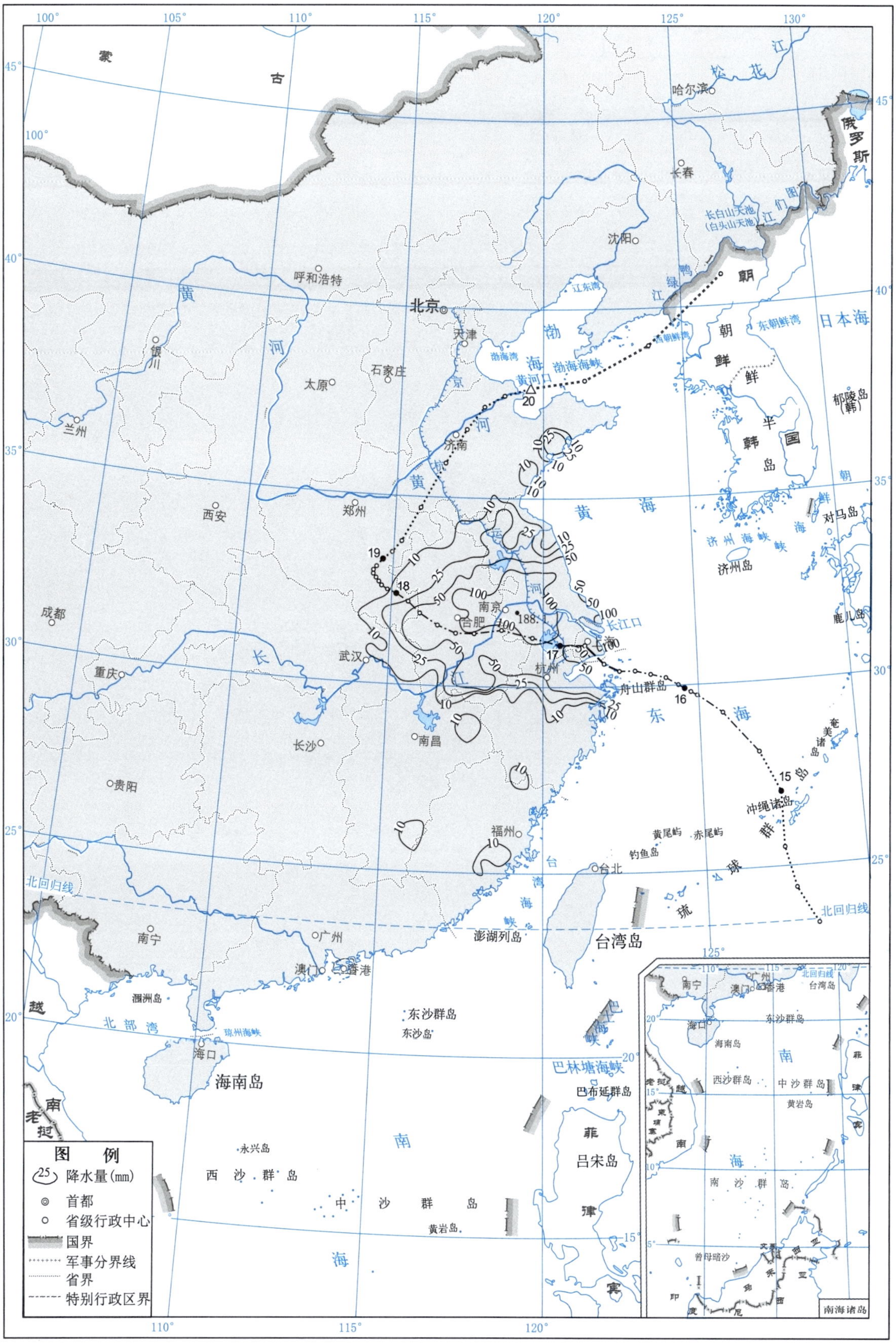

图 2.21.5　2018 年 8 月 17 日的日降水量图（mm）

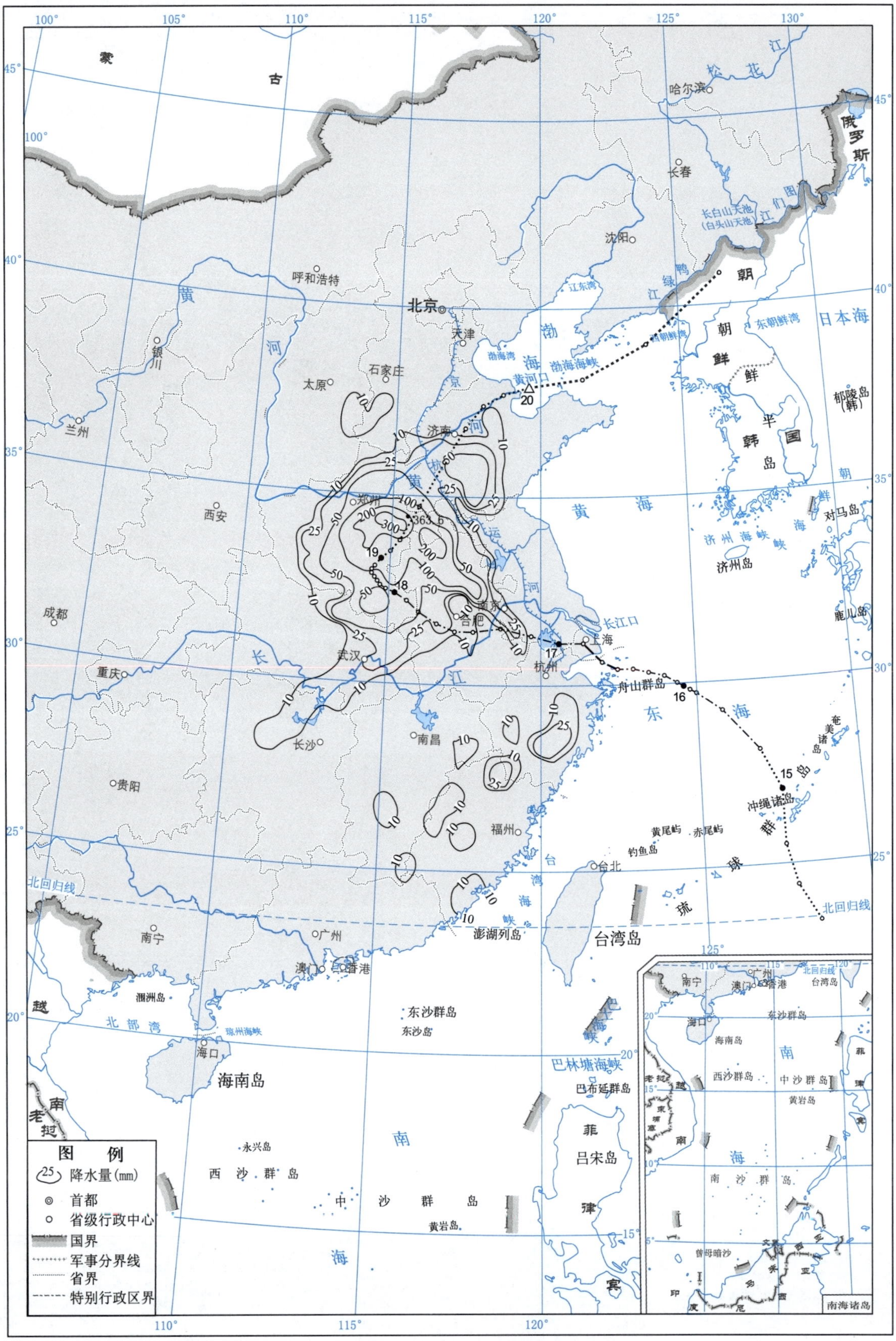

图 2.21.6　2018 年 8 月 18 日的日降水量图（mm）

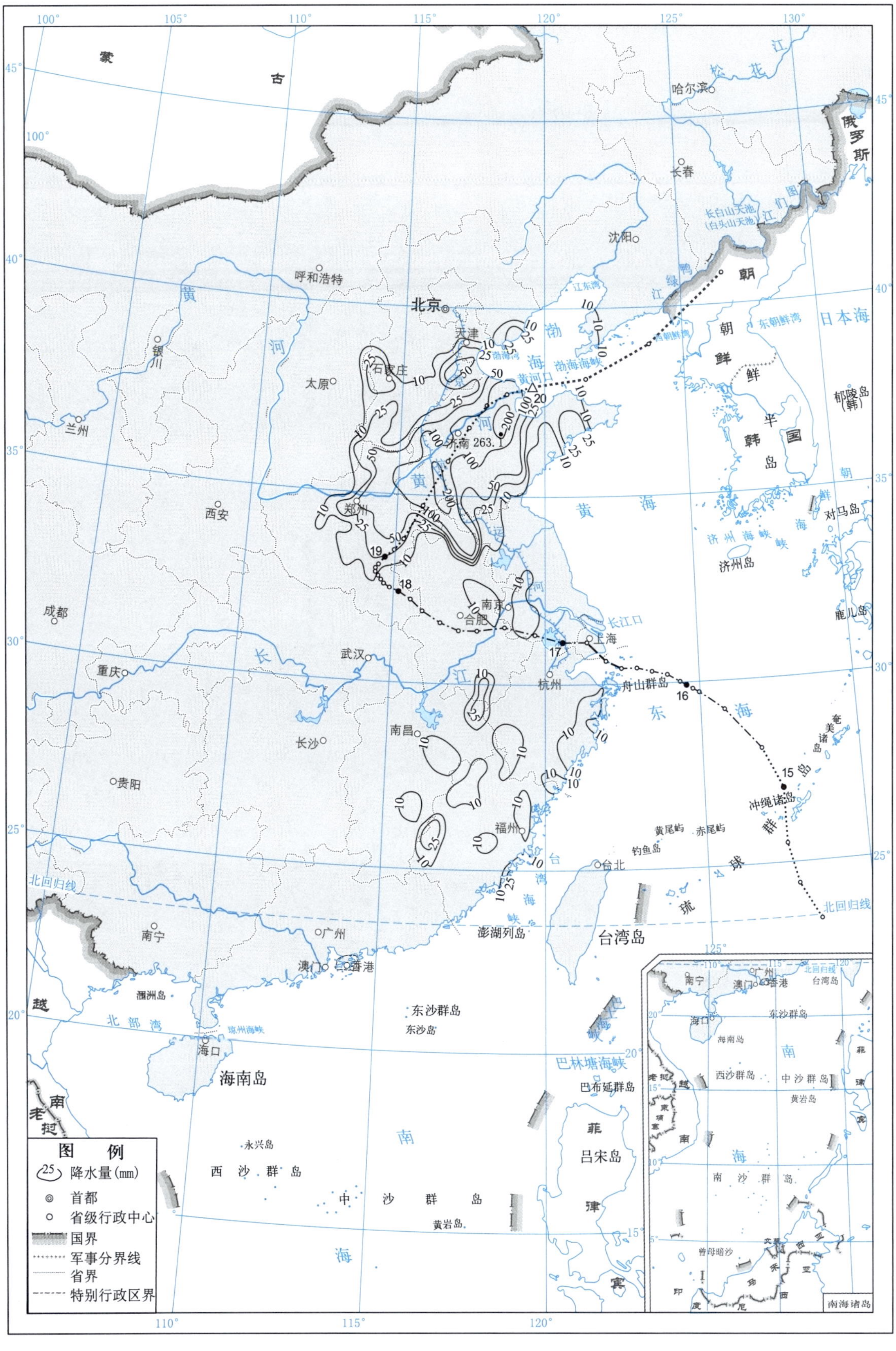

图 2.21.7　2018 年 8 月 19 日的日降水量图（mm）

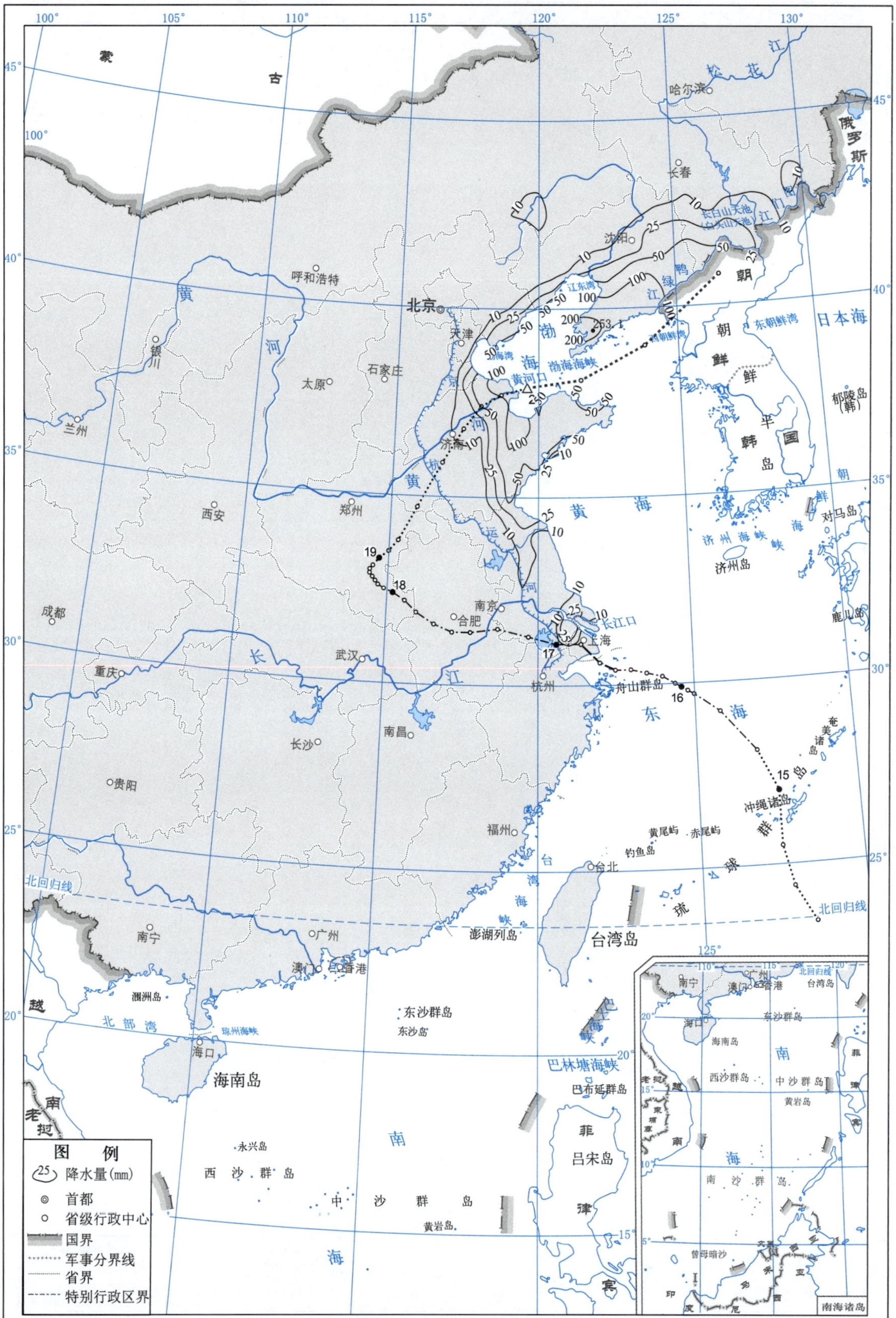

图 2.21.8　2018 年 8 月 20 日的日降水量图（mm）

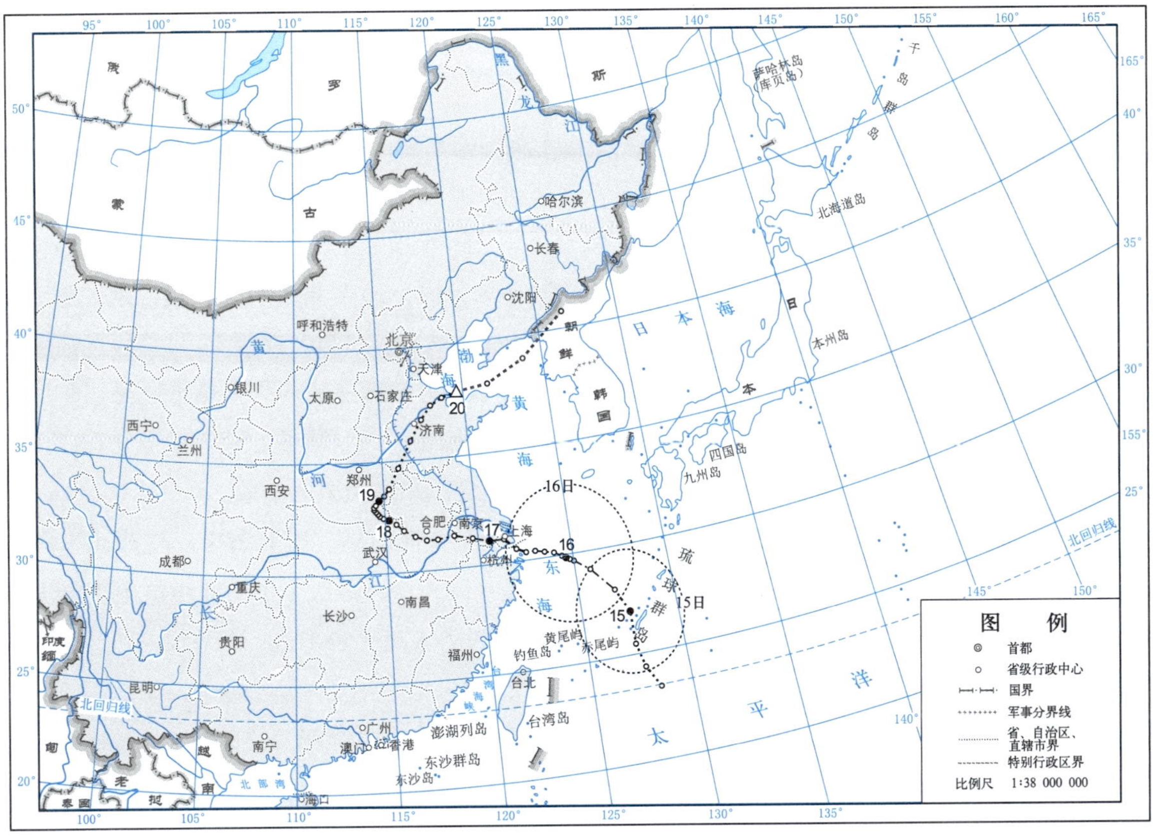

图 2.21.9　1818 号强热带风暴“温比亚”（Rumbia）大风区域演变图

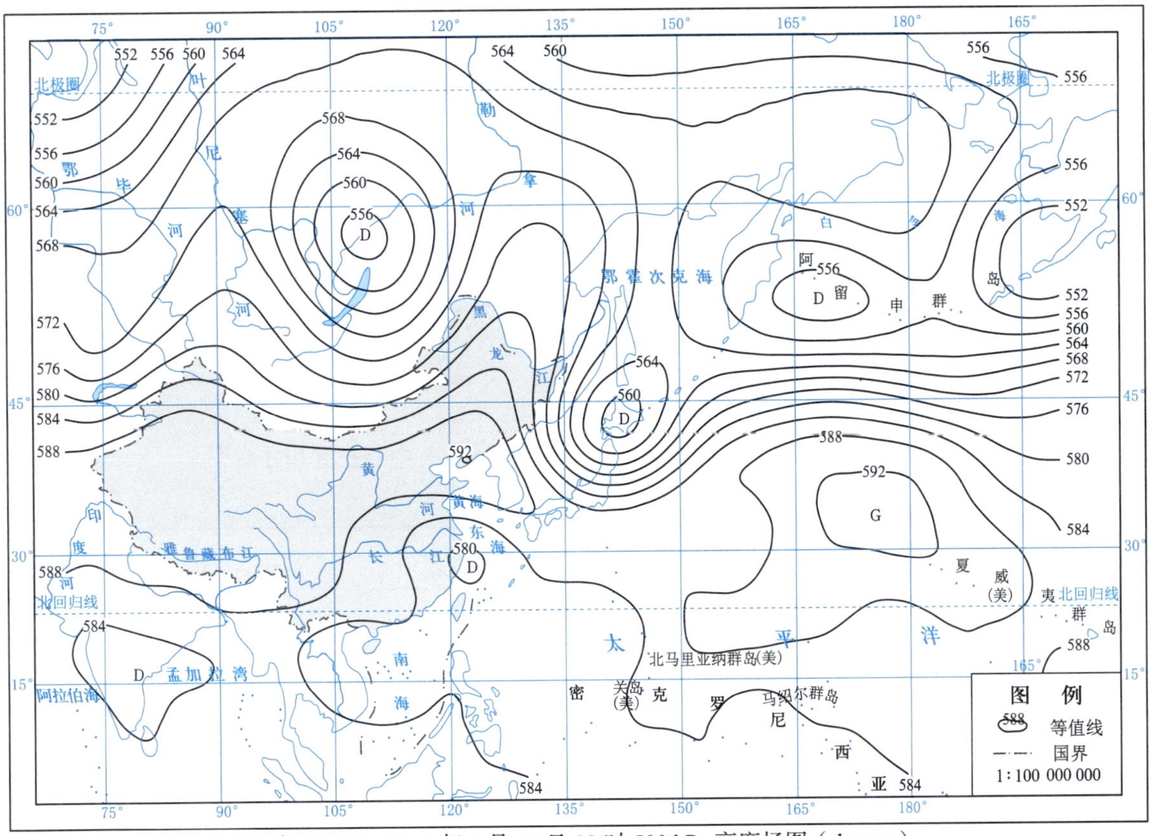

图 2.21.10　2018 年 8 月 17 日 02 时 500 hPa 高度场图（dagpm）

2.22 强台风“苏力”（Soulik）

第 1819 号强台风“苏力”是由 8 月 15 日下午位于美国关岛东南约 250 km 的西北太平洋洋面上一个热带低压发展形成。形成后低压中心向北偏西方向移动，16 日早晨加强为热带风暴，17 日早晨加强为强热带风暴，夜间继续增强为台风，移速减慢，18 日下午进一步增强至强台风，并折向偏西方向移动。之后强台风“苏力”经历减弱再增强阶段，19 日下午减弱为台风，20 日再次加强为强台风，随后加速向西北方向移动，21 日夜间进入东海海域。“苏力”22 日夜间减弱为台风，并于 23 日早晨逐渐转向东北方向移动，当日夜间在韩国全罗南道西部登陆。登陆后“苏力”迅速减弱为强热带风暴，并加速向东北方向移动，24 日早晨减弱为热带风暴，下午进入日本海海域。25 日凌晨变性为温带气旋，次日凌晨登陆日本北海道沿海地区，之后横穿北海道岛，在北海道岛以东洋面减弱消散。

受强台风“苏力”影响，8 月 22—24 日，浙江嵊泗、上海洋山港、安徽黄山、江苏西连岛、山东东部沿海及泰山、辽宁沿海局部出现最大风力 6 ~ 7 级、阵风 7 ~ 8 级；上海洋山港出现最大风力 7 级（14.6 m/s）、阵风 8 级（17.5 m/s)、山东文登出现最大风力 6 级（12.1 m/s）、阵风 8 级（18.3 m/s) 为本次强台风影响过程的风极值。

受其影响，8 月 23—25 日，山东沿海局部、辽宁东部局部、吉林西部大部和东南部局部、黑龙江中部大部、内蒙古东部局部总雨量为 10 ~ 50 mm；辽宁东部局部、吉林东部大部、黑龙江南部大部、内蒙古东部局部总雨量为 50 ~ 150 mm。其中，吉林江源过程总雨量 172.9 mm，24 日的日雨量 166.1 mm，24 日 03 时的小时雨量 17.6 mm，分别为本次强台风影响过程的总雨量、日雨量和时雨量极值。

受强台风“苏力”和强台风“西马仑”的共同影响，造成吉林和黑龙江省出现了一定程度的灾情。总计受灾人数达到 31 万人，紧急转移人数达到 2 万人，农作物受灾面积达到 86.3 千公顷，农作物绝收面积 18.1 千公顷，倒塌房屋 100 间，直接经济损失 19.2 亿元（表 2.22.2）。

表 2.22.1 是强台风“苏力”的中心位置和强度。图 2.22.1 ~ 图 2.22.6 分别是强台风“苏力”路径图、总降水量图、大风分布图、总降水日数图、大风区域演变图和 2018 年 8 月 23 日 02 时 500 hPa 高度场图。

表 2.22.1　1819 号强台风“苏力”（Soulik）中心位置和强度

8 月 15—27 日

年	月	日	时	中心位置		中心气压（hPa）	最大风速（m/s）
				北纬（°N）	东经（°E）		
2018	8	15	14	11.7	144.8	1002	13
	8	15	20	12.8	144.2	1002	13
	8	16	2	13.9	143.6	1000	15

（续表）

年	月	日	时	中心位置		中心气压（hPa）	最大风速（m/s）
				北纬（°N）	东经（°E）		
2018	8	16	8	15.1	143.0	998	18
	8	16	14	17.1	142.2	995	20
	8	16	20	18.6	141.8	990	23
	8	17	2	20.2	141.4	990	23
	8	17	8	21.5	140.9	985	25
	8	17	14	22.9	140.4	982	28
	8	17	20	23.8	140.1	975	33
	8	18	2	24.2	140.0	970	35
	8	18	8	24.5	140.0	960	40
	8	18	14	24.7	140.0	950	45
	8	18	20	24.9	139.9	950	45
	8	19	2	25.0	139.6	950	45
	8	19	8	25.1	139.1	955	42
	8	19	14	25.1	138.6	960	40
	8	19	20	25.3	138.0	965	38
	8	20	2	25.6	137.3	965	38
	8	20	8	25.8	136.5	955	42
	8	20	14	26.1	135.6	950	45
	8	20	20	26.4	134.4	950	45
	8	21	2	27.0	133.4	950	45
	8	21	8	27.6	132.3	950	45
	8	21	14	28.4	131.1	950	45
	8	21	20	29.1	129.8	950	45
	8	22	2	29.8	128.7	955	42

（续表）

年	月	日	时	中心位置		中心气压（hPa）	最大风速（m/s）
				北纬（°N）	东经（°E）		
2018	8	22	8	30.4	127.5	955	42
	8	22	14	31.2	126.7	955	42
	8	22	20	32.0	126.1	960	40
	8	23	2	32.7	125.5	965	35
	8	23	8	33.2	125.5	965	35
	8	23	14	33.9	125.7	970	33
	8	23	20	34.5	126.2	975	30
	8	24	2	35.7	127.6	985	25
	8	24	8	37.2	128.9	988	23
	8	24	14	38.3	130.1	995	20
	8	24	20	40.0	132.0	995	20
△	8	25	2	41.3	133.7	998	18
	8	25	8	42.1	135.2	1000	15
	8	25	14	42.9	136.6	1000	15
	8	25	20	43.6	138.6	1000	15
	8	26	2	44.2	140.6	1002	13
	8	26	8	44.5	142.4	1002	13
	8	26	14	43.9	144.4	1002	13
	8	26	20	43.3	147.6	1002	13
	8	27	2	42.9	151.3	1002	13
	8	27	8	42.6	154.6	1002	13
消散							

表 2.22.2　1819 号强台风“苏力”(Soulik) 和 1820 号强台风“西马仑”(CIMARON)在吉林和黑龙江省引发的灾情

受灾省	受灾人口（万人）	死亡人口（人）	失踪人口（人）	紧急转移人口（万人）	农作物		倒塌房屋（万间）	直接经济损失（亿元）
					受灾面积（千公顷）	绝收面积（千公顷）		
吉林省	20.5	0	0	1.8	48	9.2	0	15.6
黑龙江省	10.5	0	0	0.2	38.3	8.9	0.01	3.6
合计	31	0	0	2	86.3	18.1	0.01	19.2

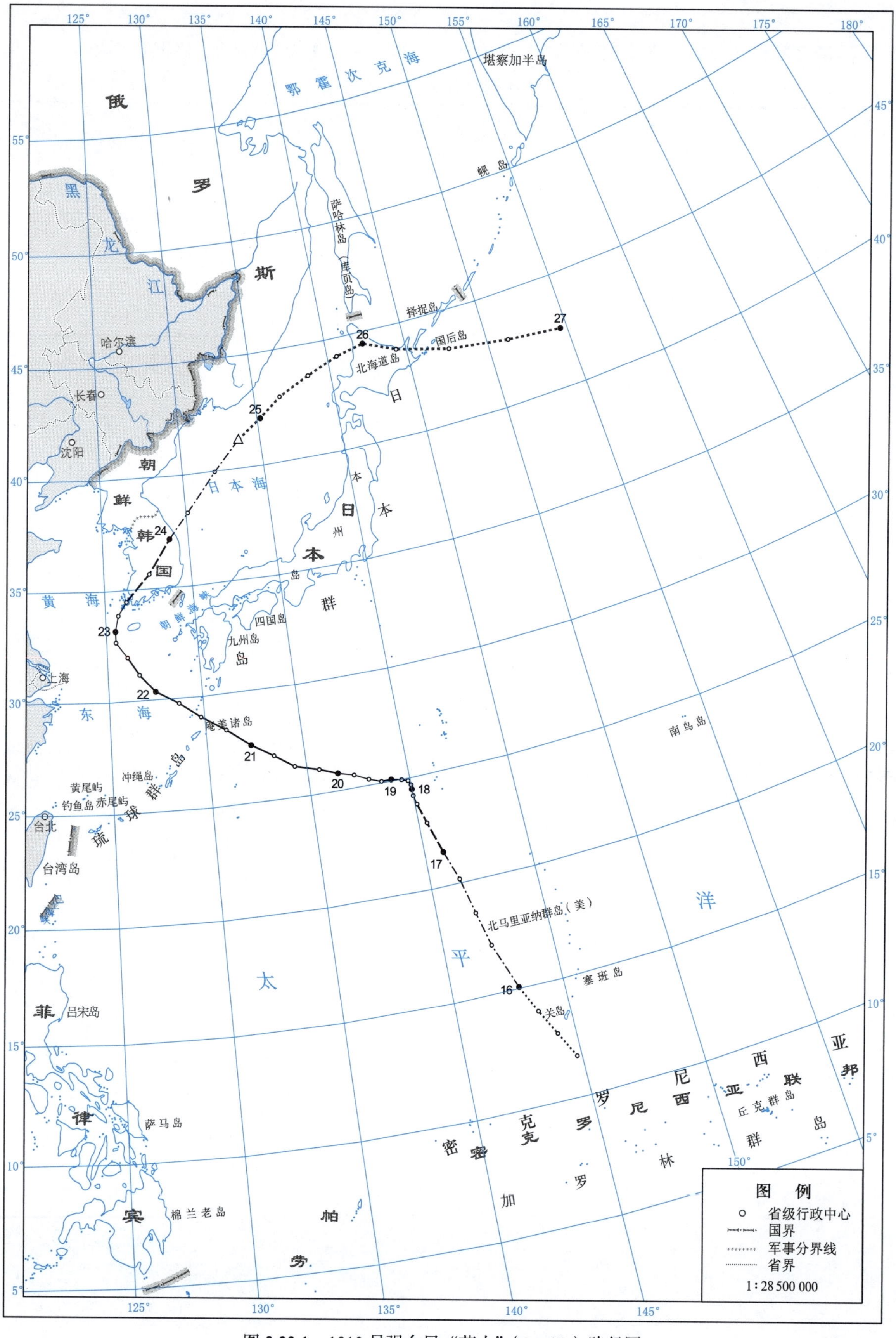

图 2.22.1　1819 号强台风“苏力”（Soulik）路径图

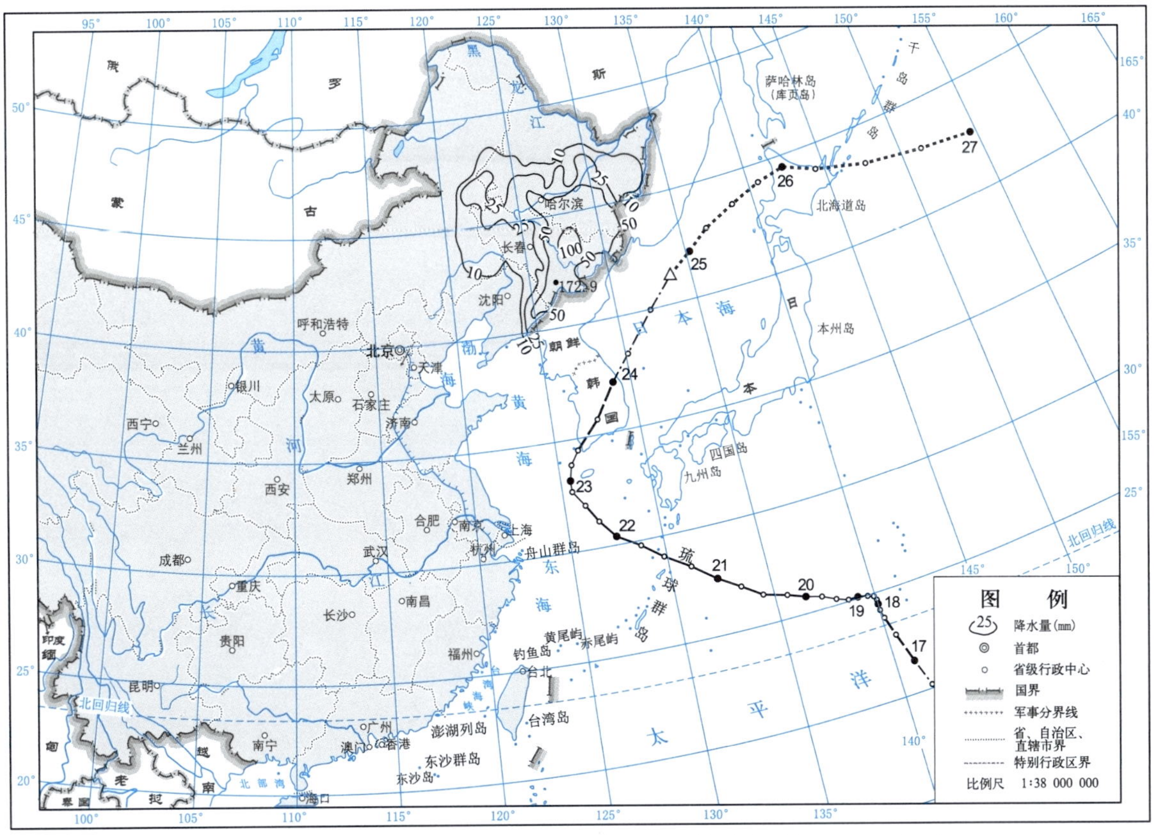

图 2.22.2　1819 号强台风“苏力”（Soulik）总降水量图（8 月 23—25 日）（mm）

图 2.22.3　1819 号强台风“苏力”（Soulik）大风分布图（8 月 22—24 日）

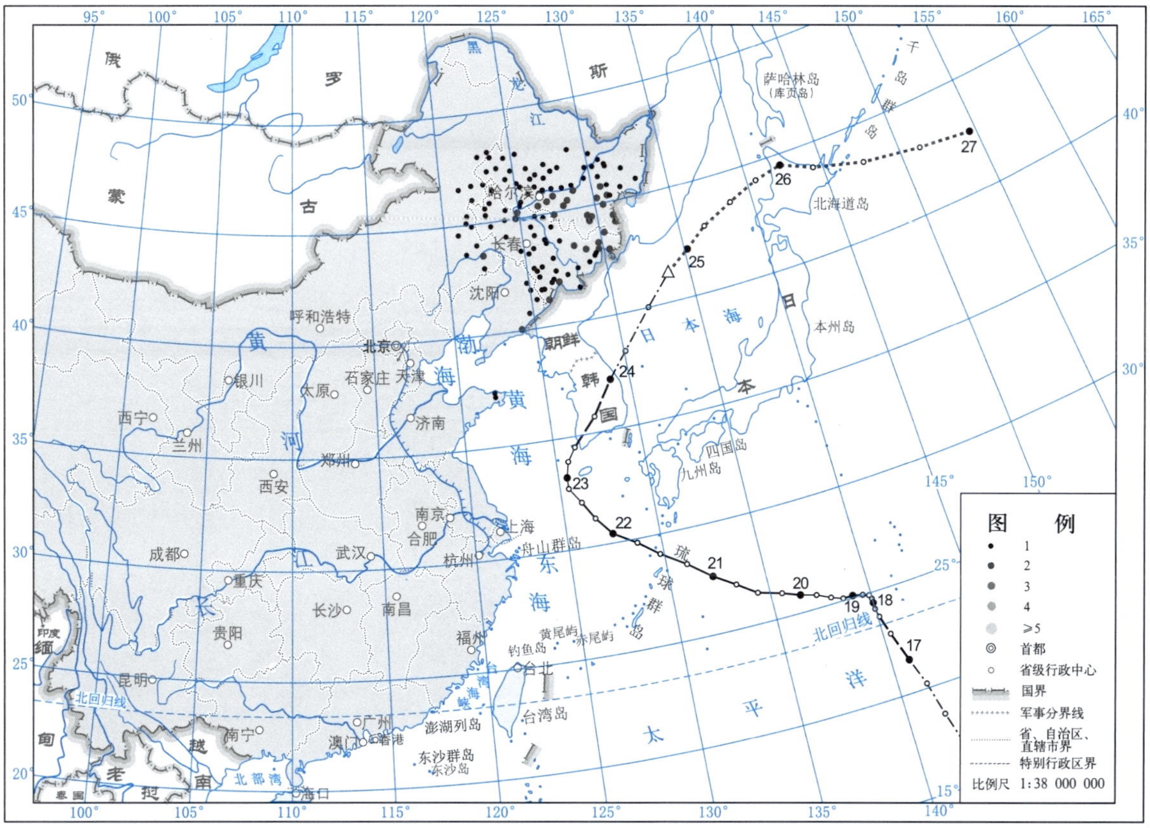

图 2.22.4　1819 号强台风“苏力”（Soulik）总降水日数图

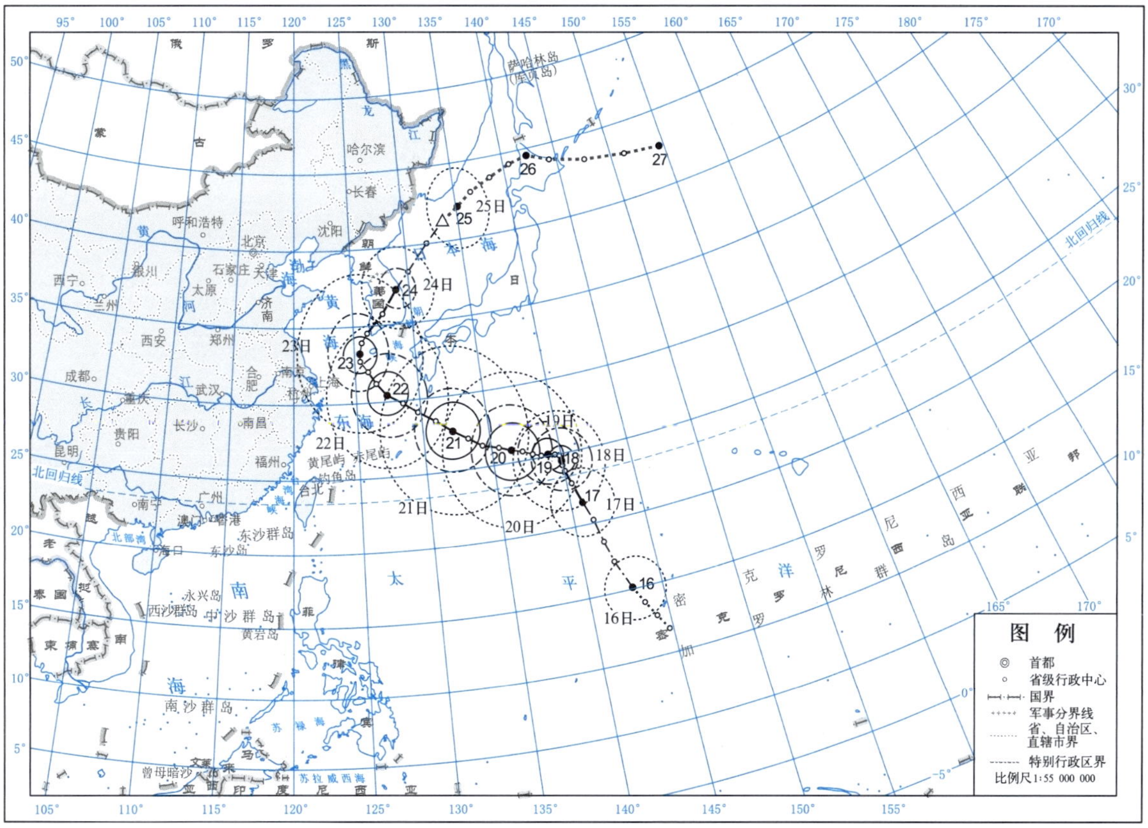

图 2.22.5　1819 号强台风“苏力”（Soulik）大风区域演变图

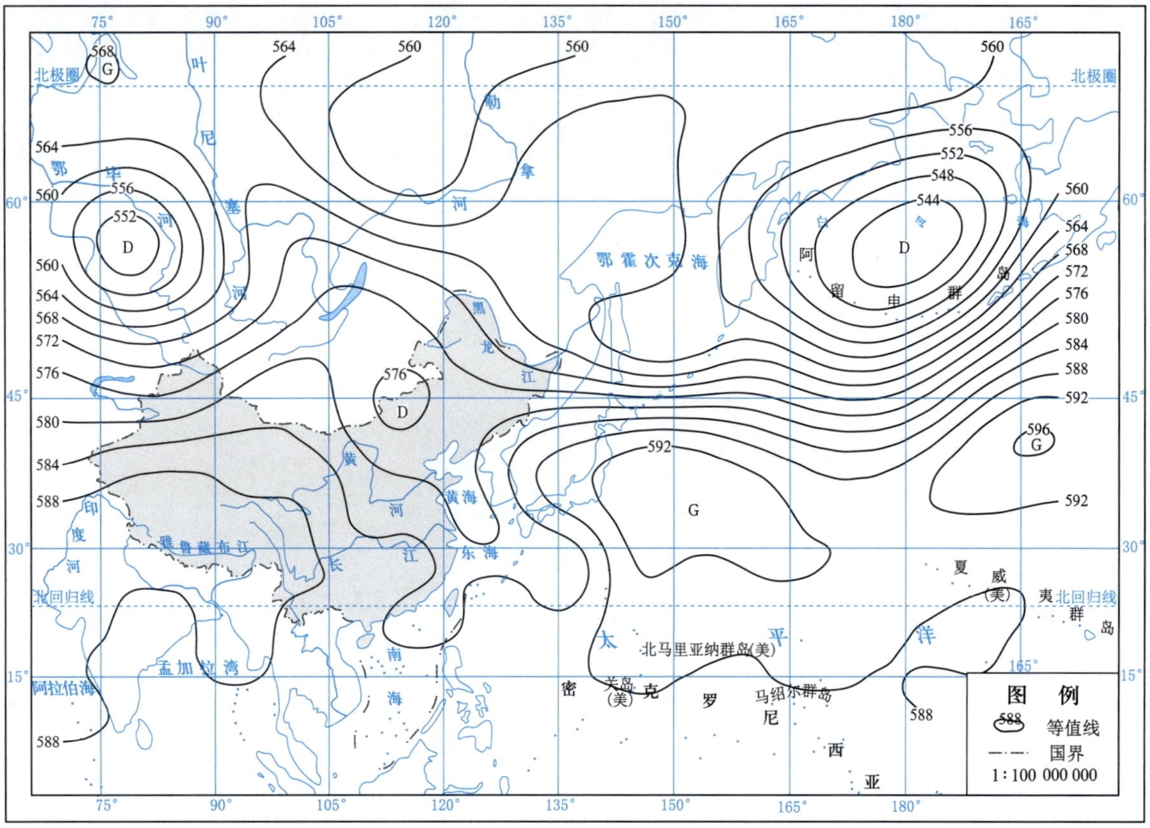

图 2.22.6　2018 年 8 月 23 日 02 时 500 hPa 高度场图（dagpm）

2.23 强台风“西马仑”（Cimaron）

第1820号强台风“西马仑”是由8月17日下午位于西北太平洋中部的洋面上一个热带低压发展形成。形成后低压中心向西北方向移动，强度逐渐增强，18日夜间增强为热带风暴，20日凌晨增强为强热带风暴，21日早晨增强为台风，并于22日凌晨增强至强台风，达到其生命史最大强度，中心附近最大风速48 m/s，中心最低气压945 hPa。之后“西马仑”移动的偏北分量增大，逐渐靠近日本东南部沿海，强度逐渐减弱，23日下午强度减弱为台风，并于当天夜间登陆日本四国岛东南部沿海，登陆时强度维持台风级。随后“西马仑”向北移动穿过日本本州岛，24日凌晨进入日本海海域，并减弱为强热带风暴，下午继续减弱至热带风暴，之后转向东北方向移动，当日夜间变性为温带气旋，25日凌晨在日本东北部沿海海域消散。

受强台风“苏力”和强台风“西马仑”的共同影响，造成吉林和黑龙江省出现了一定程度的灾情。总计受灾人数达到31万人，紧急转移人数达到2万人，农作物受灾面积达到86.3千公顷，农作物绝收面积18.1千公顷，倒塌房屋100间，直接经济损失19.2亿元（表2.22.2）。

表2.23.1是强台风“西马仑”的中心位置和强度。图2.23.1～图2.23.3分别是强台风“西马仑”的路径图、大风区域演变图和2018年8月22日20时500 hPa高度场图。

表2.23.1 1820号强台风“西马仑”（Cimaron）中心位置和强度

8月17—25日

年	月	日	时	中心位置		中心气压（hPa）	最大风速（m/s）
				北纬（°N）	东经（°E）		
2018	8	17	14	12.4	158.1	1002	13
	8	17	20	12.5	156.7	1002	13
	8	18	2	12.9	155.5	1002	13
	8	18	8	13.4	154.6	1000	15
	8	18	14	13.8	154.1	1000	15
	8	18	20	14.3	153.6	998	18
	8	19	2	14.7	153.0	998	18
	8	19	8	15.1	152.1	998	18
	8	19	14	15.6	151.3	995	20
	8	19	20	16.0	150.6	990	23
	8	20	2	16.5	149.9	985	25
	8	20	8	17.0	148.9	982	28
	8	20	14	17.6	148.0	982	28

（续表）

年	月	日	时	中心位置		中心气压（hPa）	最大风速（m/s）
				北纬（°N）	东经（°E）		
2018	8	20	20	18.3	147.3	980	30
	8	21	2	19.2	146.4	980	30
	8	21	8	20.0	145.1	975	33
	8	21	14	21.2	144.2	965	38
	8	21	20	21.9	142.8	960	40
	8	22	2	23.0	141.4	950	45
	8	22	8	24.2	139.9	945	48
	8	22	14	25.4	138.9	945	48
	8	22	20	26.8	137.4	945	48
	8	23	2	28.3	135.9	950	45
	8	23	8	29.9	135.0	955	42
	8	23	14	31.7	134.3	960	40
	8	23	20	33.8	134.6	970	38
	8	24	2	36.5	134.9	985	30
	8	24	8	38.8	136.0	990	25
	8	24	14	40.6	137.7	995	20
△	8	24	20	41.6	140.1	1000	15
	8	25	2	42.4	145.1	1006	13
消散							

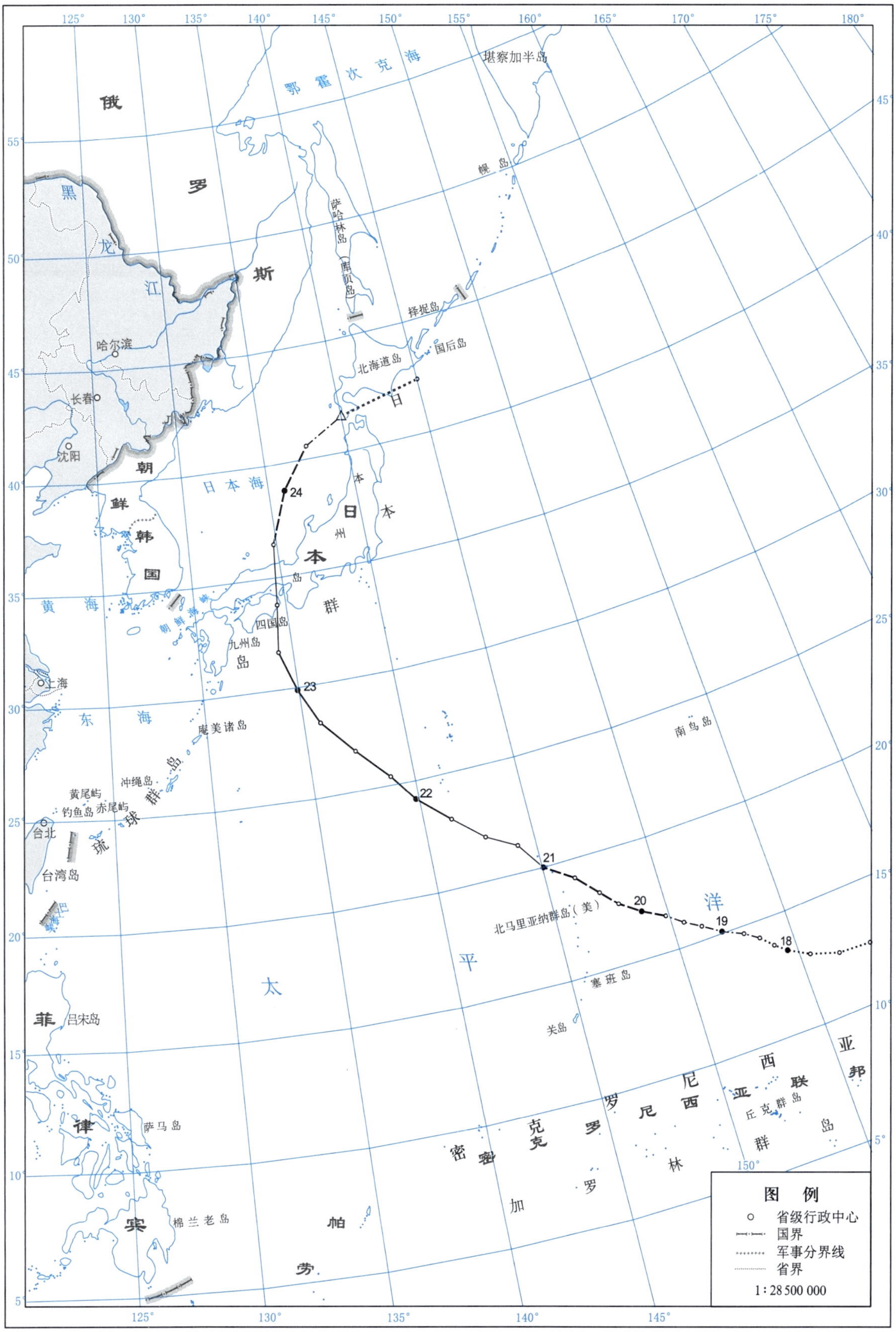

图 2.23.1 1820 号强台风“西马仑”（Cimaron）路径图

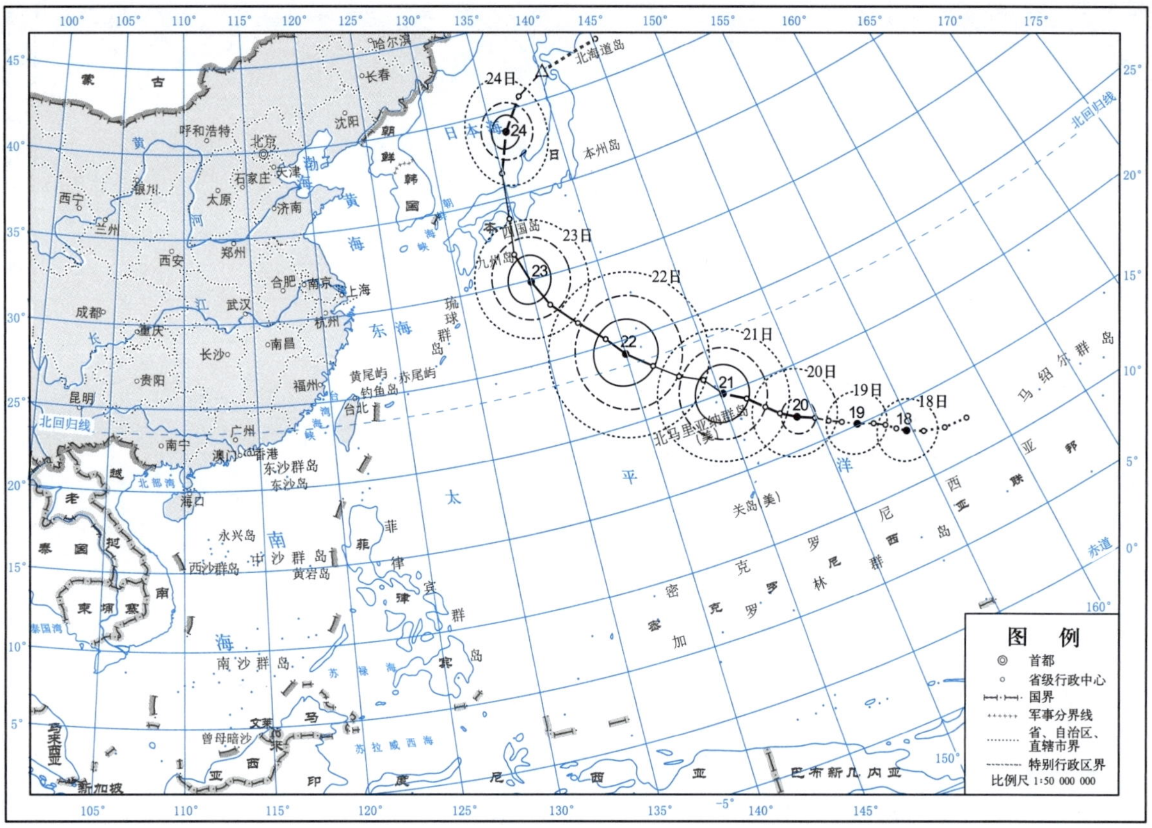

图 2.23.2　1820 号强台风“西马仑”（Cimaron）大风区域演变图

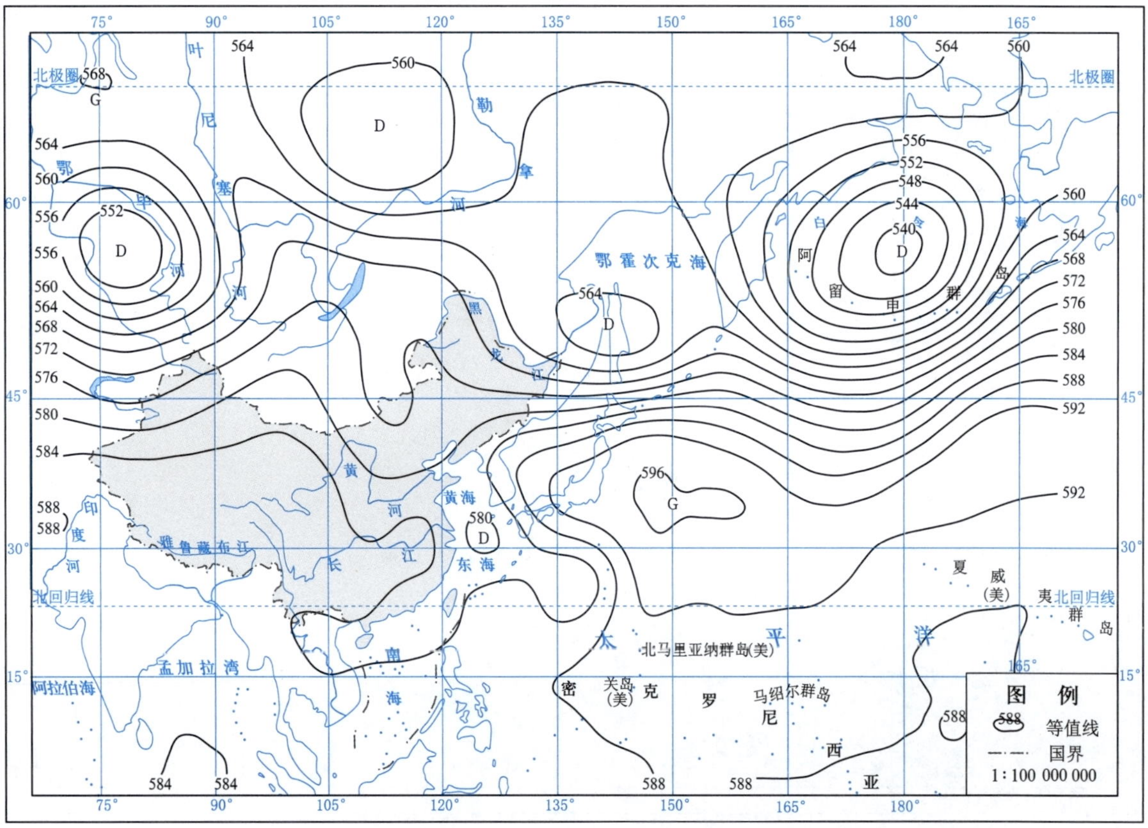

图 2.23.3　2018 年 8 月 22 日 20 时 500 hPa 高度场图（dagpm）

2.24 热带低压 (TD1804)

热带低压（TD1804）于 8 月 22 日早晨在中国台湾岛以西约 220 km 的南海海面上形成。形成后低压中心向偏东方向移动，逐渐向台湾西南沿海地区靠近，于 23 日 06 时在台湾高雄登陆，登陆时中心附近最大风速 15 m/s（7 级），中心最低气压 992 hPa。之后热带低压迅速转向偏北，沿着台湾岛西海岸移动，24 日凌晨进入台湾海峡，下午转向偏西方向移动，逐渐靠近福建沿海地区，并于 25 日 09 时 40 分二次登陆福建莆田，登陆时中心附近最大风速 15 m/s（7 级），中心最低气压 994 hPa，当天下午在福建境内减弱消散。

受热带低压影响，8 月 23—25 日，广东沿海局部、福建南部部分、浙江沿海局部、江西庐山、安徽南部局部出现最大风力 6 ~ 7 级、阵风 7 ~ 9 级；福建三沙出现最大风力 7 级（17.1 m/s）、阵风 9 级（23.6 m/s），安徽黄山出现最大风力 6 级（13.6 m/s）、阵风 9 级（24.4 m/s) 为本次热带低压影响过程的风极值。

受该热带低压影响，8 月 22—25 日，海南部分、广西南部局部、广东大部、江西部分、福建部分、浙江大部、江苏吴江等地总雨量为 10 ~ 50 mm；海南部分、广西沿海局部、广东局部、江西局部、福建部分、浙江南部部分及东北部局部总雨量 50 ~ 150 mm；广东西南部局部、福建柘荣、浙江青田和洞头总雨量 150 ~ 294.0 mm。其中福建柘荣过程总雨量 293.6 mm，25 日的日雨量 269.6 mm，分别为本次热带低压影响过程的总雨量和日雨量极值，广东茂名 23 日 16 时的小时雨量 139.9 mm，为本次热带低压影响过程的时雨量极值。

表 2.24.1 是热带低压（TD1804）的中心位置和强度。图 2.24.1 ~图 2.24.8 分别是热带低压（TD1804）路径图、总降水量图、大风分布图、总降水日数图、8 月 24—25 日的日降水量图、大风区域演变图和 2018 年 8 月 25 日 08 时 500 hPa 高度场图。

表 2.24.1 热带低压 (TD1804) 中心位置和强度

8 月 22—25 日

年	月	日	时	中心位置		中心气压（hPa）	最大风速（m/s）
				北纬（°N）	东经（°E）		
2018	8	22	8	22.2	118.6	996	13
	8	22	11	22.2	118.8	996	13
	8	22	14	22.2	119.0	996	13
	8	22	17	22.2	119.2	996	13
	8	22	20	22.2	119.4	996	13
	8	22	23	22.2	119.7	996	13
	8	23	2	22.3	120.0	996	13

（续表）

年	月	日	时	中心位置		中心气压（hPa）	最大风速（m/s）
				北纬（°N）	东经（°E）		
2018	8	23	5	22.4	120.2	992	15
	8	23	8	22.8	120.4	994	15
	8	23	11	23.2	120.3	994	15
	8	23	14	23.4	120.3	994	15
	8	23	17	23.6	120.3	994	15
	8	23	20	23.8	120.3	994	15
	8	23	23	23.9	120.3	994	15
	8	24	2	24.0	120.3	994	15
	8	24	5	24.1	120.3	994	15
	8	24	8	24.2	120.3	994	15
	8	24	11	24.3	120.4	994	15
	8	24	14	24.5	120.5	994	15
	8	24	17	24.8	120.5	994	15
	8	24	20	24.9	120.3	994	15
	8	24	23	25.0	120.1	994	15
	8	25	2	25.0	119.9	994	15
	8	25	5	25.0	119.7	994	15
	8	25	8	25.1	119.5	994	15
	8	25	11	25.3	119.1	996	13
	8	25	14	25.2	118.6	996	13
消散							

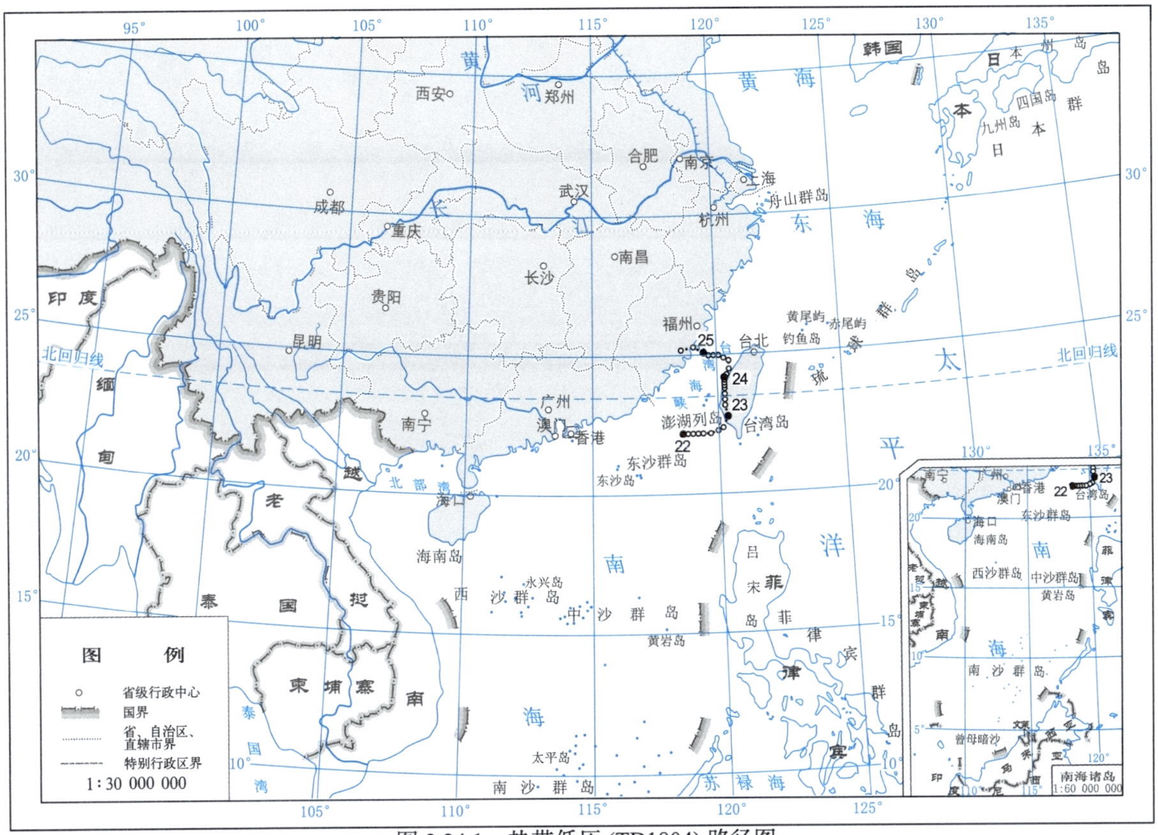

图 2.24.1　热带低压 (TD1804) 路径图

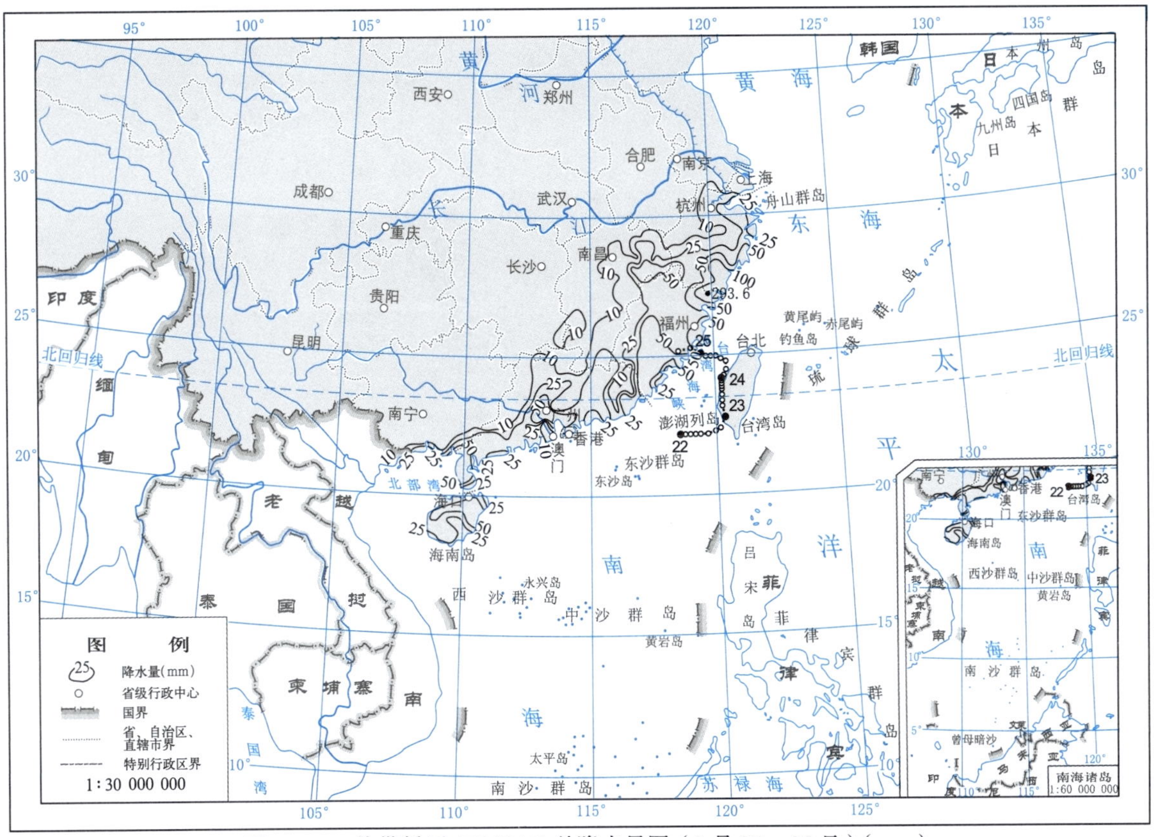

图 2.24.2　热带低压 (TD1804) 总降水量图（8 月 22—25 日）(mm)

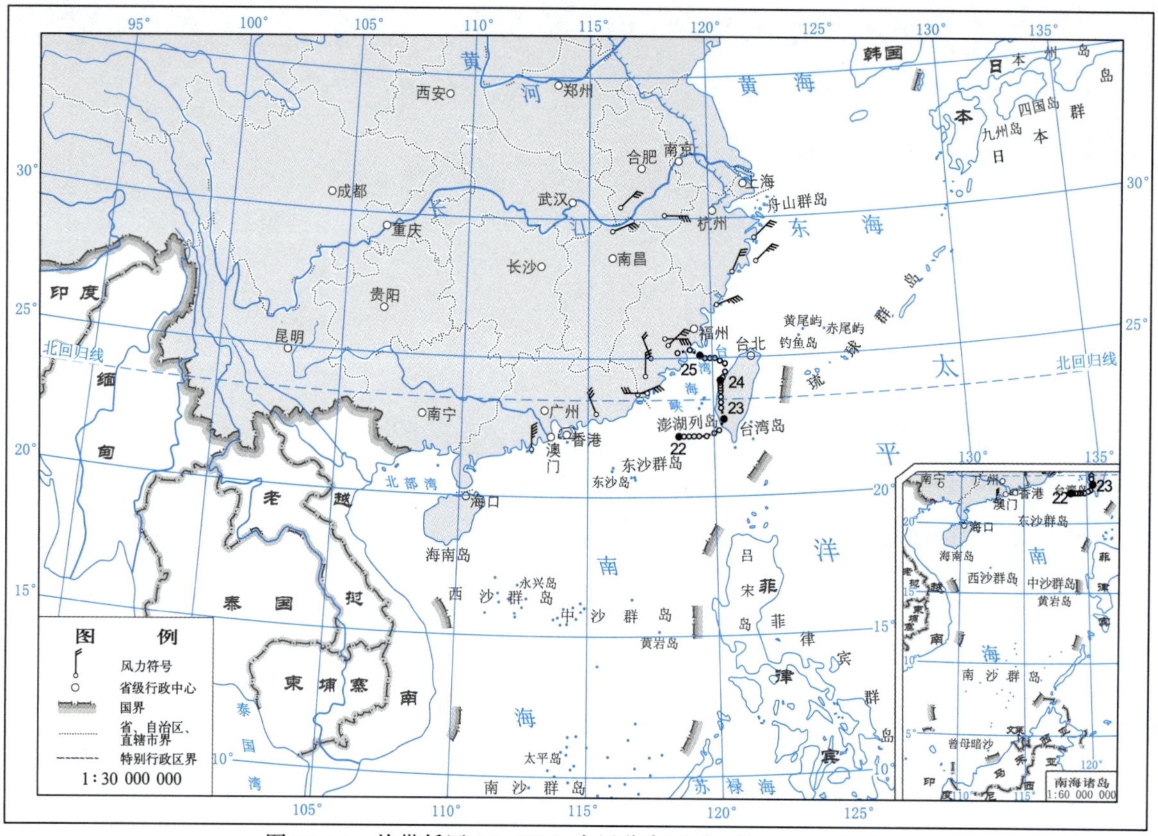

图 2.24.3 热带低压 (TD1804) 大风分布图（8 月 23—25 日）

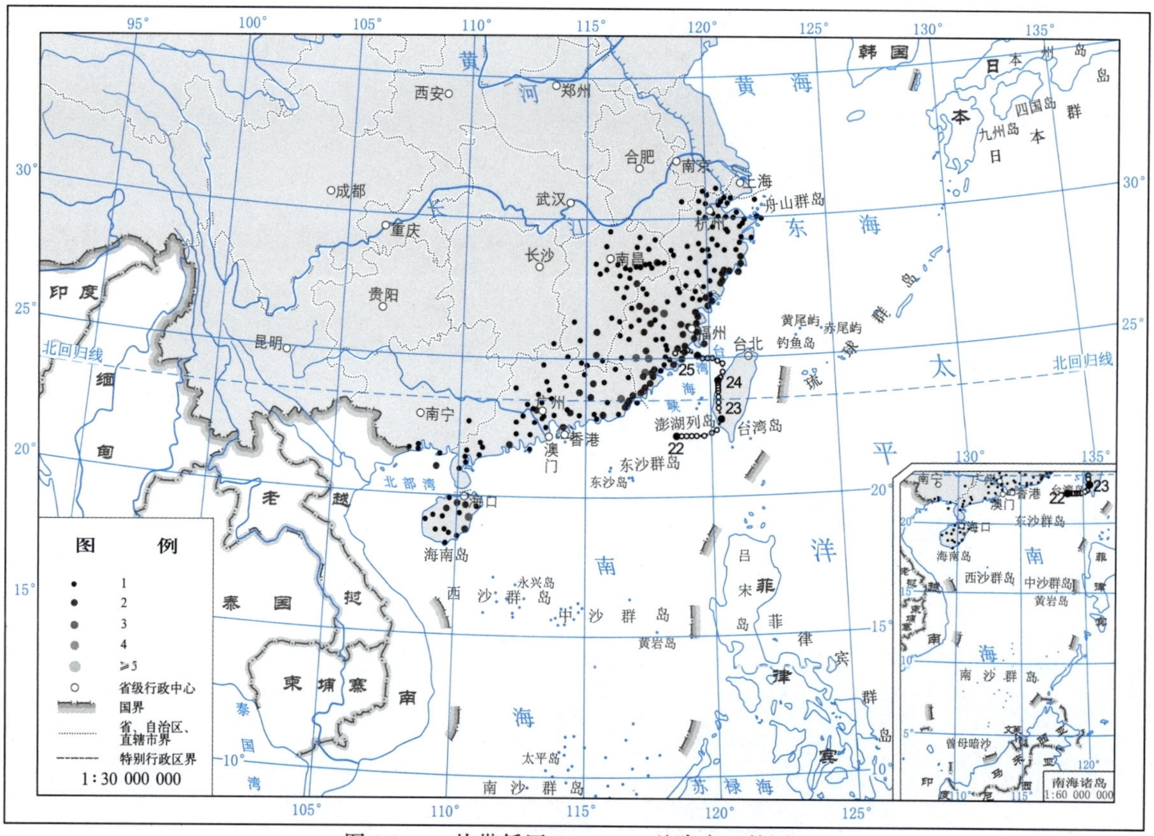

图 2.24.4 热带低压 (TD1804) 总降水日数图

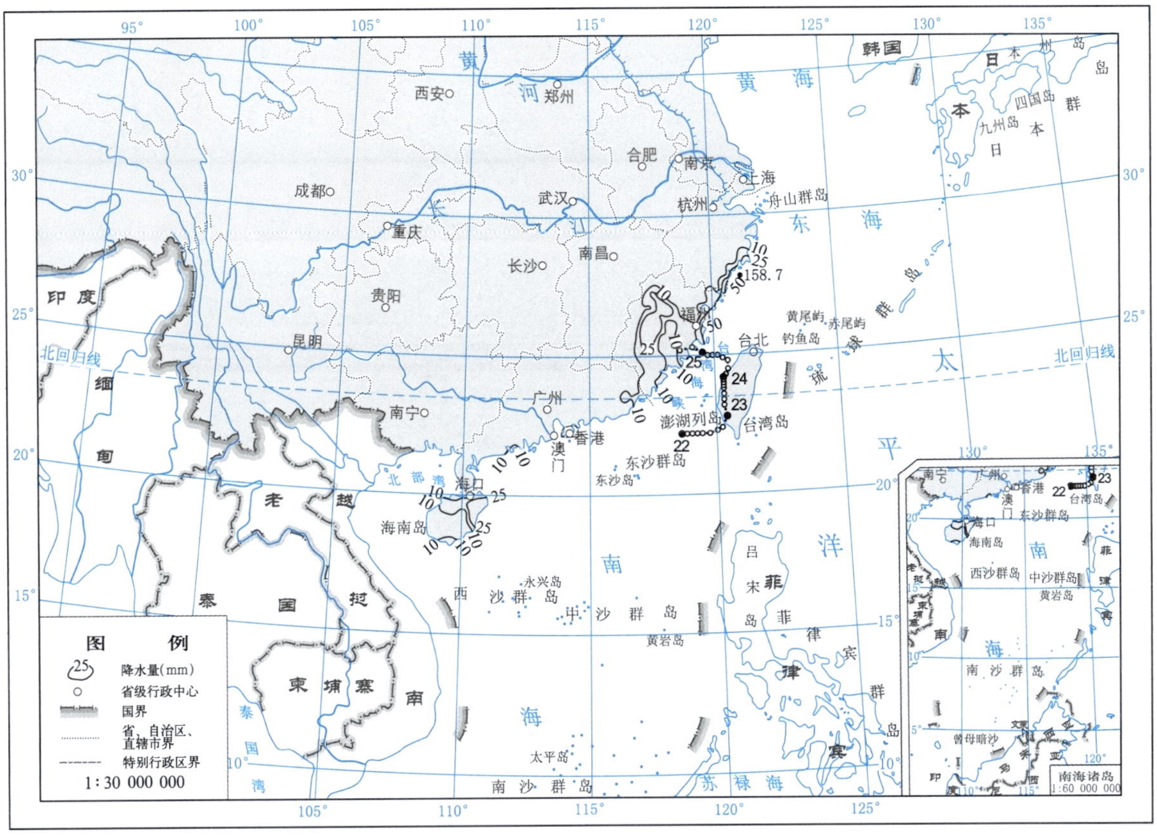

图 2.24.5 8 月 24 日的日降水量图（mm）

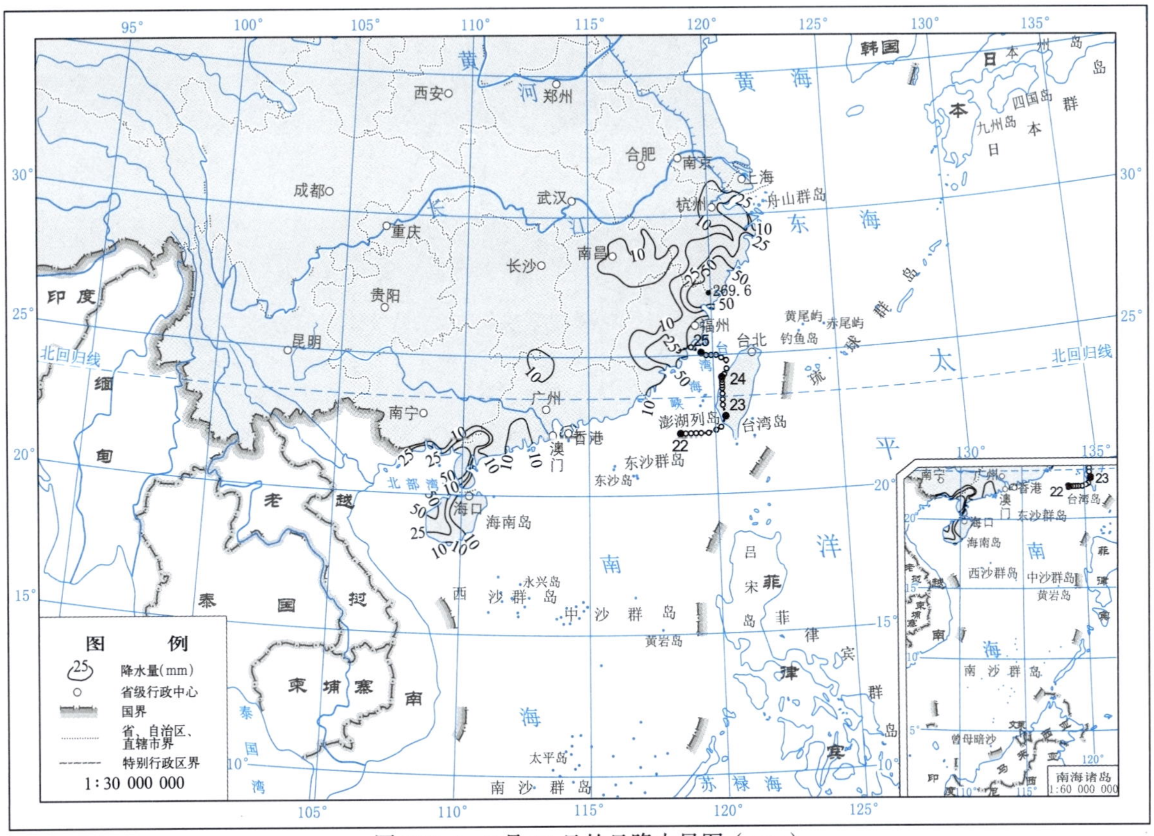

图 2.24.6 8 月 25 日的日降水量图（mm）

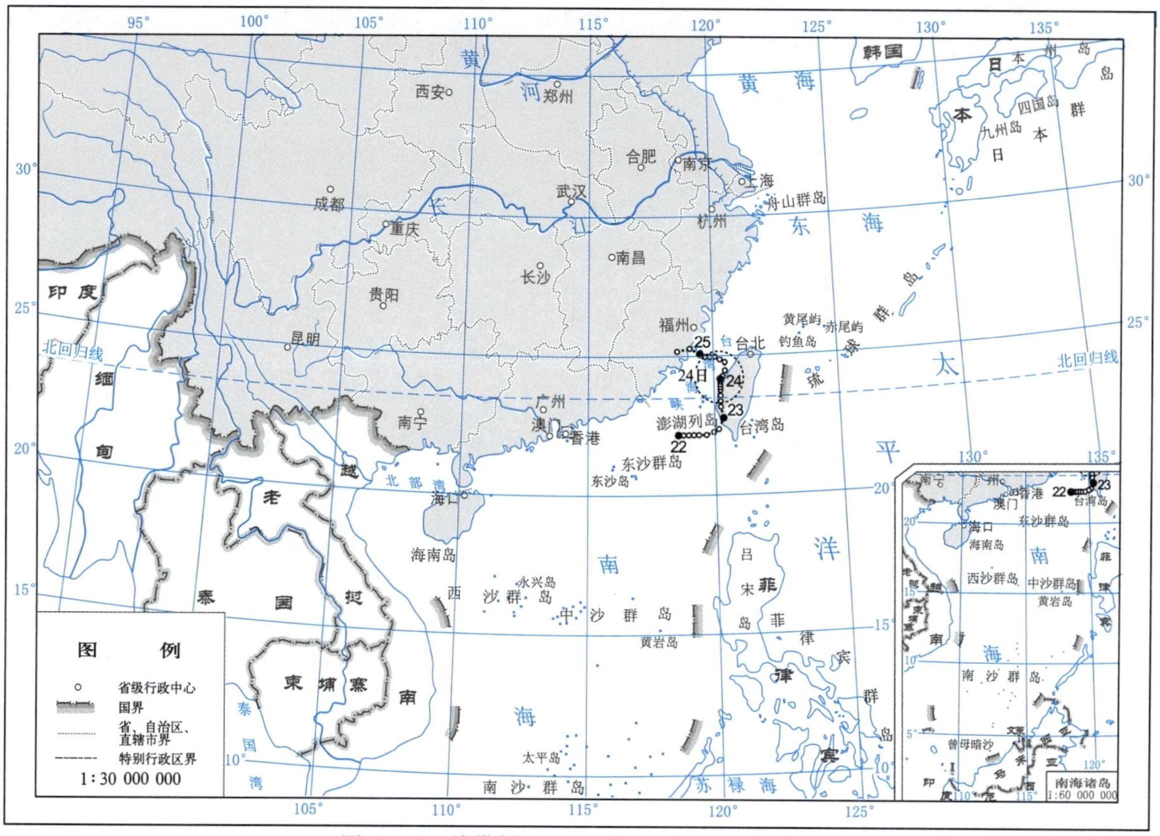

图 2.24.7　热带低压 (TD1804) 大风区域演变图

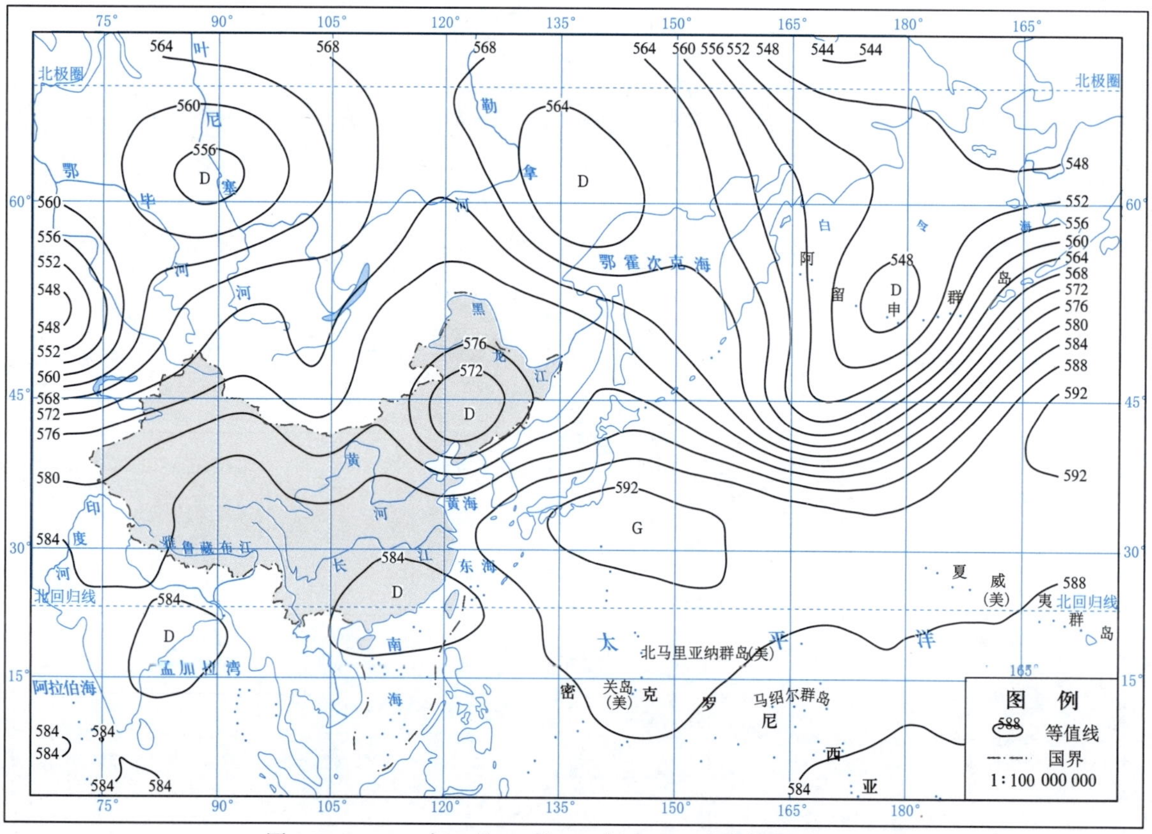

图 2.24.8　2018 年 8 月 25 日 08 时 500 hPa 高度场图（dagpm）

2.25 超强台风“飞燕”(Jebi)

第 1821 号超强台风“飞燕”是由 8 月 27 日早晨位于威克岛西南约 1100 km 的西北太平洋洋面上一个热带低压发展形成。形成后低压中心向西北方向移动，移速较慢，28 日早晨加强为热带风暴，偏西移动的分量逐渐增大，强度迅速增强，29 日凌晨加强为强热带风暴，下午继续加强为台风，次日早晨加强为强台风，夜间进一步增强至超强台风，并于 31 日下午达到其生命史最大强度，中心附近最大风速 65 m/s，中心最低气压 905 hPa。之后超强台风“飞燕”转向西北，强度开始减弱，2 日早晨减弱为强台风。3 日下午转向东北方向移动，向日本东南沿海靠近，于 4 日下午在日本四国岛德岛县和本州岛兵库县登陆，登陆时均为强台风级。两次登陆后“飞燕”迅速减弱为台风，移速加快，当日夜间进入日本海海域，5 日凌晨继续减弱为强热带风暴，之后变性为温带气旋，继续北上，并于 7 日下午在俄罗斯东部境内消散。

受超强台风“飞燕”影响，9 月 5—6 日，吉林延吉、黑龙江牡丹江出现最大风力 6 级、阵风 7—8 级；吉林延吉出现最大风力 6 级（12.4 m/s）、阵风 8 级（18.5 m/s)，黑龙江勃利出现最大风力 5 级（10.3 m/s）、阵风 8 级（19.5 m/s)，为本次超强台风影响过程的风极值。

受其影响，9 月 5—6 日，吉林桦甸和舒兰、黑龙江南部总雨量为 10 ~ 47 mm；其中，黑龙江抚远总雨量 46.9 mm，5 日的日雨量 46.3 mm，黑龙江宝清 6 日 16 时的时雨量 21.2 mm，分别为本次超强台风影响过程的总雨量、日雨量和时雨量极值。

表 2.25.1 是超强台风“飞燕”的中心位置和强度。图 2.25.1 ~ 图 2.25.6 分别是超强台风“飞燕”路径图、总降水量图、大风分布图、总降水日数图、大风区域演变图和 2018 年 9 月 1 日 02 时 500 hPa 高度场图。

表 2.25.1 1821 号超强台风“飞燕”(Jebi) 中心位置和强度

8 月 27 日—9 月 7 日

年	月	日	时	中心位置		中心气压（hPa）	最大风速（m/s）
				北纬（° N）	东经（° E）		
2018	8	27	8	12.0	159.6	1004	13
	8	27	14	13.0	159.2	1002	15
	8	27	20	13.8	158.8	1002	15
	8	28	2	14.6	158.0	1002	15
	8	28	8	15.4	157.0	1000	18
	8	28	14	16.0	156.3	998	20
	8	28	20	16.6	155.3	995	23
	8	29	2	16.8	154.4	990	25
	8	29	8	17.1	153.4	980	30

（续表）

年	月	日	时	中心位置		中心气压（hPa）	最大风速（m/s）
				北纬（°N）	东经（°E）		
2018	8	29	14	17.3	152.2	975	33
	8	29	20	17.3	151.4	970	38
	8	30	2	17.3	150.5	965	40
	8	30	8	17.6	149.2	955	42
	8	30	14	17.7	148.1	945	48
	8	30	20	17.8	146.9	935	52
	8	31	2	17.8	145.4	925	58
	8	31	8	17.9	144.2	910	62
	8	31	14	18.3	142.8	905	65
	8	31	20	18.5	141.5	905	65
	9	1	2	19.1	140.3	905	65
	9	1	8	19.6	139.2	910	62
	9	1	14	20.3	138.3	910	62
	9	1	20	21.0	137.4	930	55
	9	2	2	21.7	136.5	935	52
	9	2	8	22.6	135.9	938	50
	9	2	14	23.6	135.1	940	48
	9	2	20	24.4	134.4	940	48
	9	3	2	25.5	133.7	940	48
	9	3	8	26.5	133.1	945	45
	9	3	14	27.4	132.5	945	45
	9	3	20	28.6	132.5	945	45
	9	4	2	30.2	132.9	950	42
	9	4	8	32.3	133.8	950	42
	9	4	14	35.5	135.4	965	38
	9	4	20	39.6	137.6	970	33

（续表）

年	月	日	时	中心位置		中心气压（hPa）	最大风速（m/s）
				北纬（°N）	东经（°E）		
2018	9	5	2	43.0	139.0	975	25
△	9	5	8	46.0	138.8	976	23
	9	5	14	49.0	136.9	976	23
	9	5	20	51.4	136.3	980	18
	9	6	2	52.8	136.2	980	18
	9	6	8	54.1	136.5	982	18
	9	6	14	55.0	136.9	984	18
	9	6	20	55.8	137.5	986	18
	9	7	2	56.8	137.6	988	18
	9	7	8	59.3	137.3	992	15
	9	7	14	62.1	136.9	995	13
消散							

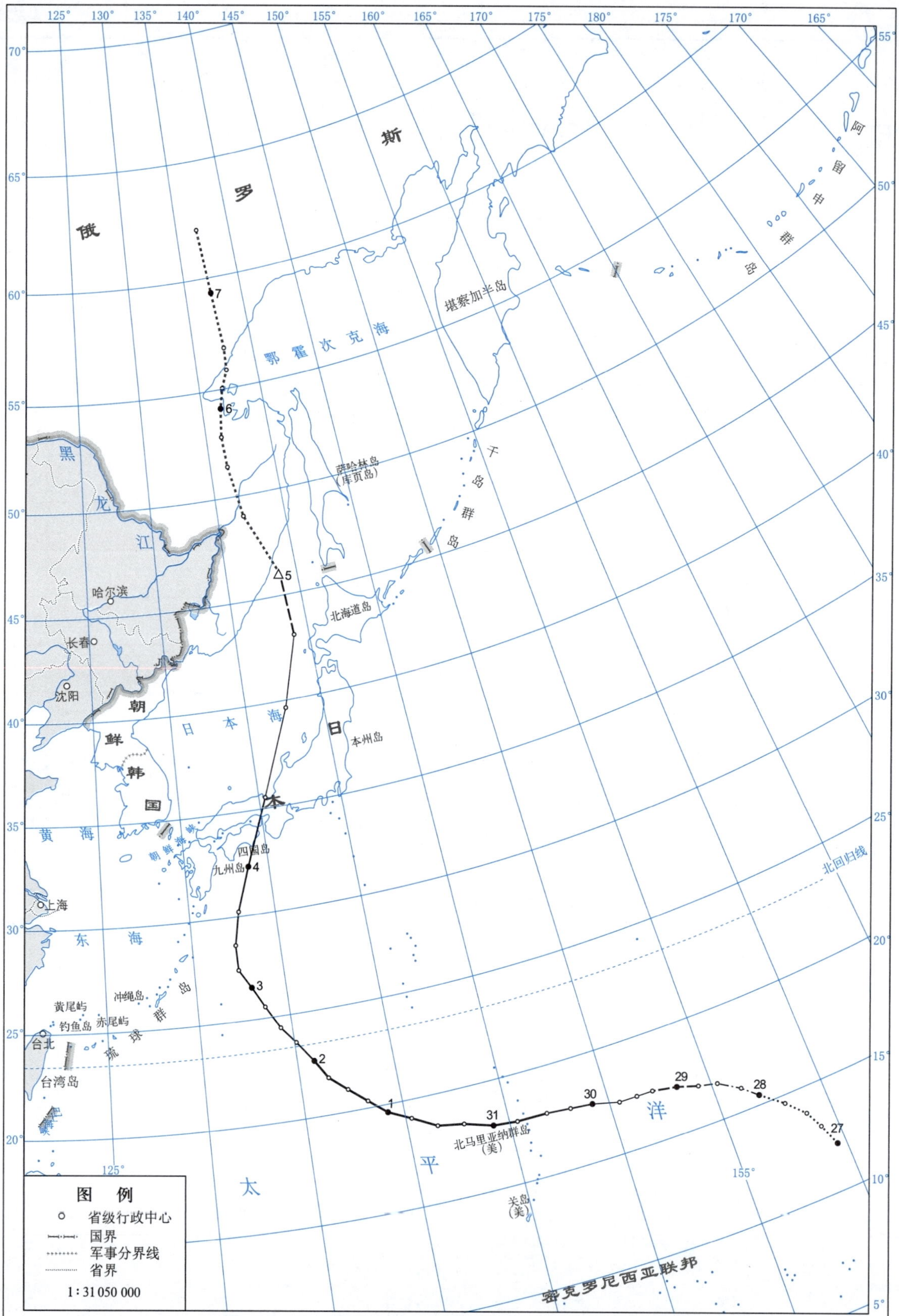

图 2.25.1 1821 号超强台风“飞燕”（Jebi）路径图

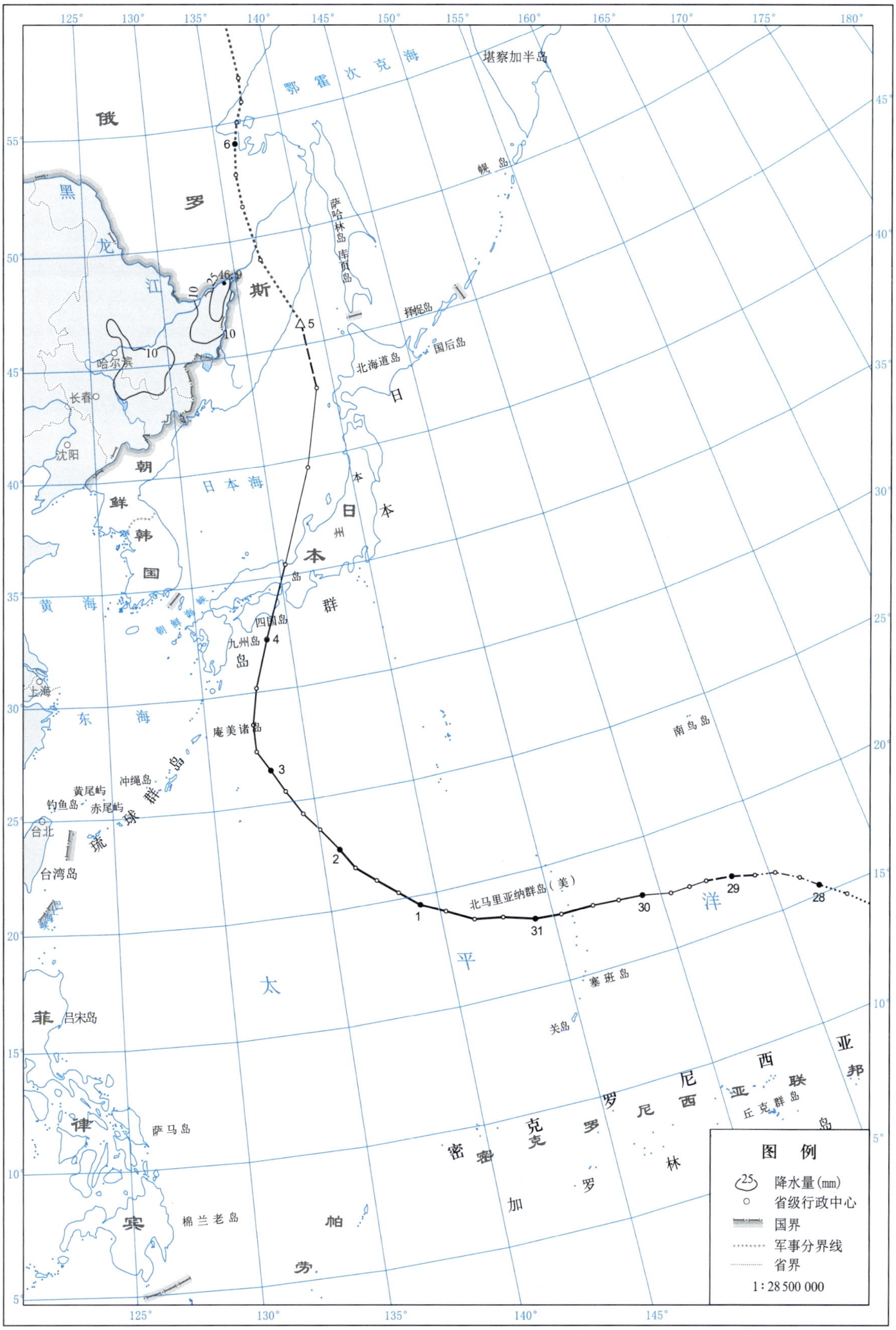

图 2.25.2 1821 号超强台风“飞燕”（Jebi）总降水量图（9 月 5—6 日）（mm）

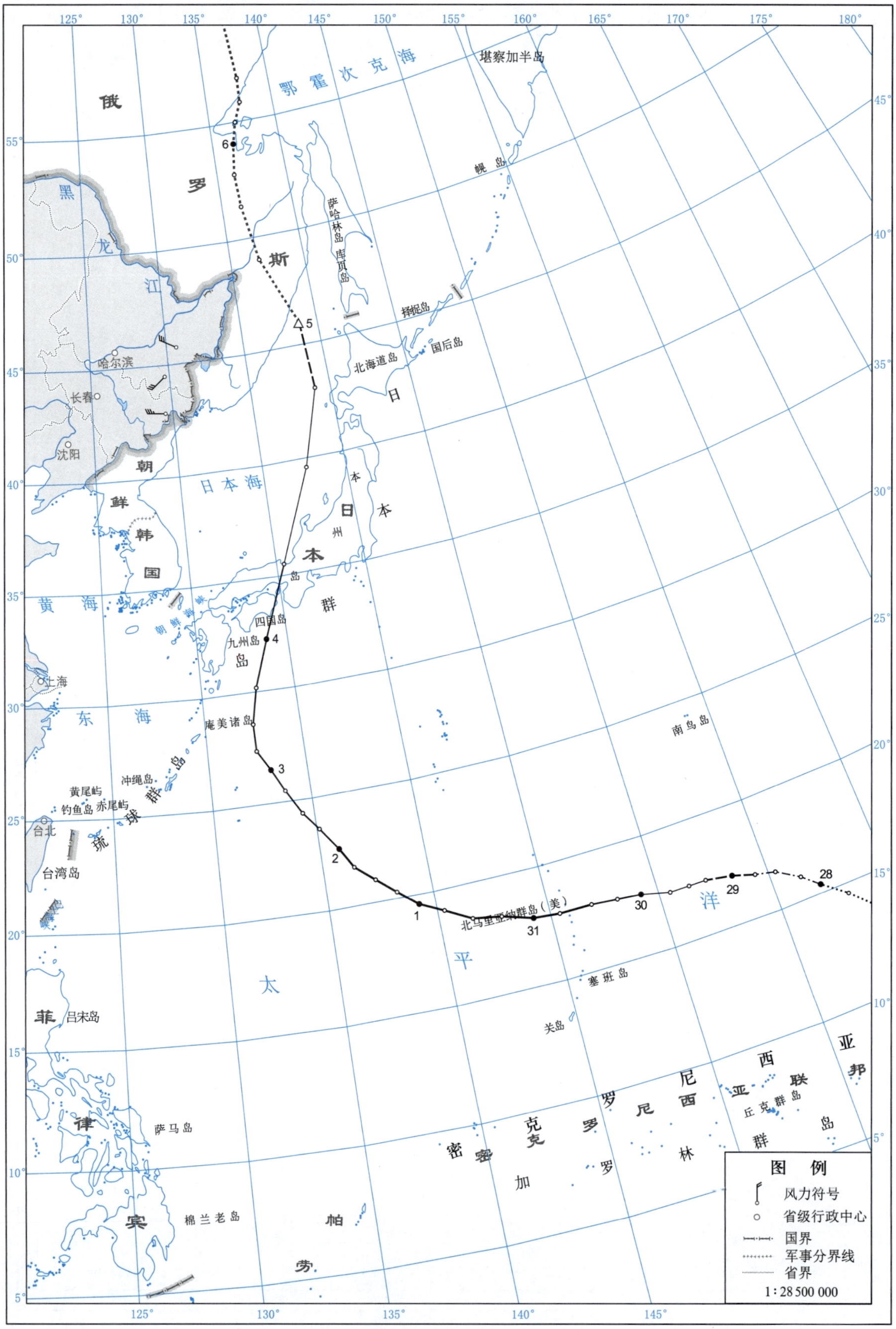

图 2.25.3　1821 号超强台风“飞燕”（Jebi）大风分布图（9 月 5—6 日）

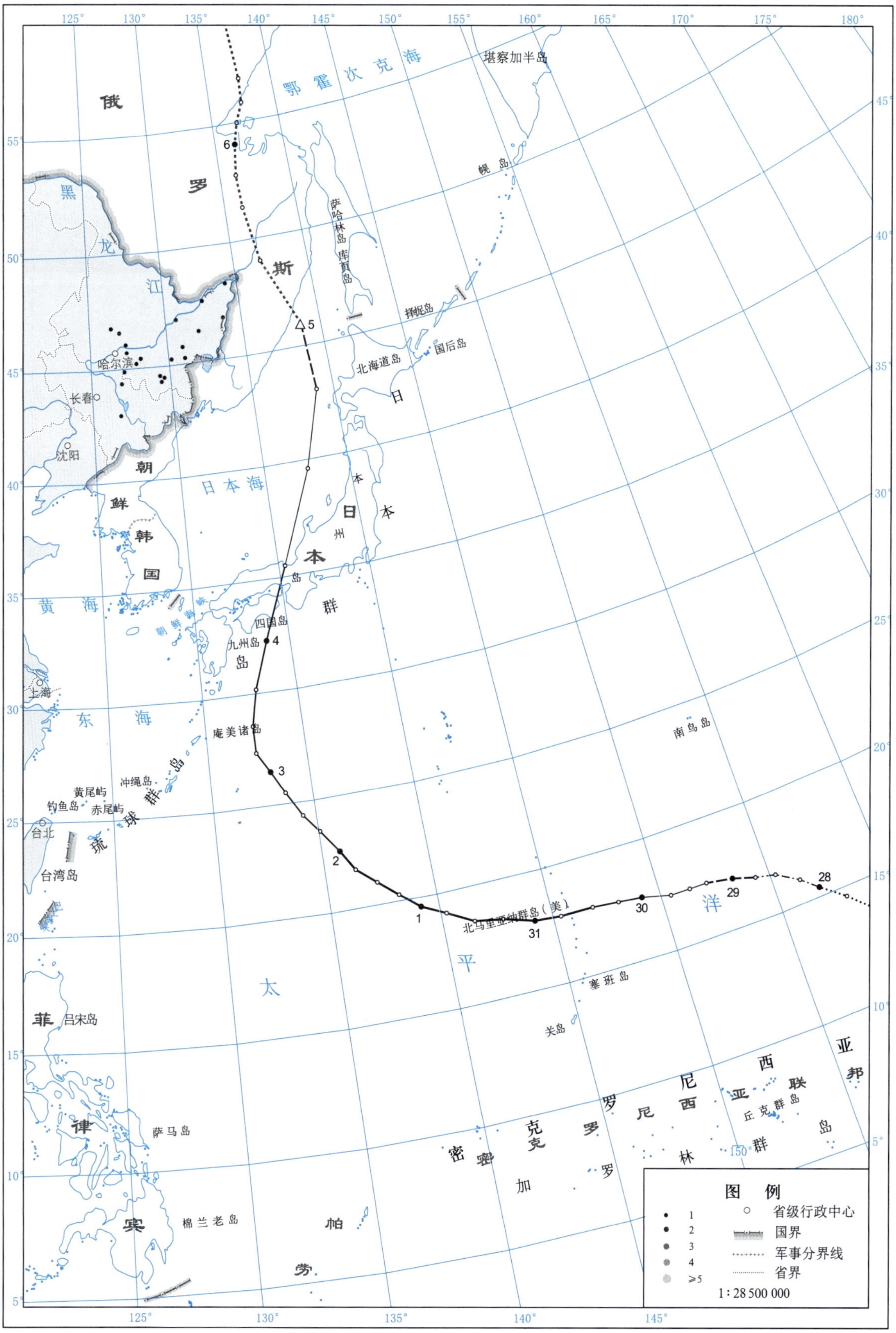

图 2.25.4　1821 号超强台风“飞燕”（Jebi）总降水日数图

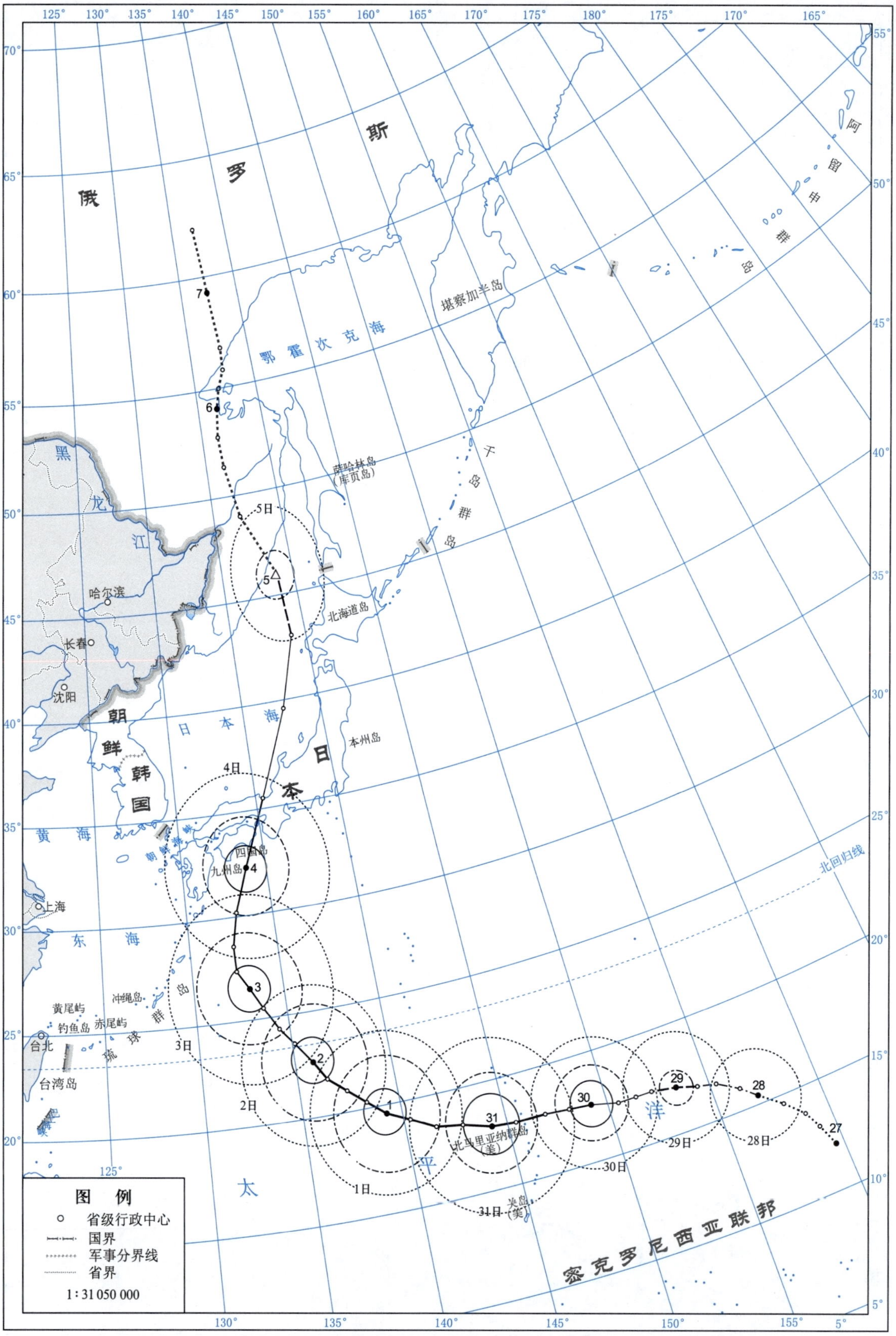

图 2.25.5 1821 号超强台风“飞燕”（Jebi）大风区域演变图

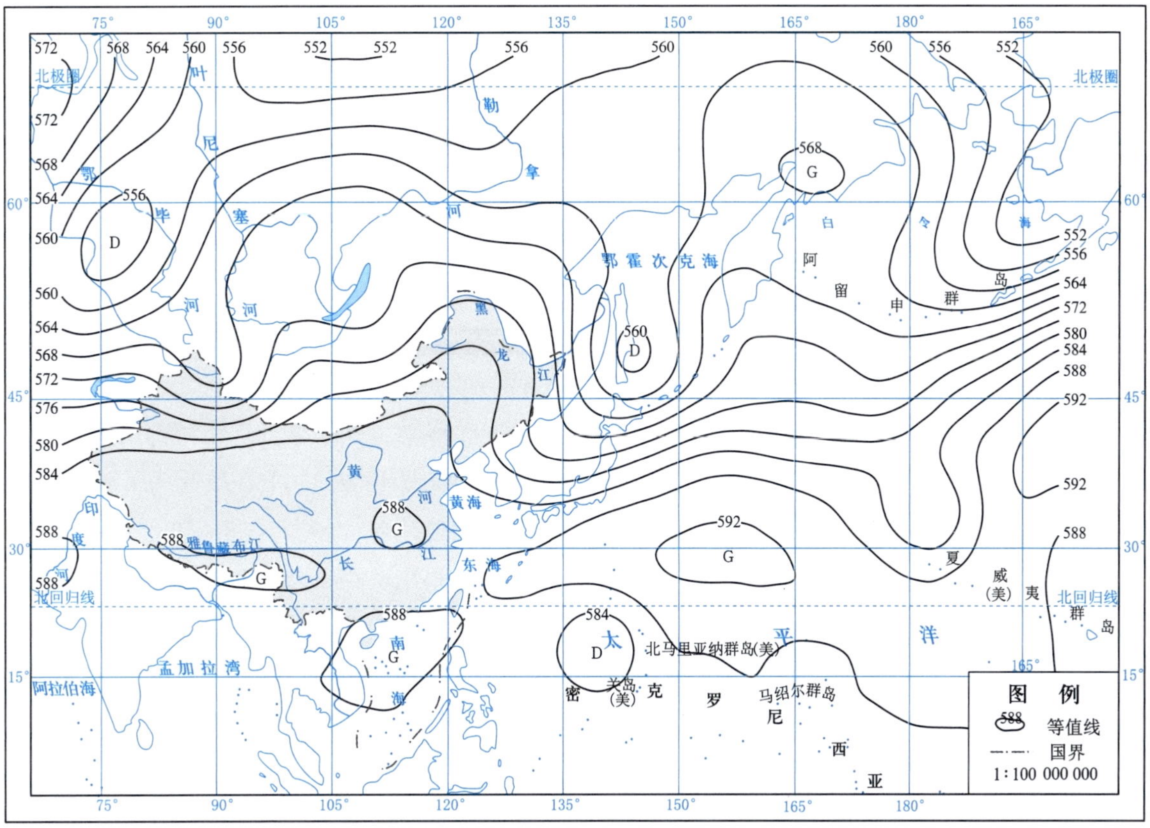

图 2.25.6 2018年9月1日02时500 hPa高度场图（dagpm）

2.26 超强台风“山竹”（Mangkhut）

第 1822 号超强台风“山竹”是由 9 月 7 日早晨在马绍尔群岛以东约 500 km 的西太平洋洋面上的一个热带低压形成。形成后低压中心缓慢地向偏西移动，强度逐渐加强，当天夜间加强为热带风暴，9 日凌晨加强为强热带风暴，之后强度迅速增强，早晨进一步加强为台风，10 日下午继续加强至强台风，11 日早晨为超强台风，并于当日夜间达到其生命史最大强度，中心附近最大风速 65 m/s，中心最低气压 910 hPa。之后“山竹”继续西行，在 14 日凌晨转向西偏北方向，逐渐靠近菲律宾东部沿海，于 15 日凌晨在菲律宾吕宋岛东北部沿海登陆，登陆时强度维持强台风级。登陆后超强台风“山竹”穿过吕宋岛，15 日下午进入南海海域，并减弱为强台风，继续向西北方向移动，逐渐靠近广东南部沿海，并于 16 日 16 时 50 分在广东台山登陆，登陆时中心附近最大风速 42 m/s（14 级），中心最低气压 960 hPa。登陆后“山竹”继续向西北方向移动，途径广东、广西，强度快速减弱，16 日夜间减弱为台风，17 日从凌晨到下午其强度从强热带风暴持续减弱至热带低压，当日夜间在广西和云南交界处消散。

受超强台风“山竹”影响，9 月 14—17 日，海南西沙和海口、广东大部、广西大部、湖南中南部局部、贵州铜仁、江西庐山和德兴、福建沿海大部及松溪、浙江石浦和江山、安徽南部局部出现最大风力 6 ~ 7 级、阵风 7 ~ 12 级；广西局部、广东珠江口附近、福建中南部局部出现最大风力 8 ~ 9 级、阵风 9 ~ 14 级；广东上川岛、珠海和高要出现最大风力 10 ~ 11 级、阵风 13 ~ 14 级；广东珠海出现最大风力 11 级（32.6 m/s）、阵风 14 级（43.8 m/s)，广东上川岛出现最大风力 11 级（31.0 m/s）、阵风 14 级（44.0 m/s)，为本次超强台风影响过程的风极值。

受其影响，9 月 15—18 日，海南岛中北部大部及西沙、广东东北部部分、广西东北部大部及沿海局部、云南部分、贵州部分、重庆南部部分及北部局部、四川东部局部、湖南大部、湖北局部、江西大部、福建大部、浙江大部、上海大部、江苏部分、安徽南部大部及北部局部、山西南部大部及北部局部、陕西南部部分及北部局部、河南大部、山东西部局部、河北南部局部总雨量为 10 ~ 50 mm；海南局部、广东大部、广西大部、云南永平、贵州部分、湖南南部局部、湖北南部局部、江西局部、福建局部、浙江东北部大部和南部沿海局部、上海局部、江苏南部部分、安徽南部局部总雨量为 50 ~ 150 mm；海南局部、广东珠江口附近地区及连南、广西局部、浙江北部沿海局部、江苏南部局部、安徽青阳总雨量为 150 ~ 404 mm。其中，广东阳春总雨量 403.8 mm，为本次超强台风影响过程的总雨量极值。

9 月 16 日，受“山竹”登陆环流影响，广东南部大部出现暴雨到大暴雨；17 日，广东中西部、广西大部、海南局部以及长江口附近地区出现暴雨到大暴雨，局部特大暴雨。其中，广东阳春日雨量 274.1 mm，浙江海宁 17 日 02 时的小时雨量 94.2 mm，分别为本次超强台风影响过程日雨量和时雨量极值；18 日，“山竹”的残留云系仍给黄河以南大部地区带来明显降雨天气。

超强台风“山竹”具有强度强、快速增强、维持超强台风时间长、尺度大、造成的风雨影响强度大、范围广等特点。受其影响，湖南、广东、广西、海南、贵州和云南省（区）出现了一定程度的灾情，总计受灾人数达到 471.3 万人，死亡人口 6 人，紧急转移人口 152.9 万人，农作物受灾面积达到 341.4 千公顷，农作物绝收面积 16.2 千公顷，倒塌房屋 3000 间，直接经济损失达到 142.3 亿元（表 2.26.2）。由于“山竹”对菲律宾和中国造成严重影响，2019 年 2 月在中国广州举行的第 51 届台风委员会年度会议上，决定将“山竹”除名，其替代名将在下一届年度会议上公布。

表2.26.1是超强台风“山竹”的中心位置和强度。图2.26.1～图2.26.8分别是超强台风“山竹”路径图、总降水量图、大风分布图、总降水日数图、2018年9月16—17日的日降水量图、大风区域演变图和2018年9月16日14时500 hPa高度场图。

表2.26.1　1822号超强台风“山竹”（Mangkhut）中心位置和强度

9月7—17日

年	月	日	时	中心位置		中心气压（hPa）	最大风速（m/s）
				北纬（°N）	东经（°E）		
2018	9	7	8	12.1	167.8	1002	13
	9	7	14	12.4	166.6	1000	15
	9	7	20	12.9	165.3	998	18
	9	8	2	13.0	163.8	998	18
	9	8	8	13.6	162.4	998	18
	9	8	14	14.4	160.9	995	20
	9	8	20	14.6	159.2	990	23
	9	9	2	14.8	157.1	982	28
	9	9	8	14.9	155.2	975	33
	9	9	14	15.3	153.1	975	33
	9	9	20	15.2	151.2	970	35
	9	10	2	14.6	149.2	965	38
	9	10	8	14.6	147.6	965	38
	9	10	14	14.4	145.8	960	42
	9	10	20	14.1	144.3	950	45
	9	11	2	14.0	142.6	945	48
	9	11	8	14.0	141.2	935	52
	9	11	14	14.0	139.9	925	58
	9	11	20	13.7	138.7	910	65
	9	12	2	14.0	137.4	910	65
	9	12	8	13.9	136.3	910	65

（续表）

年	月	日	时	中心位置		中心气压（hPa）	最大风速（m/s）
				北纬（°N）	东经（°E）		
2018	9	12	14	14.0	135.2	910	65
	9	12	20	14.3	134.0	910	65
	9	13	2	14.4	132.5	910	65
	9	13	8	14.5	131.4	910	65
	9	13	14	14.7	130.1	910	65
	9	13	20	15.0	129.0	910	65
	9	14	2	15.2	127.9	910	65
	9	14	8	15.9	126.9	910	65
	9	14	14	16.7	125.5	910	65
	9	14	20	17.4	124.2	910	65
	9	15	2	18.0	122.4	910	65
	9	15	8	18.1	120.7	935	52
	9	15	14	18.5	119.7	945	48
	9	15	17	18.9	119.0	945	48
	9	15	20	19.2	118.3	945	48
	9	15	23	19.5	117.6	945	48
	9	16	2	19.8	116.9	945	48
	9	16	5	20.3	116.1	945	48
	9	16	8	20.6	115.4	945	48
	9	16	11	21.0	114.5	945	48
	9	16	14	21.5	113.5	950	48
	9	16	17	21.9	112.5	960	42
	9	16	20	22.0	111.5	965	38
	9	16	23	22.2	110.6	975	33
	9	17	2	22.3	109.9	975	33
	9	17	5	22.5	109.2	980	30

（续表）

年	月	日	时	中心位置		中心气压（hPa）	最大风速（m/s）
				北纬（°N）	东经（°E）		
2018	9	17	8	22.8	108.7	992	20
	9	17	11	23.1	108.1	995	18
	9	17	14	23.6	107.5	998	15
	9	17	17	24.0	106.8	1002	13
	9	17	20	24.0	105.9	1002	13
消散							

表 2.22.2　1822 号超强台风“山竹”（Mangkhut）在湖南、广东、广西、海南、贵州和云南省（区）引发的灾情

受灾省（区）	受灾人口（万人）	死亡人口（人）	失踪人口（人）	紧急转移人口（万人）	农作物		倒塌房屋（万间）	直接经济损失（亿元）
					受灾面积（千公顷）	绝收面积（千公顷）		
湖南省	2.8	0	0	0	0.9	0	0	0.5
广东省	306.6	5	0	126.4	232.1	13	0.2	132.9
广西区	147.9	1	0	13.8	106.9	3	0.1	8.5
海南省	12.7	0	0	12.7	0.7	0.1	0	0.2
贵州省	0.8	0	0	0	0.2	0	0	0
云南省	0.5	0	0	0	0.6	0.1	0	0.2
合计	471.3	6	0	152.9	341.4	16.2	0.3	142.3

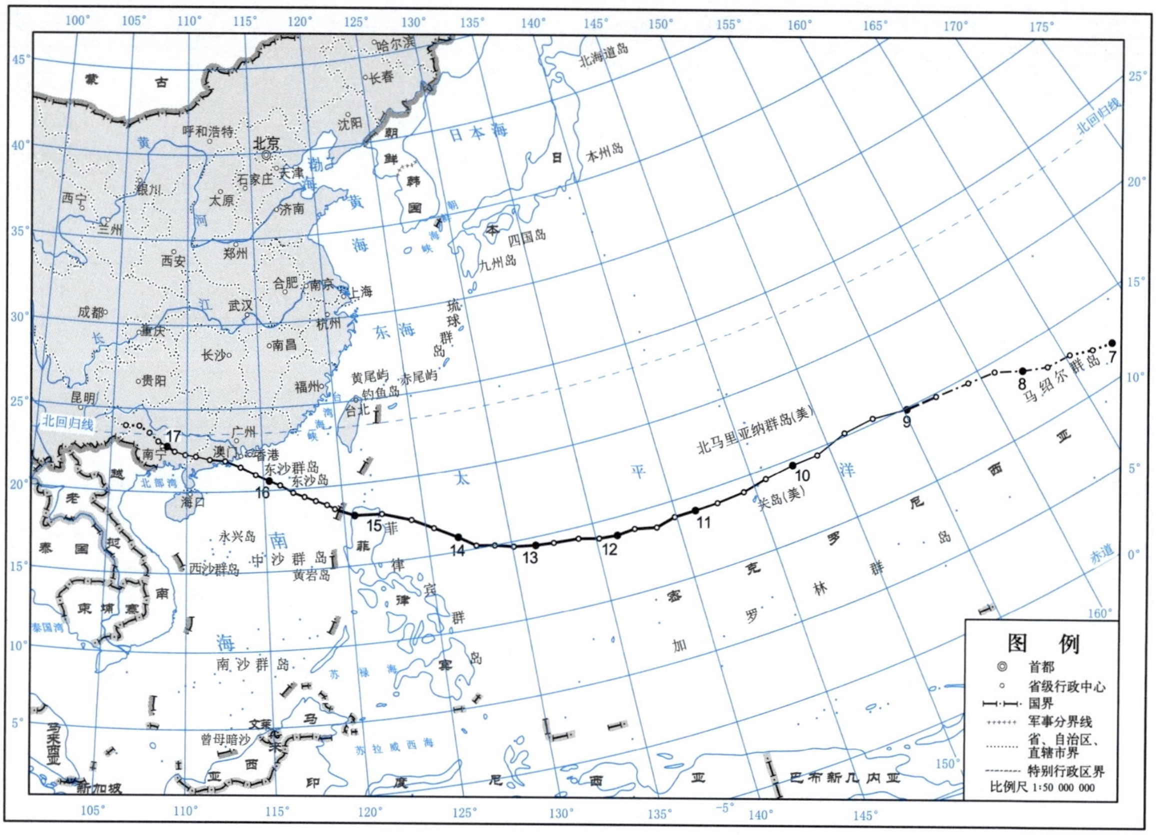

图 2.26.1　1822 号超强台风“山竹”（Mangkhut）路径图

图 2.26.2 1822 号超强台风“山竹”（Mangkhut）总降水量图（9 月 15—18 日）（mm）

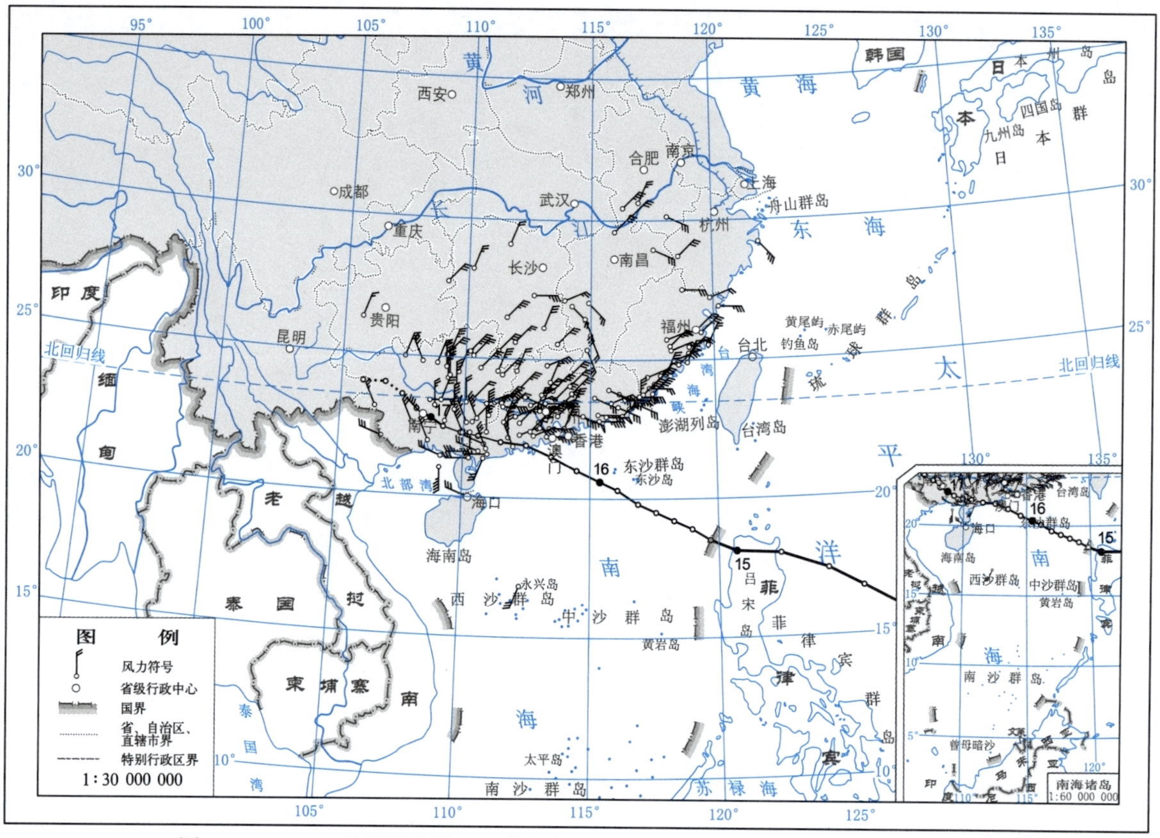

图 2.26.3　1822 号超强台风“山竹”（Mangkhut）大风分布图（9 月 14—17 日）

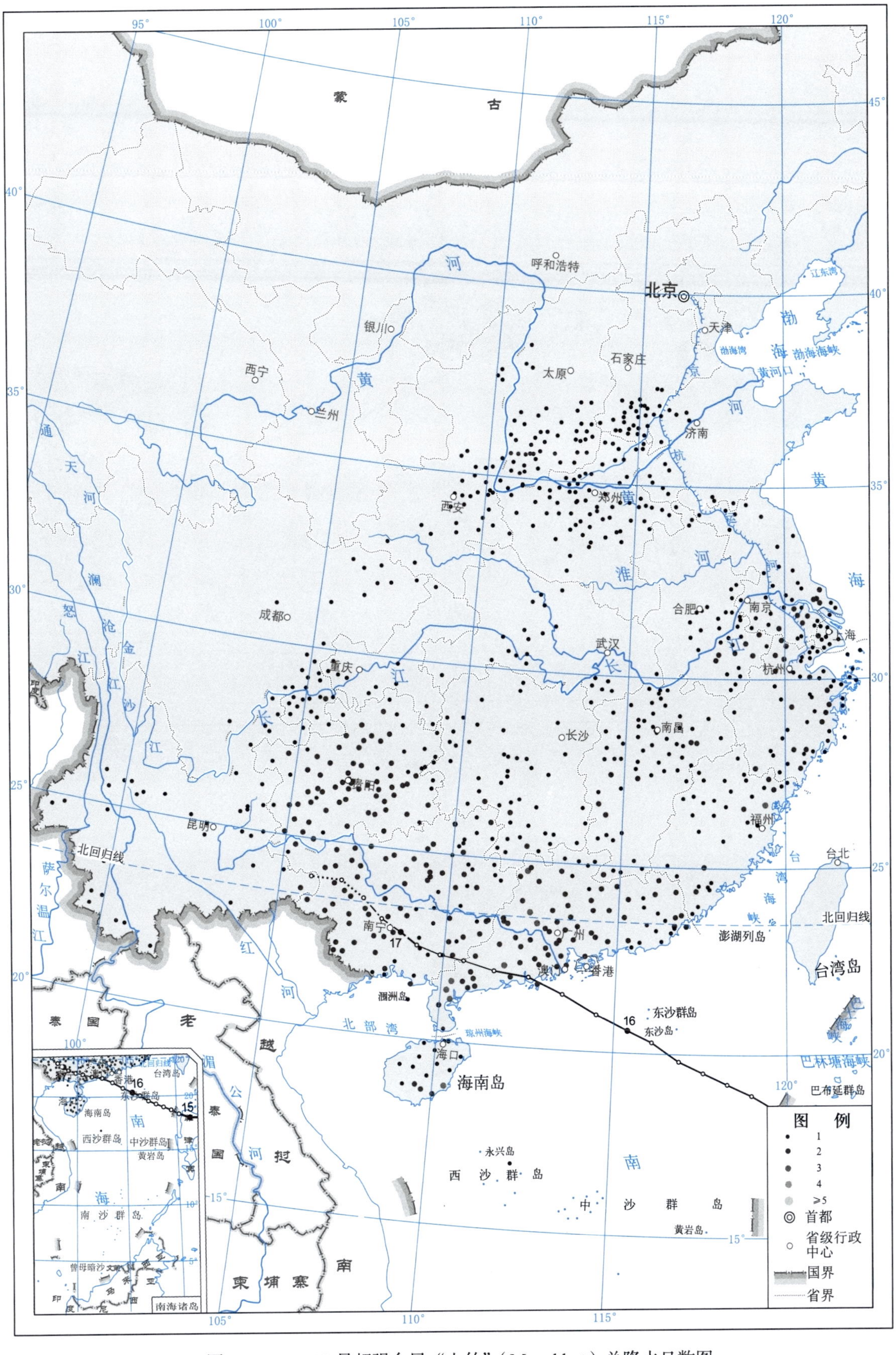

图 2.26.4 1822 号超强台风“山竹”（Mangkhut）总降水日数图

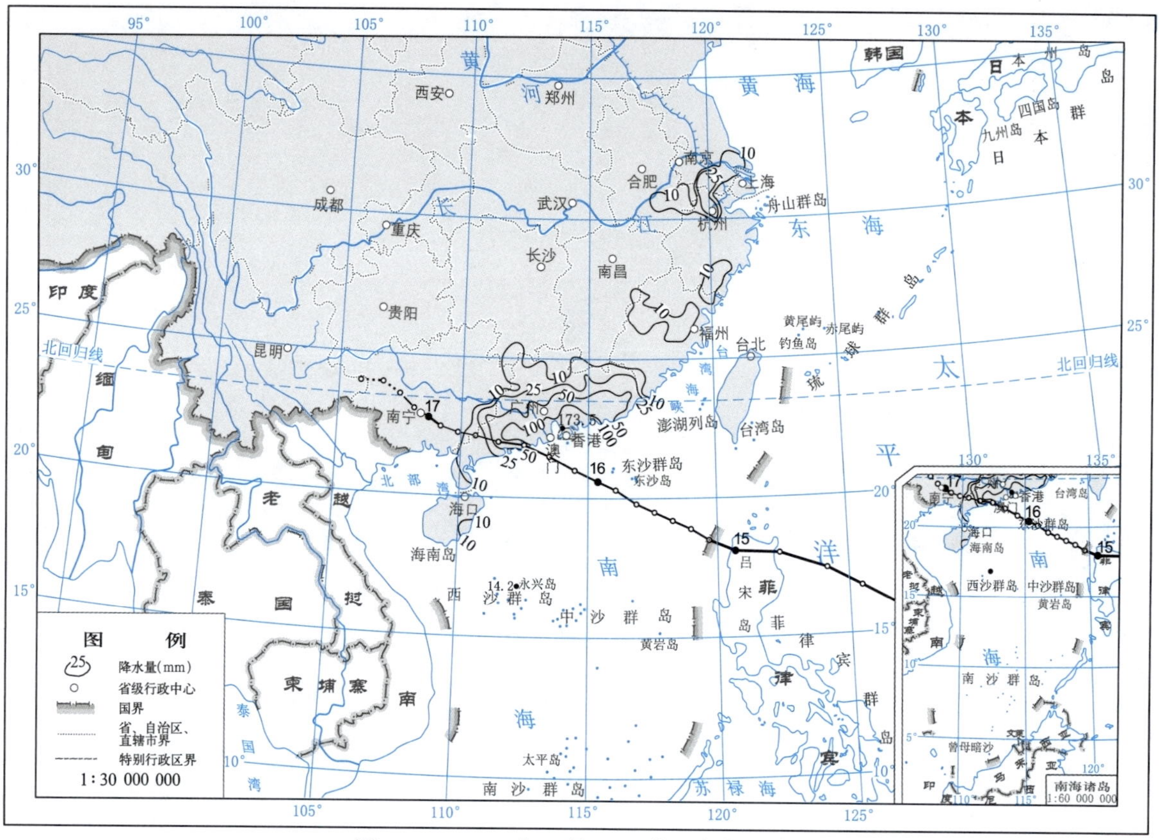

图 2.26.5　2018 年 9 月 16 日的日降水量图

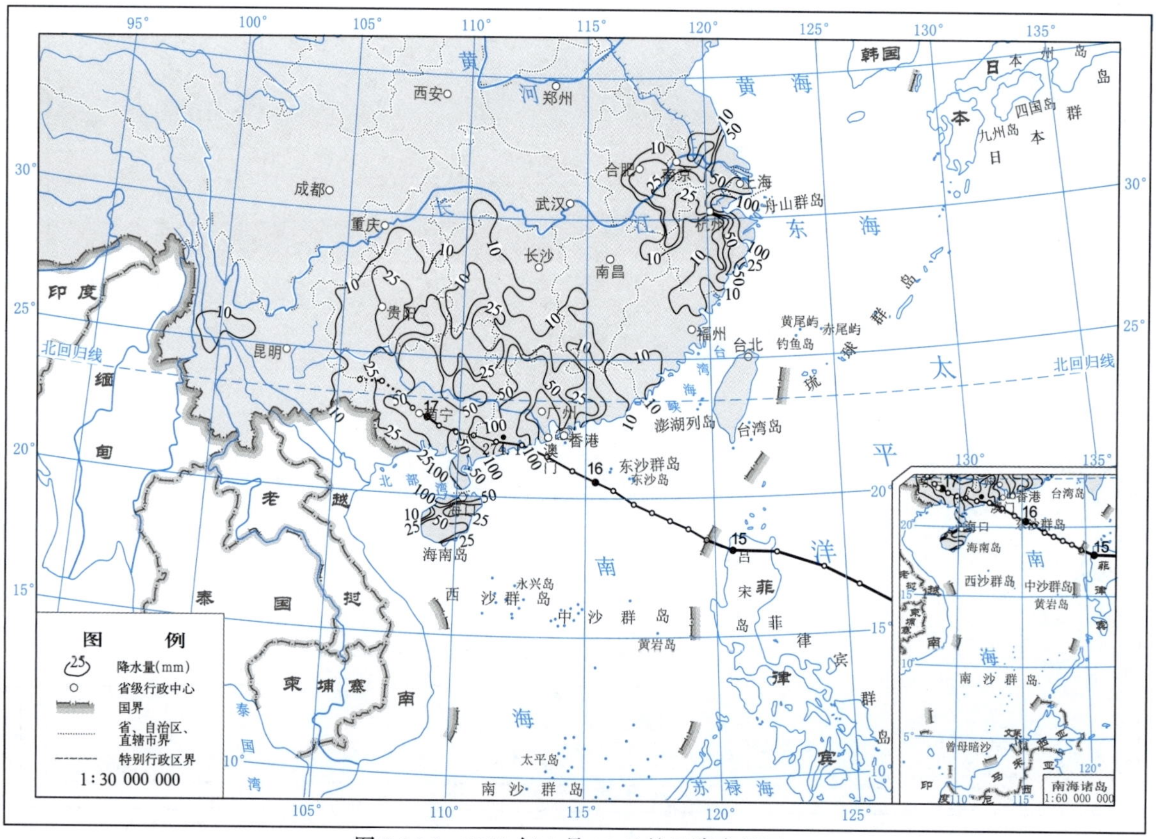

图 2.26.6　2018 年 9 月 17 日的日降水量图

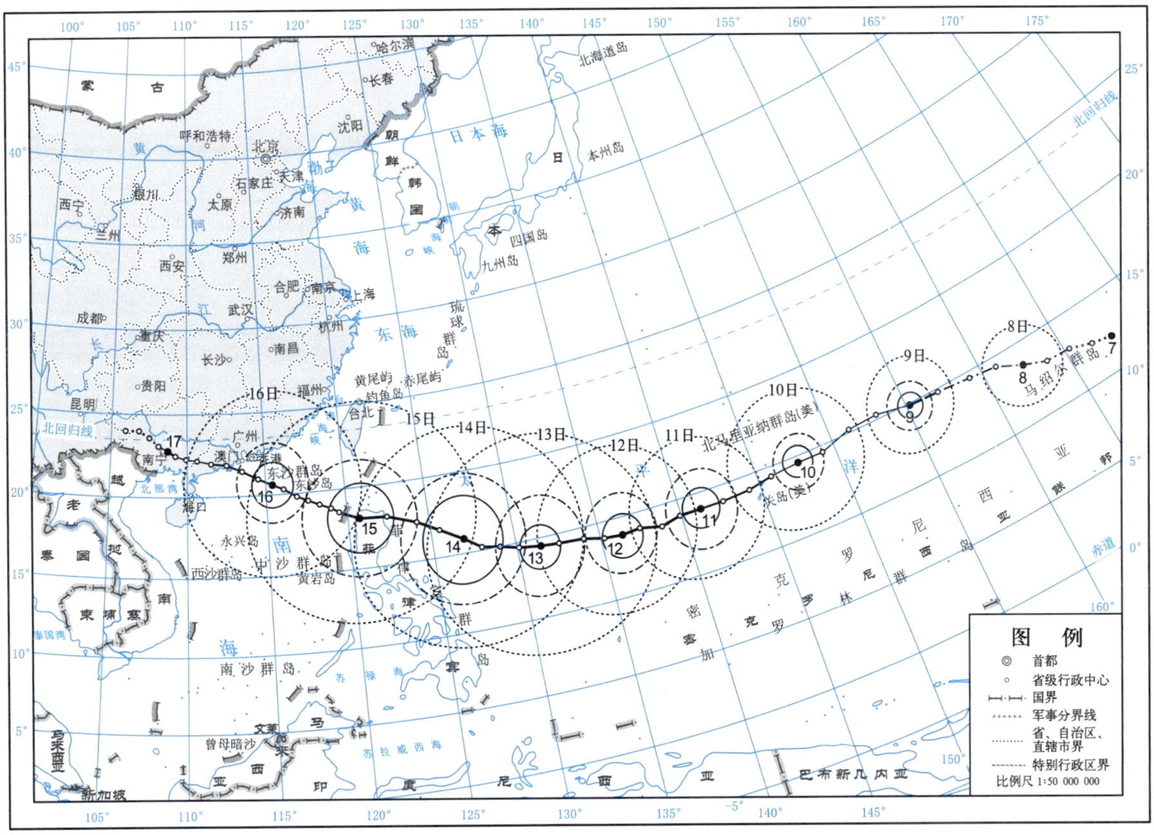

图 2.26.7　1822 号超强台风“山竹”（Mangkhut）大风区域演变图

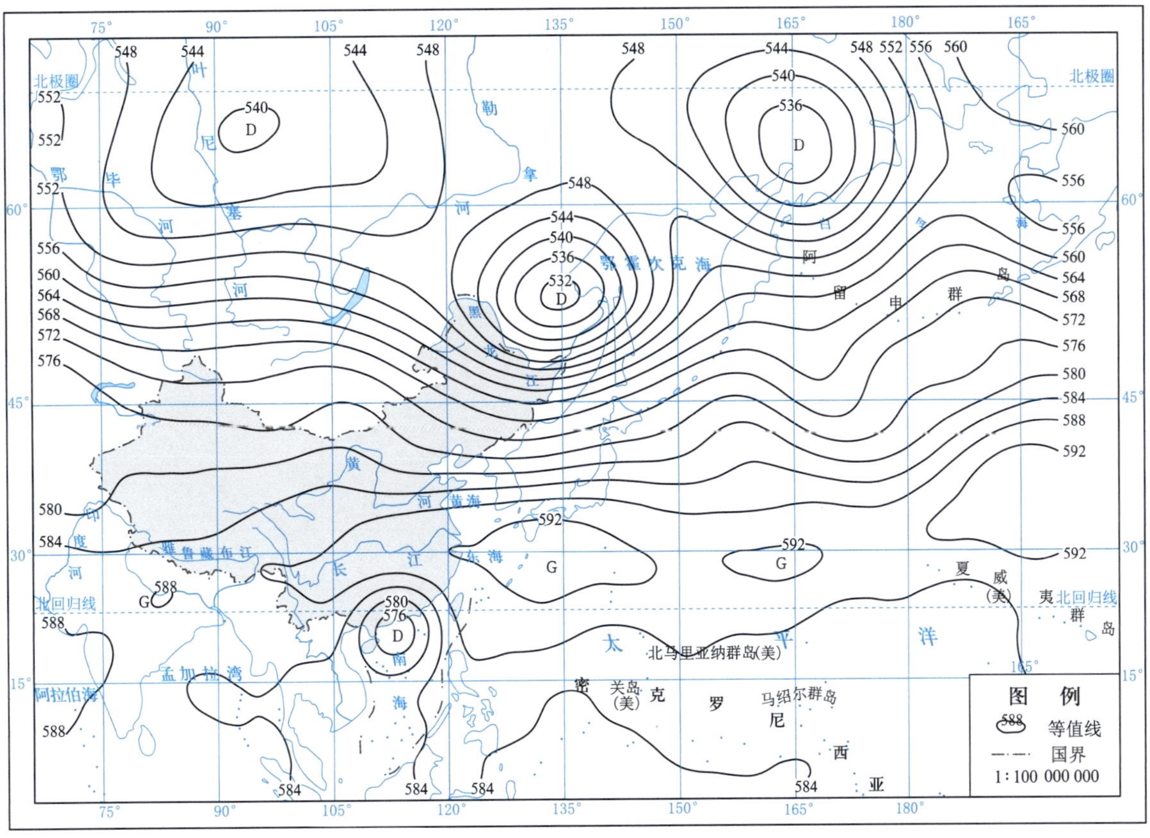

图 2.26.8　2018 年 9 月 16 日 14 时 500 hPa 高度场图（dagpm）

2.27 强热带风暴“百里嘉”(Barijat)

第 1823 号强热带风暴“百里嘉”是由 9 月 8 日下午位于巴士海峡附近的一个热带低压发展形成。形成后低压中心沿逆时针方向缓慢移动，10 日下午进入南海海域，向偏西方向移动，移速加快。11 日早晨加强为热带风暴，擦过东沙群岛，向广东沿海靠近，13 日凌晨增强为强热带风暴，随后 8 时 30 分登陆广东湛江沿海地区，登陆时中心附近最大风速 25 m/s（10 级），中心最低气压 990 hPa。登陆后“百里嘉”强度迅速减弱，中午前后减弱为热带风暴，下午继续减弱为热带低压，之后沿着广西南部沿海地区继续西行，于 14 日凌晨在中越交界处消散。

受强热带风暴“百里嘉”影响，9 月 9—13 日，广东西南部、福建沿海的局部地区出现最大风力 6 ～ 7 级、阵风 7 ～ 9 级；福建九仙山出现最大风力 7 级（16.2 m/s）、阵风 8 级（19.7 m/s），广东吴川出现最大风力 5 级（10.3 m/s）、阵风 9 级（22.0 m/s），为本次强热带风暴影响过程风极值。

受其影响，9 月 9—14 日，海南大部、云南南部、广西南部、广东南部、福建南部、浙江南部沿海的局部地区总雨量为 10 ～ 50 mm；海南保亭和琼海、广东沿海局部总雨量为 50 ～ 97 mm；其中，海南琼海总雨量为 97.0 mm，为本次强热带风暴影响过程的总雨量极值；广东雷州 13 日的日雨量 84.2 mm，13 日 07 时的小时雨量 41.4 mm，分别为本次强热带风暴影响过程的日雨量和时雨量极值。

强热带风暴“百里嘉”具有路径稳定、尺度小、造成的风雨影响范围集中等特点。受其影响，广东省出现了一定程度的灾情，总计受灾人数 6.3 万人，紧急转移人口 1.5 万人，农作物受灾面积达到 5.9 千公顷，直接经济损失 0.5 亿元（表 2.27.2）。

表 2.27.1 是强热带风暴“百里嘉”的中心位置和强度。图 2.27.1 ～图 2.27.6 分别是强热带风暴“百里嘉”路径图、总降水量图、大风分布图、总降水日数图、大风区域演变图和 2018 年 9 月 13 日 08 时 500 hPa 高度场图。

表 2.27.1 1823 号强热带风暴“百里嘉”(Barijat)中心位置和强度

9 月 8—14 日

年	月	日	时	中心位置		中心气压（hPa）	最大风速（m/s）
				北纬（°N）	东经（°E）		
2018	9	8	14	20.4	121.5	1002	13
	9	8	20	20.6	122.2	1002	13
	9	9	2	21.0	122.6	1002	13
	9	9	8	21.3	122.9	1002	13
	9	9	14	21.6	122.9	1002	13
	9	9	20	21.7	122.6	1002	13
	9	10	2	21.7	122.3	1002	13

（续表）

年	月	日	时	中心位置		中心气压（hPa）	最大风速（m/s）
				北纬（°N）	东经（°E）		
2018	9	10	8	21.6	121.9	1002	13
	9	10	14	21.4	121.5	1002	13
	9	10	20	21.2	120.6	1002	15
	9	11	2	21.0	119.5	1002	15
	9	11	8	20.8	118.7	1000	18
	9	11	14	20.7	118.1	995	20
	9	11	20	20.5	117.4	995	20
	9	12	2	20.5	116.4	995	20
	9	12	8	20.7	115.4	995	20
	9	12	11	20.8	114.9	992	23
	9	12	14	20.9	114.5	992	23
	9	12	17	21.0	114.0	992	23
	9	12	20	20.9	113.4	992	23
	9	12	23	20.8	112.8	992	23
	9	13	2	20.8	112.1	992	23
	9	13	5	20.9	111.4	990	25
	9	13	8	21.2	110.8	990	25
	9	13	11	21.4	110.1	998	20
	9	13	14	21.6	109.5	1002	15
	9	13	17	21.7	108.9	1004	13
	9	13	20	21.6	108.4	1004	13
	9	13	23	21.7	107.8	1006	10
	9	14	2	21.7	107.2	1006	10
消散							

表 2.22.2 1823 号强热带风暴“百里嘉”（Barijat）在广东省引发的灾情

受灾省	受灾人口（万人）	死亡人口（人）	失踪人口（人）	紧急转移人口（万人）	农作物		倒塌房屋（万间）	直接经济损失（亿元）
					受灾面积（千公顷）	绝收面积（千公顷）		
广东省	6.3	0	0	1.5	5.9	0	0	0.5
合计	6.3	0	0	1.5	5.9	0	0	0.5

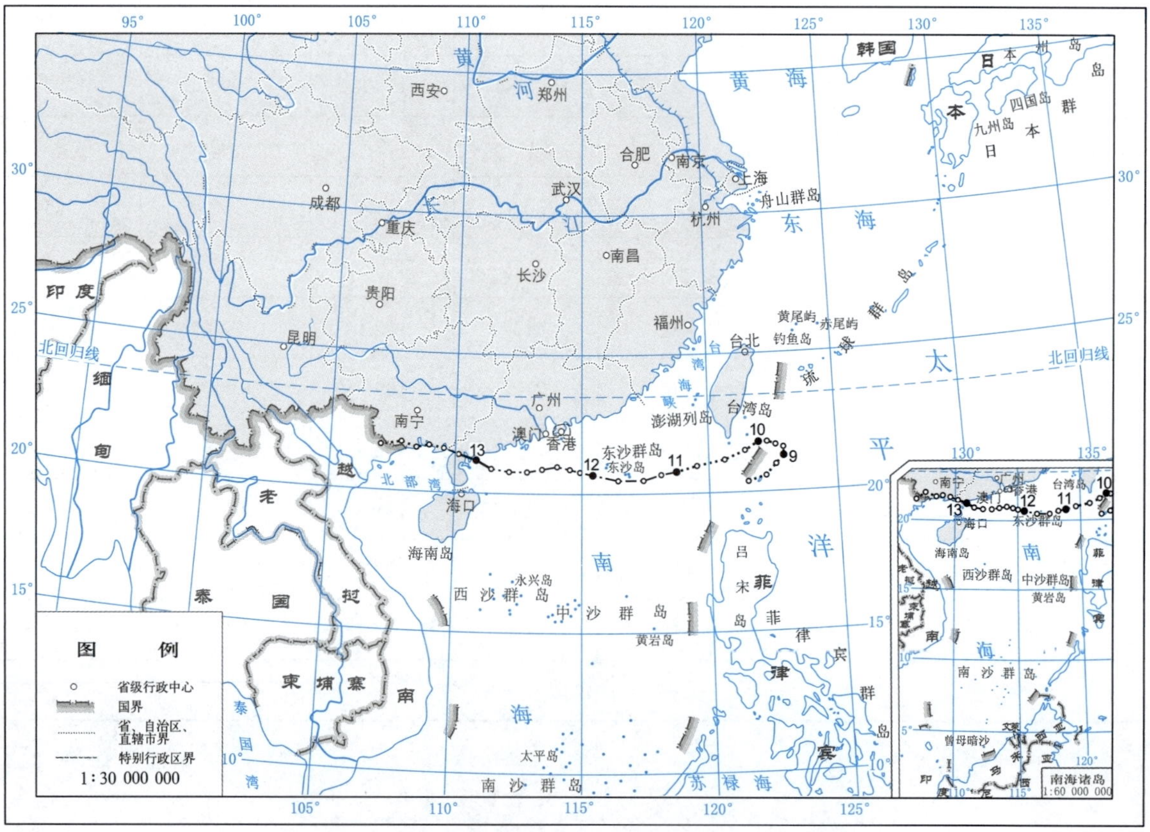

图 2.27.1 1823 号强热带风暴“百里嘉”（Barijat）路径图

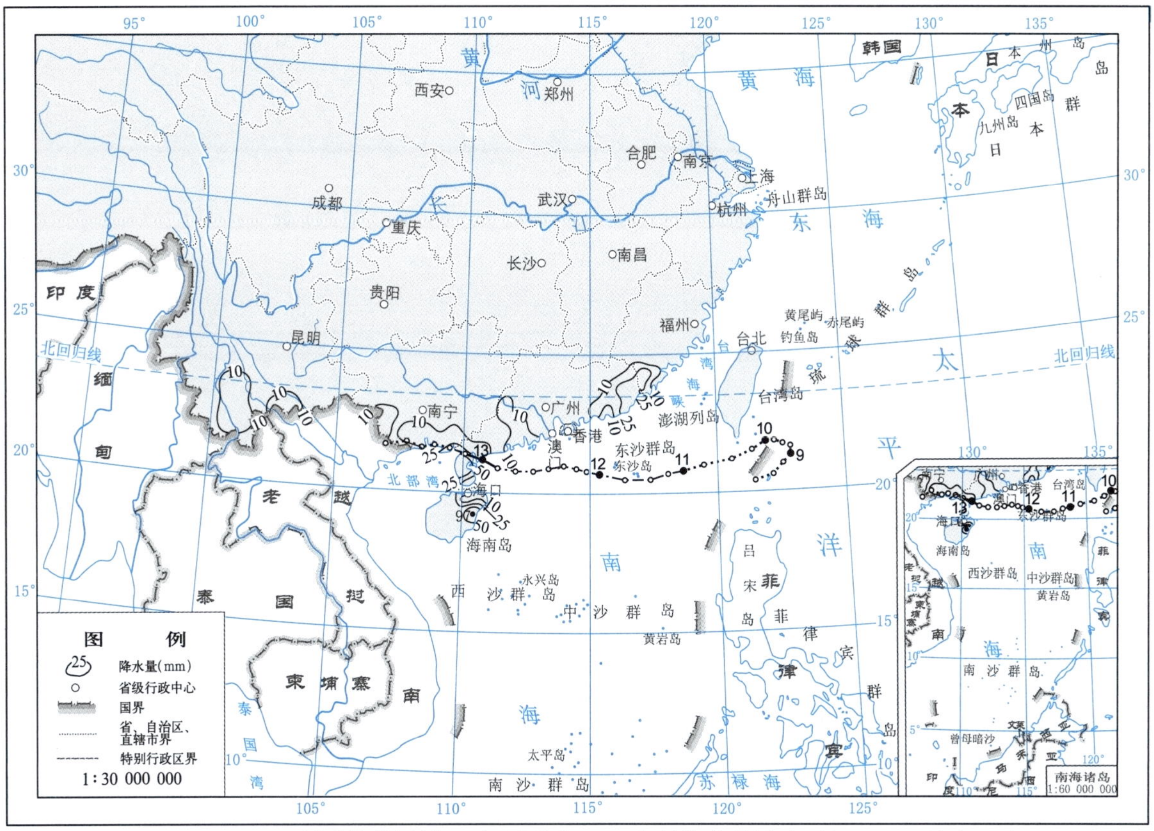

图 2.27.2　1823 号强热带风暴“百里嘉”（Barijat）总降水量图（9 月 9—14 日）（mm）

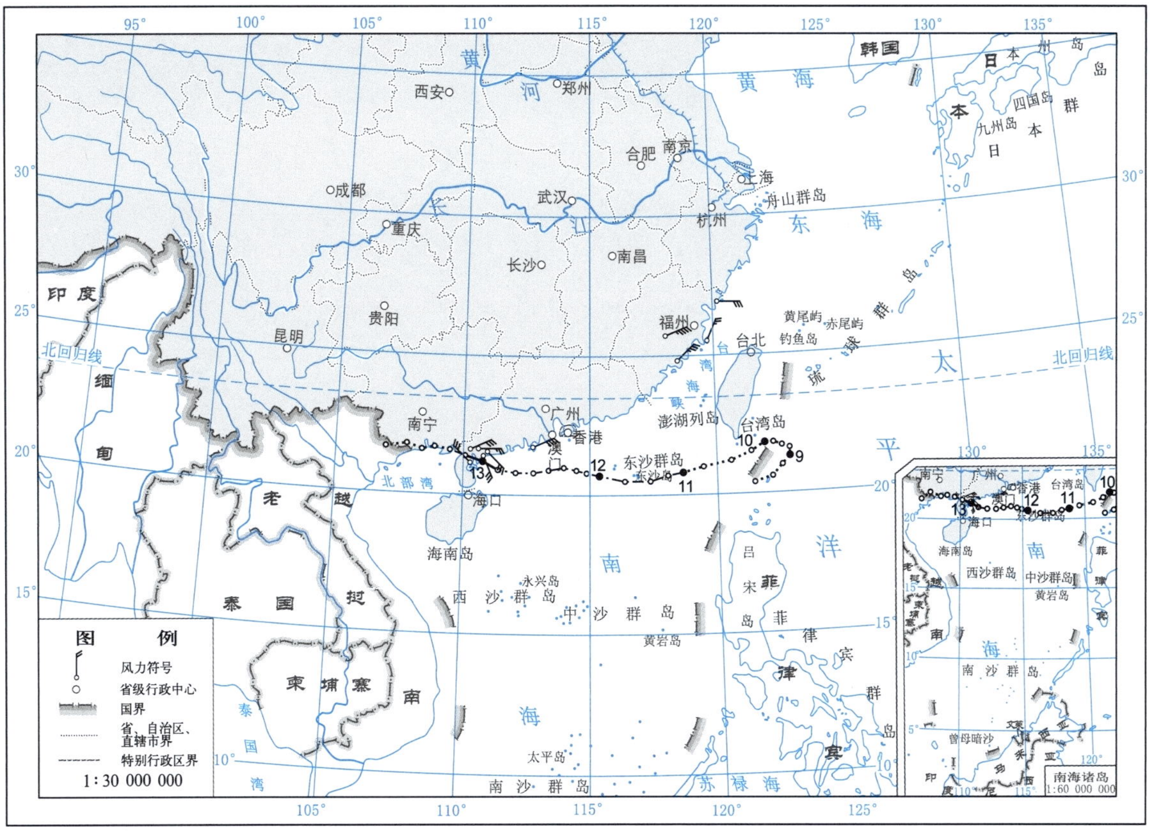

图 2.27.3　1823 号强热带风暴“百里嘉”（Barijat）大风分布图（9 月 9—13 日）

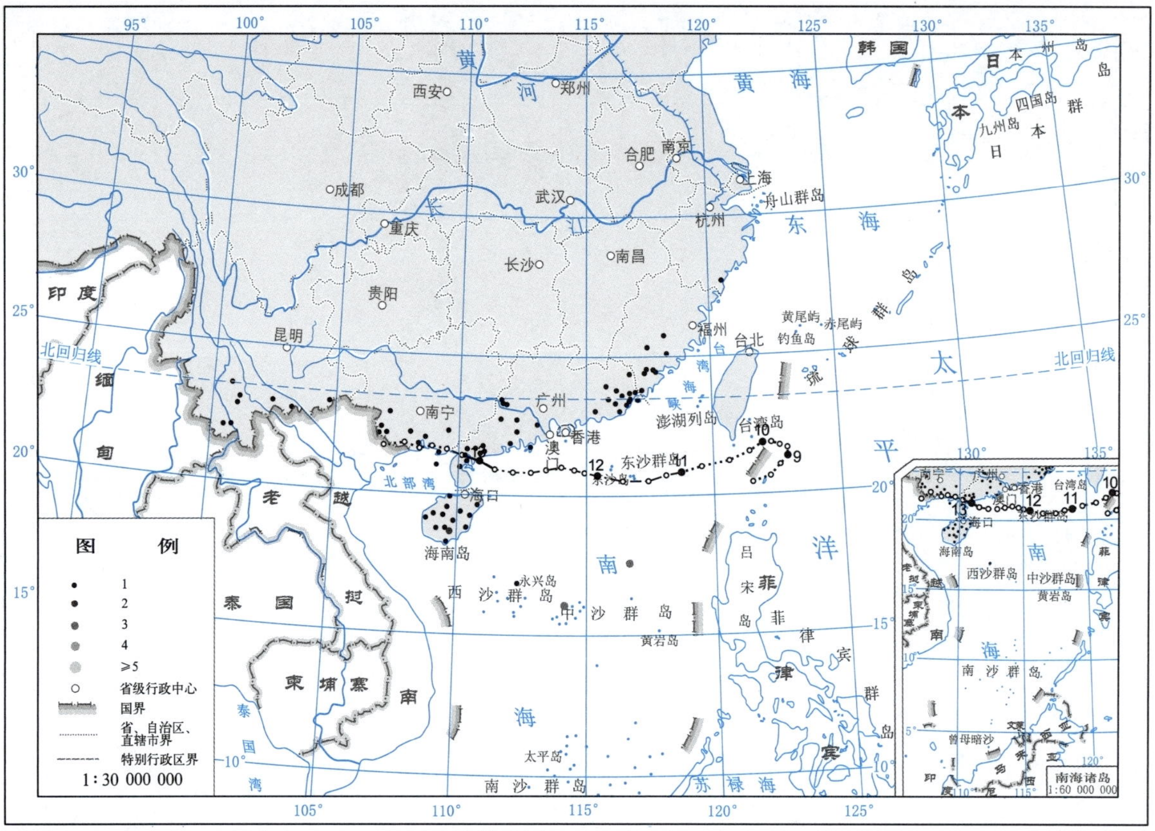

图 2.27.4　1823 号强热带风暴“百里嘉”（Barijat）总降水日数图

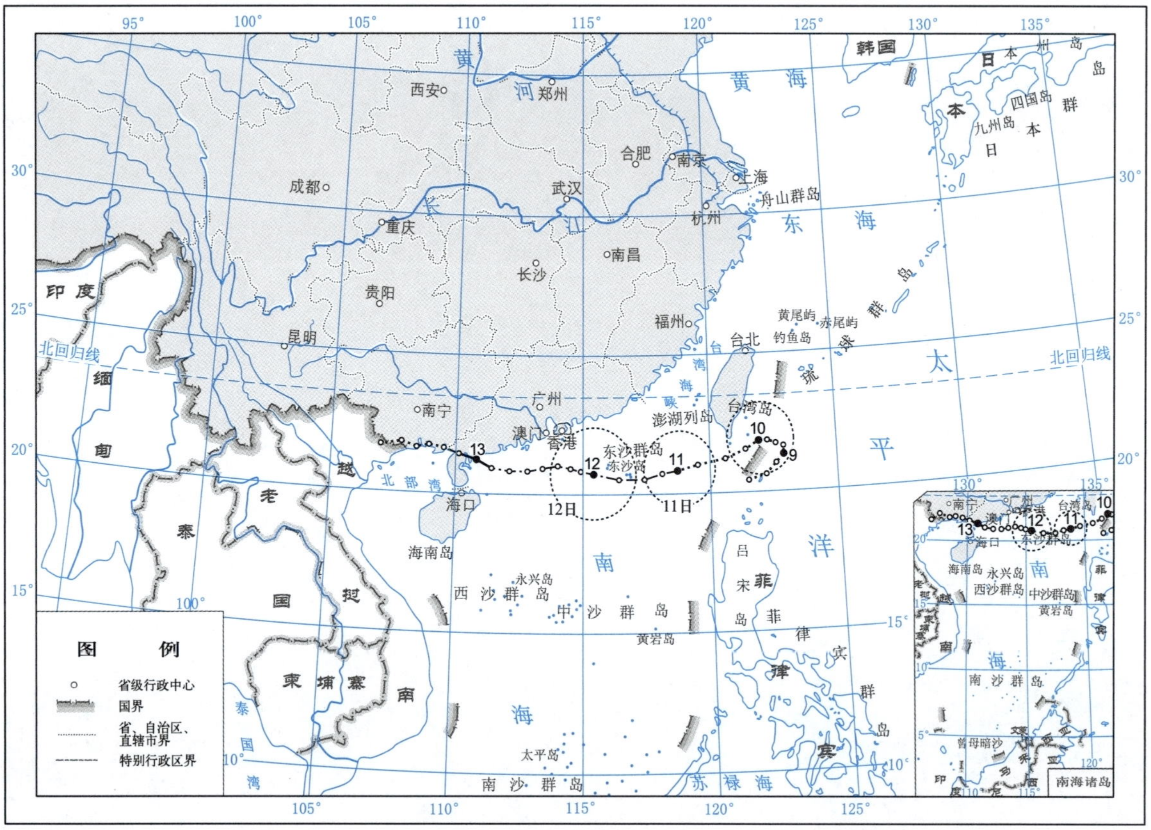

图 2.27.5　1823 号强热带风暴“百里嘉”（Barijat）大风区域演变图

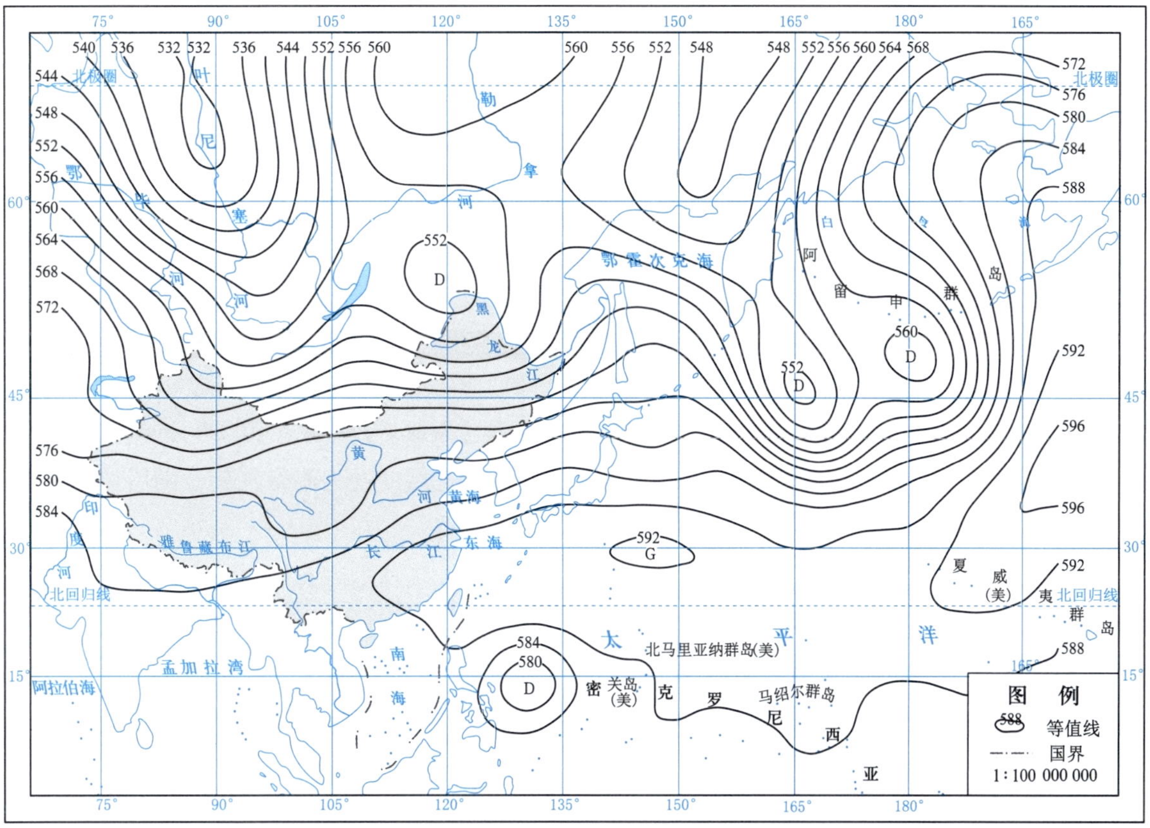

图 2.27.6　2018 年 9 月 13 日 08 时 500 hPa 高度场图（dagpm）

2.28 超强台风“潭美”（Trami）

第 1824 号超强台风“潭美”是由 9 月 20 日早晨位于关岛以东约 150 km 的西北太平洋洋面上的一个热带低压发展形成。形成后低压中心向西北方向移动，21 日下午增强为热带风暴，强度迅速加强，次日早晨增强为强热带风暴，23 日凌晨增强至台风，下午继续增强至强台风，24 日早晨进一步增强至超强台风，于 25 日凌晨达到其生命史最大强度，其中心附近最大风速 60 m/s，中心最低气压 920 hPa。之后超强台风“潭美”转向偏北，移速减慢，26 日早晨减弱为强台风，并逐渐加大向西的分量，29 日早晨进入东海海域。之后“潭美”转向东北，沿着冲绳岛西海岸加速前进，逐渐靠近日本南部沿海，于 30 日傍晚在日本本州岛和歌山沿海登陆，登陆时强度为强台风级。登陆后“潭美”迅速减弱为台风，沿东北方向穿过日本。10 月 1 日早晨再次进入西北太平洋，之后变性为温带气旋，随后加速东北行，于 3 日夜间到达白令海海域，之后移出西北太平洋。

受超强台风“潭美”影响，9 月 28—30 日，福建东部局部、浙江沿海大部、上海洋山港、安徽黄山出现最大风力 6 ～ 7 级、阵风 7 ～ 9 级；浙江大陈出现最大风力 8 级（17.4 m/s）、阵风 10 级（25.8 m/s)，为本次超强台风影响过程的风极值。

表 2.28.1 是超强台风“潭美”的中心位置和强度。图 2.28.1 ～图 2.28.4 分别是超强台风“潭美”路径图、大风分布图、大风区域演变图和 2018 年 9 月 29 日 08 时 500 hPa 高度场图。

表 2.28.1 1824 号超强台风“潭美”（Trami）中心位置和强度

9 月 20 日—10 月 3 日

年	月	日	时	中心位置		中心气压（hPa）	最大风速（m/s）
				北纬（°N）	东经（°E）		
2018	9	20	20	12.8	146.0	1002	13
	9	21	2	13.9	145.1	1000	13
	9	21	8	14.5	144.4	1000	15
	9	21	14	15.0	143.5	998	18
	9	21	20	15.4	142.6	998	18
	9	22	2	15.5	141.6	995	20
	9	22	8	16.0	140.2	988	25
	9	22	14	16.6	138.9	988	25
	9	22	20	16.8	137.6	985	28
	9	23	2	16.9	135.9	975	33
	9	23	8	17.1	135.1	965	38

（续表）

年	月	日	时	中心位置		中心气压（hPa）	最大风速（m/s）
				北纬（°N）	东经（°E）		
2018	9	23	14	17.3	134.2	955	42
	9	23	20	17.5	133.3	950	45
	9	24	2	18.1	132.2	945	50
	9	24	8	18.4	131.3	935	52
	9	24	14	18.9	130.4	925	58
	9	24	20	19.3	129.7	925	58
	9	25	2	19.6	129.1	920	60
	9	25	8	19.6	128.7	920	60
	9	25	14	19.8	128.8	920	60
	9	25	20	20.0	128.9	930	55
	9	26	2	20.3	128.9	935	52
	9	26	8	20.7	129.0	945	48
	9	26	14	21.0	129.2	945	48
	9	26	20	21.3	129.2	945	48
	9	27	2	21.4	129.2	945	48
	9	27	8	21.6	129.1	950	45
	9	27	14	21.7	129.0	950	45
	9	27	20	21.9	128.8	950	45
	9	28	2	22.2	128.5	950	45
	9	28	8	22.5	127.9	950	45
	9	28	14	23.1	127.3	950	45
	9	28	20	23.8	127.0	950	45
	9	29	2	24.5	126.8	950	45
	9	29	8	25.4	126.8	950	45
	9	29	14	26.3	127.3	950	45
	9	29	20	27.8	128.5	950	45

（续表）

年	月	日	时	中心位置		中心气压（hPa）	最大风速（m/s）
				北纬（°N）	东经（°E）		
2018	9	30	2	29.1	129.5	950	45
	9	30	8	30.4	131.0	950	45
	9	30	14	32.4	133.2	955	42
	9	30	20	34.3	136.0	955	42
	10	1	2	37.3	140.0	970	38
△	10	1	8	41.5	144.2	975	33
	10	1	14	44.5	150.7	980	28
	10	1	20	47.9	157.9	980	28
	10	2	2	50.6	163.0	980	28
	10	2	8	52.6	166.6	975	28
	10	2	14	53.8	170.0	975	28
	10	2	20	55.4	172.8	975	28
	10	3	2	56.4	174.2	975	28
	10	3	8	57.0	174.8	970	28
	10	3	14	56.8	176.0	970	28
	10	3	20	55.6	179.9	965	28
移出							

图 2.28.1　1824 号超强台风“潭美”（Trami）路径图

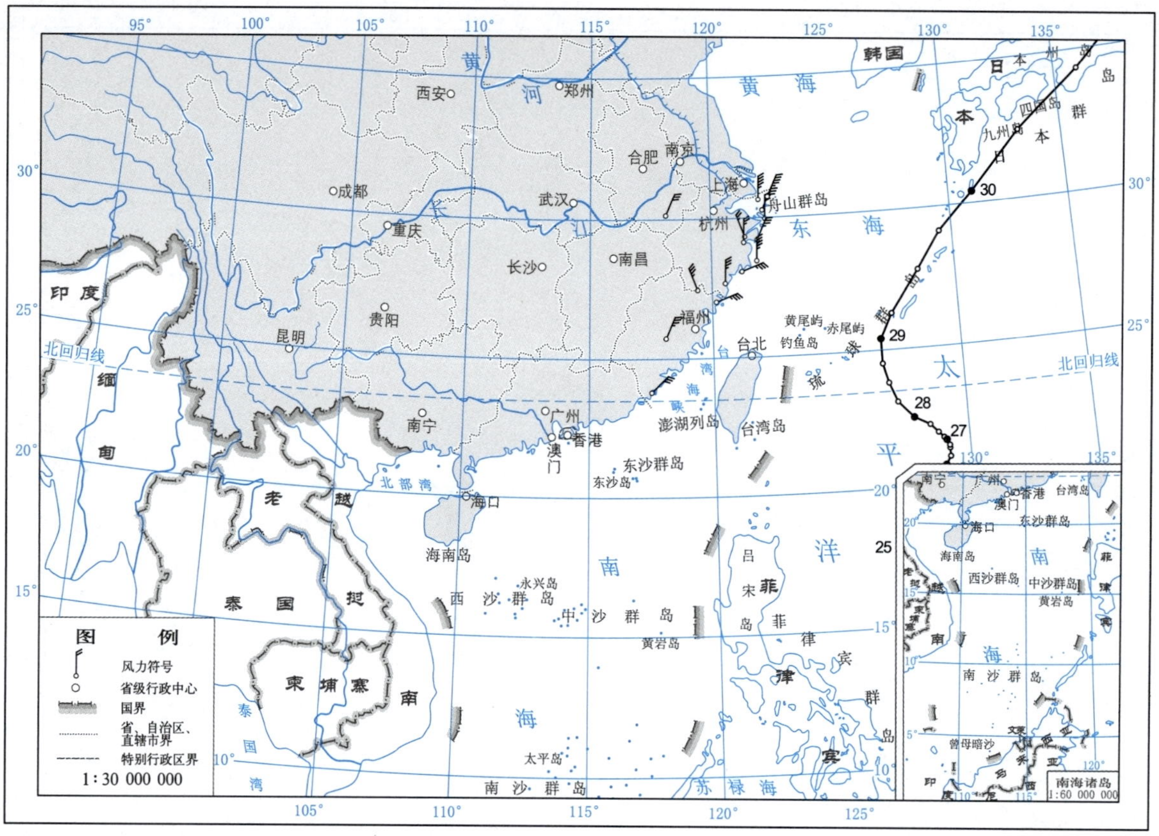

图 2.28.2 1824 号超强台风“潭美”（Trami）大风分布图（9 月 28—30 日）

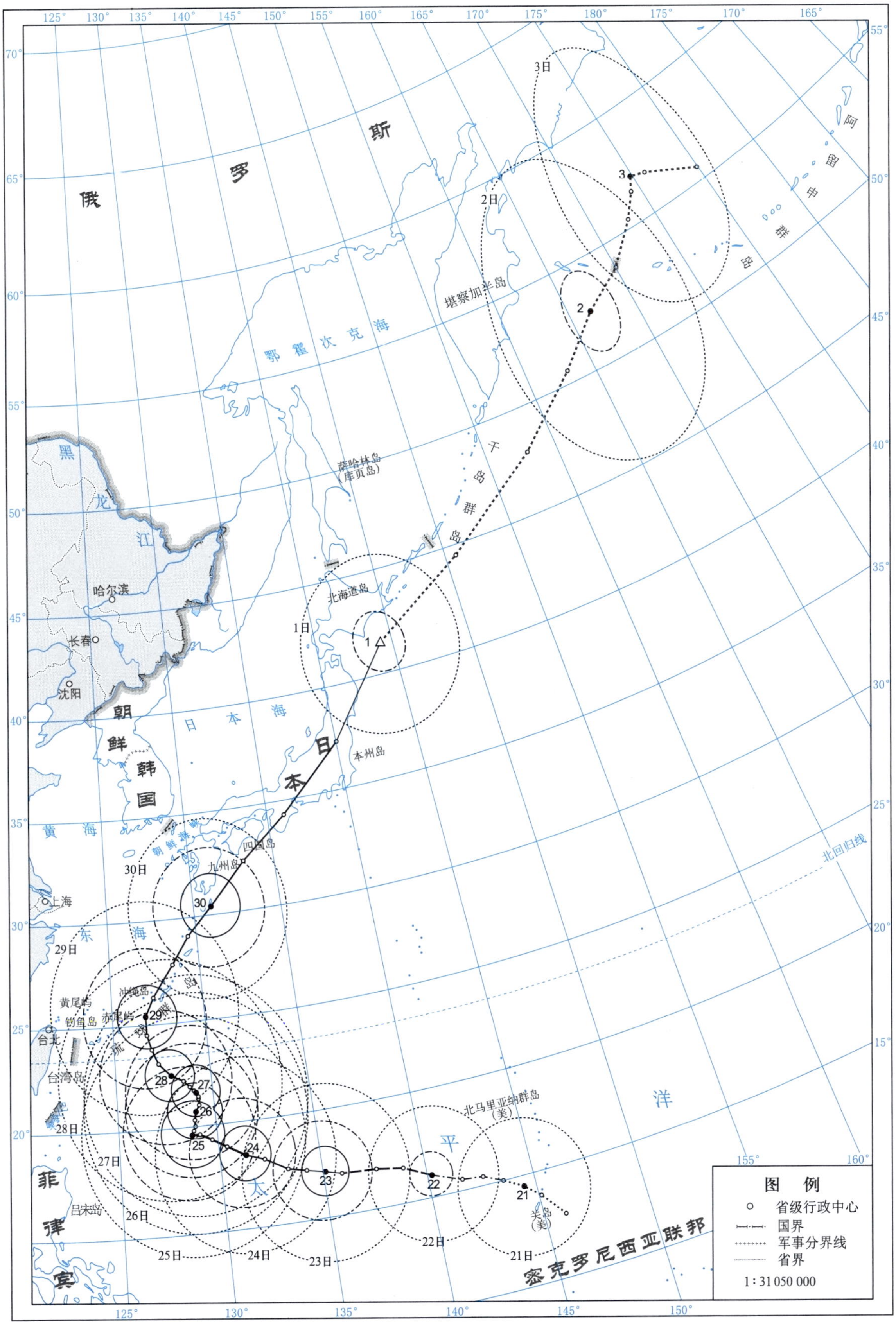

图 2.28.3　1824 号超强台风“潭美”（Trami）大风区域演变图

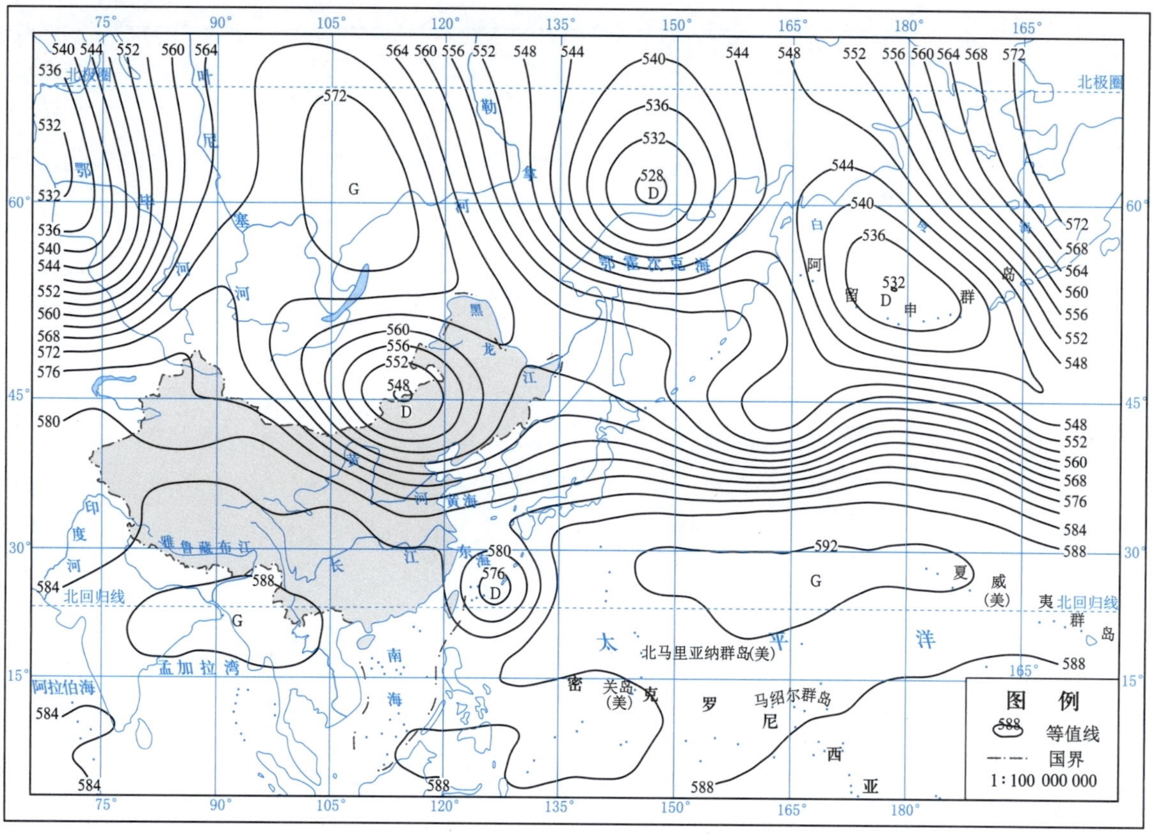

图 2.28.4　2018 年 9 月 29 日 08 时 500 hPa 高度场图（dagpm）

2.29 超强台风“康妮”(Kong-Rey)

第 1825 号超强台风“康妮”是由 9 月 28 日早晨位于美国关岛东南约 950 km 的西北太平洋洋面上的一个热带低压发展形成。形成后低压中心向西北方向移动，29 日下午增强为热带风暴，并转向偏西，移速减慢，强度进入快速增强阶段，30 日凌晨增强为强热带风暴，并加大向北移动的分量，下午增强为台风，10 月 1 日凌晨继续增强为强台风，下午进一步增强至超强台风，夜间达到其生命史最大强度，中心附近最大风速 62 m/s，中心最低气压 915 hPa。之后“康妮”继续西北行，强度开始减弱，3 日下午减弱为强台风，次日凌晨继续减弱为台风，于夜间进入东海海域，5 日凌晨继续减弱为强热带风暴，并转向沿东海北上。随后，“康妮”经历了再增强阶段，5 日夜间再次增强为台风，逐渐靠近韩国南部沿海，于 6 日 8 时 40 分登陆韩国庆尚道沿海，登陆时强度减弱为强热带风暴。登陆后，“康妮”加速向东北方向移动，当天下午进入日本海海域，次日凌晨减弱为热带风暴，之后穿过日本北海道岛南部，并变性为温带气旋，于 7 日夜间在日本以东的西北太平洋洋面上消散。

受超强台风“康妮”影响，10 月 3—6 日，江西庐山、福建局部、浙江沿海大部、江苏南通、安徽黄山和天柱山、山东东北部沿海、辽东半岛大部出现最大风力 6 ～ 7 级、阵风 7 ～ 10 级；浙江大陈出现最大风力 9 级、阵风 11 级；上海洋山港出现最大风力 9 级（24.2 m/s)、阵风 10 级（28.0 m/s)，浙江嵊泗出现最大风力 9 级（23.2 m/s)、阵风 11 级（32.1 m/s)，为本次超强台风影响过程的风极值。

受其影响，10 月 4—5 日，浙江北部沿海总雨量为 10 ～ 51 mm；其中，浙江定海总雨量 50.6 mm，5 日的日雨量 50.1 mm，分别为本次超强台风影响过程的总雨量和日雨量极值。

表 2.29.1 是超强台风“康妮”的中心位置和强度。图 2.29.1 ～图 2.29.6 分别是超强台风“康妮”路径图、总降水量图、大风分布图、总降水日数图、大风区域演变图和 2018 年 10 月 5 日 20 时 500 hPa 高度场图。

表 2.29.1 1825 号超强台风“康妮”(Kong-Rey) 中心位置和强度

9 月 28 日—10 月 7 日

年	月	日	时	中心位置		中心气压(hPa)	最大风速(m/s)
				北纬(°N)	东经(°E)		
2018	9	28	8	7.5	150.9	1002	13
	9	28	14	8.5	149.5	1002	13
	9	28	20	9.7	148.0	1000	15
	9	29	2	11.0	146.5	1000	15
	9	29	8	12.2	144.6	1000	15
	9	29	14	12.6	142.6	998	18
	9	29	20	12.8	141.1	995	20
	9	30	2	13.1	139.5	985	25

（续表）

年	月	日	时	中心位置		中心气压（hPa）	最大风速（m/s）
				北纬（°N）	东经（°E）		
2018	9	30	8	13.6	138.7	980	30
	9	30	14	14.4	138.0	975	33
	9	30	20	15.0	137.3	965	38
	10	1	2	15.4	136.4	955	42
	10	1	8	15.6	135.8	945	48
	10	1	14	16.1	135.2	940	52
	10	1	20	16.8	134.4	915	62
	10	2	2	17.2	133.6	915	62
	10	2	8	17.6	132.7	915	62
	10	2	14	18.2	132.0	915	62
	10	2	20	18.8	131.3	915	62
	10	3	2	19.5	130.4	925	58
	10	3	8	20.1	129.7	940	52
	10	3	14	20.8	129.2	945	48
	10	3	20	21.6	128.8	955	42
	10	4	2	22.5	128.1	960	40
	10	4	8	23.2	127.7	965	38
	10	4	14	24.4	127.1	975	33
	10	4	20	25.4	126.7	975	33
	10	5	2	26.7	126.0	975	33
	10	5	8	27.9	125.8	980	30
	10	5	14	29.5	125.8	980	30
	10	5	20	31.4	126.1	975	33
	10	6	2	32.9	126.6	975	33
	10	6	8	34.7	128.1	978	30
	10	6	14	37.0	130.4	982	28

（续表）

年	月	日	时	中心位置		中心气压（hPa）	最大风速（m/s）
				北纬（°N）	东经（°E）		
2018	10	6	20	38.7	133.2	985	25
	10	7	2	40.4	136.5	988	23
△	10	7	8	42.2	141.0	992	20
	10	7	14	42.7	146.9	998	18
	10	7	20	41.6	151.6	1000	15
消散							

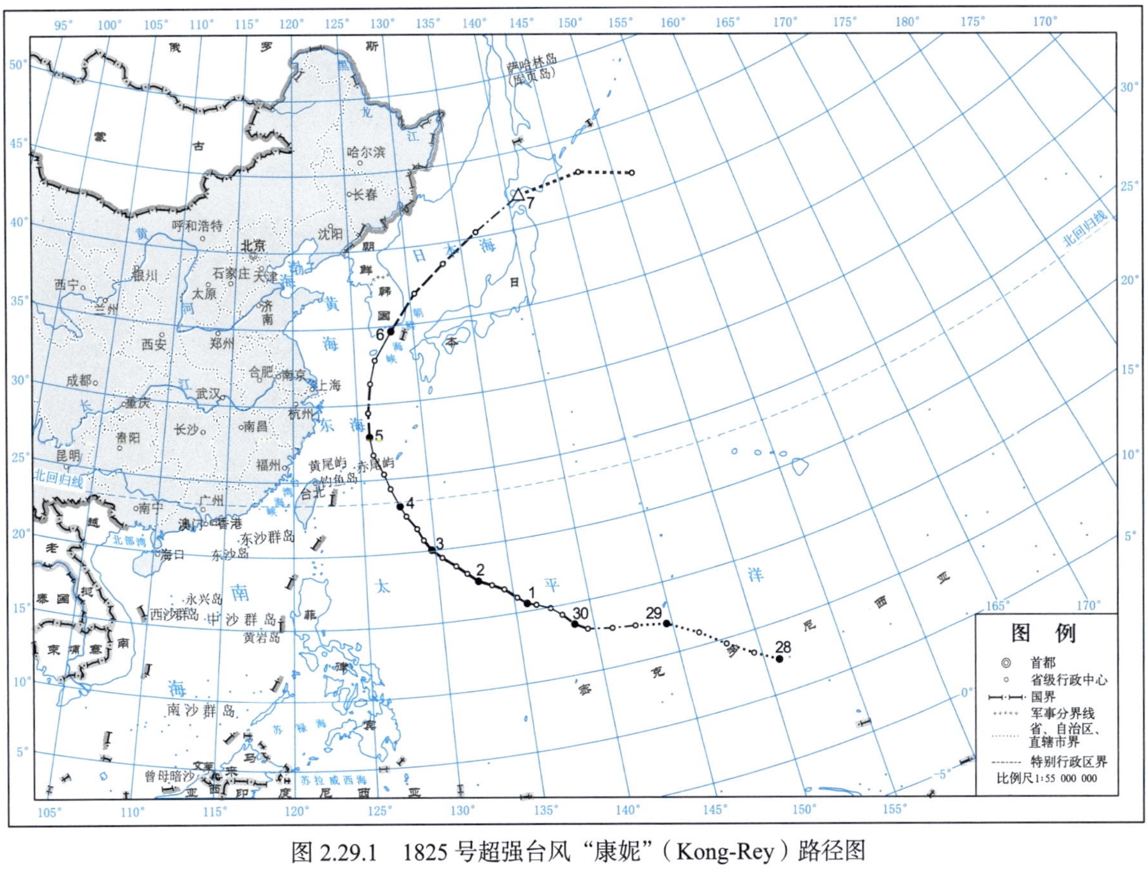

图 2.29.1　1825 号超强台风“康妮”（Kong-Rey）路径图

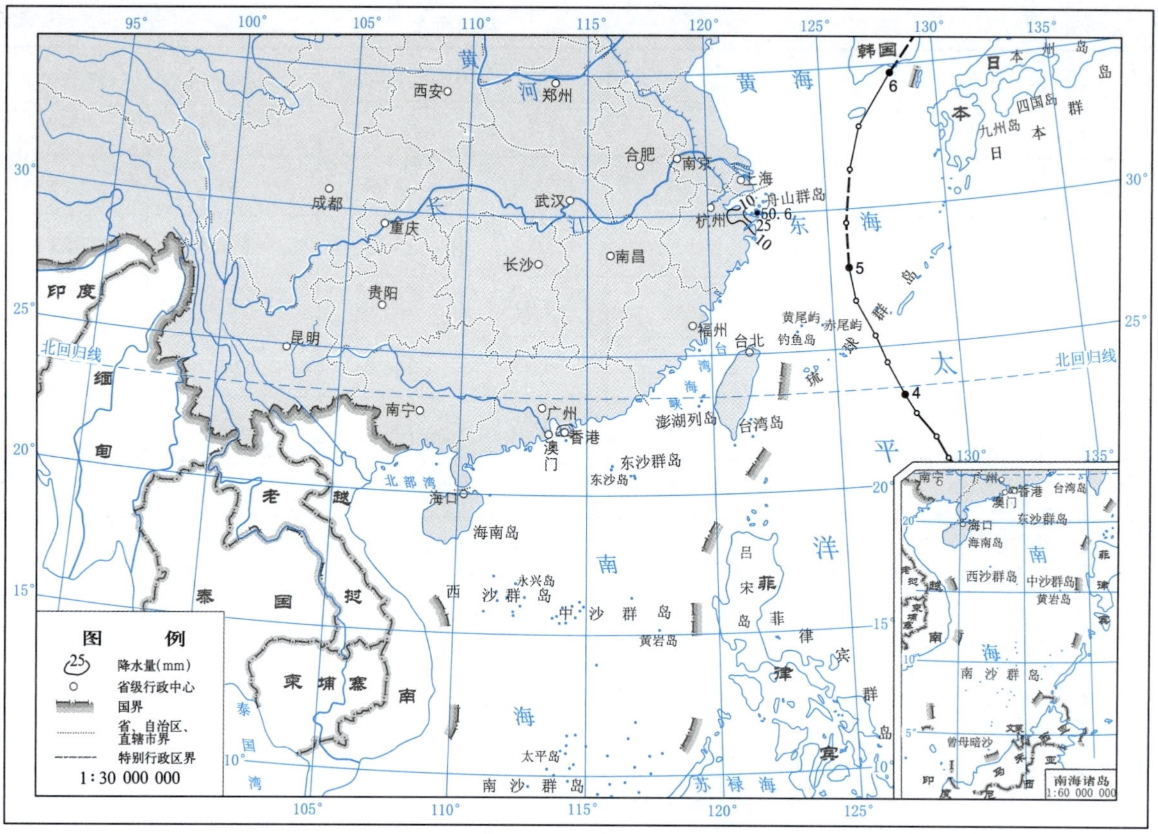

图 2.29.2　1825 号超强台风“康妮”（Kong-Rey）总降水量图（10 月 4—5 日）（mm）

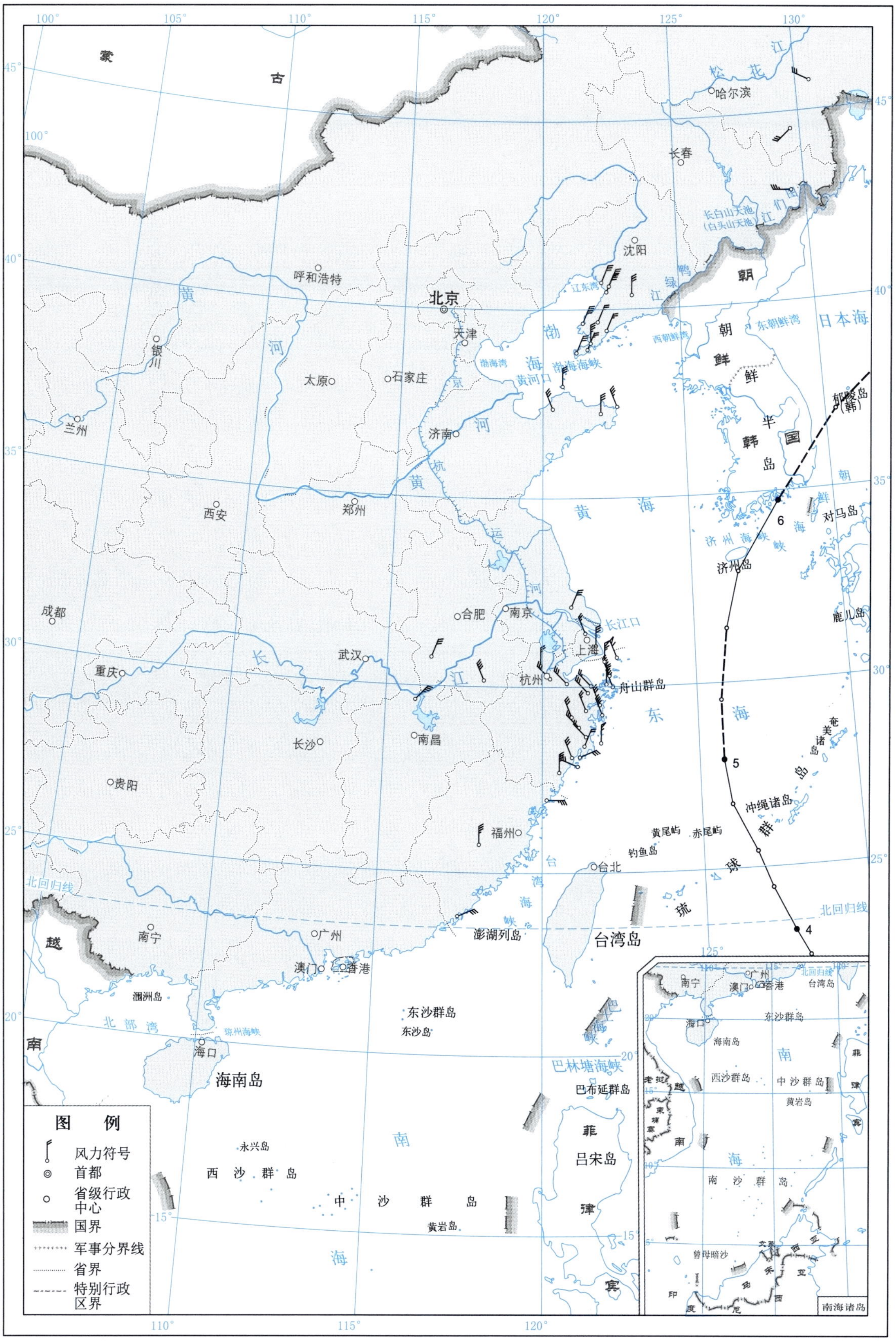

图 2.29.3　1825 号超强台风“康妮”（Kong-Rey）大风分布图（10 月 3—6 日）

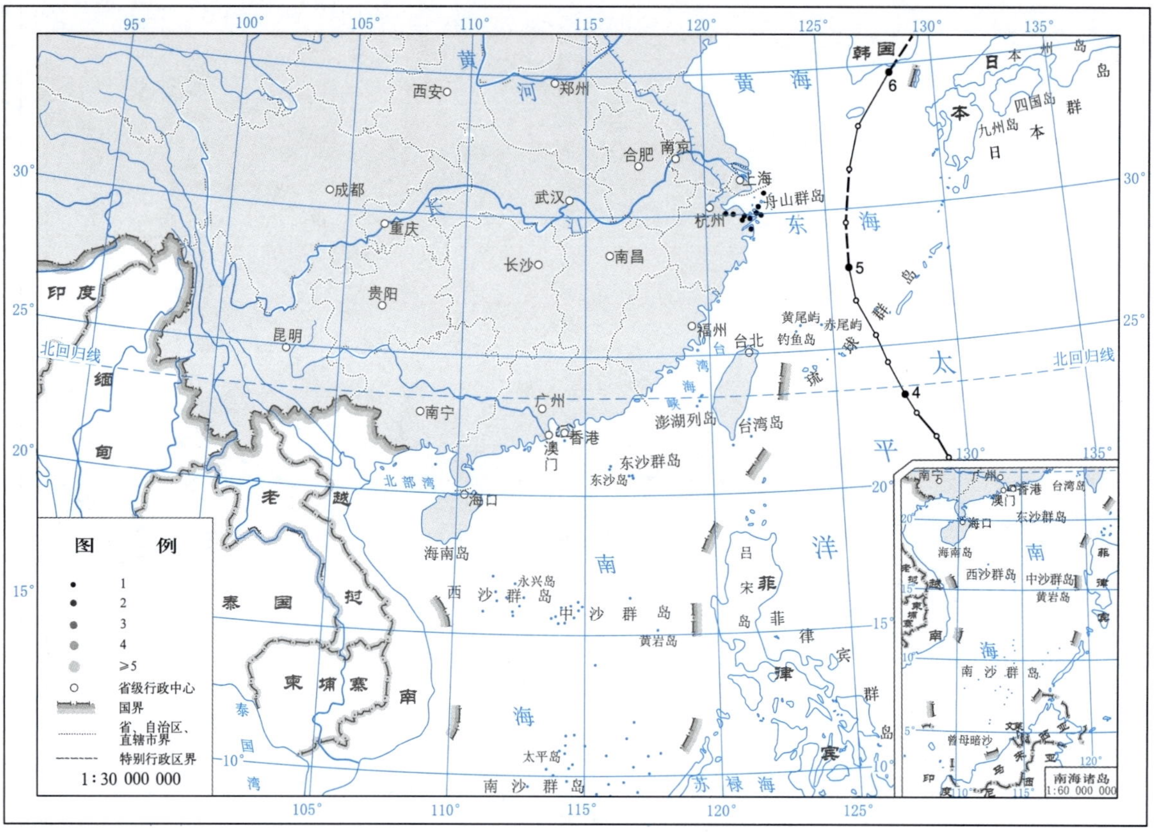

图 2.29.4　1825 号超强台风“康妮”（Kong-Rey）总降水日数图

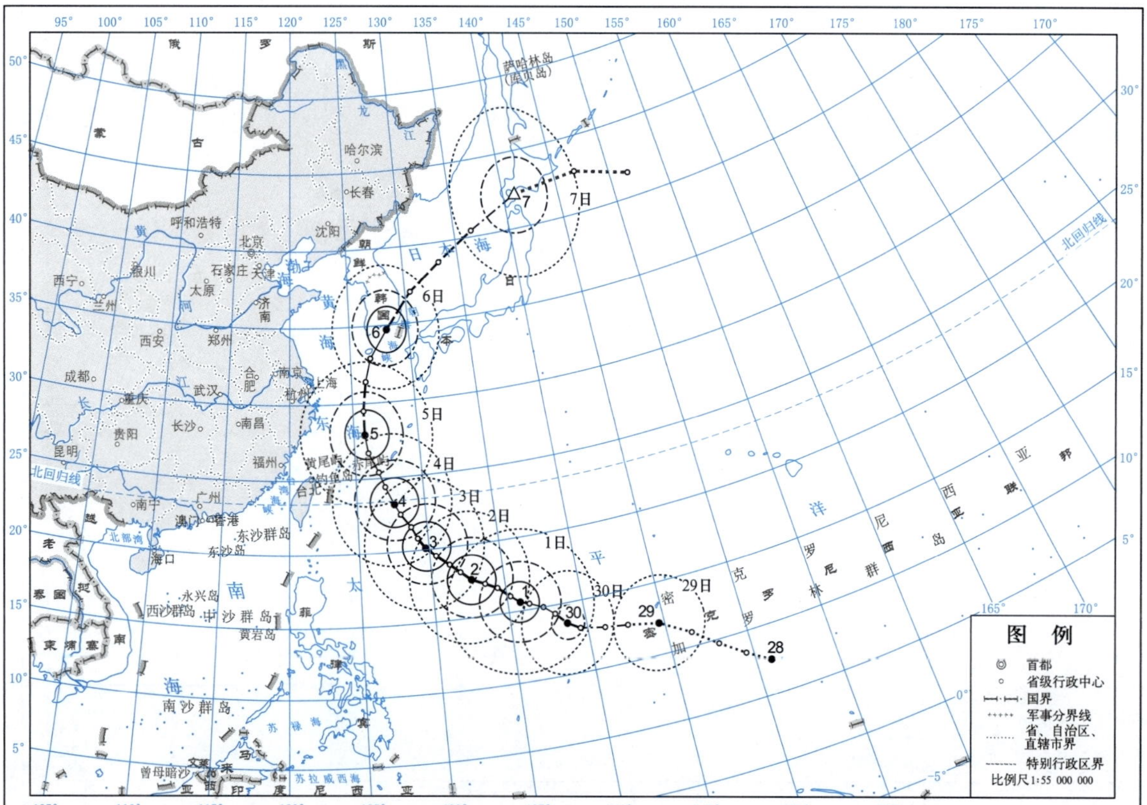

图 2.29.5　1825 号超强台风“康妮”（Kong-Rey）大风区域演变图

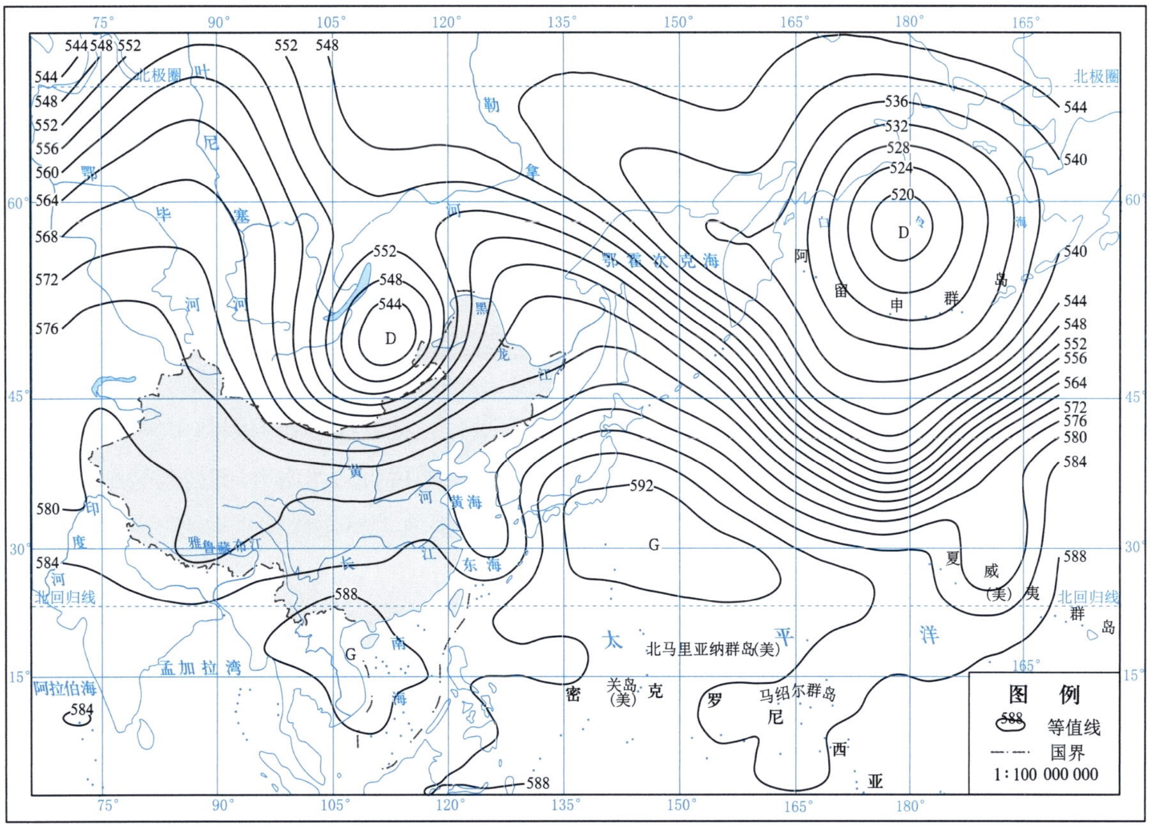

图 2.29.6　2018 年 10 月 5 日 20 时 500 hPa 高度场图（dagpm）

2.30 超强台风“玉兔”（Yutu）

第1826号超强台风“玉兔”是由10月21日早晨位于马绍尔群岛以西约200 km的西北太平洋洋面上的一个热带低压发展形成。形成后低压中心向偏西方向移动，22日早晨增强为热带风暴，之后转向西偏北方向，强度快速增强，当天夜间增强为强热带风暴，次日凌晨增强为台风，夜间继续增强至强台风，24日凌晨进一步增强至超强台风，傍晚达到其生命史最大强度，中心附近最大风速70 m/s，中心最低气压895 hPa。之后“玉兔”继续向偏西方向移动，强度缓慢减弱，28日夜间减弱为强台风，逐渐靠近菲律宾吕宋岛，于30日凌晨登陆吕宋岛东部沿海，登陆时强度仍维持强台风级。登陆后“玉兔”强度迅速减弱为台风，之后穿过吕宋岛，夜间进入南海海域，强度继续减弱为强热带风暴并转向西北方向移动，在2日凌晨到达东沙群岛附近并减弱为热带风暴，随后折向西南方向缓慢移动，强度进一步减弱为热带低压，并于11月3日下午在东沙群岛附近海域消散。超强台风“玉兔”为2018年西北太平洋强度最强的热带气旋，具有强度强、快速增强、前期路径稳定，进入南海后移速缓慢曲折等特点。

受超强台风“玉兔”影响，10月29日—11月3日，海南三亚、广西临桂、湖南南岳、广东中东部、福建沿海等局部地区出现最大风力6～7级、阵风7～10级；福建九仙山出现最大风力8级（19.7 m/s）、阵风9级（23.7 m/s)，福建东山出现最大风力8级（18.0 m/s）、阵风10级（27.2 m/s)，为本次超强台风影响过程的风极值。

受其影响，11月1—2日，福建大部、广东东北部、江西南部、浙江南部等局部地区总雨量为10～50 mm；广东东部、福建南部的局部地区总雨量为50～86 mm；其中，广东潮阳总雨量85.3 mm，2日的日雨量61.7 mm，分别为本次超强台风影响过程的总雨量和日雨量极值。

表2.30.1是超强台风“玉兔”的中心位置和强度。图2.30.1～图2.30.6分别是超强台风“玉兔”路径图、总降水量图、大风分布图、总降水日数图、大风区域演变图和2018年11月2日08时500 hPa高度场图。

表 2.30.1 1826号超强台风“玉兔”（Yutu）中心位置和强度

10月21日—11月3日

年	月	日	时	中心位置		中心气压（hPa）	最大风速（m/s）
				北纬（°N）	东经（°E）		
2018	10	21	8	8.1	159.4	1008	13
	10	21	14	8.4	158.6	1004	13
	10	21	20	8.6	157.8	1006	15
	10	22	2	8.8	156.9	1004	15
	10	22	8	9.1	156.1	998	18
	10	22	14	10.0	155.0	995	20
	10	22	20	10.9	153.9	985	25
	10	23	2	11.4	152.9	982	28

（续表）

年	月	日	时	中心位置		中心气压（hPa）	最大风速（m/s）
				北纬（°N）	东经（°E）		
2018	10	23	8	11.8	151.7	975	33
	10	23	14	11.9	150.6	965	38
	10	23	20	12.2	149.6	960	42
	10	24	2	12.7	148.9	940	50
	10	24	8	13.3	148.0	920	60
	10	24	14	14.0	147.1	900	70
	10	24	20	14.7	146.3	895	70
	10	25	2	15.3	145.3	905	70
	10	25	8	15.8	144.2	910	65
	10	25	14	16.0	143.2	910	62
	10	25	20	16.3	142.3	915	58
	10	26	2	16.6	141.4	920	58
	10	26	8	16.9	140.4	925	58
	10	26	14	17.0	139.1	925	58
	10	26	20	17.2	137.7	925	58
	10	27	2	17.6	136.3	925	62
	10	27	8	17.8	134.8	915	62
	10	27	14	18.0	133.4	915	62
	10	27	20	18.0	132.1	915	62
	10	28	2	18.0	131.1	920	62
	10	28	8	18.0	130.1	925	58
	10	28	14	18.0	129.1	930	52
	10	28	20	17.8	128.1	935	50
	10	29	2	17.5	127.1	940	45
	10	29	8	17.1	126.2	945	42
	10	29	14	16.9	125.3	945	48

（续表）

年	月	日	时	中心位置		中心气压（hPa）	最大风速（m/s）
				北纬（°N）	东经（°E）		
2018	10	29	20	16.8	124.2	945	48
	10	30	2	16.8	123.0	945	48
	10	30	8	16.8	121.5	950	42
	10	30	14	16.7	120.1	970	35
	10	30	20	16.8	119.1	982	30
	10	31	2	17.0	118.6	982	28
	10	31	8	17.5	118.2	982	28
	10	31	14	18.0	117.7	982	28
	10	31	20	18.4	117.3	980	28
	11	1	2	18.9	116.9	980	28
	11	1	8	19.5	116.6	980	28
	11	1	14	20.0	116.5	985	25
	11	1	20	20.3	116.4	985	25
	11	2	2	20.6	116.3	990	23
	11	2	8	20.7	116.2	990	23
	11	2	14	20.7	116.0	995	20
	11	2	20	20.5	115.8	1000	18
	11	3	2	20.2	115.6	1004	15
	11	3	8	19.9	115.5	1008	13
消散							

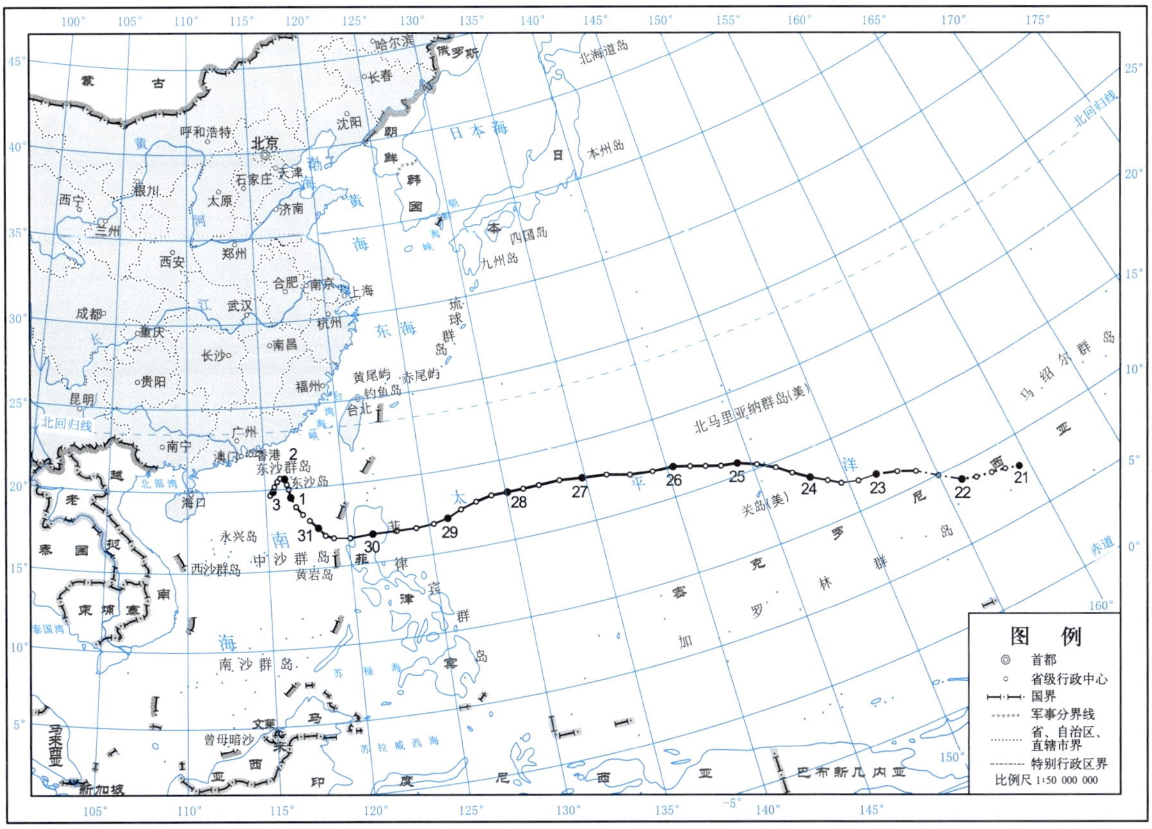

图 2.30.1　1826 号超强台风“玉兔”（Yutu）路径图

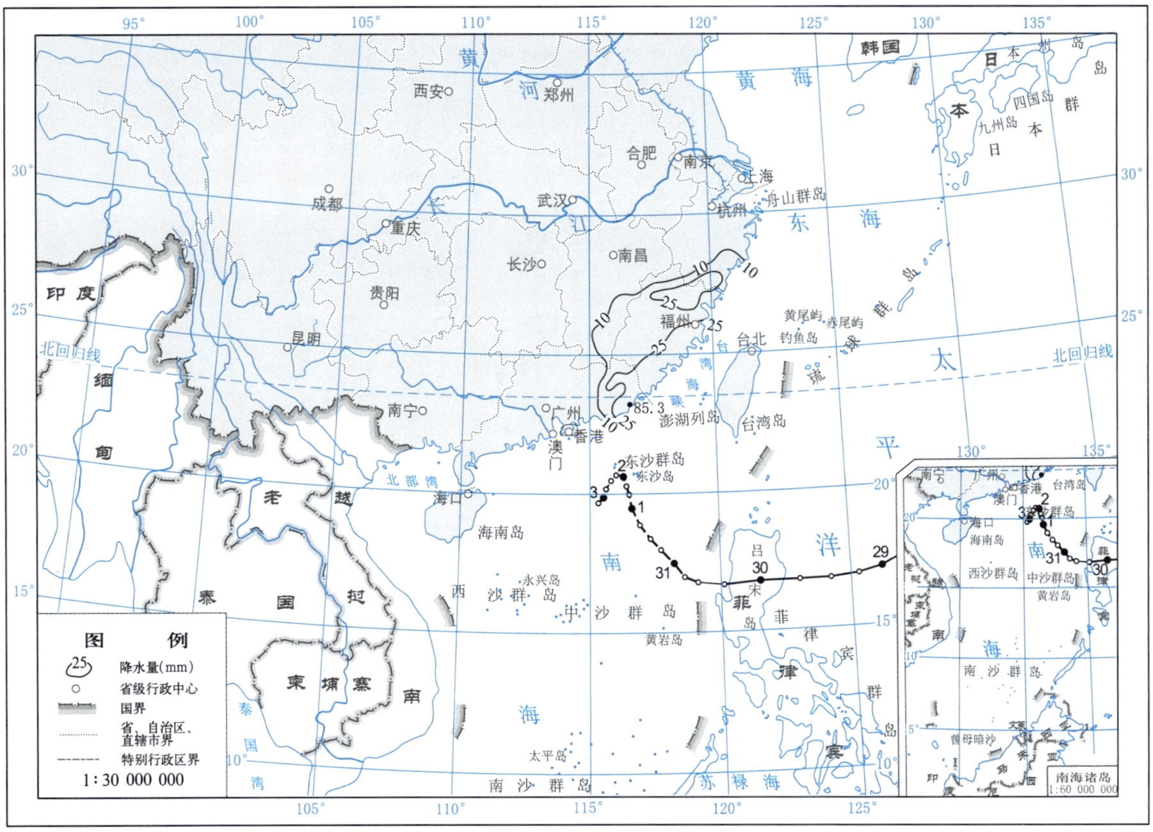

图 2.30.2　1826 号超强台风“玉兔”（Yutu）总降水量图（11 月 1—2 日）（mm）

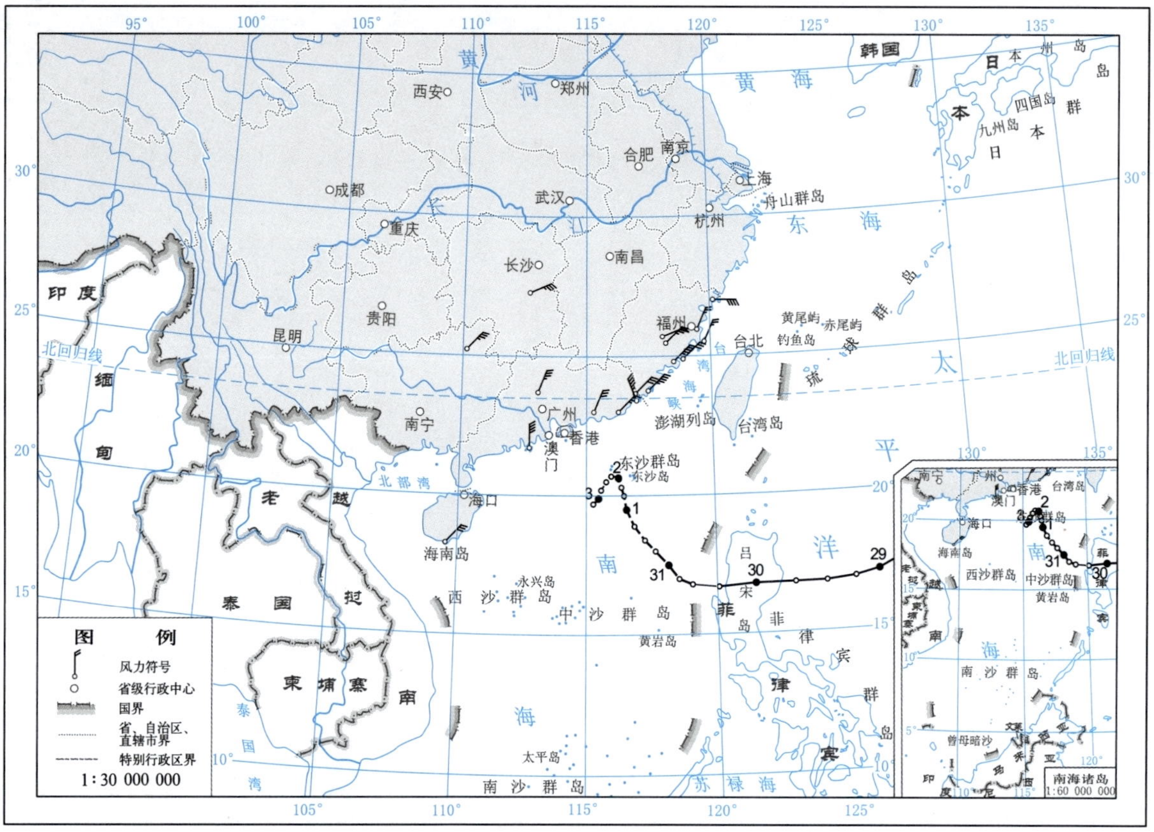

图 2.30.3　1826 号超强台风“玉兔”（Yutu）大风分布图（10 月 29 日—11 月 3 日）

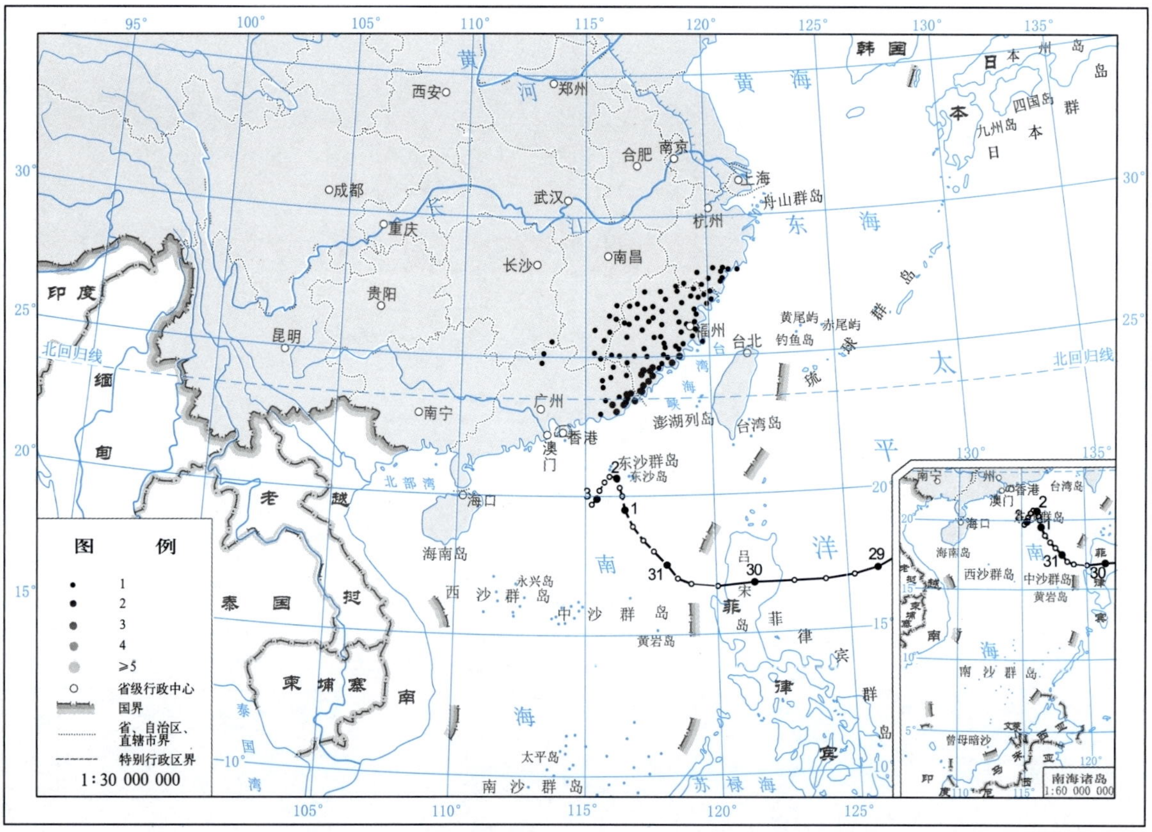

图 2.30.4　1826 号超强台风“玉兔”（Yutu）总降水日数图

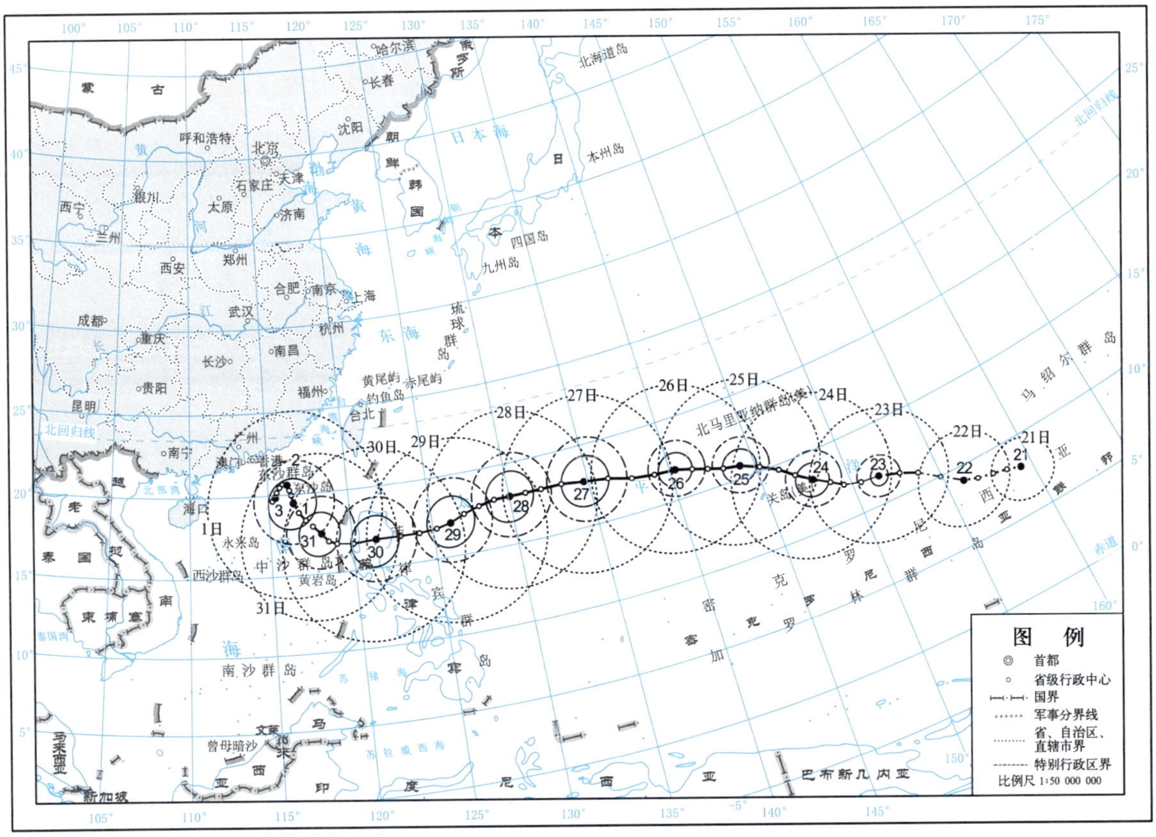

图 2.30.5　1826 号超强台风“玉兔”（Yutu）大风区域演变图

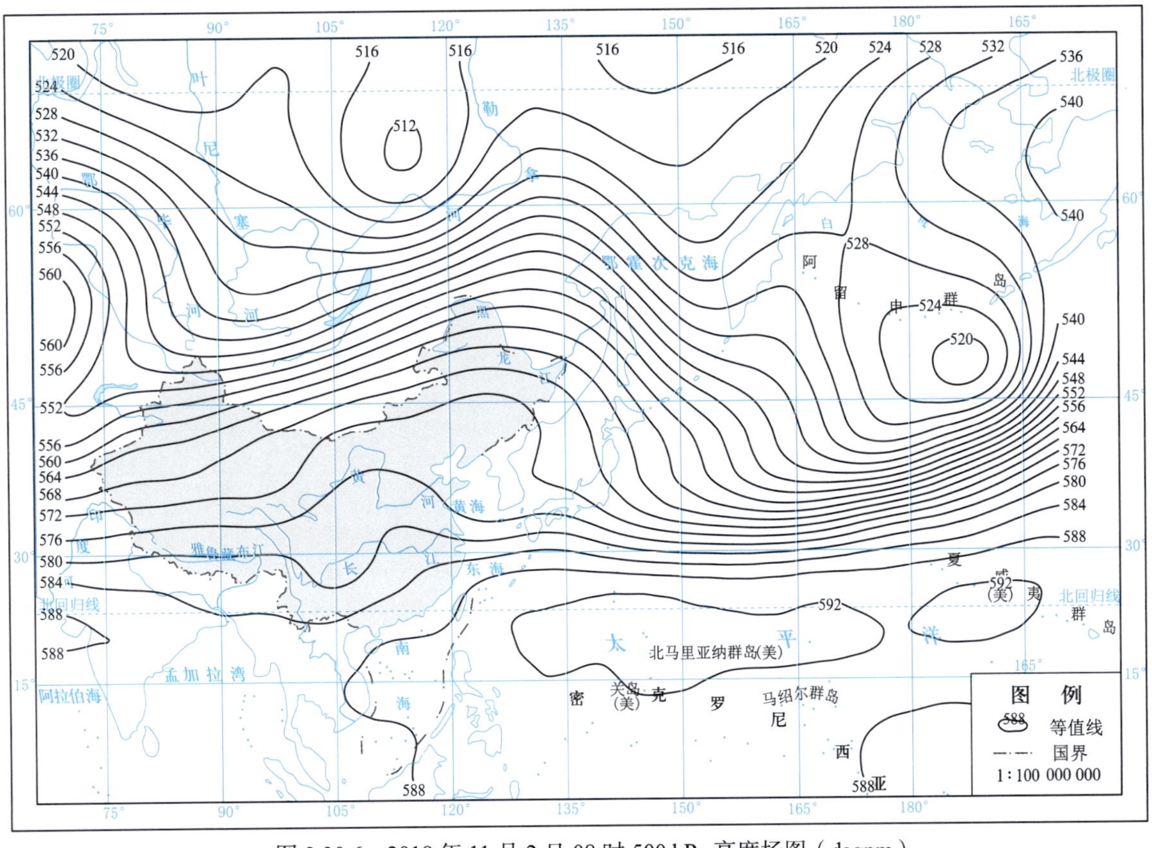

图 2.30.6　2018 年 11 月 2 日 08 时 500 hPa 高度场图（dagpm）

2.31 热带风暴“桃芝”（Toraji）

第 1827 号热带风暴“桃芝”是由 11 月 17 日早晨位于南沙群岛以西约 100 km 的南海海面上一个热带低压发展形成。形成后低压中心向西北方向移动，当天夜间强度增强为热带风暴，逐渐靠近越南东南沿海，于 18 日下午在越南宁顺省沿海登陆，登陆时强度为热带风暴级，随后转向西行，强度迅速减弱，当日夜间在越南境内消散。

表2.31.1是热带风暴“桃芝”的中心位置和强度。图2.31.1～图2.31.3 分别是热带风暴“桃芝”路径图、大风区域演变图和 2018 年 11 月 18 日 08 时 500 hPa 高度场图。

表 2.31.1 1827 号热带风暴“桃芝”（Toraji）中心位置和强度

11 月 17—18 日

年	月	日	时	中心位置		中心气压（hPa）	最大风速（m/s）
				北纬（°N）	东经（°E）		
2018	11	17	8	10.1	111.7	1006	13
	11	17	14	10.4	111.2	1004	15
	11	17	20	10.8	110.7	1002	18
	11	18	2	11.2	110.2	1002	18
	11	18	8	11.6	109.6	1002	18
	11	18	14	11.6	109.0	1002	18
	11	18	20	11.6	108.2	1010	13
消散							

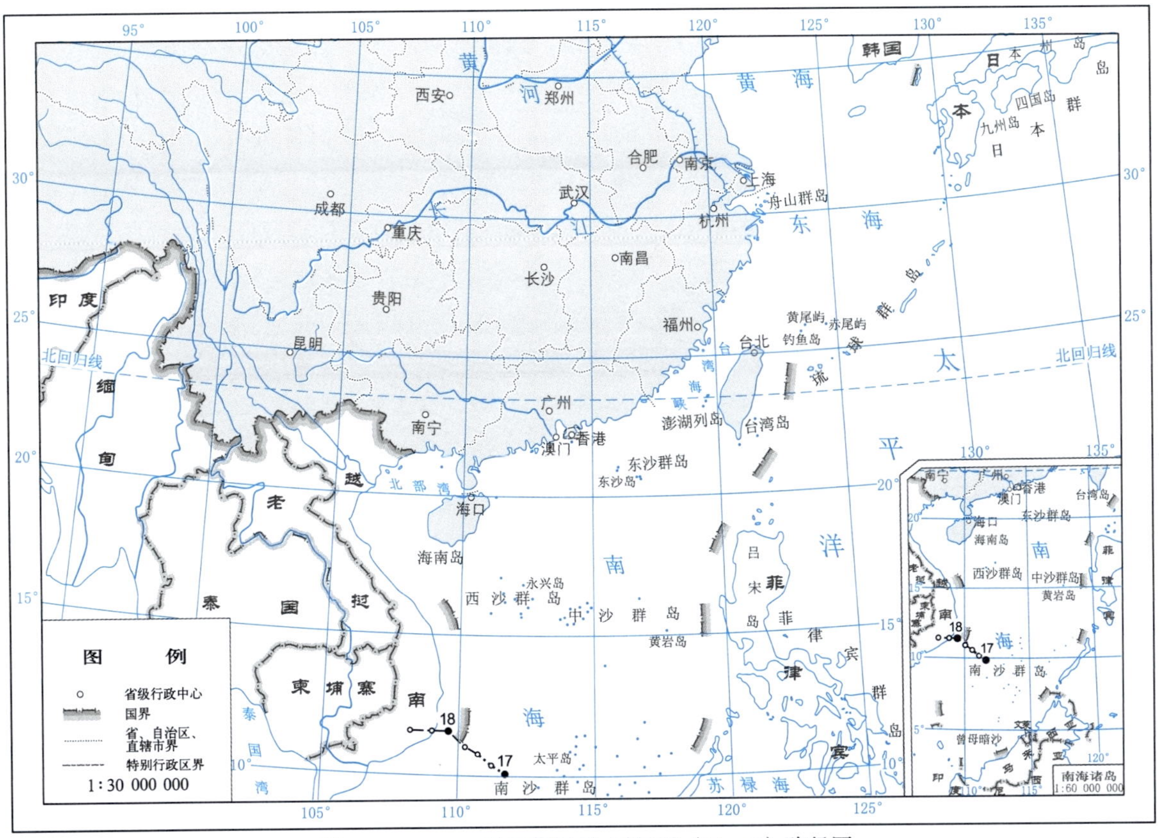

图 2.31.1 1827 号热带风暴“桃芝”（Toraji）路径图

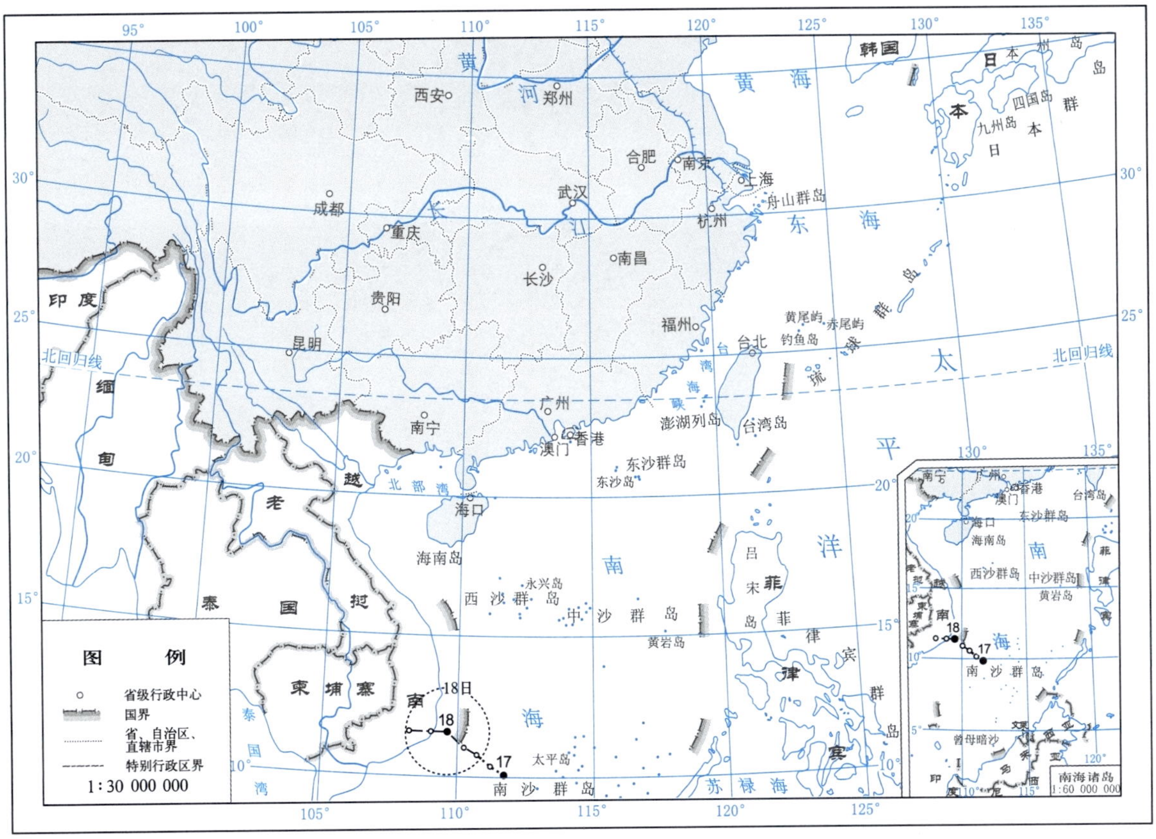

图 2.31.2 1827 号热带风暴“桃芝”（Toraji）大风区域演变图

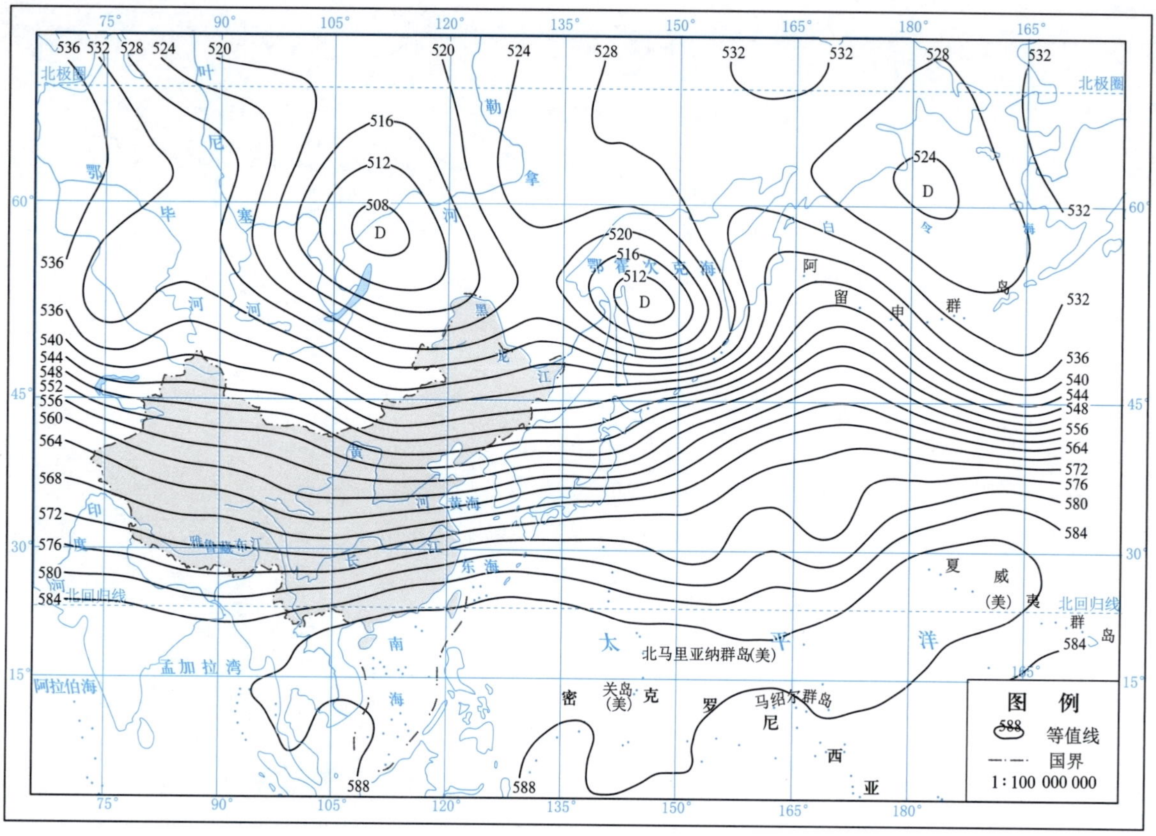

图 2.31.3 2018 年 11 月 18 日 08 时 500 hPa 高度场图（dagpm）

2.32 强台风“万宜”（Man-Yi）

第1828号强台风“万宜”是由11月20日早晨位于马绍尔群岛以西约400 km的西北太平洋洋面上一个热带低压发展形成。形成后低压中心稳定地向西偏北方向移动，强度逐渐增强，当天夜间加强为热带风暴，21日夜间增强为强热带风暴，22日下午增强为台风，移动的偏北分量逐渐加大。24日下午移速缓慢，强度增强为强台风，之后以顺时针方向小范围打转一天，25日下午强度减弱为台风，其后加速向西北方向移动。之后强度持续减弱，26日凌晨减弱为强热带风暴，当天早晨减弱为热带风暴，次日继续减弱至热带低压，并转向东北方向加速前进，于28日下午变性为温带气旋。之后继续向东北方向移动，29日凌晨在日本以东的西太平洋洋面上消散。

表2.32.1是强台风“万宜”的中心位置和强度。图2.32.1～图2.32.3分别是强台风“万宜”的路径图、大风区域演变图和2018年11月25日08时500 hPa高度场图。

表2.32.1 1828号强台风“万宜”（Man-Yi）中心位置和强度

11月20—29日

年	月	日	时	中心位置		中心气压（hPa）	最大风速（m/s）
				北纬（°N）	东经（°E）		
2018	11	20	8	4.7	155.3	1002	13
	11	20	14	4.6	154.4	1000	15
	11	20	20	5.1	153.5	998	18
	11	21	2	5.9	152.7	998	18
	11	21	8	6.7	151.0	995	20
	11	21	14	7.4	149.2	995	20
	11	21	20	8.6	146.8	985	25
	11	22	2	9.5	144.0	982	28
	11	22	8	10.5	141.7	980	30
	11	22	14	11.7	139.7	975	33
	11	22	20	12.6	138.2	970	35
	11	23	2	13.3	136.9	970	35
	11	23	8	14.4	136.2	965	38
	11	23	14	15.4	135.8	965	38
	11	23	20	16.5	135.5	965	38

（续表）

年	月	日	时	中心位置		中心气压（hPa）	最大风速（m/s）
				北纬（°N）	东经（°E）		
2018	11	24	2	17.3	135.4	965	38
	11	24	8	18.0	135.5	960	40
	11	24	14	18.3	135.9	960	40
	11	24	20	18.7	136.2	955	42
	11	25	2	18.6	136.4	955	42
	11	25	8	18.4	136.0	955	42
	11	25	14	18.3	135.7	965	38
	11	25	20	18.4	135.2	970	35
	11	26	2	18.9	134.0	980	30
	11	26	8	19.6	133.0	990	23
	11	26	14	20.2	132.4	995	20
	11	26	20	21.0	132.1	998	18
	11	27	2	21.8	132.0	1000	15
	11	27	8	22.6	132.3	1000	15
	11	27	14	23.4	132.7	1000	15
	11	27	20	23.5	133.2	1004	13
	11	28	2	24.3	134.5	1004	13
	11	28	8	25.8	135.8	1004	13
△	11	28	14	27.9	137.8	1004	13
	11	28	20	29.7	141.3	1004	13
	11	29	2	32.2	144.4	1004	13
消散							

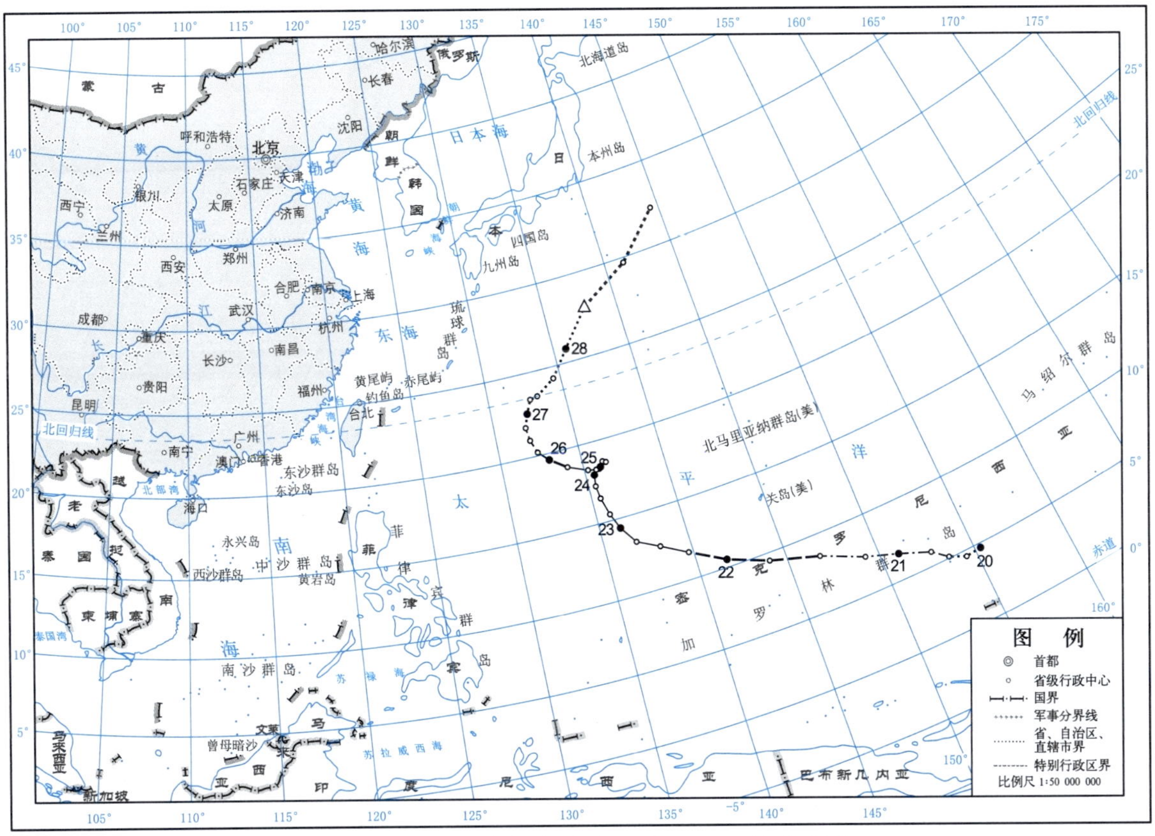

图 2.32.1　1828 号强台风“万宜”（Man-Yi）路径图

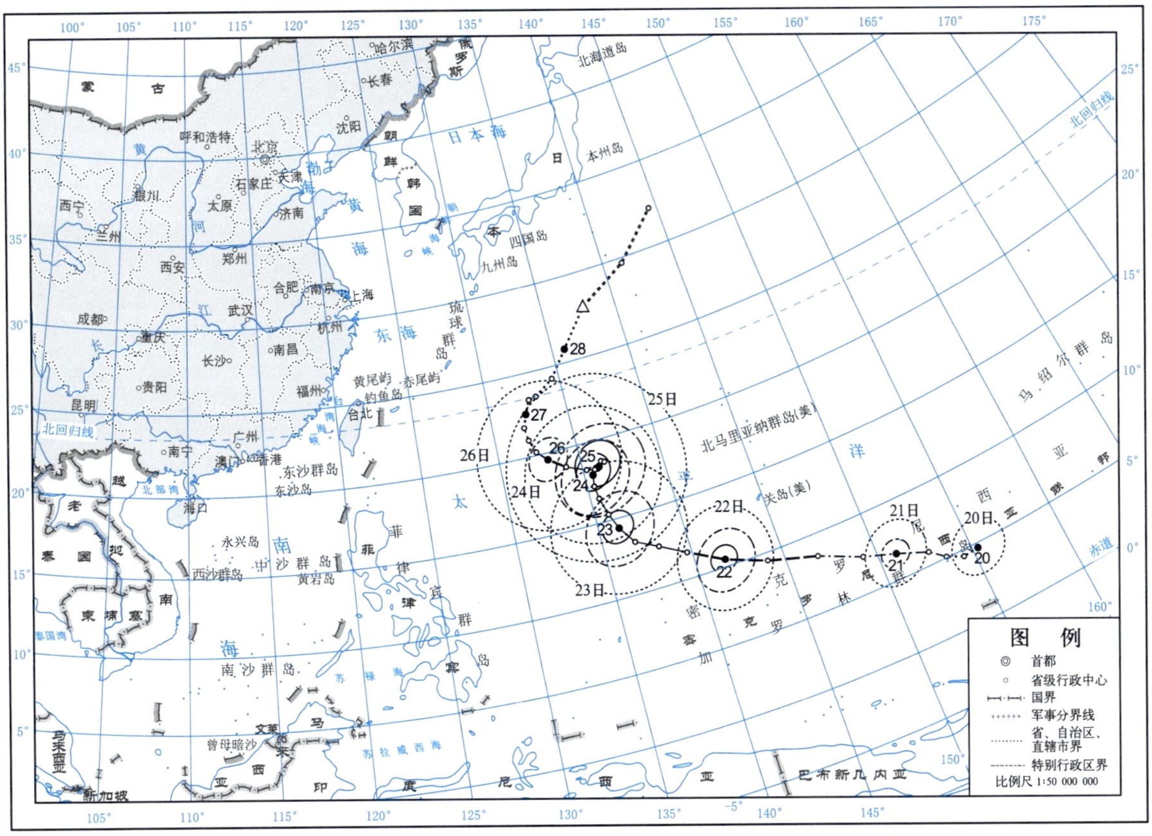

图 2.32.2　1828 号强台风“万宜”（Man-Yi）大风区域演变图

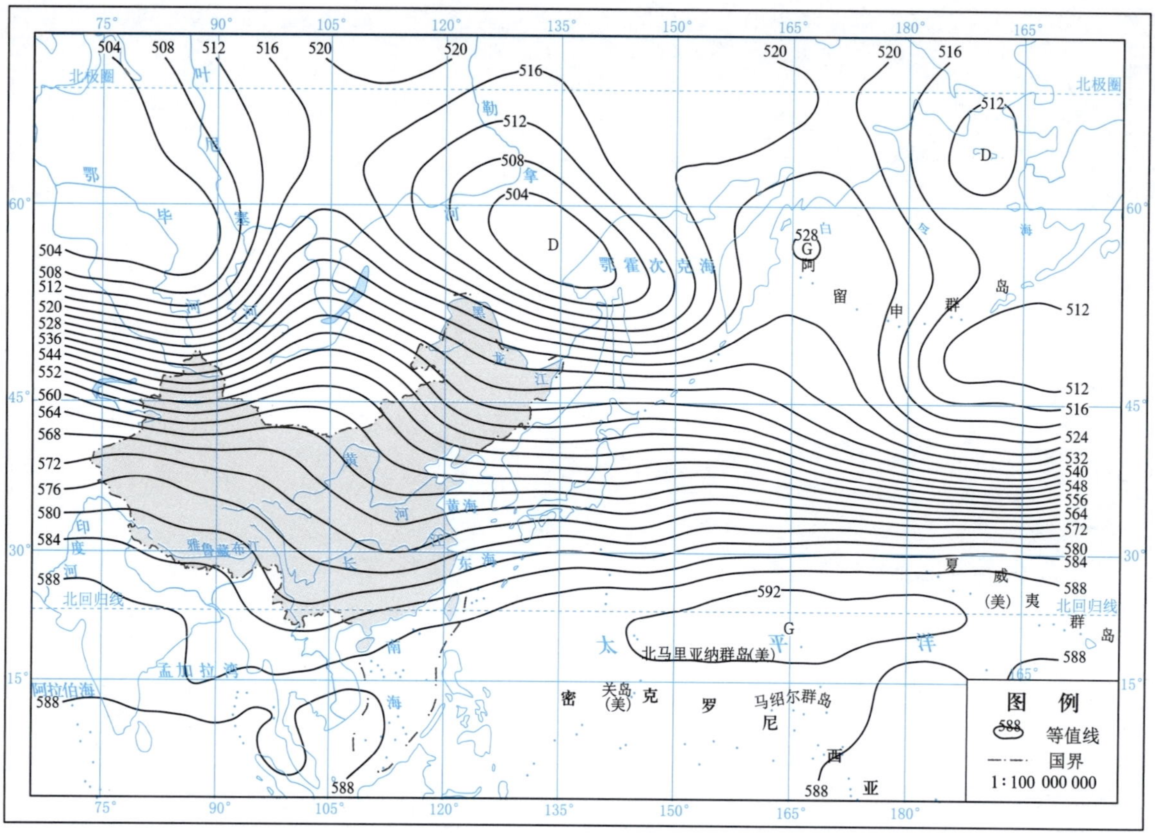

图 2.32.3　2018 年 11 月 25 日 08 时 500 hPa 高度场图（dagpm）

2.33　台风“天兔”(Usagi)

第 1829 号台风“天兔”是由 11 月 18 日凌晨位于帕劳群岛东南约 250 km 的西北太平洋洋面上一个热带低压发展形成。形成后低压中心向偏西方向移动，19 日凌晨转向西北方向，逐渐靠近菲律宾东部沿海，于 21 日凌晨登陆菲律宾萨马岛。登陆后“天兔”转向西偏南方向穿过菲律宾众多岛屿，于 22 日早晨进入南海海域，并增强为热带风暴，之后转向偏西方向移动，穿过南沙群岛，在 23 日下午增强为强热带风暴，24 日凌晨增强为台风。之后“天兔”向西偏北方向移动，逐渐靠近越南东南沿海，强度开始减弱，25 日早晨减弱为强热带风暴，夜间在越南胡志明市沿海登陆，登陆时强度为热带风暴，26 日凌晨继续减弱为热带低压，当日夜间在柬埔寨境内消散。

表 2.33.1 是台风“天兔”的中心位置和强度。图 2.33.1 ～图 2.33.3 分别是台风“天兔”路径图、大风区域演变图和 2018 年 11 月 24 日 08 时 500 hPa 高度场图。

表 2.33.1　1829 号台风“天兔”(Usagi) 中心位置和强度

11 月 18—26 日

年	月	日	时	中心位置		中心气压 (hPa)	最大风速 (m/s)
				北纬（°N）	东经（°E）		
2018	11	18	2	7.0	136.8	1004	13
	11	18	8	6.7	135.6	1004	13
	11	18	14	6.5	134.6	1004	13
	11	18	20	6.7	133.7	1004	13
	11	19	2	7.2	133.0	1004	13
	11	19	8	7.9	132.3	1004	13
	11	19	14	8.7	131.2	1004	13
	11	19	20	9.3	130.1	1004	13
	11	20	2	9.7	129.3	1002	15
	11	20	8	10.0	128.6	1002	15
	11	20	14	10.3	127.7	1002	15
	11	20	20	10.8	126.7	1002	15
	11	21	2	11.4	125.0	1004	13
	11	21	8	10.6	123.4	1004	13
	11	21	14	10.3	121.8	1004	13

（续表）

年	月	日	时	中心位置		中心气压（hPa）	最大风速（m/s）
				北纬（°N）	东经（°E）		
2018	11	21	20	10.2	120.5	1004	13
	11	22	2	10.4	118.9	1002	15
	11	22	8	10.7	117.3	1000	18
	11	22	14	11.3	115.8	1000	18
	11	22	20	11.2	114.5	1000	18
	11	23	2	10.8	113.5	995	20
	11	23	8	10.6	112.6	992	23
	11	23	14	10.6	111.6	990	25
	11	23	20	10.5	110.7	990	25
	11	24	2	10.2	110.1	988	28
	11	24	8	9.9	109.5	980	33
	11	24	14	9.8	108.7	980	33
	11	24	20	9.8	108.2	980	33
	11	25	2	9.9	107.7	980	33
	11	25	8	10.0	107.3	985	30
	11	25	14	10.3	107.0	990	25
	11	25	20	10.7	106.8	1000	18
	11	26	2	11.0	106.5	1002	15
	11	26	8	11.3	106.0	1008	13
	11	26	14	11.4	105.5	1008	13
	11	26	20	11.6	105.0	1008	13
消散							

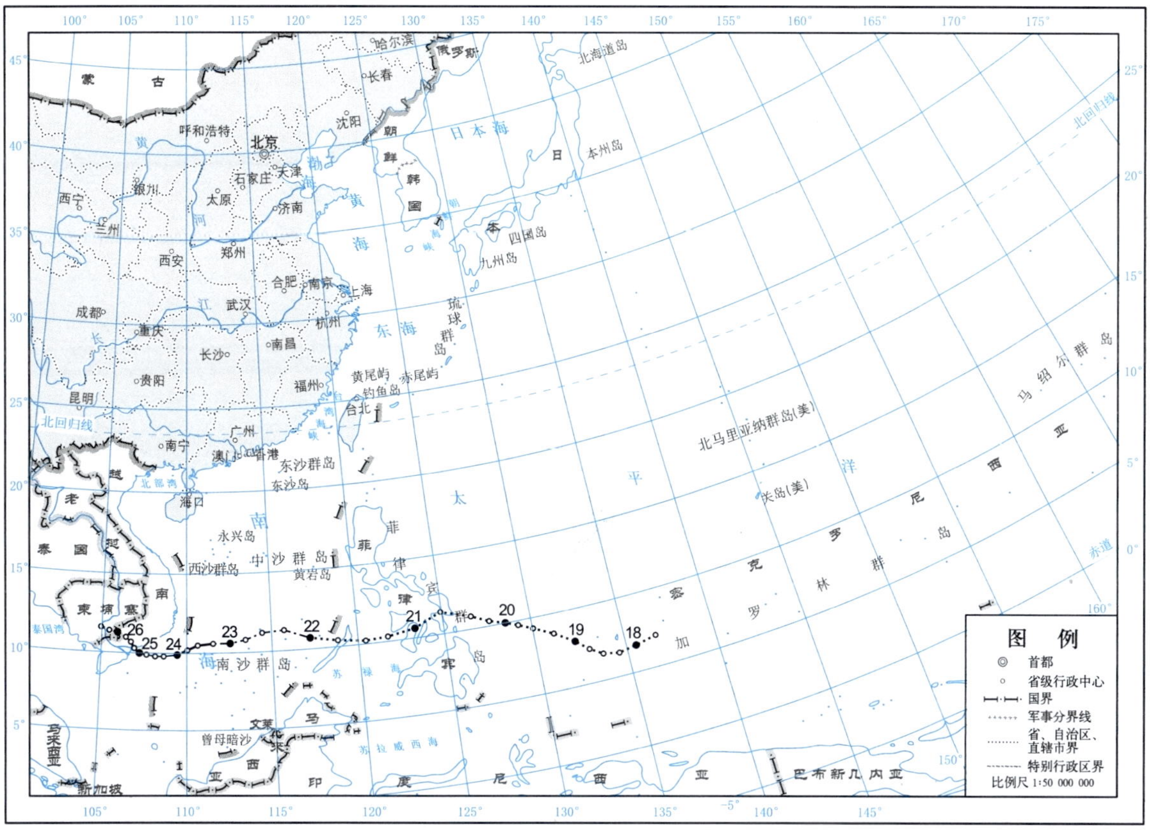

图 2.33.1　1829 号台风“天兔”（Usagi）路径图

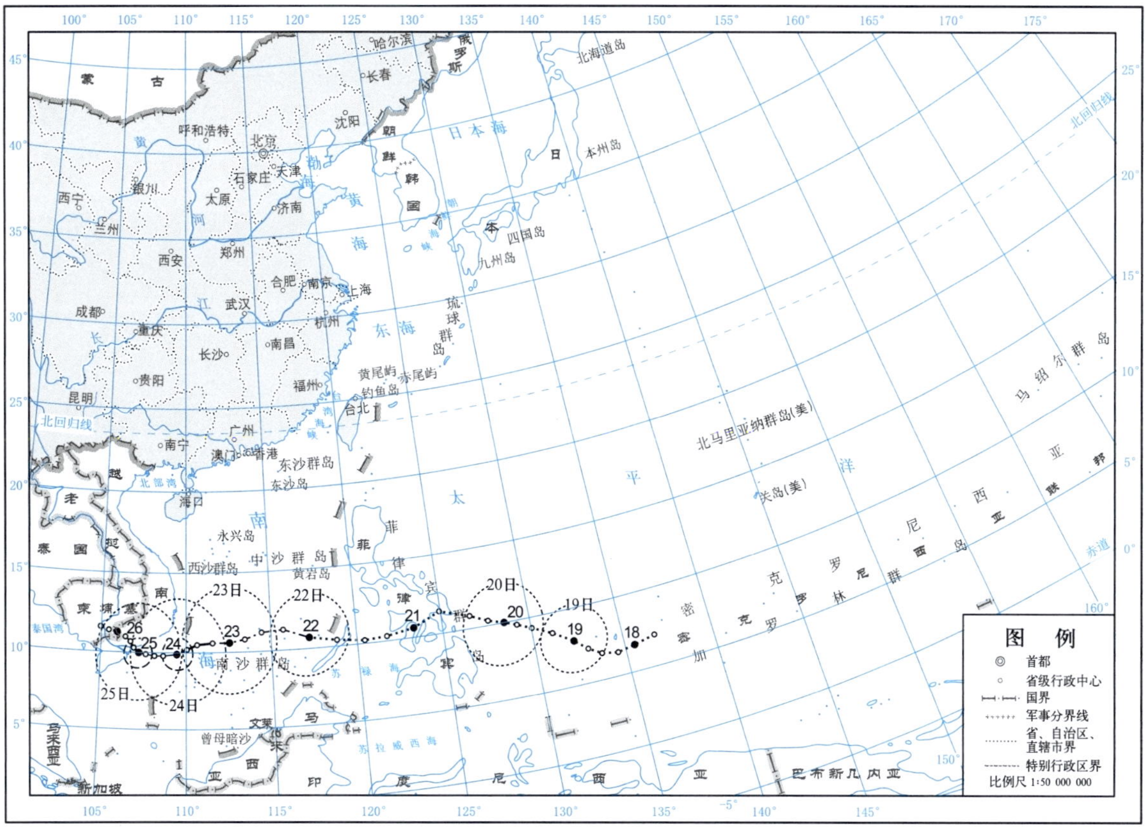

图 2.33.2　1829 号台风“天兔”（Usagi）大风区域演变图

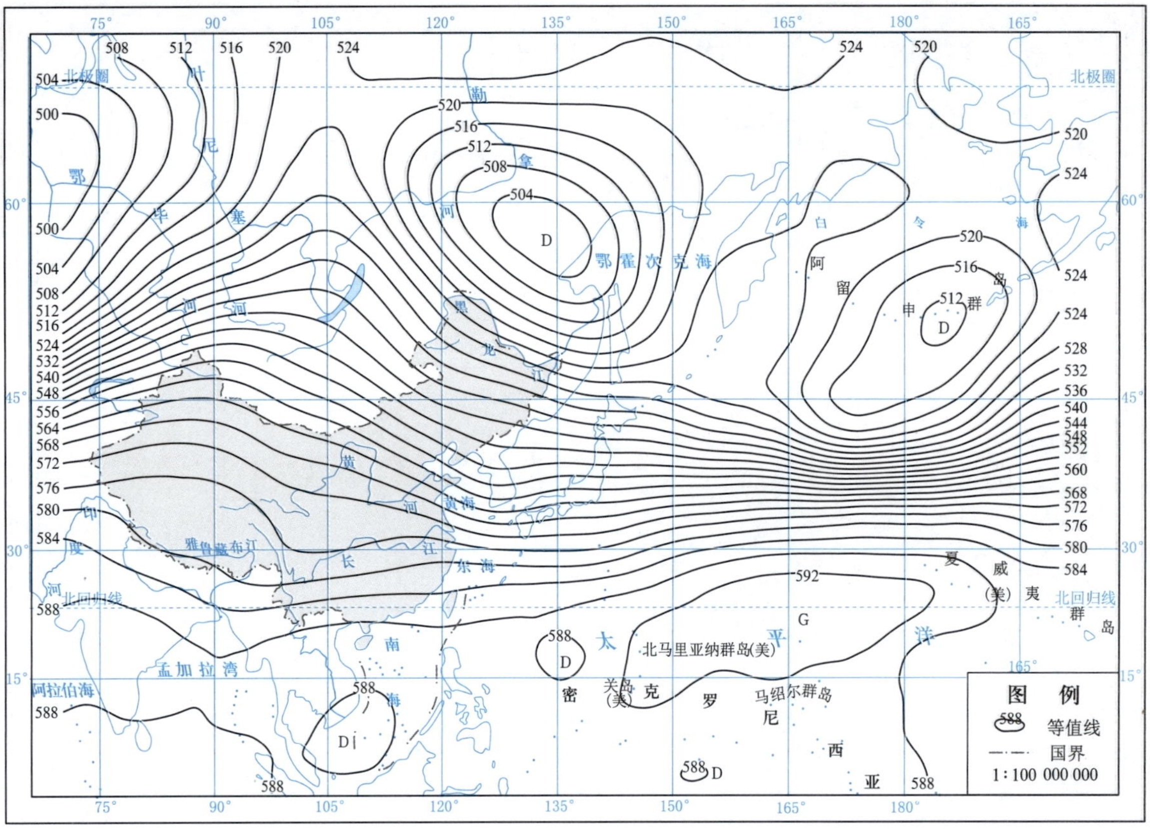

图 2.33.3　2018 年 11 月 24 日 08 时 500 hPa 高度场图（dagpm）

2.34　热带低压 (TD1805)

热带低压于 12 月 27 日早晨在菲律宾萨马岛以东约 580 km 的菲律宾海海面上发展形成。形成后低压中心向偏西方向移动，29 日凌晨登陆萨马岛东部沿海，之后穿过菲律宾，转向西南方向移动，30 日凌晨进入苏禄海海域，随后迅速在苏禄海海域减弱消散。

表 2.34.1 是热带低压(TD1805)的中心位置和强度。图 2.34.1 ～图 2.34.3 分别是热带低压(TD1805)路径图、大风区域演变图和 2018 年 12 月 28 日 20 时 500 hPa 高度场图。

表 2.34.1　热带低压（TD1805）中心位置和强度

12 月 27—30 日

年	月	日	时	中心位置		中心气压（hPa）	最大风速（m/s）
				北纬（°N）	东经（°E）		
2018	12	27	8	10.1	130.8	1004	13
	12	27	14	10.3	130.0	1004	13
	12	27	20	10.4	129.5	1004	13
	12	28	2	10.4	129.1	1004	13
	12	28	8	10.5	128.7	1000	15
	12	28	14	10.7	128.4	1000	15
	12	28	20	11.1	127.0	1000	15
	12	29	2	11.6	125.7	1000	15
	12	29	8	11.5	124.4	1000	15
	12	29	14	11.5	123.2	1000	15
	12	29	20	10.8	122.1	1004	13
	12	30	2	10.0	121.0	1004	13
	12	30	8	8.8	119.9	1004	13
消散							

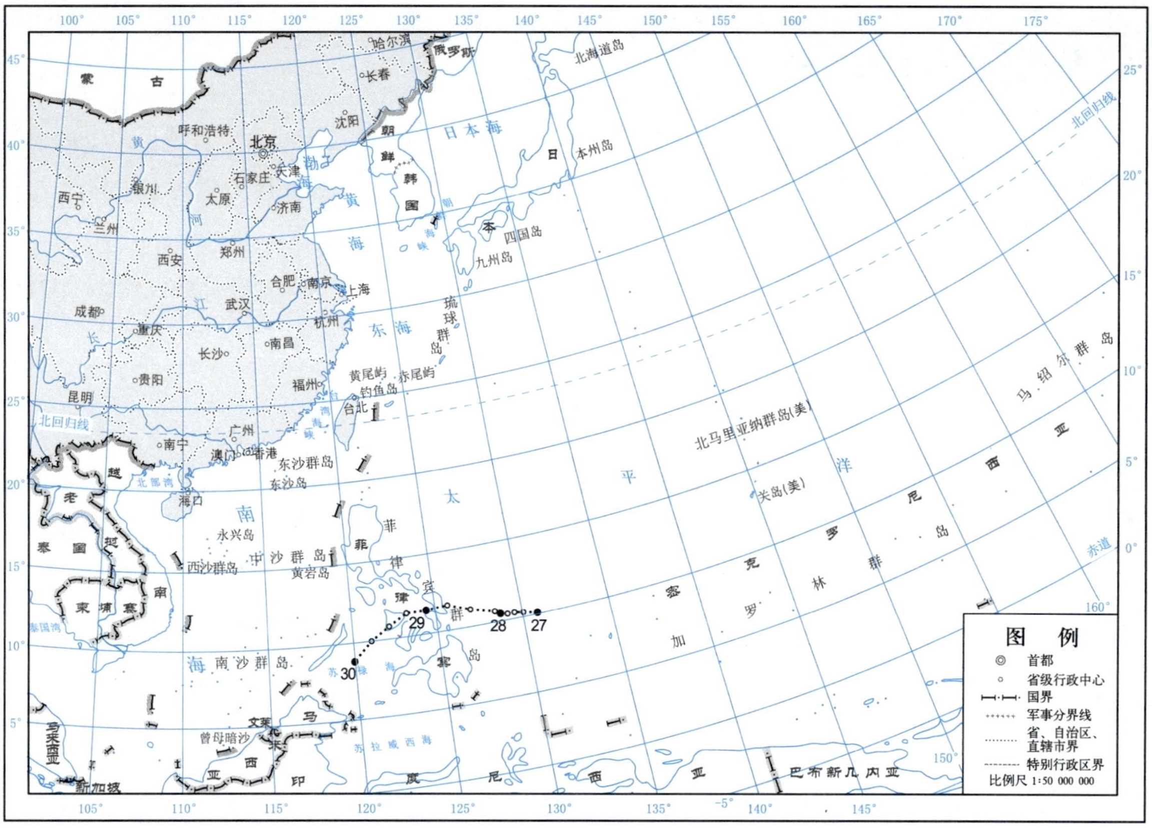

图 2.34.1　热带低压（TD1805）路径图

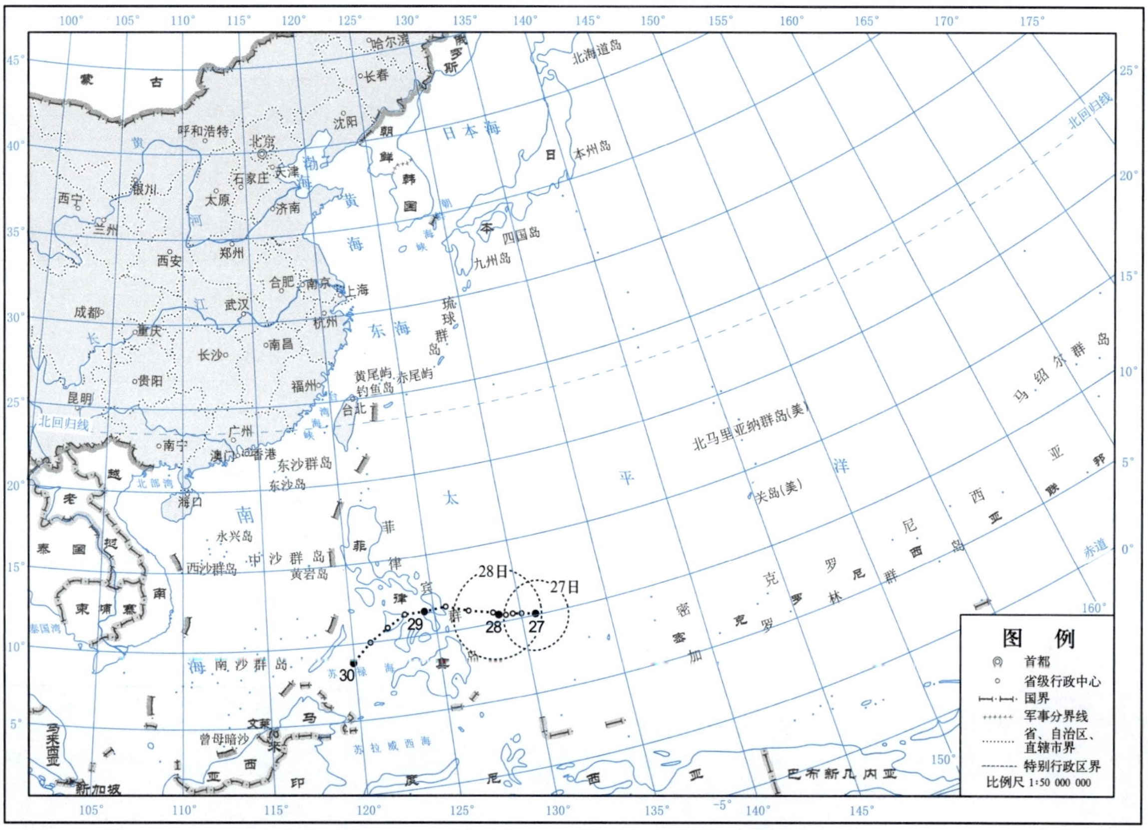

图 2.34.2　热带低压（TD1805）大风区域演变图

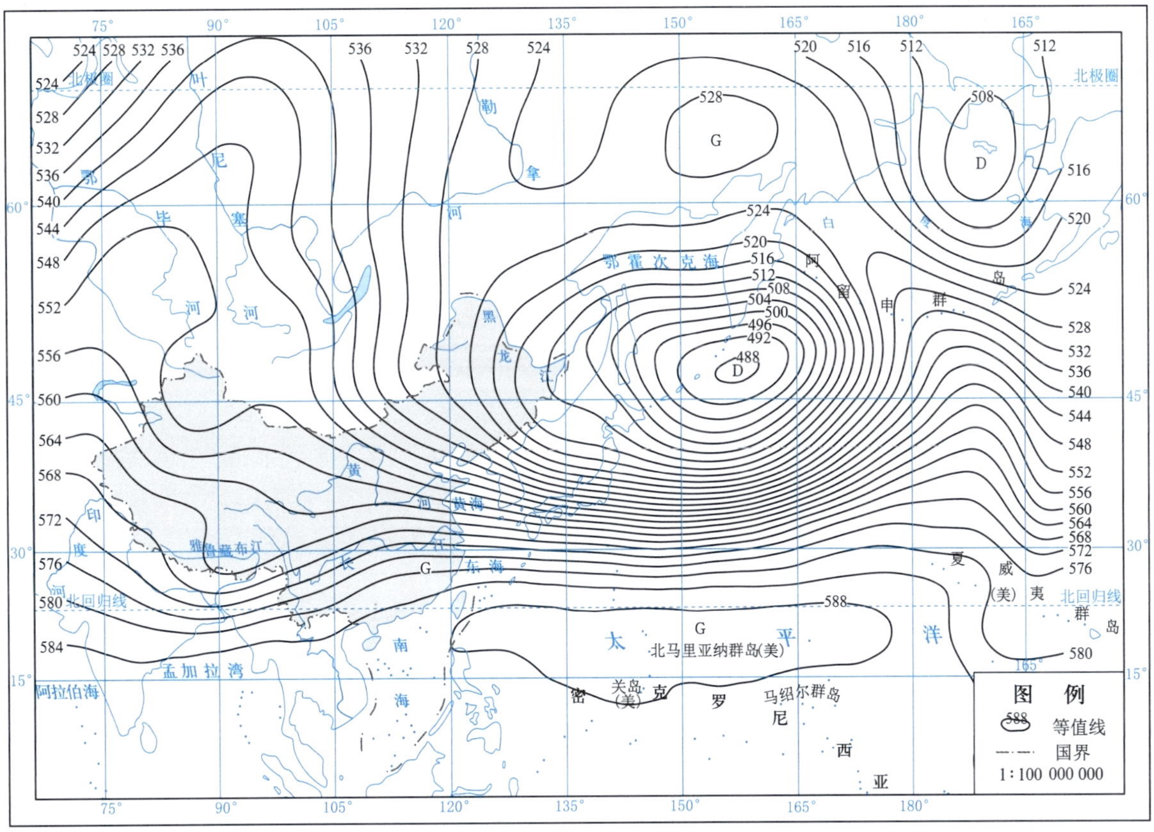

图 2.34.3　2018 年 12 月 28 日 20 时 500 hPa 高度场图（dagpm）

附录 A　台风委员会西北太平洋和南海热带气旋命名方案

表 A.1　台风委员会西北太平洋和南海热带气旋命名表

（2018 年 3 月起执行）

第 1 组		第 2 组		第 3 组		第 4 组		第 5 组		备 注
英文名	中文名	英文名	中文名	英文名	中文名	英文名	中文名	英文名	中文名	名字来源
Damrey	达维	Kong-rey	康妮	Nakri	娜基莉	Krovanh	科罗旺	Trases*	翠丝	柬埔寨
Haikui	海葵	Yutu	玉兔	Fengshen	风神	Dujuan	杜鹃	Mulan*	木兰	中国
Kirogi	鸿雁	Toraji	桃芝	Kalmaegi	海鸥	Surigae	舒力基	Meari	米雷	朝鲜
Kai-tak**	启德	Man-yi	万宜	Fung-wong	凤凰	Choi-wan	彩云	Ma-on	马鞍	中国香港
Tembin**	天秤	Usagi	天兔	Kammuri	北冕	Koguma	小熊	Tokage	蝎虎	日本
Bolaven	布拉万	Pabuk	帕布	Phanfone	巴蓬	Champi	蔷琵	Hinnamnor*	轩岚诺	老挝
Sanba	三巴	Wutip	蝴蝶	Vongfong	黄蜂	In-fa	烟花	Muifa	梅花	中国澳门
Jelawat	杰拉华	Sepat	圣帕	Nuri	鹦鹉	Cempaka	查帕卡	Merbok	苗柏	马来西亚
Ewiniar	艾云尼	Mun	木恩	Sinlaku	森拉克	Nepartak	尼伯特	Namadol	南玛都	密克罗尼西亚
Maliksi	马力斯	Danas	丹娜丝	Hagupit	黑格比	Lupit	卢碧	Talas	塔拉斯	菲律宾
Gaemi	格美	Nari	百合	Jangmi	蔷薇	Mirinae	银河	Noru	奥鹿	韩国
Prapiroon	派比安	Wipha	韦帕	Mekkhala	米克拉	Nida	妮妲	Kulap	玫瑰	泰国
Maria	玛莉亚	Francisco	范斯高	Higos	海高斯	Omais	奥麦斯	Roke	洛克	美国
Son-Tinh	山神	Lekima	利奇马	Bavi	巴威	Conson	康森	Sonca	桑卡	越南
Ampil	安比	Krosa	罗莎	Maysak	美莎克	Chanthu	灿都	Nesat	纳沙	柬埔寨
Wukong	悟空	Bailu	白鹿	Haishen	海神	Dianmu	电母	Haitang	海棠	中国
Jongdari	云雀	Podul	杨柳	Noul	红霞	Mindulle	蒲公英	Nalgae	尼格	朝鲜
Shanshan	珊珊	Lingling	玲玲	Dolphin	白海豚	Lionrock	狮子山	Banyan	榕树	中国香港
Yagi	摩羯	Kajiki	剑鱼	Kujira	鲸鱼	Kompasu	圆规	Hato**	天鸽	日本
Leepi	丽琵	Faxai	法茜	Chan-hom	灿鸿	Namtheun	南川	Pakhar	帕卡	老挝
Bebinca	贝碧嘉	Peipah	琵琶	Linfa	莲花	Malou	玛瑙	Sanvu	珊瑚	中国澳门
Rumbia	温比亚	Tapah	塔巴	Nangka	浪卡	Nyatoh*	妮亚图	Mawar	玛娃	马来西亚
Soulik	苏力	Mitag	米娜	Saudel	沙德尔	Rai	雷伊	Guchol	古超	密克罗尼西亚
Cimaron	西马仑	Hagibis	海贝思	Molave	莫拉菲	Malakas	马勒卡	Talim	泰利	菲律宾
Jebi	飞燕	Neoguri	浣熊	Goni	天鹅	Megi	鲇鱼	Doksuri	杜苏芮	韩国
Mangkhut	山竹	Bualoi	芭洛	Atsani	艾莎尼	Chaba	暹芭	Khanun	卡努	泰国
Barijat	百里嘉	Matmo	麦德姆	Etau	艾涛	Aere	艾利	Lan	兰恩	美国
Trami	潭美	Halong	夏浪	Vamco	环高	Songda	桑达	Saola	苏拉	越南

* 根据 2018 年 2 月亚太经社理事会 / 世界气象组织（ESCAP/WMO）台风委员会第 50 届会议的决定，由“妮亚图”（Nyatoh）取代“莫兰蒂”（Meranti）、“翠丝”（Trases）取代“莎莉嘉”（Sarika）、“木兰”（Mulan）取代“海马”（Haima）、“轩岚诺”（Hinnamnor）取代“洛坦”（Nock-ten）。

** “启德”（Kai-Tak）、“天秤”（Tembin）、“天鸽”（Hato）被从命名表中除名，新的名字将在 2019 年初举行的第 51 届台风委员会届会大会进行审议后，再行给出新的命名。

表 A.2 西北太平洋和南海热带气旋名称的意义

第 1 组			
英文名	中文名	名字来源	意 义
Damrey	达维	柬埔寨	大象
Haikui	海葵	中国	一种形状如花朵的海洋动物
Kirogi	鸿雁	朝鲜	一种候鸟，在朝鲜秋来春去，和台风的活动很相似
Kai-tak	启德	中国香港	香港旧机场名
Tembin	天秤	日本	天秤星座
Bolaven	布拉万	老挝	高原
Sanba	三巴	中国澳门	澳门旅游名胜
Jelawat	杰拉华	马来西亚	一种淡水鱼
Ewiniar	艾云尼	密克罗尼西亚	传统的风暴神（Chuuk 语）
Maliksi	马力斯	菲律宾	快速
Gaemi	格美	韩国	蚂蚁
Prapiroon	派比安	泰国	雨神
Maria	玛莉亚	美国	女士名（Chamarro 语）
Son-Tinh	山神	越南	山神
Ampil	安比	柬埔寨	罗望子
Wukong	悟空	中国	孙悟空
Jongdar	云雀	朝鲜	云雀
Shanshan	珊珊	中国香港	女孩儿名
Yagi	摩羯	日本	摩羯星座
Leepi	丽琵	老挝	老挝南部最美丽的瀑布
Bebinca	贝碧嘉	中国澳门	澳门牛奶布丁
Rumbia	温比亚	马来西亚	棕榈树
Soulik	苏力	密克罗尼西亚	传统的 Pohnpei 酋长头衔
Cimaron	西马仑	菲律宾	菲律宾野牛
Jebi	飞燕	韩国	燕子
Mangkhut	山竹	泰国	一种水果
Barijat	百里嘉	美国	沿岸地区受风浪影响的意思（马绍尔语）
Trami	潭美	越南	一种花

（续表）

第 2 组			
英文名	中文名	名字来源	意 义
Kong-rey	康妮	柬埔寨	高棉传说中的可爱女孩儿
Yutu	玉兔	中国	神话传说中的兔子
Toraji	桃芝	朝鲜	朝鲜深山中的一种花，开花时无声无息不惹人注意，花能食用和入药
Man-yi	万宜	中国香港	海峡名，现为水库
Usagi	天兔	日本	天兔星座
Pabuk	帕布	老挝	大淡水鱼
Wutip	蝴蝶	中国澳门	一种昆虫
Sepat	圣帕	马来西亚	一种淡水鱼
Mun	木恩	密克罗尼西亚	六月的意思（Yapese 语）
Danas	丹娜丝	菲律宾	经历
Nari	百合	韩国	一种花
Wipha	韦帕	泰国	女士名字
Francisco	范斯高	美国	男子名（Chamarro 语）
Lekima	利奇马	越南	一种水果
Krosa	罗莎	柬埔寨	鹤
Bailu	白鹿	中国	白色的鹿，意指吉祥
Podul	杨柳	朝鲜	一种在城乡均有种植的树，闷热天气时人们喜欢在其树荫下休息聊天
Lingling	玲玲	中国香港	女孩儿名
Kajiki	剑鱼	日本	剑鱼星座
Faxai	法茜	老挝	女士名字
Peipah	琵琶	中国澳门	一种在澳门受欢迎的宠物鱼
Tapah	塔巴	马来西亚	一种淡水鱼
Mitag	米娜	密克罗尼西亚	女士名字（Yap 语）
Hagibis	海贝思	菲律宾	褐雨燕
Neoguri	浣熊	韩国	狗
Bualoi	芭洛	泰国	泰式椰奶
Matmo	麦德姆	美国	大雨
Halong	夏浪	越南	越南一海湾名

（续表）

第 3 组			
英文名	中文名	名字来源	意 义
Nakri	娜基莉	柬埔寨	一种花
Fengshen	风神	中国	神话中的风之神
Kalmaegi	海鸥	朝鲜	一种海鸟
Fung-wong	凤凰	中国香港	山峰名
Kammuri	北冕	日本	北冕星座
Phanfone	巴蓬	老挝	动物
Vongfong	黄蜂	中国澳门	一类昆虫
Nuri	鹦鹉	马来西亚	一种蓝色冠羽的鹦鹉
Sinlaku	森拉克	密克罗尼西亚	传说中的 Kosrae 女神
Hagupit	黑格比	菲律宾	鞭子
Jangmi	蔷薇	韩国	花名
Mekkhala	米克拉	泰国	雷天使
Higos	海高斯	美国	无花果（Chamarro 语）
Bavi	巴威	越南	越南北部一山名
Maysak	美莎克	柬埔寨	一种树
Haishen	海神	中国	神话中的大海之神
Noul	红霞	朝鲜	红色的天空
Dolphin	白海豚	中国香港	生活在香港水域的中华白海豚，亦是香港的吉祥物
Kujira	鲸鱼	日本	鲸鱼星座
Chan-hom	灿鸿	老挝	一种树
Linfa	莲花	中国澳门	一种花
Nangka	浪卡	马来西亚	一种水果
Saudel	沙德尔	密克罗尼西亚	传说中的将领“苏迪罗”的首席守卫 / 士兵
Molave	莫拉菲	菲律宾	一种常用于制造家具的硬木
Goni	天鹅	韩国	一种鸟
Atsani	艾莎尼	泰国	闪电
Etau	艾涛	美国	风暴云（Palauan）
Vamco	环高	越南	越南南部一河流

（续表）

第 4 组			
英文名	中文名	名字来源	意　义
Krovanh	科罗旺	柬埔寨	一种树
Dujuan	杜鹃	中国	一种花
Surigae	舒力基	朝鲜	一种鹰
Choi-wan	彩云	中国香港	天上的云彩
Koguma	小熊	日本	小熊星座
Champi	蔷琵	老挝	一种花
In-Fa	烟花	中国澳门	烟花
Cempaka	查帕卡	马来西亚	以其芬芳的花闻名的植物
Nepartak	尼伯特	密克罗尼西亚	著名的勇士（Kosrae 语）
Lupit	卢碧	菲律宾	残酷
Mirinae	银河	韩国	宇宙的银河
Nida	妮妲	泰国	女士名字
Omais	奥麦斯	美国	漫游（Palauan 语）
Conson	康森	越南	古迹
Chanthu	灿都	柬埔寨	一种花
Dianmu	电母	中国	神话中的雷电之神
Mindulle	蒲公英	朝鲜	一种小黄花，春天开放，蒲公英属，是朝鲜妇女淳朴识礼的象征
Lionrock	狮子山	中国香港	香港一座远眺九龙半岛的山峰名称
Kompasu	圆规	日本	圆规星座
Namtheun	南川	老挝	河
Malou	玛瑙	中国澳门	玛瑙
Nyatoh	妮亚图	马来西亚	一种树
Rai	雷伊	密克罗尼西亚	雅浦岛石币
Malakas	马勒卡	菲律宾	强壮，有力
Megi	鲇鱼	韩国	鱼
Chaba	暹芭	泰国	热带花
Aere	艾利	美国	风暴（Marshalese 语）
Songda	桑达	越南	越南西北部一河

（续表）

第 5 组			
英文名	中文名	名字来源	意 义
Trases	翠丝	柬埔寨	雀类鸟
Mulan	木兰	中国	木兰花，一种原产于中国的花
Meari	米雷	朝鲜	回波
Ma-on	马鞍	中国香港	山峰名
Tokage	蝎虎	日本	蝎虎星座
Hinnamnor	轩岚诺	老挝	鸟
Muifa	梅花	中国澳门	一种花
Merbok	苗柏	马来西亚	一种鸟
Namadol	南玛都	密克罗尼西亚	著名的 Pohnpei 废墟
Talas	塔拉斯	菲律宾	锐利
Noru	奥鹿	韩国	狍鹿
Kulap	玫瑰	泰国	一种花
Roke	洛克	美国	男子名（Chamarro 语）
Sonca	桑卡	越南	一种会唱歌的鸟
Nesat	纳沙	柬埔寨	渔夫
Haitang	海棠	中国	花
Nalgae	尼格	朝鲜	有生气，自由翱翔
Banyan	榕树	中国香港	一种树
Hato	天鸽	日本	天鸽星座
Pakhar	帕卡	老挝	生长在湄公河下游的一种淡水鱼
Sanvu	珊瑚	中国澳门	一种水生物
Mawar	玛娃	马来西亚	玫瑰花
Guchol	古超	密克罗尼西亚	一种香料（调味品）（Yapese 语）
Talim	泰利	菲律宾	明显的边缘
Doksuri	杜苏芮	韩国	一种猛禽
Khanun	卡努	泰国	泰国水果
Lan	兰恩	美国	风暴的意思（马绍尔语）
Saola	苏拉	越南	越南最近发现的一种珍贵动物

附录 B　2018 年热带气旋在西北太平洋和南海活动时的气象卫星云图

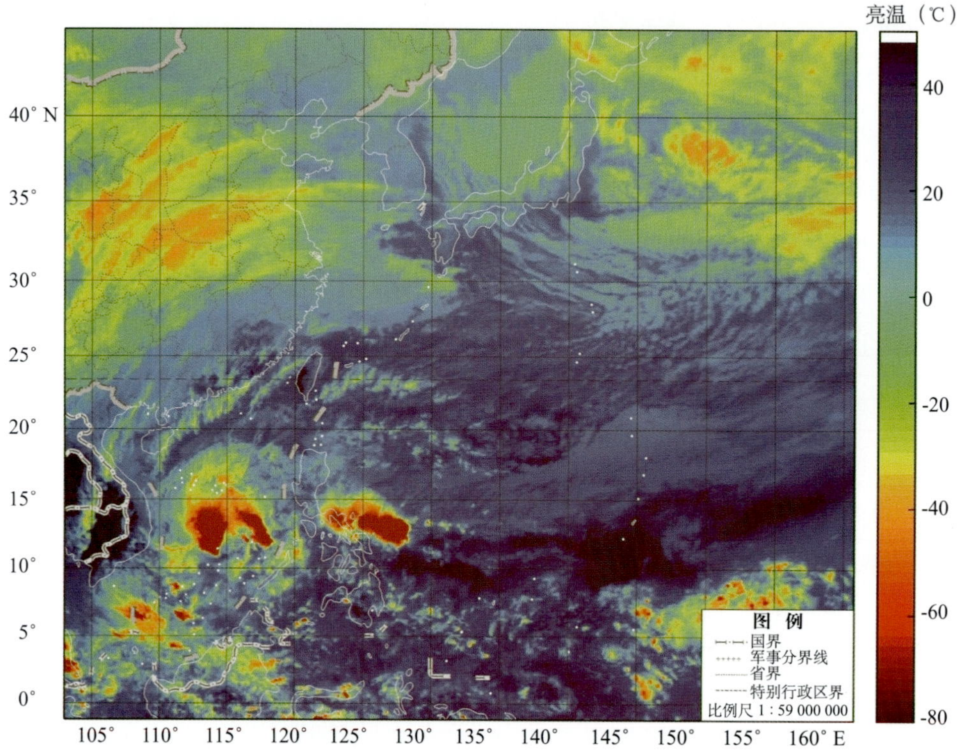

1801 号热带风暴“布拉万”（Bolaven）—1 月 3 日 14 时

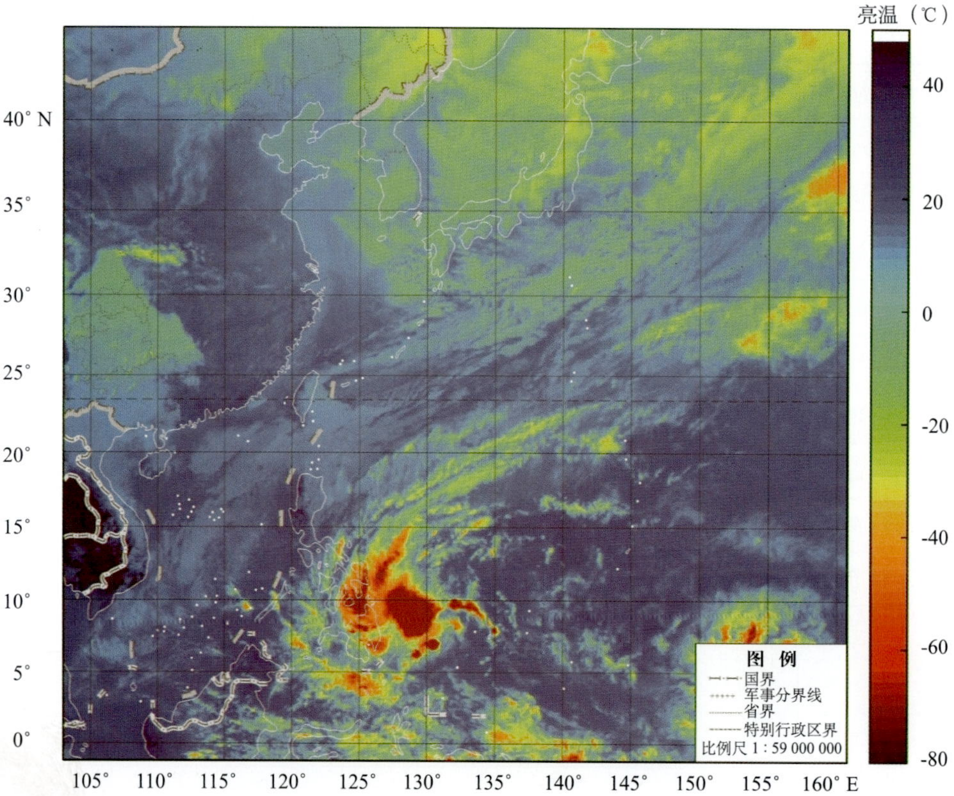

1802 号热带风暴“三巴”（Sanba）—2 月 12 日 14 时

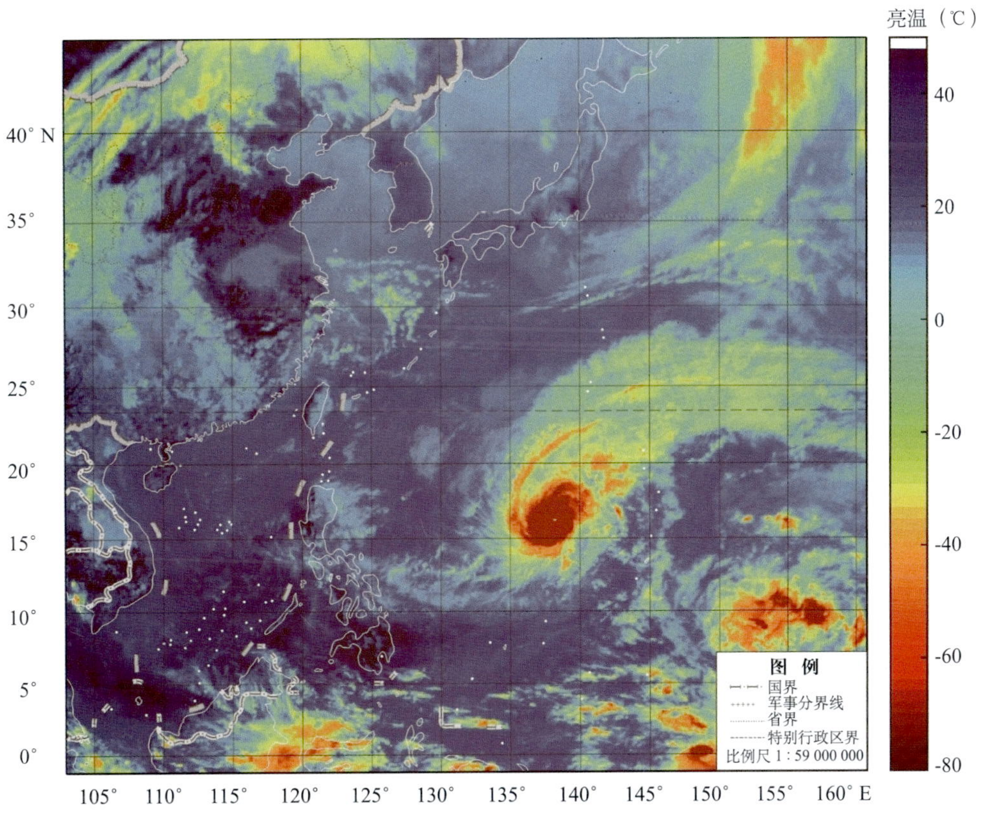

1803 号超强台风“杰拉华”（Jelawat）—3 月 30 日 14 时

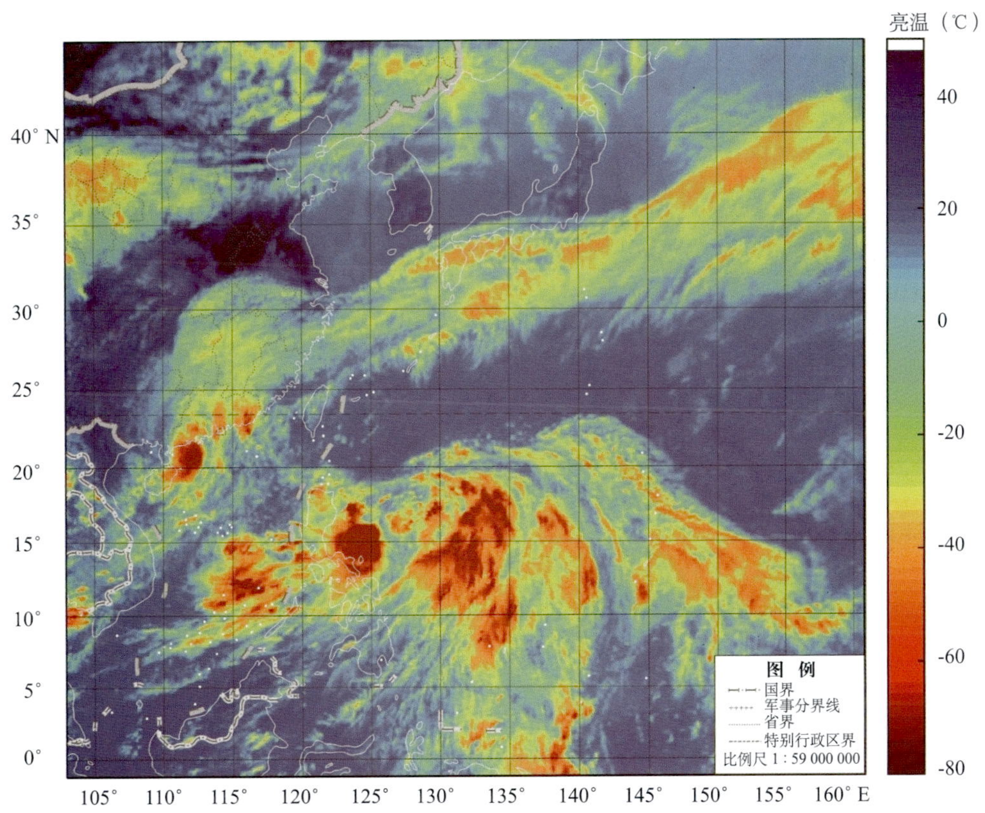

1804 号热带风暴“艾云尼”（Ewiniar）—6 月 7 日 14 时

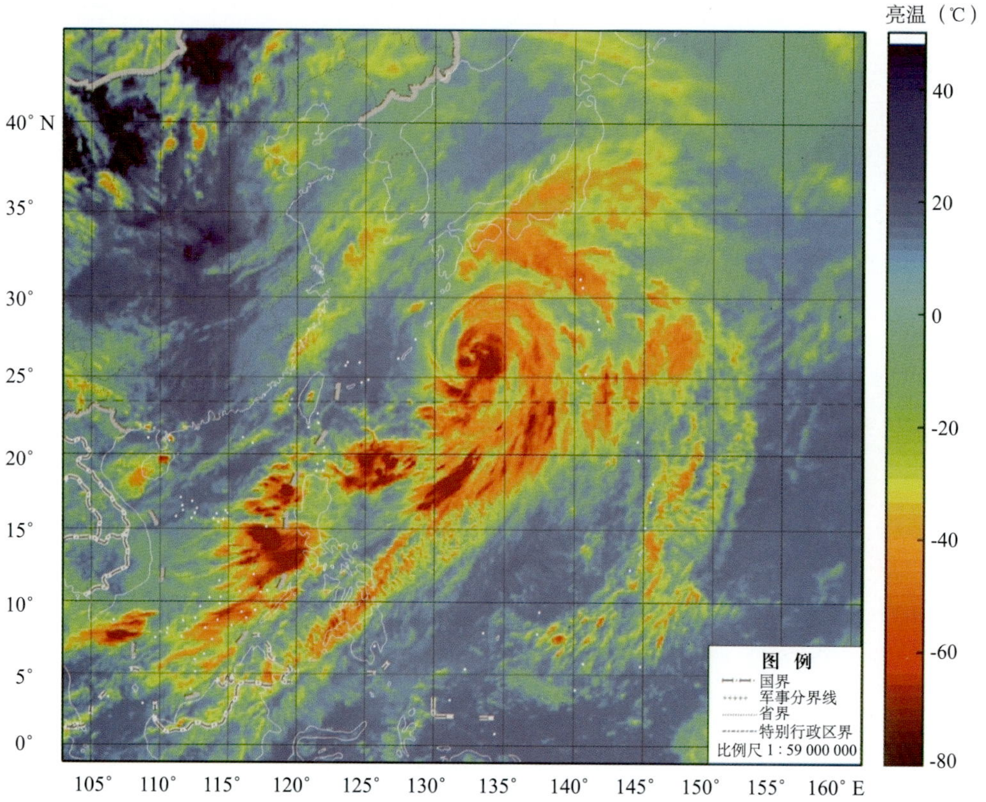

1805 号强热带风暴“马力斯”（Maliksi）—6 月 10 日 14 时

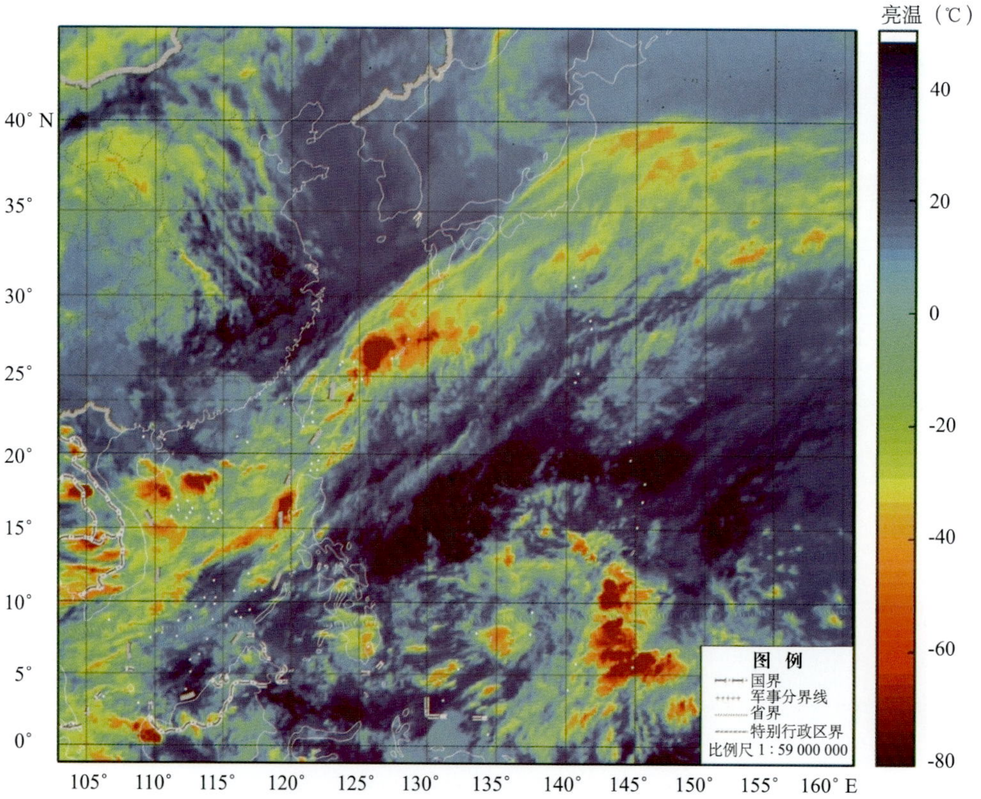

1806 号热带风暴“格美”（Gaemi）—6 月 15 日 20 时

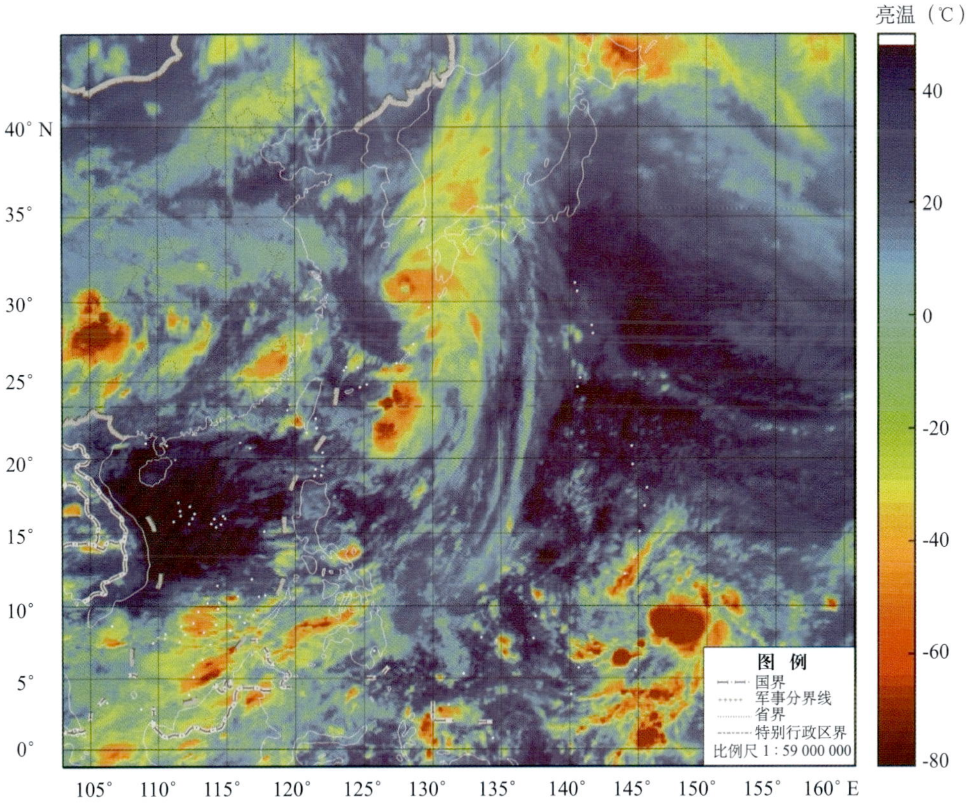

1807 号台风“派比安”（Prapiroon）—7 月 3 日 02 时

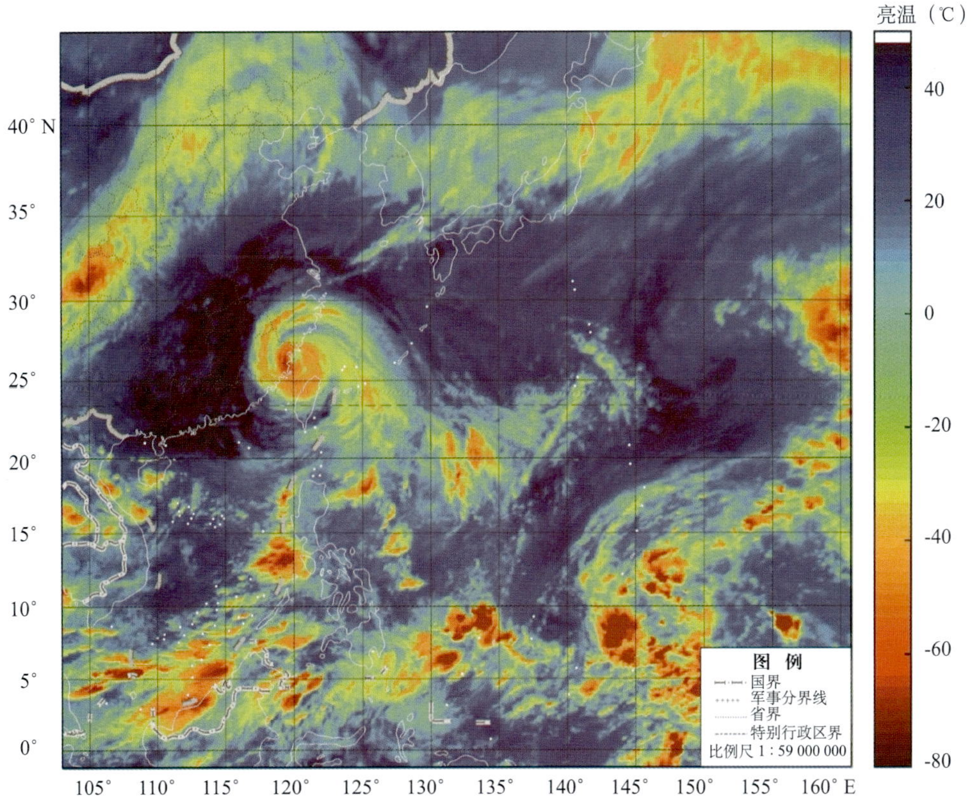

1808 号超强台风“玛利亚”（Maria）—7 月 11 日 08 时

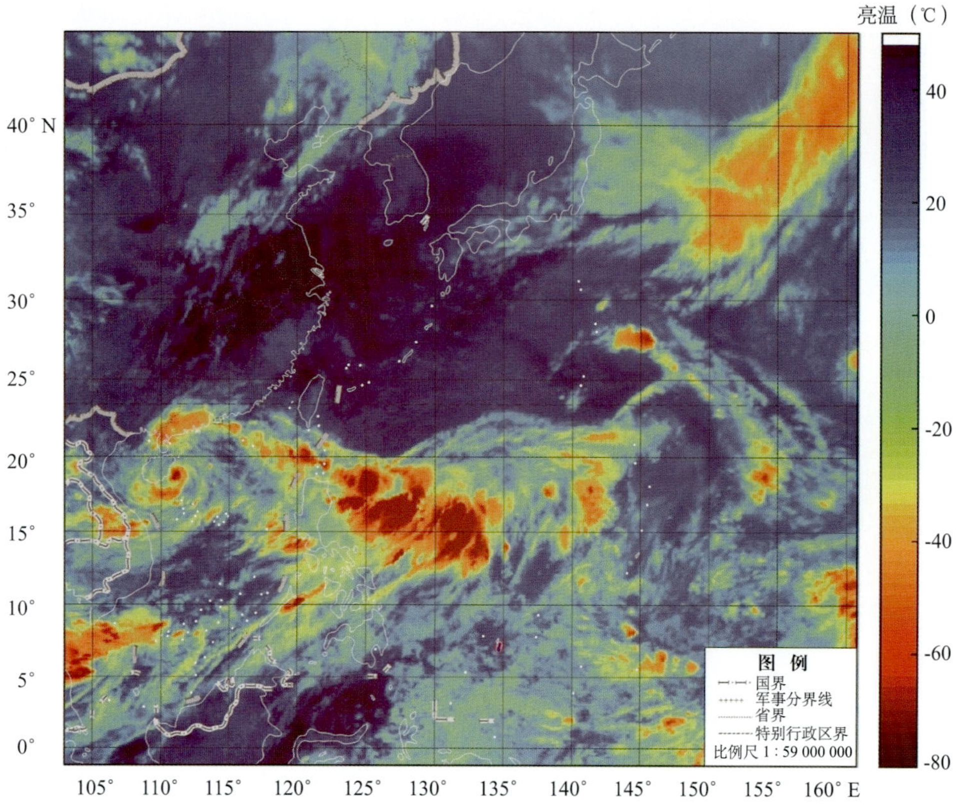

1809 号热带风暴“山神”（Son-tinh）—7 月 18 日 02 时

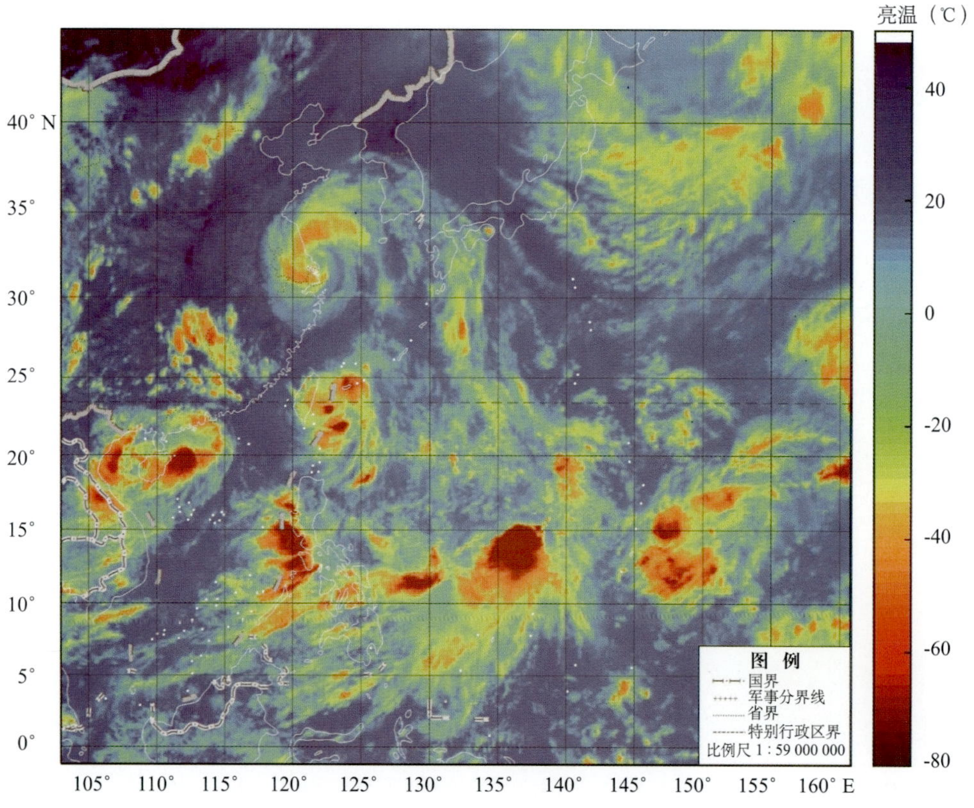

1810 号强热带风暴“安比”（Ampil）—7 月 22 日 14 时

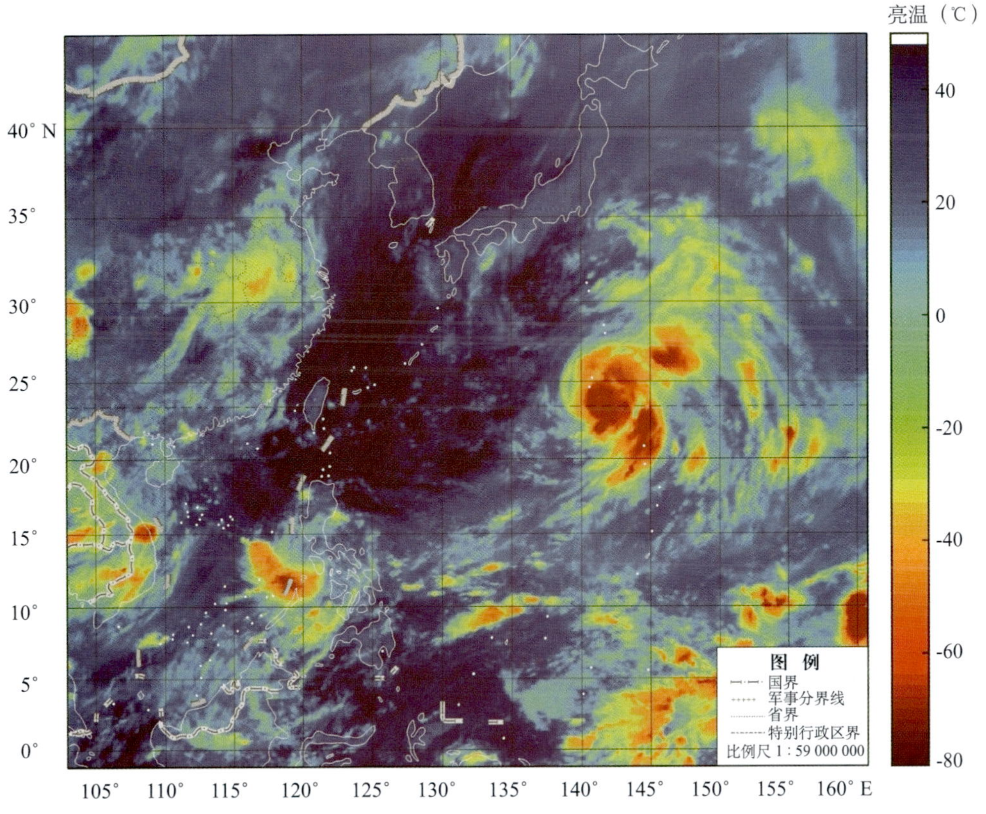

1811 号强热带风暴“悟空”（Wukong）—7 月 27 日 02 时

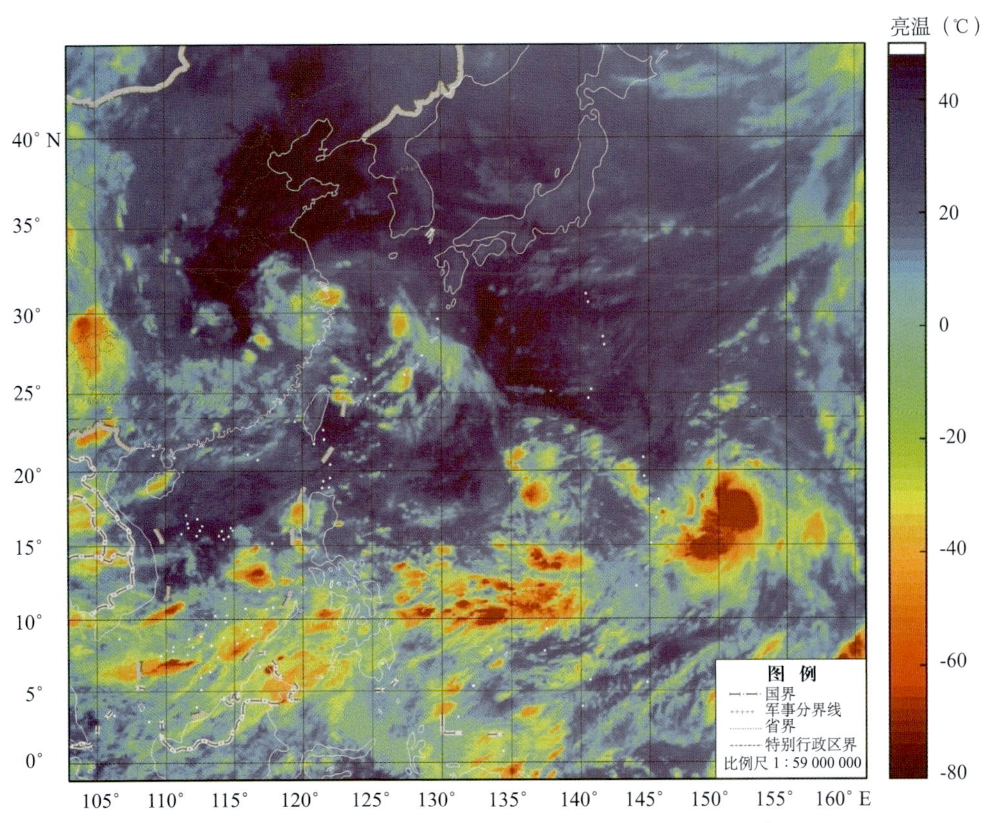

1812 号强台风“云雀”（Jongdari）—8 月 3 日 02 时

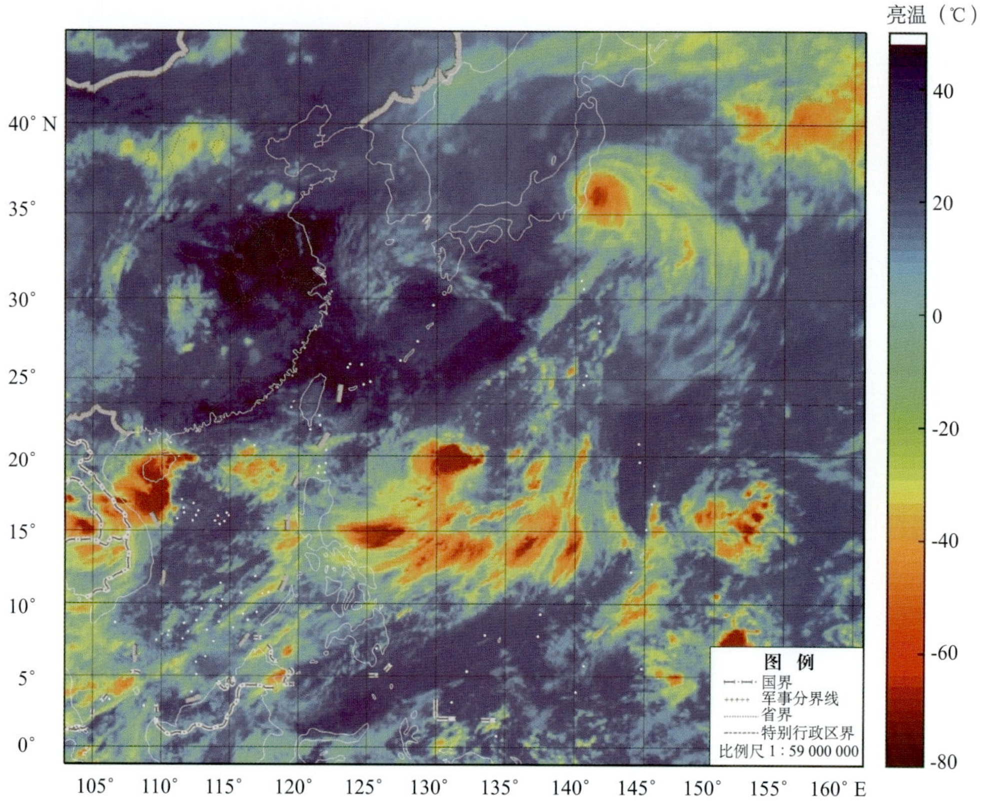

1813 号台风“珊珊”（Shanshan）—8 月 9 日 08 时

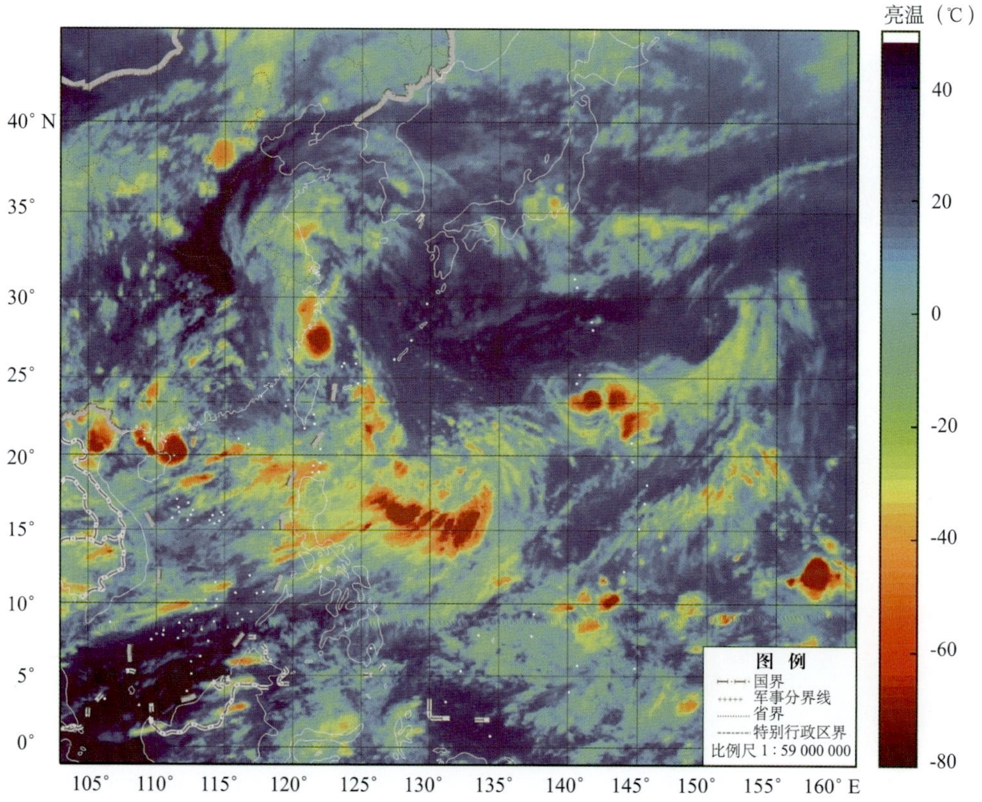

1814 号强热带风暴“摩羯”（Yagi）—8 月 12 日 20 时

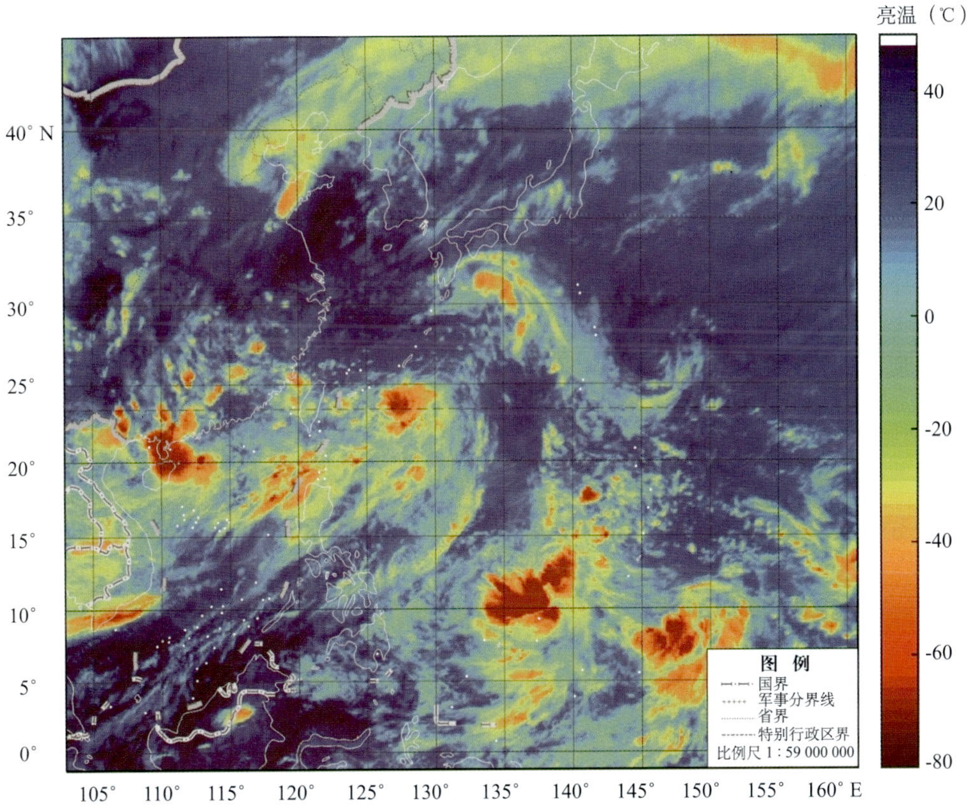

1815 号强热带风暴“丽琵”（Leepi）—8 月 14 日 20 时

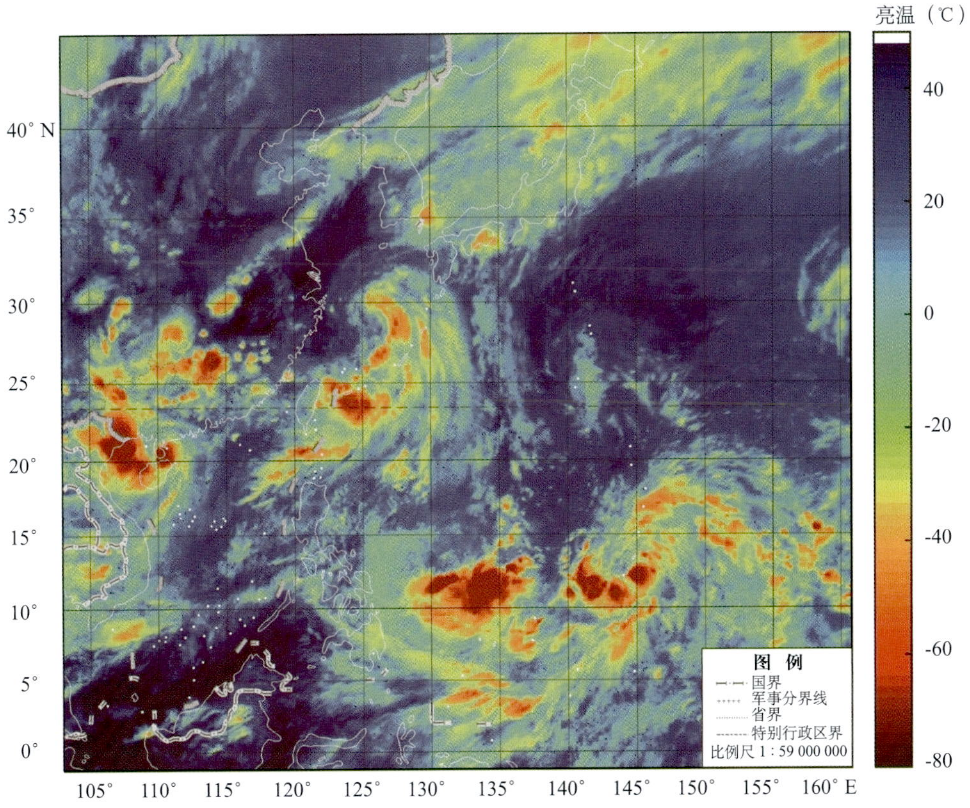

1816 号强热带风暴“贝碧嘉”（Bebinca）—8 月 15 日 20 时

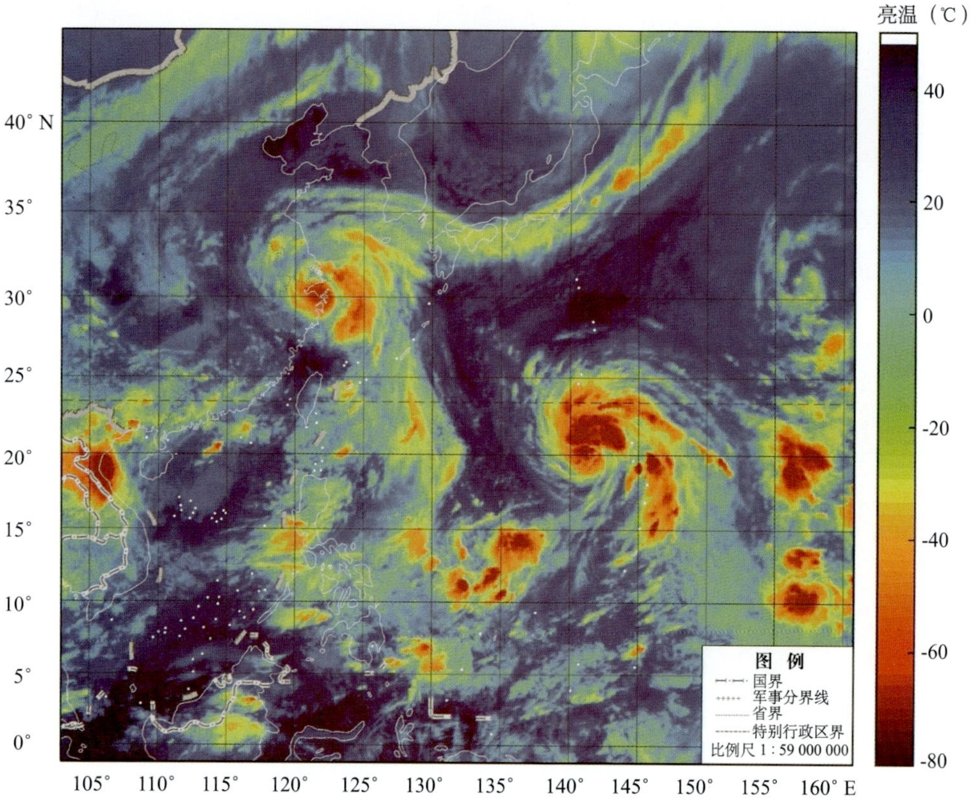

1818 号强热带风暴“温比亚”（Rumbia）—8 月 17 日 02 时

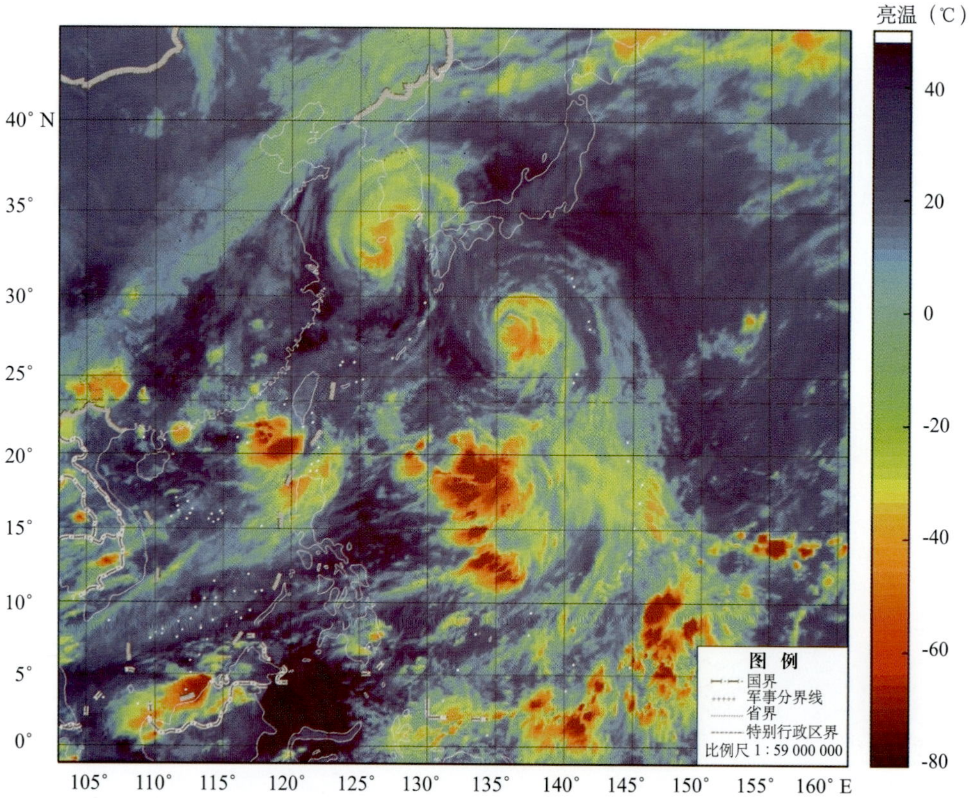

1819 号强台风“苏力”（Soulik）—8 月 23 日 02 时

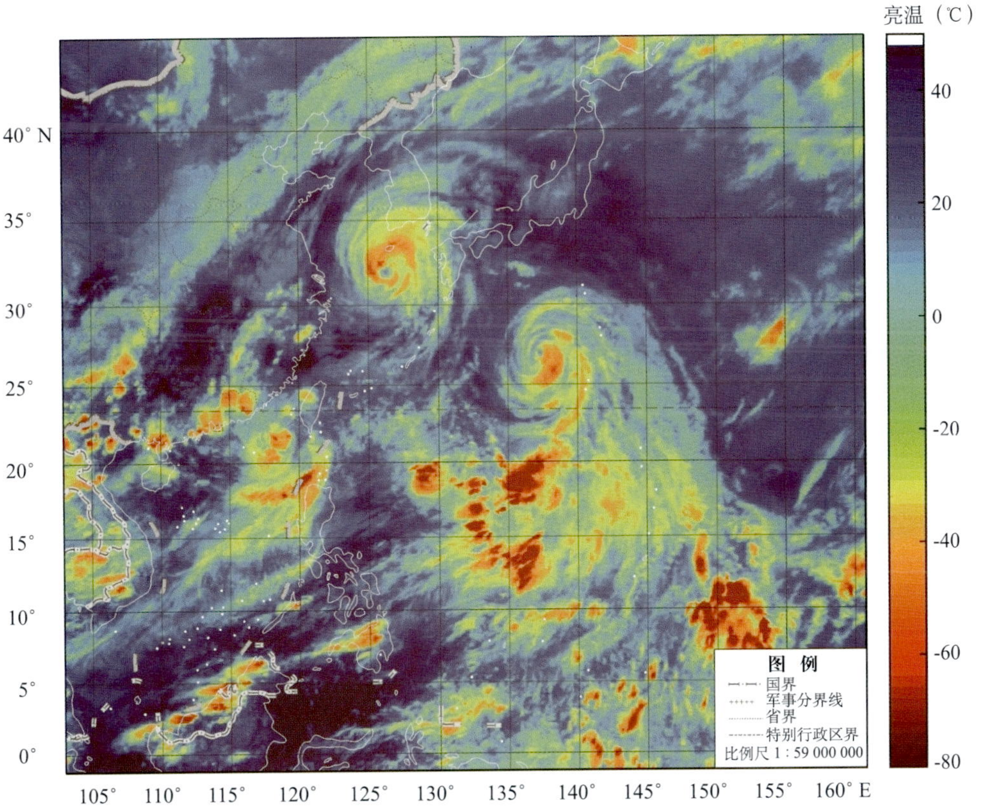

1820 号强台风“西马仑”（Cimaron）—8 月 22 日 20 时

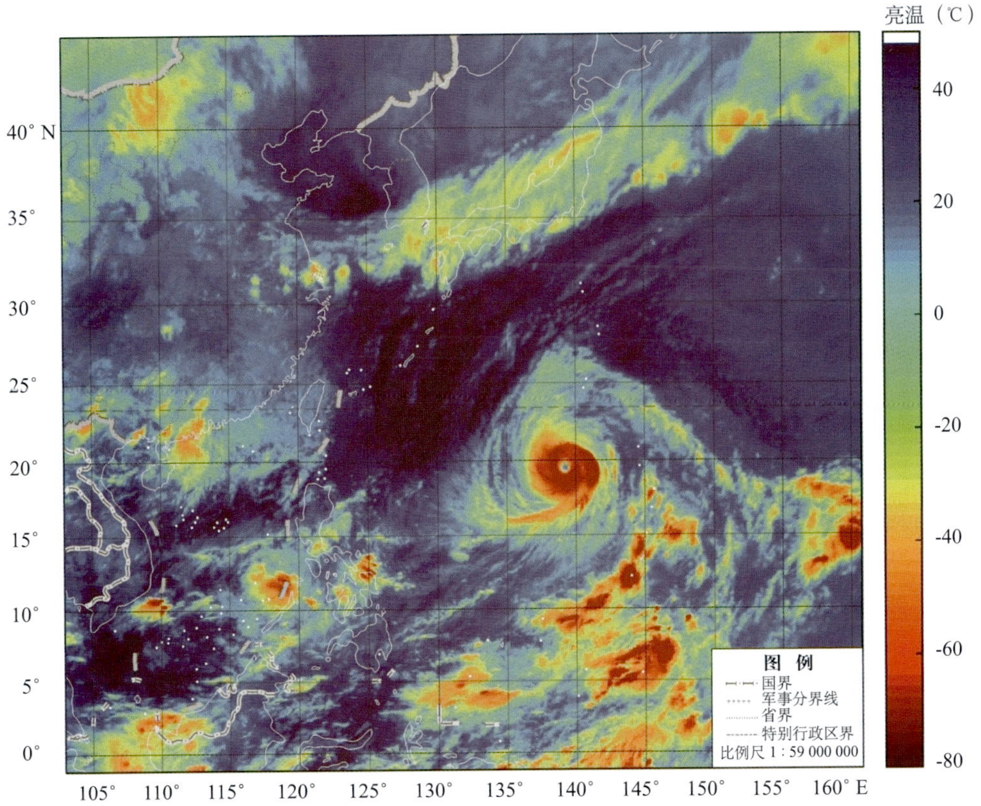

1821 号超强台风“飞燕”（Jebi）—9 月 1 日 08 时

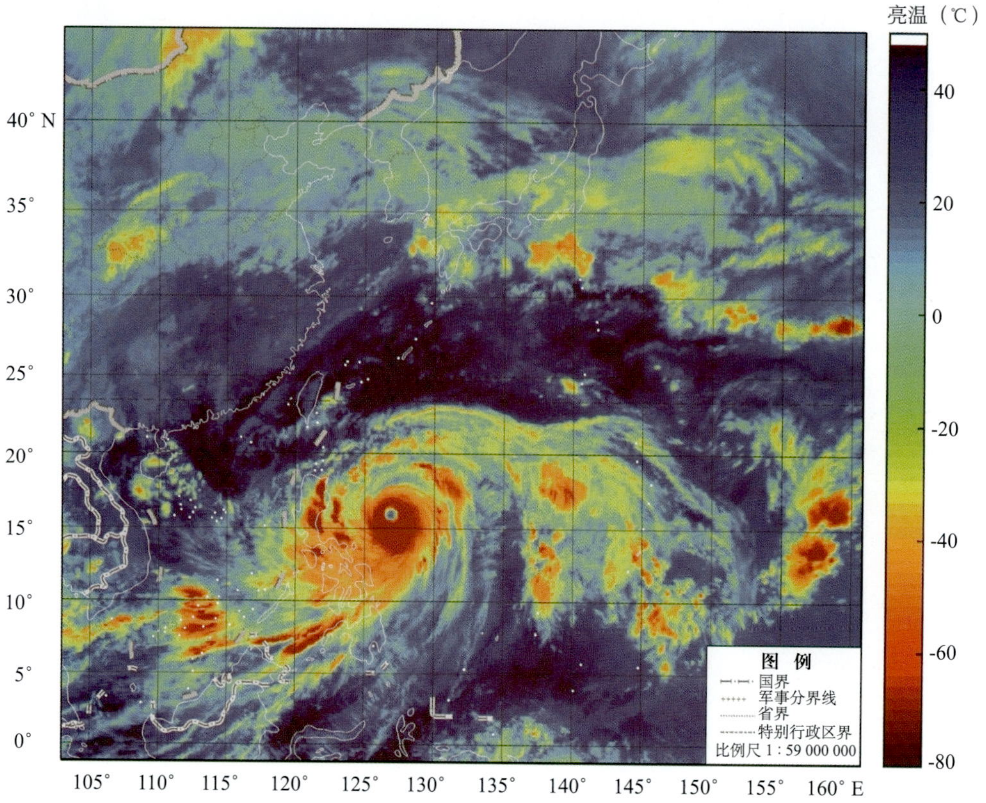

1822 号超强台风“山竹”（Mangkhut）—9 月 14 日 08 时

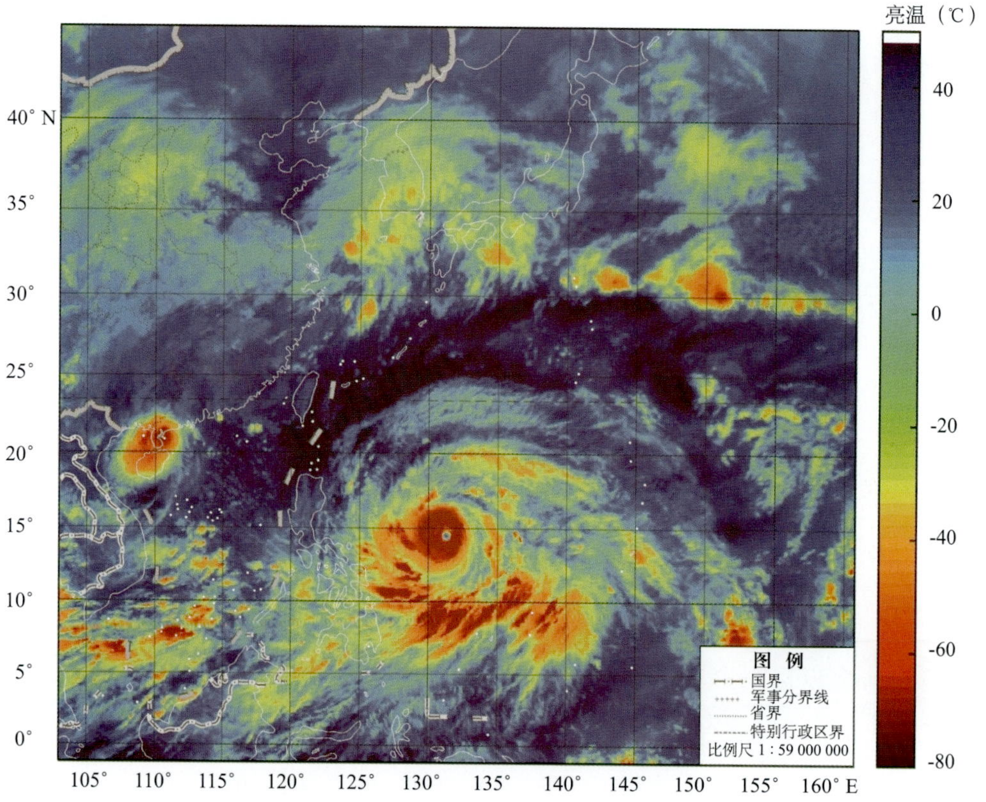

1823 号强热带风暴“百里嘉”（Barijat）—9 月 13 日 08 时

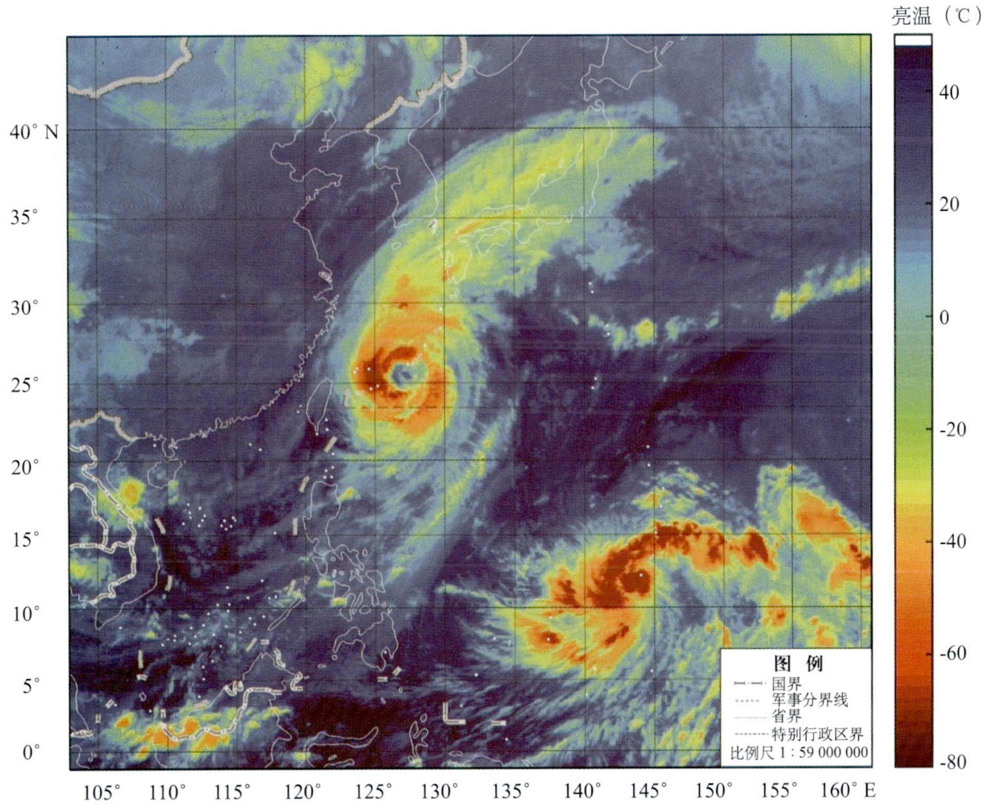

1824 号超强台风“潭美”（Trami）—9 月 29 日 08 时

1825 号超强台风“康妮”（Kong-rey）—10 月 25 日 20 时

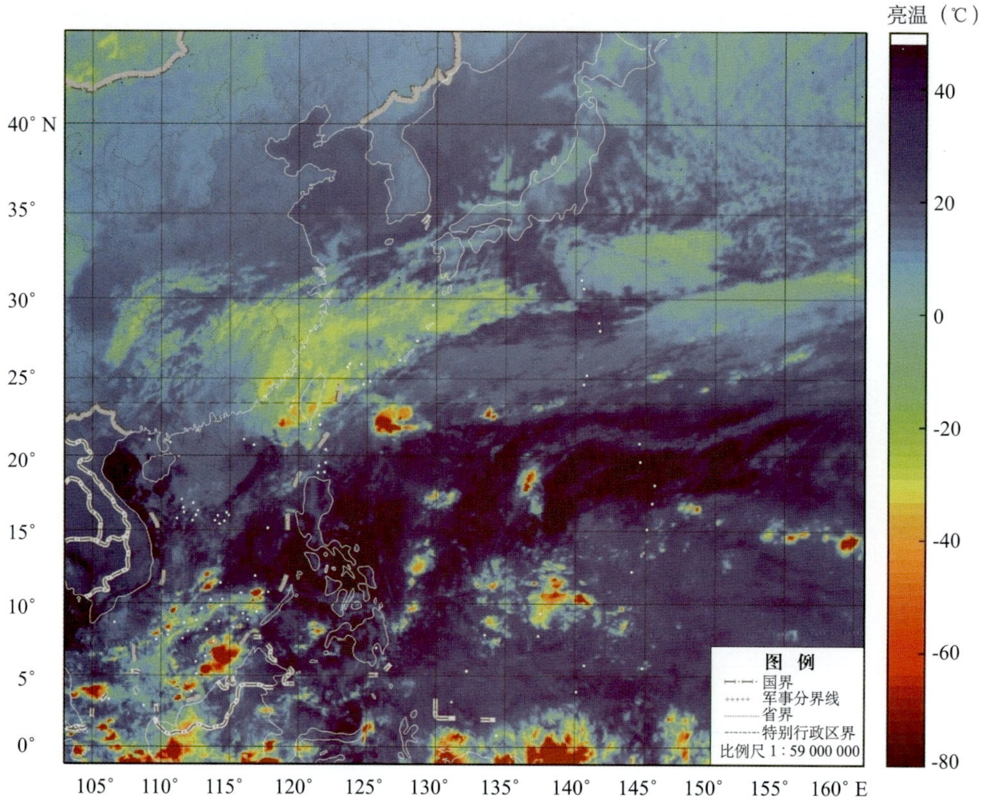

1826 号超强台风“玉兔”（Yutu）—11 月 2 日 08 时

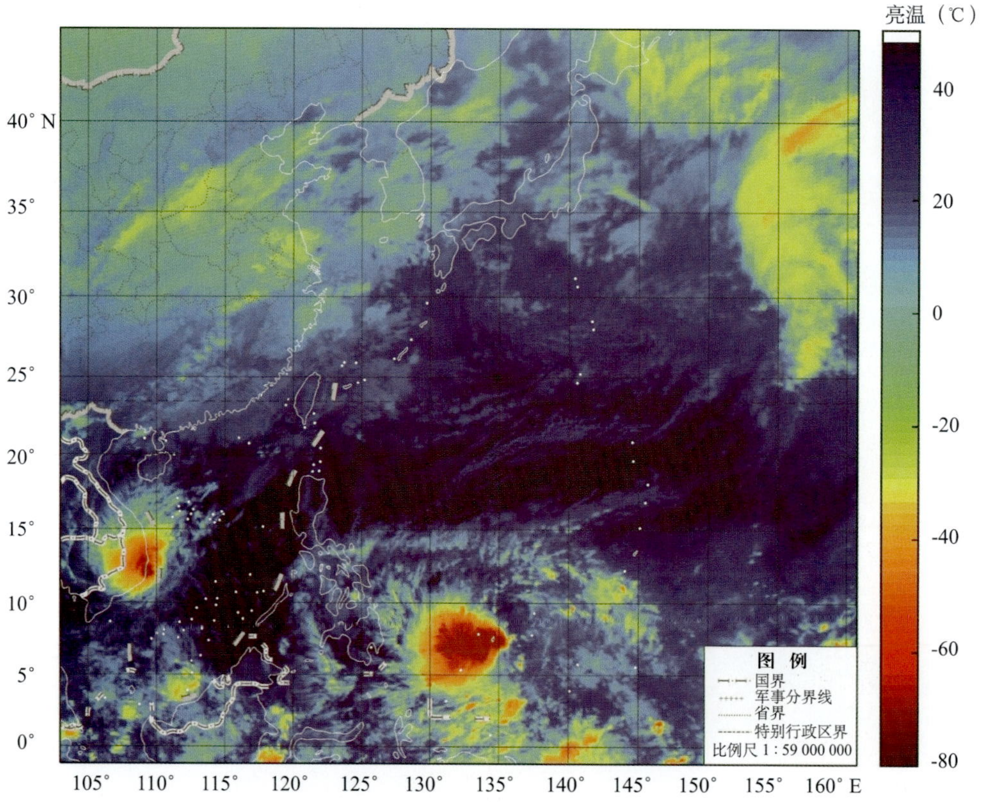

1827 号热带风暴“桃芝”（Toraji）—11 月 18 日 08 时

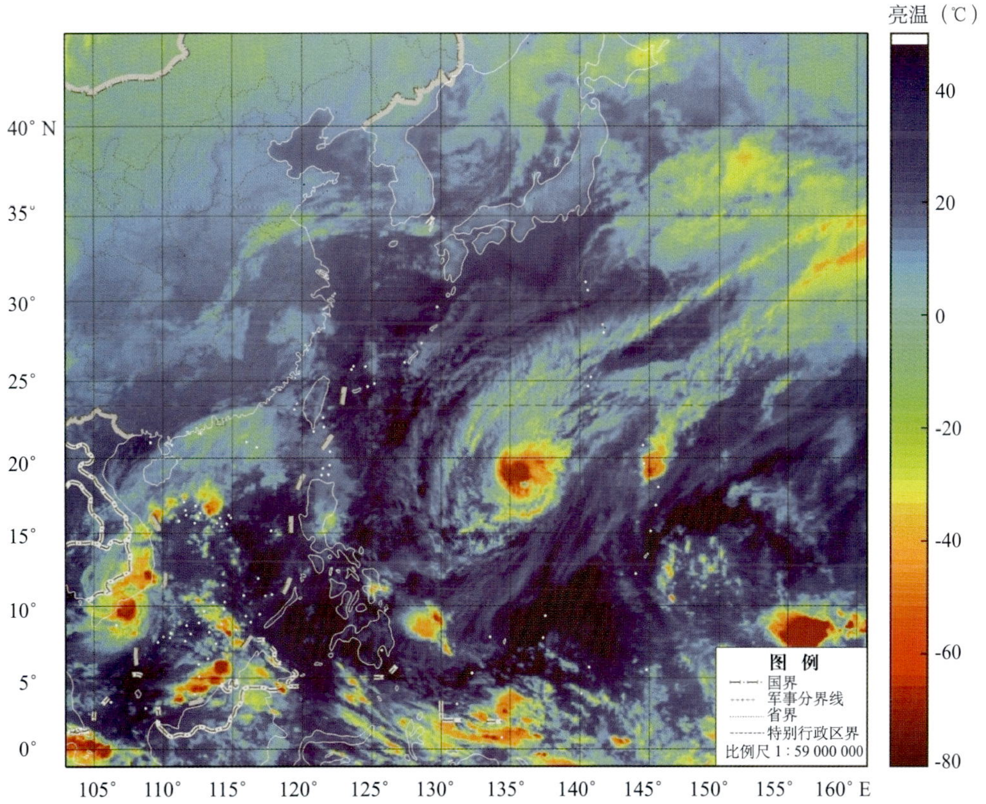

1828 号强台风“万宜”（Man-yi）—11 月 25 日 08 时

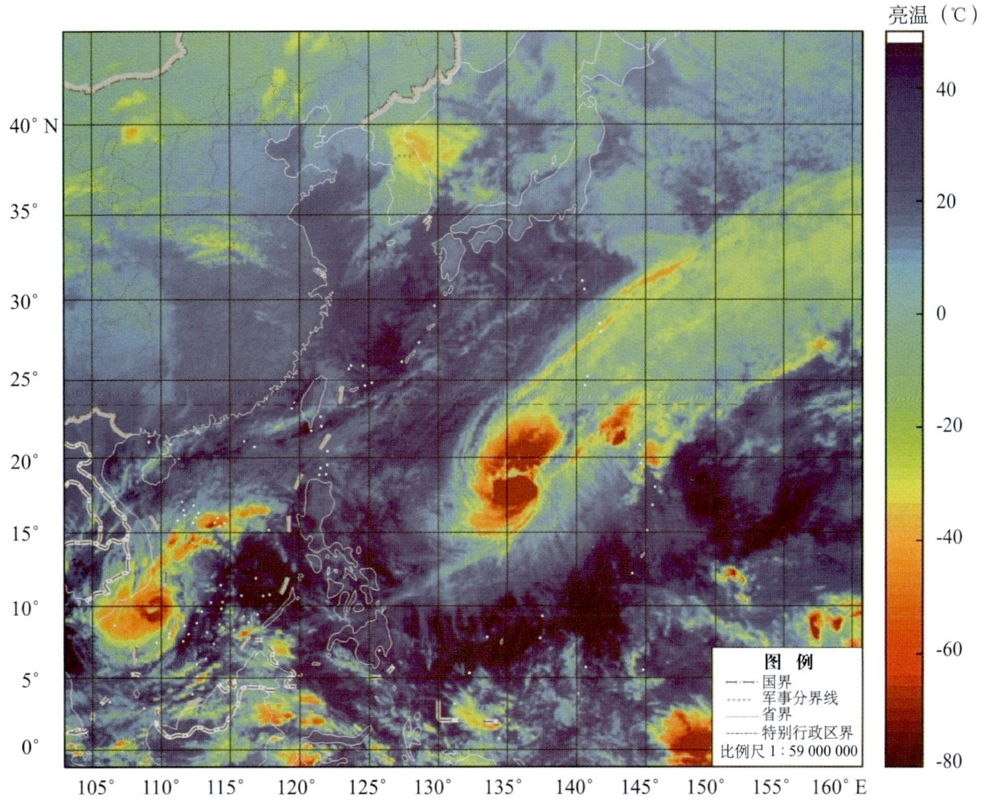

1829 号台风“天兔”（Usagi）—11 月 24 日 08 时